통계학

STATISTICS
통계학

이희숙 지음

한국학술정보㈜

머리말

 통계학은 이제 거의 모든 분야에서 활용되는 학문이 되었다. 특히, 다양한 정보화기기의 사용으로 인해 데이터의 수집과 정리·요약이 간편해지면서 통계의 활용도는 더욱 더 넓어지고 있다. 통계학 비전공자들은 컴퓨터를 활용하여 통계자료분석 방법을 전공분야에 이용하고 있다. 그러나 이들 비전공자들은 통계학에 대한 이해정도가 매우 낮아 자신의 문제에 적절한 통계분석방법을 적용하는 능력이 부족하다. 그 이유는 통계학의 개념정리가 명확히 되어 있지 않아서 나온 결과이다. 이 책은 통계학에 사용되는 기초 개념과 여러 가지 통계분석 방법의 원리를 이해시키기 위해 비교적 상세한 설명을 수록하였다. 이 책을 다 읽은 후에는 통계분석프로그램(SPSS, SAS, R, Excel 등)을 이용하여 적절한 자료분석을 실행할 수 있을 것이다. 사실, 원리를 이해하면 통계분석프로그램을 다루는 것은 그리 어렵지 않다.

 2년 전쯤, 중간고사가 끝난 직후 한 학생으로부터 이메일을 받았다. 당시 4학년이었던 그 학생은 국내 모 기업의 취업에 성공했고 면접시 통계학을 활용해 좋은 점수를 받아 합격을 했다는 감사의 편지였다. 그 학생은 공대 학생으로 통계학 개론을 수강했고 통계분석방법 중 회귀분석을 이용해 자신의 비전을 하나의 함수로 설명하여 심사위원들에게 칭찬을 많이 받았고 취업에 성공하였다. 이 학생은 회귀분석의 개념을 정확히 이해했고 그것을 자신의 문제에 활용한 것이다. 이처럼 정확한 원리를 이해하면 어떤 분야에도 활용할 수 있는 능력이 생긴다.

 이 책은 모두 열한 개의 장으로 구성되었다.
 1장은 통계학의 개요, 2장은 자료의 정리·요약 방법으로 기술통계학 분야이고 3·4·5장은 확률과 확률변수, 확률분포로 추론통계학을 배우기 위해 반드시 알아야 하는 이론이다. 6장은 표본분포 7·8장은 추정과 검정으로 추론통계학의 개념을 다루었다. 여러 가지 통계분석방법의 원리를 이해하기 위해서는 7·8장의 추정과 검정의 이해는 반드시 필요하다. 9장은 분산분석, 10장은 상관분석과 회귀분석, 11장은 범주형 자료분석에 대해 다루었다.

한 학기에 전부 강의하기에는 분량이 다소 많다. 통계학 개론 수업에서는 1장부터 8장까지 다루고 9·10·11장은 통계자료분석으로 컴퓨터 실습을 병행하면 좋을 것이다.

이 책은 저자의 강의노트를 중심으로 만들면서 충분한 시간을 갖지 못하였다. 따라서, 내용상의 오류 또는 오타가 있을 수 있음을 양해 바라고 오류에 대한 지적 및 제안은 항상 감사한 마음으로 받을 준비가 되어 있다. 부디 이 책으로 인해 통계학과 조금 더 가까워지기를 바란다. 이 책을 읽은 후, 데이터를 보면 그 데이터를 가지고 무언가 하고 싶은 마음이 생기면 더 바랄 것이 없다.

마지막으로, 이 책의 출판을 위해 수고해주신 한국학술정보(주) 관계자 여러분께 감사의 마음을 전한다. 세상을 향해 조금씩 앞으로 나아가는 정현에게도 파이팅을 전한다.

2012년 7월 무더운 여름에

저자 씀

CONTENTS

1장

통계학의 개요

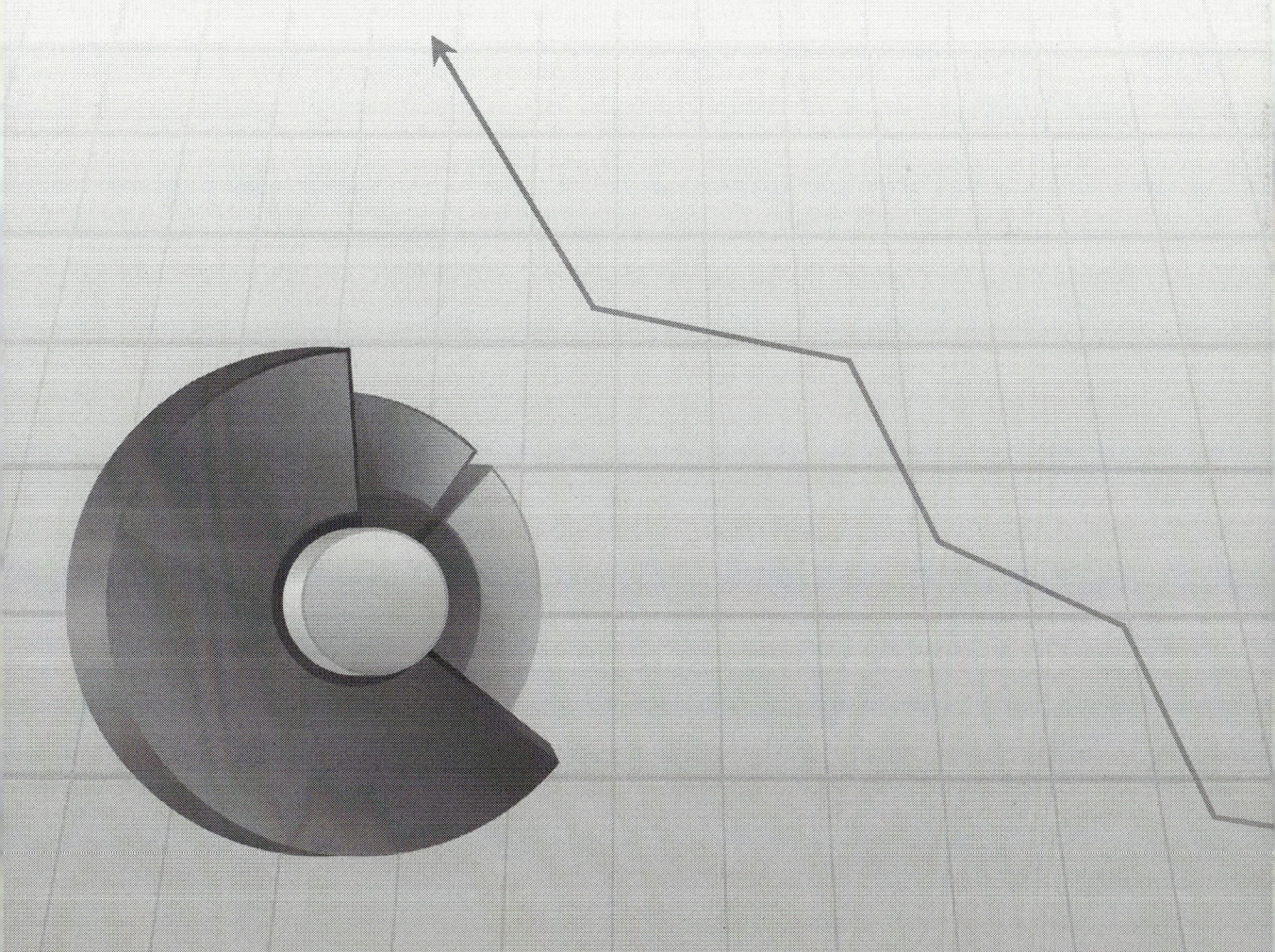

1.1. 통계학의 소개

인구가 늘어나고 사회 구조가 복잡해짐에 따라 위정자가 국가 전체의 상태를 정확하게 파악하기 위해 생겨난 통계학(statistics)은 국가(state)의 상태(state)를 살피는 것에서 그 어원을 찾을 수 있다. 17세기 이후 통계학은 주로 정치적인 필요에 의해 인구와 종교, 산업에 대한 정보를 수집하는 형태로 발전해 왔다. 특히, 1665년 페스트(흑사병)로 인한 유럽 인구의 사망자가 속출하면서 사망과 출생에 관한 통계에 관심을 가지게 되었고 그 당시 통계학은 인구 추이와 사망률에 대한 연구가 주요 관심사였다. 그러나 오늘날 우리는 어떠한가? 과거 일부 권력자들에게 관심의 대상이었던 통계가 오늘날에는 우리 모두가 일상 생활에서 쉽게 숫자로 표현된 통계를 접하면서 살고 있다. 이제 누구라도 방대한 양의 자료를 정리·요약한 통계 정보에 쉽게 접근하고 또 그것을 활용할 수 있다. 따라서 통계에 대한 활용 능력이 곧 문제 해결 능력이 되고 보다 정확한 미래 예측으로 이어질 수 있다. 이처럼 숫자로 표현된 통계의 활용방법을 다루는 학문이 통계학(statistics)이다. 즉, 통계학은 확실히 예측할 수 없는 현상에 대해서 자료를 수집하고 수집된 자료를 정리·요약하여 그 구조를 파악하고 또한 현재의 상태를 설명하고 불확실한 미래를 과학적으로 예측할 수 있도록 도와주는 학문이다.

■ **통계학이란?**
확실히 예측할 수 없는 현상에 대해서
① 자료를 수집하고(experimental design, survey 등으로),
② 자료를 정리·요약하여 그 구조를 파악하고(표, 그림, 수치요약 등으로),
③ 현재의 상태를 설명하고 불확실한 미래를 과학적으로 예측할 수 있도록 도와주는 학문

다음의 표는 2개의 신문기사의 내용이다. 첫 번째 기사는 서울시의 모든 고등학교 1학년의 키를 모두 조사한 자료에 대한 기사이고 두 번째 기사는 2012년 대선후보들의 지지율을 알아보기 위해 실시한 여론조사에 대한 기사이다.

첫 번째 기사는 서울시 고등학교 1학년 학생들 모두를 조사한 방대한 자료를 정리 · 요약하였다. 이와 같이 대량의 사실을 관찰하고 조사하여 정리 · 요약하는 방법을 다루는 통계학을 기술통계학(descriptive statistics)이라 한다.

두 번째 기사는 전국의 유권자 중 3,750명을 대상으로 대권후보들의 지지율을 조사한 여론조사이다. 이 여론조사의 목적은 우리나라 모든 유권자의 지지율을 조사하는 것이다. 그러나 많은 시간과 비용으로 인해 유권자의 일부분만을 조사한 자료이다. 이 조사의 결과로 우리는 우리나라 모든 유권자의 지지율을 예측하면 된다. 여기서 우리가 알고 싶은 "우리나라 모든 유권자의 대선후보 지지여부"를 모집단(population)이라 하고 모집단의 일부분인 "3,750명의 유권자의 대선후보 지지여부"를 표본(sample)이라 한다. 즉, 모집단은 관심의 대상이 되는 모든 관측값이나 측정값이고 표본은 모집단의 일부분으로 모집단에서 실제로 추출한 관측값이나 측정값을 말한다.

① 지난해 서울 시내 전체 고등학교(235개교) 1학년의 키를 전수조사한 이 보고서는 평균 키순으로 상·하위 10위권 학교를 비교했다(제일 아래 표 참조). 조사에 따르면 전체 221개 고교 남학생의 평균 키는 172.3cm. 이 중 하위 10위권 학교 평균은 170.8cm, 상위 10위권 학교 평균은 173.4cm였다. 2.6cm 차이다. 지난해 서울시 고등학교 1학년과 3학년 간의 평균 키 차이(1.9cm)를 뛰어넘는다. 평균 키 최상위와 최하위 학교를 비교하면 간격은 더욱 벌어진다. 서울 시내 고등학교 1학년 중 가장 신장이 작은 A고(전문계고)의 평균 키가 170.1cm인 데 비해 가장 큰 ㄱ고(일반고)는 평균 키가 175.5cm이다. 2cm 신발 깔창 두 개 이상을 깔아 놓은 만큼의 차이다.

－〈시사인〉 [207호] 2011.09.08.

② 4·11총선 이후 실시된 여론조사에서 새누리당 박근혜 비상대책위원장과 안철수 서울대 융합과학기술대학원장이 초박빙 구도를 보이고 있는 것으로 조사됐다.

여론조사 전문기관 리얼미터가 30일 발표한 4월 넷째 주 주간 정례조사 결과에 따르면 박 위원장은 대선 양자구도에서 1주일 전에 비해 2.1%p 하락한 47.1%를 기록했고 안 원장은 1.9%p 상승한 46.9%의 지지율을 얻었다.

박 위원장과 안 원장은 불과 0.2%p 차이로 초 박빙구도를 유지하는 것으로 나타났다. 이번 주간조사는 지난 23일부터 27일까지 전국 19세 이상 유권자 3,750명을 대상으로 휴대전화와 유선전화 RDD 자동응답 방식으로 조사됐다. 표본오차는 95% 신뢰 수준에서 ± 1.6%p이다.

- 〈뉴시스〉[241호] 2012.05.01.

■ **모집단(population)**
관심의 대상이 되는 모든 관측값이나 측정값

■ **표본(sample)**
모집단의 일부분으로 모집단에서 실제로 추출한 관측값이나 측정값

두 번째 기사의 여론조사처럼 표본으로부터 모집단을 추측해보는 통계학을 추론통계학(inferential statistics) 또는 추측통계학이라 한다. 즉, 수집된 자료를 분석하여 현재의 상태를 파악하거나 미래의 현상을 예측하는 데 도움을 주는 통계적 추론(statistical inference)을 다루는 학문 분야이다. 통계적 추론을 통해 얻어진 결론들은 항상 옳은 것이 아니며 어느 정도의 불확실성을 가지고 있으며 그 불확실성 정도를 확률을 사용하여 표현한다. 따라서 추론통계학을 공부하려면 확률에 대한 공부가 선행되어야 한다. 이 책에서는 7장과 8장에서 추론통계학을 다룬다. 그에 앞서 3, 4, 5장에서 확률을 먼저 공부할 것이다.

■ **기술통계학(descriptive statistics)**
수집된 자료를 표와 그래프, 수치 등으로 정리 및 요약하는 통계적 방법을 다룬다.

■ **추측통계학(inferential statistics)**
수집된 자료를 분석하여 현재의 상태를 파악하거나 미래의 현상을 예측하는 데 도움을 주는 통계적 추론(statistical inference)을 다루는 학문 분야이다.

이제 **모수(parameter)**와 **통계량(statistic)**에 대해 알아보자. 앞에서 추론통계학의 목적은 표본을 이용해 모집단을 추측해 보는 것이라 하였다. 그러면 모집단의 모든 관측값을 추측하는 것이 가능할까? 사실 그것은 불가능한 일이다. 우리가 모집단을 알려고 하는 것은 모집단의 모든 관측값이 아니라 모집단의 특성을 나타내는 값을 알고 싶은 것이다. 즉, 모집단의 중심 위치를 알 수 있는 평균값(모평균)이나 모집단의 퍼진 정도를 나타내는 분산(모분산) 또는 지지율이나 찬성률과 같은 비율(모비율) 등일 것이다. 이처럼 모집단의 특성을 나타내는 값을 모수(parameter)라 한다. 물론 모수는 모집단을 알아야 구할 수 있는 값이다. 그래서 표본을 뽑아 모수를 추측하면 그것이 곧 모집단을 추측하는 것과 동일하다. 표본에서도 모수와 대응되는 개념으로 표본의 특성을 나타내는 측도가 있다. 표본평균, 표본분산, 표본비율 등이 있는데 이것을 통계량(statistic)이라 한다. 예를 들어, 위의 두 번째 신문기사의 여론조사에서 모수는 우리나라 모든 유권자의 대선후보 지지율이고 통계량은 표본으로 뽑힌 유권자 3,750명의 대선후보 지지율이다. 그런데 모수와 통계량은 중요한 차이점이 하나 있다. 모수는 모집단을 알아야 구할 수 있는 값이지만 변하지 않는 상수이다. 그러나 통계량은 표본에 따라 달라지는 변수이다. 우리나라 유권자의 대선후보 지지율은 투표를 하기 전에는 모르는 값이지만 변하지 않는 상수이다. 그러나 표본 3,750명으로부터 얻은 대선후보지지율 47.1%와 46.9%는 표본비율의 변하는 값 중의 하나의 값이다. 3,750명의 또 다른 표본을 추출해 보면 그 값이 달라질 수 있다. 따라서 통계량인 표본비율은 확률변수이다.

■ **모수(parameter)**
모집단의 특성을 결정하는 상수(모평균, 모분산, 모비율 등)

■ **통계량(statistic)**
표본으로부터 얻을 수 있는 모수에 대응되는 개념으로 확률변수(표본평균, 표본 분산, 표본 비율 등)

그러므로 추측통계학의 목적은 모집단의 일부분인 표본을 이용하여 모집단을 추측하는 것으로 이것은 곧 표본에서 구한 통계량을 가지고 모수를 추측하는 것과 동일하다.

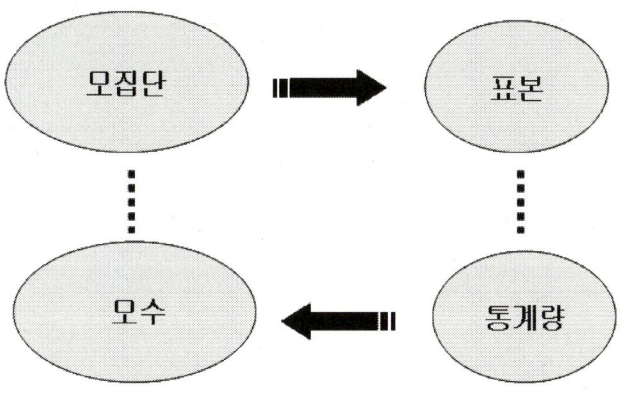

그림 1.1. 모수와 통계량의 관계

예제 1.1.

서울의 초등학교 3학년 남학생들의 평균 신장을 알아보기 위해 200명을 임의로 추출하여 조사하였더니 평균 신장이 110cm이었다. 모집단과 표본, 그리고 모수와 통계량에 대해 말하라.

<풀이>
- 모집단: 서울의 초등학교 3학년 남학생의 신장
- 표본: 임의로 선택된 200명의 초등 3학년 남학생들의 신장
- 모수: 서울의 모든 초등 3학년 남학생들의 신장 평균
- 통계량: 표본으로부터 얻어진 신장의 표본 평균 110cm는 통계량 하나의 값인 통계치(a value of statistic)라 한다.

1.2. 통계학의 이용

숫자로 표현된 통계의 활용방법을 다루는 통계학은 거의 전 분야에 걸쳐 이용된다. 예를 들어, 두산주류의 소주 '처음처럼'은 최단기간 1억 병 판매돌파의 기록을 가지고 있는 제품으로 이 제품이 개발될 때 두 가지 통계자료를 분석하였다고 한다. 보건복지부의 '국민음주현황'과 통계청의 '경제활동인구조사' 자료이다. 여성음주율이 1995년 15.3%에서 1998년 32.7%로 급증하는 점과 여성경제활동참가율이 2004년 49.9%로 증가한 것에 착안하여 남성 위주의 소주시장에 변화를 감지하여 부드럽고 도수가 약한 여성을 겨냥한 소

주를 개발하였다고 한다. 또한 CJ의 햇반도 통계청의 인구주택총조사의 '1인 가구'의 수의 변화를 관찰하여, 1985년 66만 가구에서 1996년 164만 가구로 증가하는 추세를 보고 개발한 제품이라 한다. 이 두 사례는 마케팅 분야에 통계자료를 이용한 경우이다. 만약, 앞으로 여러분이 사업을 하려면 제일 먼저 해야 할 일이 그와 관련된 자료를 찾아봐야 할 것이다.

데이터 마이닝(data mining) 분야에서도 매장 내 제품의 진열 방식, 금융업의 CRM(고객관계관리), 서비스업의 시스템 연구 등에 통계학이 활용된다. 그 외에도 사회과학의 여론조사, 컴퓨터공학의 패턴인식 및 영상처리, 인공지능, 신경망분석, 의학통계학 (Biostatistics), 계량경제학(econometrics), 생물정보학 (Bioinformatics)의 유전자 검색, DNA microarray data 분석, 교육통계, 계량심리학(psychometrics) 등 모두 통계학의 이론을 이용한 학문 분야이다.

■ 왜 통계학을 배우는가?

이제 통계학을 왜 배워야 하는지 명확해졌다. 불확실성이 높은 의사결정에서 경험과 직관도 중요하지만 거기에 통계분석 결과가 추가된다면 양질의 의사결정을 할 수 있다. 그러므로 **통계분석(statistical analysis)**은 당면한 문제와 관계가 있는 여러 가지 자료(data)에서 미래의 의사결정(decision making)에 가치 있는 정보(information)를 추출하고 그 정보의 질(quality)에 대한 척도를 제공하는 도구(tool)이다.

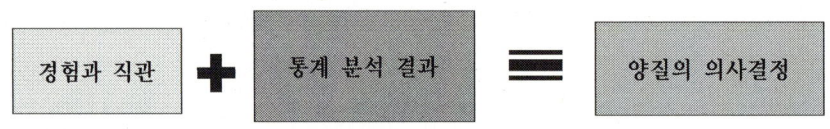

그림 1.2 의사결정의 도구인 통계분석

수집된 데이터의 양이 많으면 손으로 직접 통계분석은 불가능하다. 따라서 통계분석을 위해 컴퓨터를 활용해야 한다. 통계분석을 위한 전문 소프트웨어에는 SPSS, SAS, R, Minitab, Excel 등이 있다. 이 중 SPSS, SAS, Minitab은 상업용이고 R은 프리웨어이지만 사용이 다소 불편하다. Excel은 통계분석을 목적으로 만들어진 프로그램은 아니지만 엑셀의 추가기능에 있는 데이터분석을 이용하면 기초통계분석을 할 수 있다.

1. 통계학에 대해 설명하라.

2. 국내의 고등학교 3학년 학생들의 수능 성적을 조사하기 위하여 전국에서 1,000명을 임의로 뽑았을 때, 모집단과 표본을 설명하라.

3. 정부의 세금정책에 대한 직장인의 의견을 수렴하고자 기업협회로부터 600명의 직장인의 명단을 입수하여 임의로 100명을 뽑아 설문지를 보냈다. 이 중 회수된 응답자는 72건이었다. 이 경우 모집단과 표본은 무엇인가?

4. 2001년 단일화 이후, A리서치회사에서 전국의 성인남녀 1,000명을 대상으로 실시한 여론조사에서 노무현 후보의 지지율이 54%로 선두를 달리고 있다고 발표하였다.
   ① 이 조사에서 모집단과 표본은 무엇인가?
   ② 이 조사에서 모수와 통계량에 대해 설명하라.

5. 모수와 통계량에 대해 예를 들어 설명하라.

2장

자료의 정리와 요약

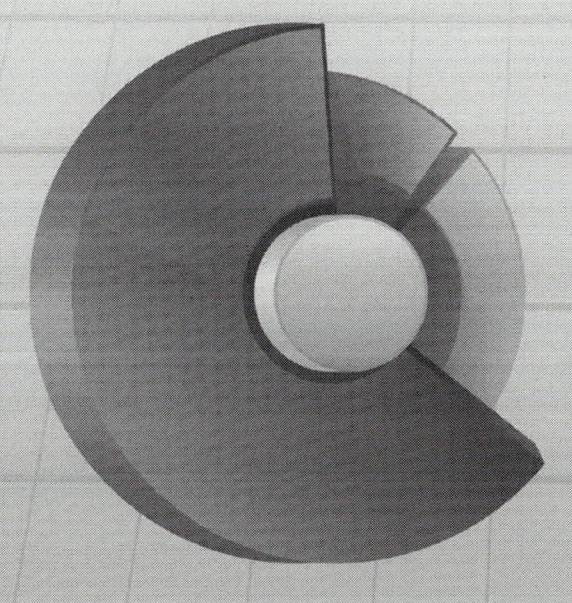

2.1. 자료의 수집

모집단으로부터 자료를 수집하여 조사하는 것을 통계조사라 한다. 통계조사는 모집단 전체를 조사하는 전수조사와 모집단의 일부분을 조사하는 표본조사로 나뉜다. 예를 들어, 5년에 한 번씩 통계청에서 실시하는 인구센서스는 전수조사라 볼 수 있으며 대통령의 지지율, 고객만족도 조사 등 각종 여론조사는 표본조사라 볼 수 있다. 전수조사의 경우 엄청난 시간과 비용이 들게 마련이다. 또한 제품의 수명조사, 자동차의 안전도 조사 등 파괴조사에서는 전수조사 자체가 불가능한 경우도 있다. 따라서 현실의 많은 자료가 대부분 표본조사로 이루어진다고 볼 수 있다.

우선, 표본조사의 장점을 살펴보면 조사에 드는 시간과 노력이 적게 들어 조사비용의 절감효과가 가장 대표적이다. 또한 요즘처럼 시시각각 변화하는 정보화시대에서는 신속한 조사결과의 반영이 요구되는데 전수조사에 비해 규모가 작은 표본조사는 보다 빠른 결과를 도출해 낼 수 있다.

표본조사에서의 자료 수집 방법은 관측연구(observational study)와 실험(experiment)으로 나뉜다. 관측연구는 여론조사, 고객만족도조사 등 단순히 관측하여 자료를 수집하는 방법으로 조사자가 어떤 영향을 미치지 않는다. 그러나 실험은 온도를 일정하게 유지하고 압력을 변화시키면서 조사한 철의 강도 실험 등 조사자가 알고 싶은 요인을 변화시키고 나머지 다른 요인들은 똑같은 상황에서 실험하여 얻는 것이다. 따라서 실험은 관측연구와 달리 실험자의 영향이 가미될 수 있다.

모집단을 잘 대변해 줄 수 있는 표본을 추출하는 것이 표본조사에서 중요한 문제이다. 표본추출법은 확률추출법과 비확률추출법으로 나뉜다. 확률추출법은 표본으로 뽑힐 각 개체의 선택 확률을 알고 있는 추출법이다. 그러나 비확률추출법은 각 개체가 뽑힐 확률을 알 수 없다. 따라서 표본 결과에 대하여 확률을 이용한 신뢰도를 결정할 수 없다. 일반적으로 사용되는 확률추출법에는 단순임의추출법(simple random sampling), 층화추출법(stratified sampling), 계통추출법(systematic sampling), 집락추출법(cluster sampling) 등이 있다.

좋은 표본 추출법의 판단 기준에는 추정량의 정도(precision)와 추출비용(cost)을 들 수 있다. 추정량의 정도는 조사자가 알려고 하는 모집단의 특성을 나타낸 모수에 대한 정확성이다. 동일한 정확성을 갖는 표본추출법이라도 표본추출비용과 시간이 더 적게 들면 훨씬 더 효율적일 것이다. 추출비용과 소요되는 시간은 표본의 크기가 작을수록 작게 든다. 따라서 표본조사에서 추정량의 정도를 높이고 비용과 시간을 줄이는 표본추출방법을 선택하는 것이 중요한 문제이다.

다음은 일반적으로 사용되는 확률추출법의 4가지 방법에 대해 알아보자.

① 단순임의추출법(simple random sampling)

단순임의추출법(SRS)은 가장 기초적인 방법이며 널리 사용되는 방법으로 모집단 각각의 원소들이 표본으로 뽑힐 가능성이 동일하도록 추출하는 방법이다. 예를 들어, 전교생이 5,000명인 K대학교에서 등록금에 대한 의견을 학생들을 대상으로 조사하고자 할 때, 단순임의추출법을 사용하여 500명의 표본을 뽑는다고 하자. 학생들의 고유 번호인 학번을 이용하여 모든 학생에게 일련번호를 부여하고 난수표(random number table)를 이용하여 임의로 500명을 추출하여 의견을 조사하면 된다. 모집단인 전교생 5,000명 모두가 표본인 500명 안에 뽑힐 가능성을 동일하게 추출되었다고 볼 수 있다. 이 방법의 특징은 모집단의 구성요소들이 표본으로 선택될 확률을 알 수 있고 그 확률이 동일하다는 점이다. 그러나 이론상으로 절차가 가장 단순하지만 실제로 표본조사에서 완전한 단순임의추출법을 구현하는 경우는 거의 없다. 위의 예제에서 선택된 500명의 학생을 조사하려고 할 때 산발적으로 퍼져 있는 표본을 빠른 시간에 조사하기란 거의 불가능하다고 볼 수 있다.

② 층화추출법(stratified sampling)

층화추출법은 모집단을 부분 모집단(subpopulation, 층, strata: 동질적인 그룹)으로 나누고, 각 층에서 독립적으로 단순임의추출표본을 취하는 방법이다. 예를 들어, 앞의 예제인 전교생이 5,000명인 K대학교에서 500명을 표본으로 추출하려고 할 때, 학년별로 층을 나누고, 학년별로 일정 수의 학생들을 단순임의추출을 한다. 여기에서 같은 학년(층 내)의 학생들은 의견이 비슷하고 학년별(층별)은 등록금에 대한 의견이 서로 다르다고 간주한다. 즉, 층 내에는 동질적인 요소들로(분산이 더 작아지도록) 구성되고 층별 사이에는 이질적인(분산이 크도록) 요소들로 표본 설계를 해야만 효율성이 클 것이다. 또 다른 예를 들면, 기업체의 기부금 평균치를 추정하기 위한 조사에서 기업체와 기부 금액 간에 상관이 있음을 알았다면, 기업체의 규모(대기업, 중소기업)에 따라 층을 나누어 표본을 추출하는 층화추출법이 단순임의추출법을 사용하는 것보다 더 효과적이다.

③ 계통추출법(systematic sampling)

계통추출법은 규모가 큰 모집단에서 표본을 추출할 때 사용되는 방법으로 모집단을 특정 개수로 구분한 후 일정한 간격마다 표본을 추출하는 방법이다. 예를 들어, L마트의 계산대에서 발행된 영수증 10,000장에서 200장을 표본 추출하고자 한다. 영수증의 일련번호가 번호순으로 있다면 $k = \frac{10000}{200} = 50$번째마다 한 장의 영수증을 추출하면 간단하게 영수증이 뽑힌다. 먼저, 일련번호 1번부터 50번까지의 50장 중에서 임의로 1장을 선택하고(난수표를 이용하여 단순임의추출 20번째 영수증이 뽑혔다고 하면), 그다음에 50장마다 1장씩을 선택하면 된다. 20번, 70번, 120번, …순으로 영수증을 추출하면 된다. 위의 예제의 경우는 $\frac{100}{k}\% = \frac{100}{50}\% = 2\%$ 계통 표본이라 한다. 계통표본의 장점은 작업의 수행이 매우 단순하고 경제적이며 사용하기에 편하다는 것이다. 만약, 선택된 표본이 이질적이면 단순임의추출법보다 정도(precision)가 높은 결과를 얻게 된다. 계통추출법을 이용할 때 주기적 변동을 갖는 모집단에서 표본을 추출할 때에는 주의가 필요하다. 예를 들어, 월별 주가 통계 등 주기적으로 동질적인 경향을 보이는 자료에서는 추출된 자료들이 동질적인 것들만 뽑힐 수 있기 때문이다. 보통 계통추출법은 다른 추출법과 병행에서 사용한다.

④ 집락추출법(cluster sampling)

집락추출법은 이미 구성된 집단(집락: cluster)에서 임의로 집락을 추출하는 방법이다. 이 방법은 모집단의 요소들을 개별보다 집단으로 추출하는 것이 더 효율적일 때 사용한다. 예를 들어, 5개씩 제품이 포장된 상자가 2,000개 있다고 하자. 불량품을 조사하기 위해 100개의 제품을 표본 조사하려고 한다. 이 경우 단순임의 추출로 100개의 제품을 뽑을 때 5개씩 포장된 상자에서 한 개씩 추출하면 100개의 포장된 상자를 다 풀어봐야 한다. 그러면 뽑힌 100개의 상자는 더 이상 시장에 팔 수 없다. 그래서 모집단 자체가 5개씩 포장된 집단(집락, cluster)으로 구성된 경우이므로 2,000개의 상자 중에서 20개를 단순임의추출하여 각 상자에 있는 5개의 모든 제품을 조사하면 된다. 이것이 1단계 집락추출법이다. 다른 예를 들면, 만약 서울시에서 초등학교 무상급식에 대한 의견을 서울시민을 대상으로 조사하려고 한다고 하자. 서울에 있는 25개의 모든 구에서 임의로 5개의 구를 임의추출하고 추출된 5개의 구에서 다시 2개의 동을 임의로 추출하여 조사를 하면 이것은 2단계 집락추출법이 된다. 집락추출법의 가장 큰 장점은 표본추출 비용의 절감 효과이다.

2.2. 자료의 종류

통계조사나 실험을 통해 연구하고 싶은 대상의 특성을 얻어낸 것이 자료이다. 얻어낸 자료는 질적 자료와 양적 자료로 구분된다. 자료의 종류에 따라 정리·요약 방법이 서로 다르게 적용될 수 있기 때문에 자료의 정리에 앞서 자료의 종류를 구분하는 것은 중요하다.

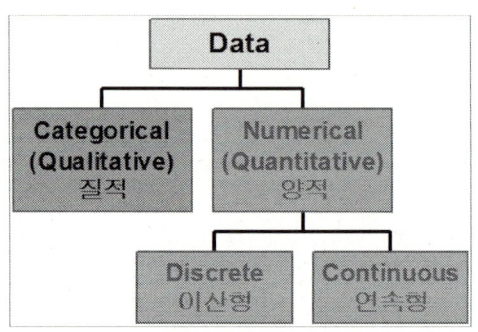

그림 2.1. 자료의 종류

- **질적 자료(categorical data)**

질적 자료는 관측된 값이 몇 개의 범주(category)를 나타내는 문자나 숫자로 표시된 자료이며 범주형 자료라고도 한다. 예를 들어, 성별, 직업, 혈액형, 야구선수의 등번호 등이 이에 속한다.

- **양적 자료(numerical data)**

양적 자료는 크기, 무게, 개수 등과 같이 양을 나타내는 숫자로 표현되어 있다. 이산형 자료(discrete data)와 연속형 자료(continuous data)로 나누어진다. 이산형 자료는 자료가 취할 수 있는 값을 셀 수 있는 것으로 불량품의 개수, 수락산의 참나무 수 등이 있다. 연속형 자료는 취할 수 있는 값이 어떤 실수 구간 내에 임의의 모든 수치를 값으로 취할 수 있는 경우이며 전구의 수명, 차의 속도, 시간, 몸무게 등이 이에 속한다.

자료를 측정하는 척도(scale)로서 자료를 구분하기도 한다. 척도에는 명목척도(nominal scale), 순서척도(ordinal scale), 구간척도(interval scale), 비율척도(ratio scale) 등이 있다.

우선, 명목척도(nominal scale)는 단지 분류만을 위해 자료를 구분하는 척도이다. 따라서 명목척도에 의해 얻어진 자료는 질적 자료(범주형 자료)를 얻게 된다. 성별, 혈액형, 운동선수의 등번호, 질병의 분류, 식품군의 분류 등은 명목척도로 측정할 수 있다.

순서척도(ordinal scale)는 분류를 위해 범주형으로 주어지고 그 범주 간에 순위가 존재하는 경우를 말한다. 예를 들어, 학력을 중졸, 고졸, 대졸, 대학원 졸로 구분하면 범주도 나뉘지만 위로 갈수록 고학력을 의미하는 것이 보이므로 순서척도로 측정해야 할 것이다. 사회계층구분, 제품 선호도의 측정 등은 순서척도로 측정할 수 있다. 순서척도로 측정한 자료들은 질적 자료이지만 양적 자료로도 다룰 수 있다.

구간척도(interval scale)는 순위를 부여하되 순위 사이의 간격이 동일하여 차이에도 의미를 부여 수 있는 측도이다. 구간척도로 얻어진 자료는 수학적으로 덧셈, 뺄셈은 할 수 있지만 절대적인 영점(absolute zero)이 존재하지 않아서 비율계산(곱셈, 나눗셈)은 할 수 없다. 예를 들어, 온도, 주가지수, 물가지수, IQ 등이 여기에 속한다. 이들 자료는 양적 자료로 다룰 수 있다.

마지막 비율척도(ratio scale)는 구간척도의 특성에 추가로 절대적인 영점이 존재하여 비율계산이 가능한 척도이다. 예를 들어, 몸무게, 키, 시간, 거리, 각도, 연령, 가격, 소득 등이 속한다. 구간척도와 마찬가지로 양적 자료를 얻을 수 있다. 모든 양적 자료는 질적 자료로 바꿀 수 있다. 예를 들어, 연령을 양적 자료로 얻었을 때 연령대로 10대, 20대, 30대, 40대, 50대 등으로 그룹화하여 질적 자료로 취급할 수 있다.

표 2.1. 척도(scale)에 따른 자료 구분

척도(scale)	자료 구분	예
명목척도 (nominal scale)	질적 자료	성별, 혈액형, 야구선수 등번호, 질병의 분류, 식품군의 분류
순서척도 (ordinal scale)	질적 자료 양적 자료	학력, 사회계층구분, 제품 선호도
구간척도 (interval scale)	양적 자료	온도, 주가지수, 물가지수, 지능지수
비율척도 (ratio scale)	양적 자료	무게, 거리, 시간, 소득, 가격

다음 변수는 질적 변수인지 양적 변수인지 또한 양적 변수이면 이산변수인지 연속변수인지 구분하라.

(1) 전구의 수명   (2) 개인의 지지정당   (3) 월별 전기 요금

(4) 사람의 국적   (5) 합금의 강도   (6) 사람의 성별

(7) 차의 속도   (8) 극장표를 사기 위해 매표소에서 기다리는 사람의 수

(9) 수락산의 밤나무 수   (10) 동전의 출현 면

<풀이>
- 질적 변수: (2) 개인의 지지정당, (4) 사람의 국적, (6) 사람의 성별, (10) 동전의 출현 면
- 양적변수

  이산변수: (8) 극장표를 사기 위해 매표소에서 기다리는 사람의 수, (9) 수락산의 밤나무 수

  연속변수: (1) 전구의 수명, (3) 월별 전기 요금, (5) 합금의 강도, (7) 차의 속도

2.3. 표와 그래프를 이용한 자료의 정리

이 절에서는 수집된 자료를 표와 그래프를 이용하여 정리·요약하는 방법에 대해 알아본다. 질적 자료와 양적 자료로 나누어 표와 그래프로 자료를 정리하는 방법을 다룬다.

2.3.1. 질적 자료

특정한 자료값이 반복되는 횟수를 도수(frequency)라 하는 데 이 도수를 자료의 값과 함께 정리해 놓은 표를 도수분포표(frequency table)라 한다. 도수분포표에는 도수와 함께 상대도수와 누적도수(cumulative frequency)를 표시하기도 한다. 상대도수(relative frequency)는 도수를 전체 자료값의 개수로 나눈 값이다. 예를 들어, 전체 50명인 1반에서 안경 쓴 학생의 수가 10명이 있으면 상대도수는 10/50=0.2이다. 이를 백분율로 표시하면 0.2×100=20%가 된다. 상대도수는 자료의 총개수가 서로 다른 자료의 분포를 비교하는 데 많이 이용된다. 만약 55명인 2반에 안경 쓴 학생의 수가 12명이라면 상대도수는 12/55=0.22가 된다.

상대도수를 비교해보면 1반보다 2반이 안경 쓴 사람의 비율이 더 큰 것을 알 수 있다. 상대도수를 사용하면 전체 도수를 알지 못해도 두 집단을 비교할 수 있다. 다시 말해서 두 집단을 비교할 때 전체 도수의 영향을 받지 않는다. 위의 예제에서도 1반이 전체 50명이고 2반이 전체 55명이라는 것을 몰라도 안경 쓴 사람의 상대도수인 0.2와 0.22를 비교하면 된다. 누적도수는 말 그대로 도수를 누적해 놓은 것을 말한다. 누적도수를 도수분포표에 표시하면 표시된 범주 이하 또는 이상인 도수를 한눈에 쉽게 파악할 수 있다.

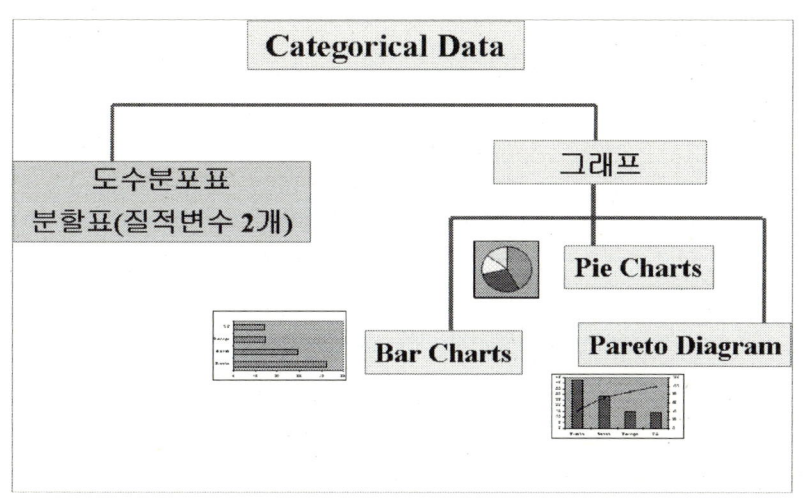

그림 2.2. 질적 자료의 정리

질적 자료를 나타내는 그래프로는 막대그래프(bar chart)와 원 그래프(pie chart)를 많이 사용한다. 막대그래프는 각 범주에 해당하는 도수를 막대 모양으로 표시한 그림이다. 원 그래프도 각 범주의 비율을 원의 조각으로 표현한 그래프이다. 원그래프를 작성할 때 도수 또는 백분율이 증가하거나 감소하는 차례로 표시하는 것이 좋다. 또한 원그래프 작성 시 범주가 너무 많으면 눈으로 해석하기에 곤란하다. 대체로 5∼6개 이하의 범주 개수가 적당하다. 또한 품질관리에서 주로 사용되는 파레토 그림(pareto diagram)도 질적 자료를 나타낸 그래프이다. 파레토 그림은 막대그래프와 누적백분율을 표시한 꺾은선 그래프를 함께 나타낸 그래프이다. 이때 막대그래프는 도수가 큰 범주에서 작은 범주 순으로 표시한다. 그 이유는 공장에서 제품의 품질관리에 주로 사용되므로 도수가 가장 큰 범주를 신속하게 탐지하기 위해서이다. 또한 누적백분율을 함께 표시하므로 그래프의 기울기를 가지고 도수의 변화율을 한눈에 알 수 있다.

한 연구기관에서 1,345명의 연구원들의 학력에 관한 자료를 수집하였다. 연구원의 학력에 대한 도수분포표를 작성하라. 막대그래프와 원그래프도 그려라.

<풀이>

연구원의 학력은 질적 자료이다. 도수분포표(frequency table)를 작성하면 다음과 같다.

학력	도수	상대도수	백분율(%)	누적도수
박사	501	501/1345	37.2	501
석사	683	683/1345	50.8	1184
학사	94	94/1345	7.0	1278
고등학교 이하	67	67/1345	5.0	1345
합계	1345	1.0	100	

위의 도수분포표에서 보는 것처럼 연구원의 학력은 석사가 가장 큰 빈도를 차지하는 것을 알 수 있다. 또한 이 연구소의 연구원들의 학력은 석사 이상 학력을 소유한 연구원들의 비율은 80%인 것을 쉽게 알 수 있다.

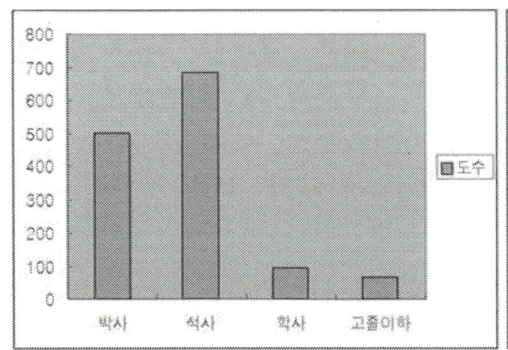 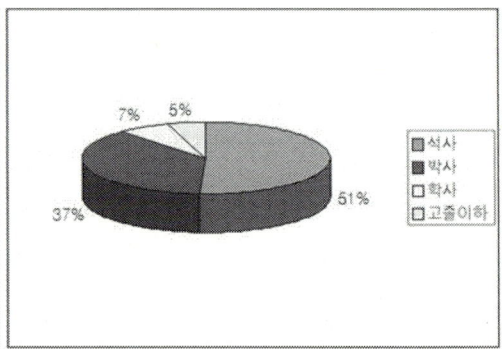

막대그래프와 원그래프를 보면 석사학력이 가장 많은 비중을 차지하는 것을 한눈에 알 수 있다.

신봉자동차 정비업소에서 일주일 동안 정비의뢰가 들어온 150건의 차량결함에 대해 도수분포표로 정리하였다. 파레토 그림을 그려 보아라.

<풀이>

도수분포표와 파레토 그림은 다음과 같다.

결함의 종류	도수	백분율	누적백분율
차체	72	48%	48%
보조장비	53	35%	83%
전기	12	8%	91%
전동장치	8	5%	97%
엔진	5	3%	100%
합계	150	100%	

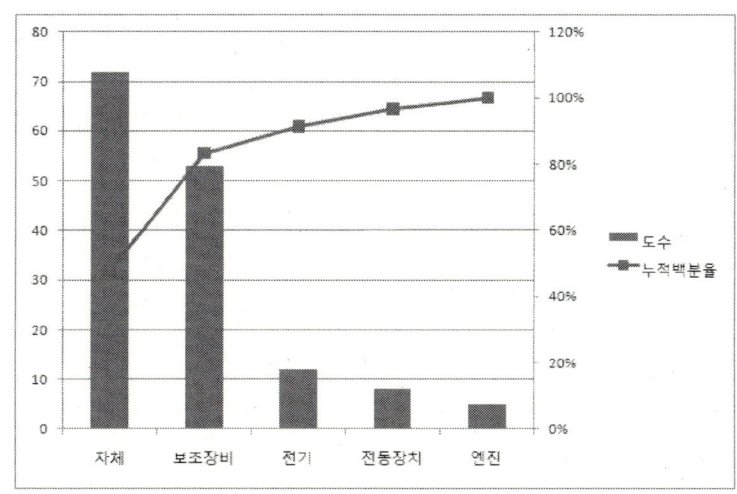

위의 파레토 그림을 보면 차제 결함으로 들어온 차량이 가장 많은 것을 쉽게 알 수 있다. 누적백분율 그림에서도 차체결함이 기울기가 제일 가파른 것을 볼 수 있다. 이것은 차체결함이 가장 큰 도수를 차지하는 것을 보여준다. 그리고 차체와 보조장비 결함, 두 가지 문제가 전체의 83%를 차지하고 있다.

2.3.2. 양적 자료

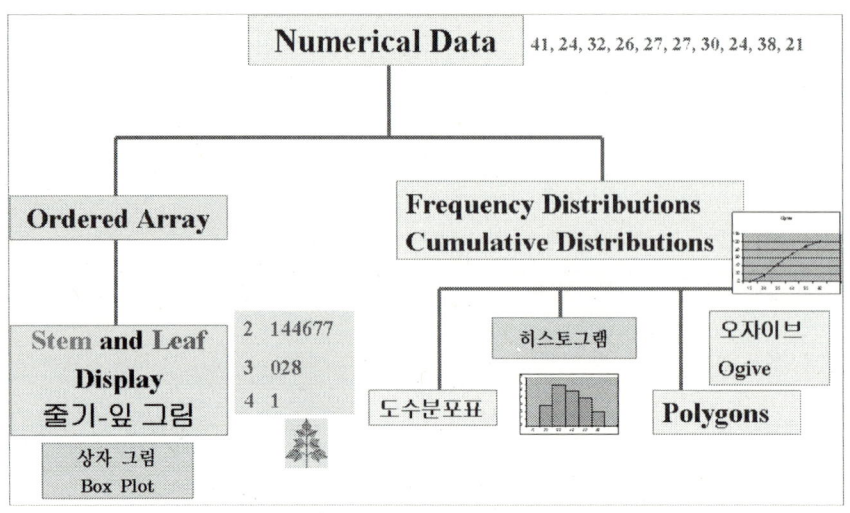

그림 2.3. 양적 자료의 정리

질적 자료는 이미 범주가 나누어져 있으므로 도수만 산정하면 쉽게 도수분포표를 작성할 수 있었다. 그러나 양적 자료는 범주(계급)를 나누어 주는 작업을 한 후 도수를 산정해야 한다.

표 2.2. 80명의 통계학 시험 성적

62	73	85	42	68	54	38	27	32	63
68	69	75	59	52	58	36	85	88	72
52	52	63	68	29	73	29	76	29	57
46	43	28	32	9	66	72	68	42	76
38	38	39	28	19	12	78	72	92	82
72	33	92	69	28	39	85	59	68	52
85	59	76	80	72	74	54	48	29	36
10	82	58	88	68	58	46	37	29	35

[표 2.2.]는 통계학 강의를 듣는 80명의 시험성적이다. 담당교수는 학생들의 성적이 어떤 분포를 하는지 알고 싶다. 그러나 위의 원자료(raw data)에서는 성적 분포에 대해 알아보기가 어렵다. 그래서 자료값들을 몇 개의 범주(계급)로 나누어 도수분포표를 만들고 분포의 모양을 알 수 있는 히스토그램을 그려보려 한다. 우선 도수분포표를 만들기 위해 계

급의 수를 결정해야 한다. 자료의 개수가 적은데 계급의 수를 너무 크게 잡으면 원자료 상태와 별로 달라질 것이 없다. 일반적으로 계급의 수는 5~20개 정도로 한다. 또는 $\sqrt{\text{자료의개수}} \pm 3$ 범위 내에서 정하거나 Sturges의 제안처럼 계급의 수=1+3.3log(자료의 개수)을 이용하기도 한다. 따라서 계급의 수를 결정하는 문제에는 정답이 존재하지 않는다. 계급의 수에 따라 계급의 간격이 달라질 수 있고 더 나아가 분포의 모양이 달라질 수 있다. 그러므로 실제 자료를 정리할 때 계급의 수를 몇 가지 달리해 가면서 분포의 모양이 이론 분포(예를 들어, 정규분포 등) 모양과 비슷한 것을 선택해서 자료를 설명하면 될 것이다.

[표 2.2]의 도수분포표와 히스토그램을 그려보자.

우선 계급의 수를 6개로 정하고 계급의 간격을 생각해 보자. 계급의 간격을 임의로 정하는 것보다 자료의 퍼진 정도를 구한 다음 자료가 퍼져 있는 구간을 계급의 수만큼 나눠 주어 계급 간격으로 사용한다. 그래서 자료의 퍼진 정도를 간편하게 구할 수 있는 범위 (range)를 이용한다. 범위는 자료값 중 최댓값에서 최솟값을 뺀 값이다. 최댓값은 92, 최솟 값은 9이므로 범위는 92-9=83이고 계급의 간격은 83/6=13.8이다. 계급의 간격을 15로 하면 6개의 계급을 만들 수 있다. 여기서 주의할 점은 첫 번째 계급의 하한값을 정할 때 최솟값이 포함되어야 하므로 최솟값보다 작게 잡아야 한다. 보통 첫 번째 계급의 하한값은 최솟값-1/2*(최소단위)를 사용한다. 8.5~23.5(8.5에서 23.5 미만), 23.5~38.5, 38.5~53.5, 53.5~68.5, 68.5~83.5, 83.5~98.5가 된다. 계급의 폭을 결정 한 후 도수를 산정하면 된다.

양적 자료의 도수분포표에는 도수밀도(frequency density)를 구할 수 있다. 도수밀도는 계급의 도수를 그 계급의 간격으로 나눈 값이다. 간격이 일정하면 도수가 큰 계급일수록 도수밀도의 값도 큰 값이 된다. 또한 상대도수(relative frequency)와 상대도수밀도(relative frequency density)도 구한다. 상대도수밀도는 상대도수를 그 계급의 간격으로 나눈 값이다. 계급 간격이 일정하면 도수, 도수밀도, 상대도수, 상대도수밀도는 동일한 분포 모양을 나타낸다.

※ 도수분포표 작성절차

   1. 계급의 수 결정: 6개

   2. 계급의 폭 결정: $\dfrac{\text{범위}}{\text{계급의수}} = \dfrac{92-9}{6} = 13.8 \approx 15$

   3. 첫 번째 계급의 하한값: 최솟값 $-0.5 = 9-0.5 = 8.5$

   4. 도수 산정

표 2.3. 80명의 통계학 시험성적에 관한 도수분포표

계급	도수	도수밀도	상대도수	상대도수밀도	누적도수
8.5~23.5	4	4/15=0.27	4/80=0.05	0.05/15=0.003	4
23.5~38.5	19	19/15=1.27	19/80=0.2375	0.2375/15=0.016	23
38.5~53.5	12	12/15=0.80	12/80=0.15	0.15/15=0.01	35
53.5~68.5	19	19/15=1.27	19/80=0.2375	0.2375/15=0.016	54
68.5~83.5	18	18/15=1.20	18/80=0.225	0.225/15=0.015	72
83.5~98.5	8	8/15=0.53	8/80=0.10	0.1/15=0.0067	80
합계	80명		1.0		

◆ 도수분포표 작성 절차

(1) 계급의 수를 결정: 5~20개
자료의 개수가 50~200개일 때 보통 $\sqrt{\text{자료의 개수}} \pm 3$ 범위 내에서 정한다.
(Sturges의 제안: 계급의 수=1+3.3log(자료의 개수))

(2) 범위(=최댓값-최솟값)를 구한다.

(3) 계급의 폭을 결정: $\dfrac{\text{범위}}{\text{계급의 수}}$

범위는 자료의 흩어진 정도를 구한 것이다. 전체 자료의 흩어진 구간을 일정한 폭으로 계급의 수만큼 나누는 것을 의미한다.
(※주의: 계급의 폭을 조금 큰 근사치를 사용해야 한다. 첫 번째 계급의 하한을 최소치보다 작게 잡으므로 근사치보다 작게 작으면 최댓값이 포함되지 않을 수 있다.)

(4) 첫 번째 계급의 하한값 결정: 최솟값과 일치하게 정하면 안 된다. 그 방법으로 최솟값에서 자료의 최소단위의 반을 빼준 값으로 정한다.

(5) 도수를 산정한다.

도수분포표를 작성한 후 자료의 분포 형태를 알아보기 위해 히스토그램(histogram)을 그린다. [그림 2.4.]는 [표 2.2.]의 자료를 이용하여 그린 도수에 대한 히스토그램이다. 히스토그램은 도수뿐만 아니라 도수밀도, 상대도수, 상대도수밀도를 이용하여 그릴 수 있다. 히스토그램에서 직사각형의 밑변은 계급의 폭이 되고 사각형의 높이는 도수, 도수밀도, 상대도수, 상대도수밀도 중 하나를 이용하여 그린다. 만약 계급 간격이 일정하면 히스토그램의 모양이 동일할 것이다. 그러나 계급간격이 다르면 도수밀도에 대한 히스토그램에서

는 사각형의 면적이 그 계급의 도수가 되며 모든 사각형의 면적의 합이 총 도수가 된다. 또한 상대도수밀도에 대한 히스토그램에서는 사각형의 면적이 각 계급의 상대도수가 되며, 모든 사각형의 면적의 합이 1이 된다.

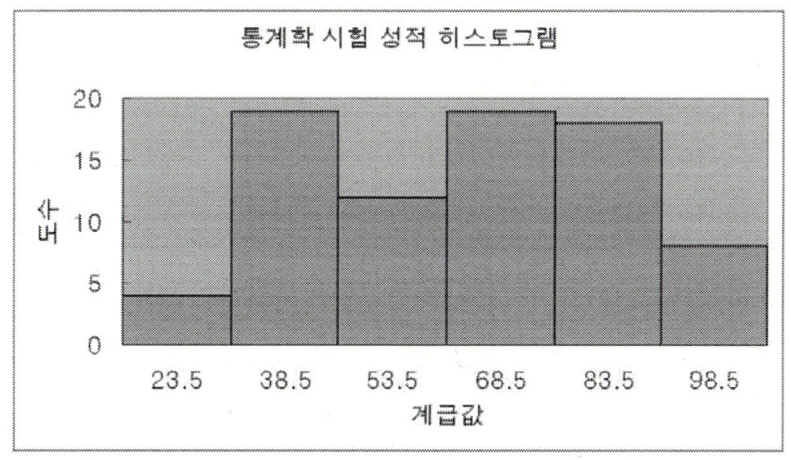

그림 2.4. 도수에 대한 히스토그램

자료에 대한 히스토그램을 그려보면 자료의 분포 모양을 한눈에 쉽게 알아볼 수 있다. 일반적으로 [그림 2.5.]처럼 대칭적인 분포(symmetric distributed), [그림 2.6.]과 같은 오른쪽으로 기울여진 분포(right skewed), [그림 2.7.]과 같은 왼쪽으로 기울여진 분포(left skewed) 등 3가지 형태로 구분된다.

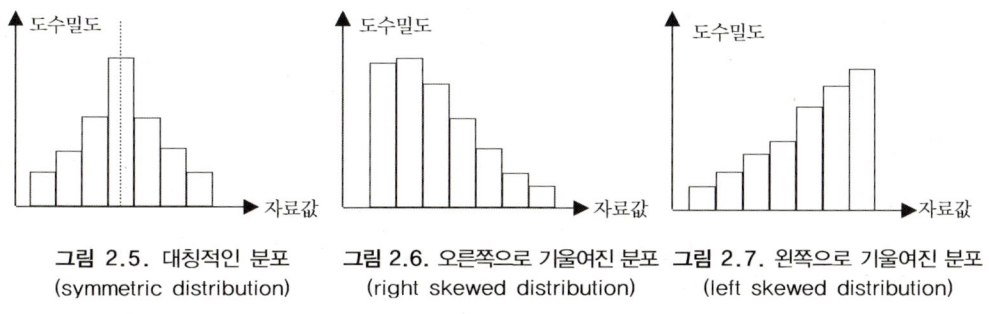

그림 2.5. 대칭적인 분포
(symmetric distribution)

그림 2.6. 오른쪽으로 기울여진 분포
(right skewed distribution)

그림 2.7. 왼쪽으로 기울여진 분포
(left skewed distribution)

도수다각형(frequency polygon)은 히스토그램을 그린 후 사각형의 윗변의 중점을 점으로 연결한 그림이다. 사각형의 중점은 그 계급 간격의 중앙값을 의미한다. 히스토그램을 그린 후 다시 도수다각형을 그리는 이유는 선으로 연결해 놓으면 분포의 형태가 뚜렷이 나타나 더 쉽게 알아볼 수 있기 때문이다. [그림 2.8.]은 80명 통계학 성적에 대한 히스토그램을 도수다각형과 함께 그린 그림이다.

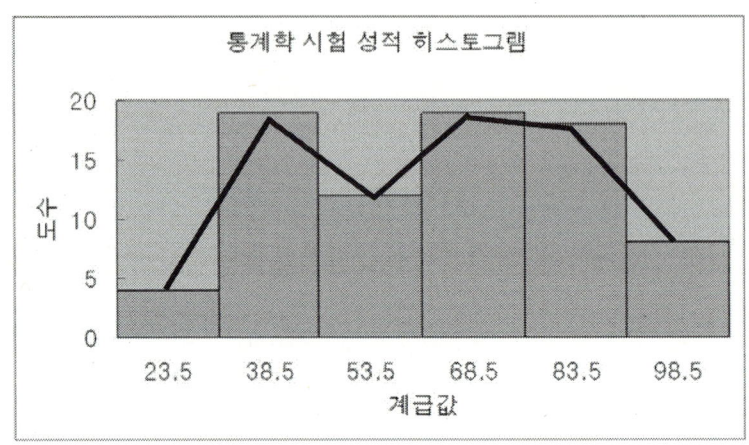

그림 2.8. [표 2.2]의 도수다각형

누적도수다각형은 각 계급에 대응되는 누적도수를 점을 찍어 연결한 것으로 보통 오자이브(ogive)라 부른다. 오자이브는 누적도수를 그렸기 때문에 그림의 형태가 하향곡선을 나타내지 않는다. 오자이브의 기울기는 각 계급의 도수 변화량을 알 수 있다. [그림 2.9]는 [표 2.2]에 대한 오자이브를 그린 것이다.

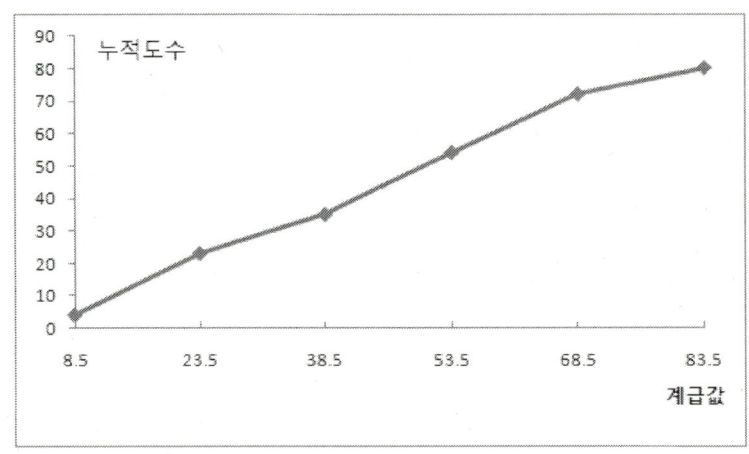

그림 2.9. [표 2.2]에 대한 누적도수다각형

2.3.3. 줄기 잎 그림과 상자 그림

1960년대 튜키는 관측된 자료의 분포는 분포로 이해해야지 우리 맘대로 거기에 어떤 확률모델을 부가해서는 안 된다고 보았다. 이러한 문제의식으로부터 튜키는 1977년에 탐색적 자료 분석(Exploratory Data Analysis: EDA)이라는 책을 썼다. 이 책에서 그는 표준적 확률분포를 가정하고 자료 분석의 출발점으로 삼으려고 하기보다는 데이터 자체에서 어떤 유형을 찾아내려고 노력했다. 기존에 관측치들의 분포 모양을 알아보기 위해 사용된 히스토그램의 단점을 보완한 새로운 그래프와 극단값들이 관측치들의 유형에 어떻게 영향을 미치는지 살펴볼 수 있는 그림을 제안했다. 그것이 바로 줄기 잎 그림(stem and leaf plot)과 상자 그림(box plot)이다.

▶ Stem and Leaf plot(줄기 잎 그림)

줄기 잎 그림은 적은 양의 자료에 사용하면 좋고, 간단하게 자료의 구조 및 형태를 파악할 수 있으며 히스토그램에서 알 수 없었던 원자료값(raw data) 하나하나를 알 수 있다. 이런 점에서 정보의 보존성이 우수하다고 볼 수 있다. [표 2.2]의 80명의 통계학 성적 자료를 가지고 줄기 잎 그림을 그려보자.

① 줄기(stem) 부분을 만든다. 여기서는 십의 자리를 줄기로 사용한다.

② 잎(leaf)을 붙여나간다. 잎은 반드시 한자리로 표현되어야 한다. 잎을 붙여 나갈 때 열을 맞추어 적는다.

③ 잎을 다 붙였으면 이제 각 줄기의 잎을 크기순으로 정리한다.

줄기 잎 그림에서 알 수 있는 것은 자료의 분포 모양, 분포의 중심 위치, 이상치의 존재 여부 등이다. [그림 2.10.]의 줄기 잎 그림을 왼쪽으로 90도 돌리면 계급간격이 10인 히스토그램의 모양과 동일하므로 분포의 모양을 쉽게 알 수 있다. 또한 최솟값 9점, 최댓값은 92점임을 쉽게 알 수 있다.

0	9
1	029
2	88899999
3	235667899
4	2368
5	22247888999
6	36888899
7	22223456668
8	02255588
9	22

그림 2.10. [표 2.2.]의 줄기 잎 그림

다음 자료는 50대 남성 중 고혈압환자와 정상인 사람 각각 35명의 체중이다. 두 자료를 비교하기 위한 서로 맞댄 줄기 잎 그림(back-to-back stem & leaf plot)을 그려라.

고혈압 환자	정상인 그룹
59, 58, 57, 56, 69, 68, 68,	53, 55, 56, 57, 58, 59, 60,
68, 66, 66, 65, 64, 62, 79,	61, 61, 61, 62, 62, 63, 64,
79, 78, 78, 77, 76, 75, 75,	65, 65, 66, 67, 68, 68, 69,
74, 73, 72, 71, 70, 85, 84,	70, 71, 72, 73, 73, 74, 76,
84, 83, 82, 82, 81, 96, 94	77, 78, 80, 81, 82, 83, 96

<풀이>

고혈압		정상
9876	5	356789
988866542	6	011122345567889
9988765543210	7	012334678
5443221	8	0123
64	9	6

두 자료의 분포를 서로 비교하기 위해 가운데 줄기를 중심으로 양쪽으로 잎을 붙여나간다. 위의 서로 맞댄 줄기 잎 그림을 보면 고혈압환자들의 중심 위치가 정상그룹보다 더 큰 것을 알 수 있다. 고혈압 그룹보다 정상인 그룹이 더 오른쪽으로 기울여진(right skewed) 분포형태를 띠고 있다.

▶ Box plot(상자 그림)

상자 그림(Box plot)은 자료의 분포 형태뿐만 아니라 이상치를 표시할 수 있는 그림이다. 상자 그림을 그리기 위해 5개의 수치요약치를 알아야 한다. 5개의 수치요약치는 최댓값, 최솟값 그리고 사분위수이다.

사분위수(Quartiles)는 자료를 크기순으로 나열한 후 4등분 했을 때 위치하는 값이다. 첫 번째 등분에 위치하는 값을 제1사분위수(Q_1)라 한다. 전체 자료값 중 25%에 해당하는 자료값이다. 두 번째 등분인 제2사분위수(Q_2)는 자료의 중간에 위치하는 값으로 중위수(median)라 부르기도 한다. 세 번째 등분의 값을 제3사분위수(Q_3)라 부르며 전체 자료의 75%에 해당하는 자료값이다. 3개의 사분위수 중 제일 큰 제3사분위수에서 제일 작은 제1사분위수를 뺀 것을 사분위 범위(IQR: Interquartile Range)라 한다.

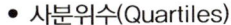 사분위수(Quartiles)

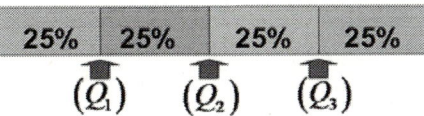

- 사분위범위(IQR)=$Q_3 - Q_1$

상자 그림의 가장 큰 장점은 자료의 이상치나 극단치를 표시할 수가 있다. 이상치를 구분하기 위해 두 개의 울타리(fence)를 표시한다. 안쪽 울타리(inner fence)는 제1사분위수와 제3사분위수에서 사분위범위(IQR)의 1.5배 떨어진 곳에 표시한 후 울타리를 벗어나는 자료의 해당 위치에 표시한다. 바깥 울타리(outer fence)는 제1사분위수와 제3사분위수에서 사분위범위의 3배 떨어진 곳에 위치한다.

5개의 수치요약치를 구한 후 상자 그림을 그린다. 우선 수직선 위에 제1사분위수와 제3사분위수를 상자로 표현하고 상자 안에 중위수에 해당하는 위치에 선을 긋는다. 상자를 그린 다음 울타리를 벗어나지 않는 값 중에서 최솟값과 최댓값까지 수염(whisker)을 그린다. 울타리를 벗어나는 자료값에는 표시를 한다.

예를 들어, 다음과 같은 10개의 자료를 이용하여 5개의 수치 요약치를 구하고 상자 그림을 그려보자.

$$5,\ 8,\ 10,\ 11,\ 12,\ 16,\ 18,\ 19,\ 21,\ 22$$

자료가 크기순으로 나열되어 있으므로 사분위수를 구한다. 먼저 제2사분위수인 중위수는 자료가 짝수이므로 5번째와 6번째 값의 중간값이 된다. $Q_2 = \dfrac{12+16}{2} = 14$이다. 제1사분위수의 위치(position)는

$$Position\ of\ \ Q_1 = [10 \times 0.25] = [2.5] = 3$$

으로 3번째 자료값이다. 즉, $Q_1 = 10$이다. 여기서 [x]는 x보다 큰 정수 중 가장 작은 정수를 의미한다. 예를 들어 [2.5]=3, [1.25]=2이다. 제3사분위수의 위치는 *Position of*

$Q_3 = [10 \times 0.75] = [7.5] = 8$번째로 $Q_3 = 19$이다. 사분위 범위 (IQR: Interquartile Range)= $Q_3 - Q_1 = 19 - 10 = 9$이다. 따라서 안쪽 울타리는 $Q_1 - IQR \times 1.5 = 10 - 9 \times 1.5 = -3.5$와 $Q_3 + IQR \times 1.5 = 19 + 9 \times 1.5 = 32.5$이다. 바깥 울타리는 $Q_1 - IQR \times 3 = 10 - 9 \times 3 = -17$와 $Q_3 + IQR \times 3 = 19 + 9 \times 3 = 46$이다. 그러나 10개의 자료값 중에 울타리를 벗어나는 자료는 없다. 그러므로 제 1사분위수에서 최솟값 5까지 수염(whisker)을 그리고, 제3사분위수에서 최댓값 22까지 수염을 그린다. [그림 2.11.]은 위의 예제를 이용해 수평축으로 그린 상자 그림이고 [그림 2.12.]는 수직축으로 그린 상자 그림이다.

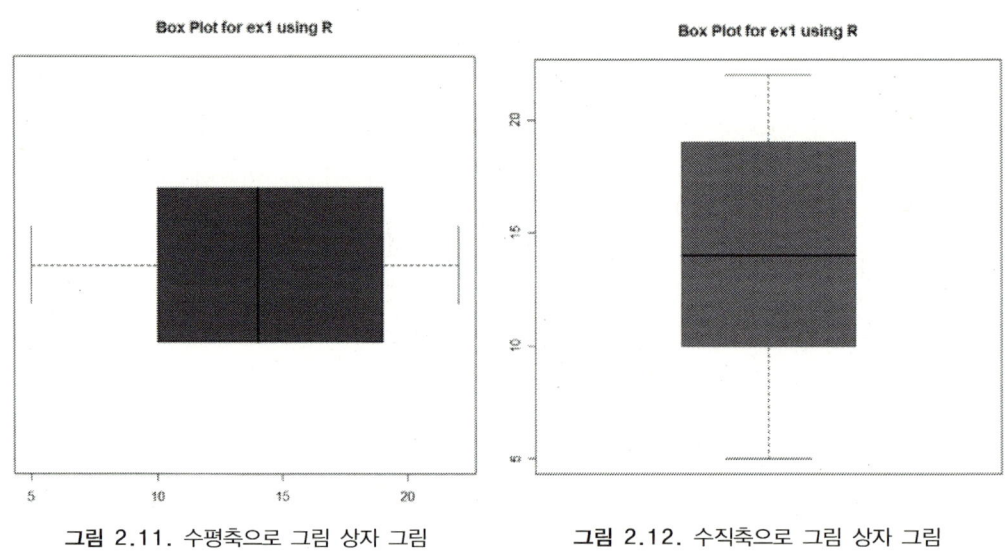

그림 2.11. 수평축으로 그림 상자 그림   **그림 2.12.** 수직축으로 그림 상자 그림

다음 [예제 2.5]는 이상치가 존재하는 자료이다. 상자 그림을 그려보자.

예제 2.5.

다음은 사람의 뇌의 무게를 그램(g) 단위로 조사한 자료이다. 자료 중에서 1명의 자료는 AIDS로 사망한 사람의 뇌의 무게이고, 나머지 10명의 자료는 정상인의 뇌의 무게이다. 의학계에서는 AIDS가 뇌의 무게를 가볍게 한다고 믿고 있다. 다음 자료의 상자 그림을 그려라.

<풀이>

먼저, 자료를 크기순으로 정렬한다.

| 1090 | 1310 | 1560 | 1330 | 1370 | 1260 | 1350 | 1420 | 1280 | 1400 | 1370 |

⬇ ordered

| 1090 | 1260 | 1280 | 1310 | 1330 | 1350 | 1370 | 1370 | 1400 | 1420 | 1560 |

사분위수의 위치를 구해 사분위수를 구하고 안쪽 울타리와 바깥 울타리를 구하면 다음과 같다.

- $Position \ of \ Q_1 = [11 \times 0.25] = [2.75] = 3$번째

- $Position \ of \ Q_2 = [11 \times 0.5] = [5.5] = 6$번째

- $Position \ of \ Q_3 = [11 \times 0.75] = [8.25] = 9$번째

- Max=1560 Q_3=1400   Median=1350 Q_1=1280   Min=1090

- 사분위범위IQR(Inter Quartile Range)=$Q_3 - Q_1 = 1400 - 1280 = 120$

- inner   fence=Q1-1.5*IQR, Q3+1.5*IQR

- outer   fence=Q1-3.0*IQR, Q3+3.0*IQR

다음 그림은 위의 예제를 그린 상자 그림이다.

변수 1의 상자 그림(Box-Whisker Plot)

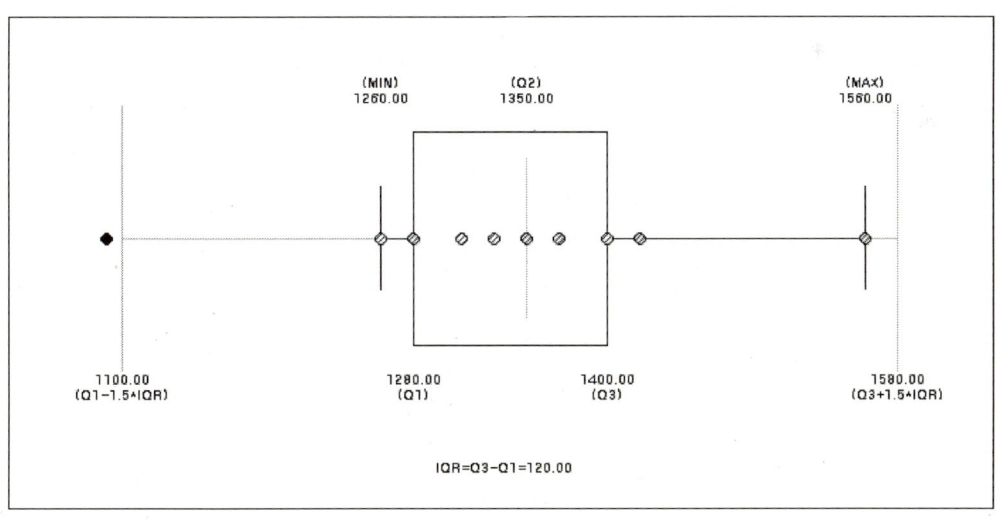

〈Box Plot for ex2 Using SPSS〉

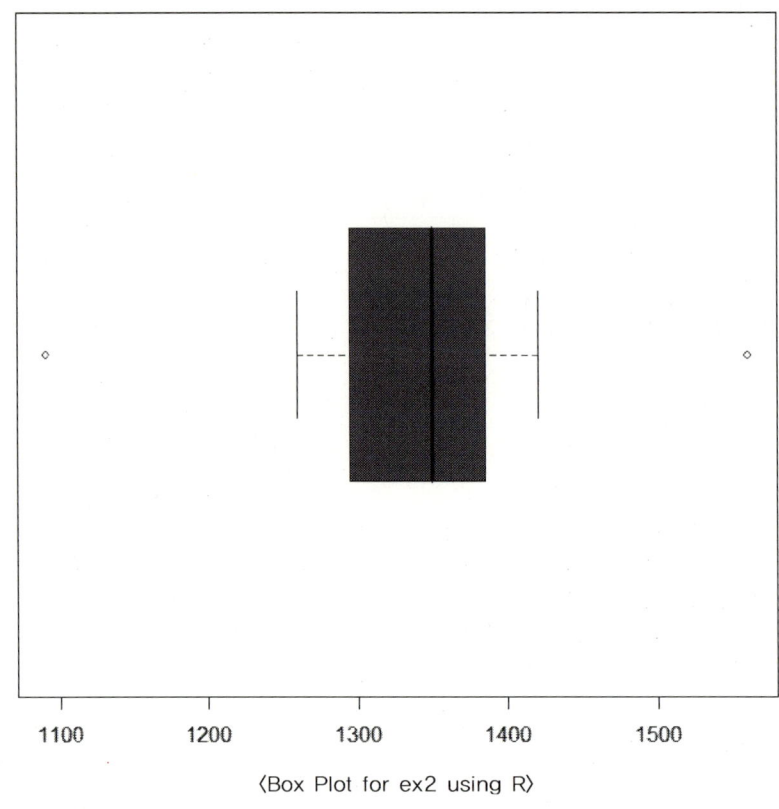

〈Box Plot for ex2 using R〉

두 번째 상자 그림은 통계분석프로그램 R을 이용해 그린 것이다. 최댓값인 1,560을 이상치로 구분하였다. 이것은 사분위수를 찾는 알고리즘의 문제로 나타난 결과이다.

[그림 2.13.]은 상자 그림에 따른 자료의 분포 모양을 나타낸 것이다.

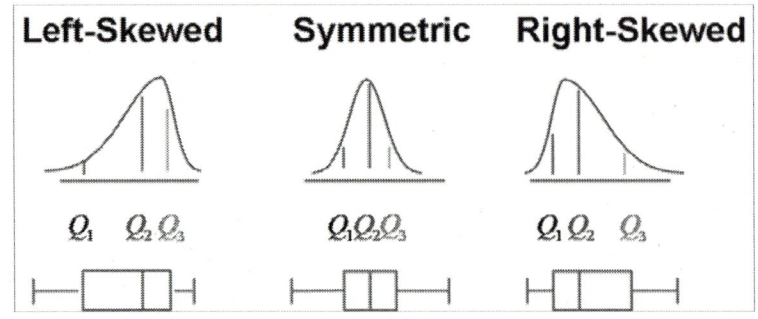

그림 2.13. 상자 그림에 따른 분포 모양

앞의 [예제 2.4.]의 자료를 이용하여 상자 그림을 그려라.

<풀이>

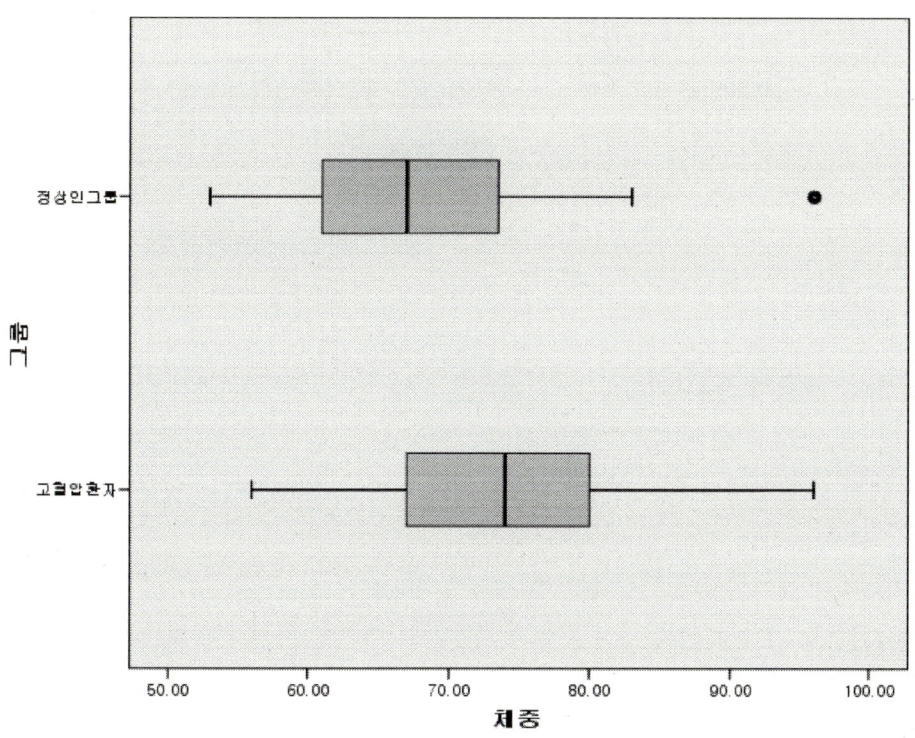

두 상자 그림을 비교해 보면 정상인 그룹보다 고혈압인 그룹의 중위수가 더 오른쪽에 위치하므로 고혈압 환자그룹이 체중이 더 많이 나가는 것을 알 수 있다. 또한, 정상인 그룹에서 최댓값 96은 이상치로 구분된다.

2.4. 수치로서의 요약

A대학의 통계학강좌에 80명이 수강하여 시험을 보았다. 통계학 점수의 중간 위치의 점수는 얼마일까? 통계학 점수들이 중간 위치에서 흩어진 정도는 얼마나 될까? 이처럼 자료의 중심 위치, 흩어진 정도를 나타내는 산포도 등 수치로서 자료를 요약하는 기술통계치

에 대해 알아보자.

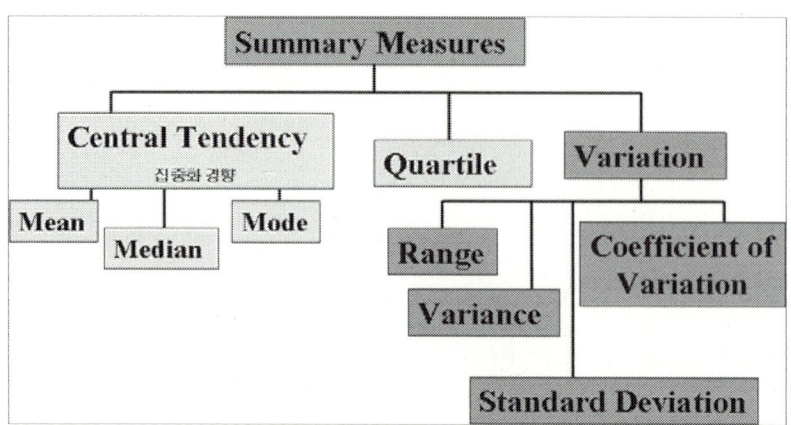

그림 2.14. 기술통계치

2.4.1. 대푯값: 자료의 중심 위치

자료의 중심 위치를 나타내는 측도를 대푯값이라 부른다. 대푯값에는 평균(mean), 중위수(median), 최빈값(mode) 등이 있다.

■ 평균(Mean)

중심 위치를 나타내는 대푯값으로 가장 많이 사용되는 평균(산술평균)은 모든 자료값을 더해 자료의 개수로 나눈 값이다.

---

n개의 자료값들이 $x_1, x_2, \ldots\ldots, x_n$ 이면

$$\text{평균(mean)} = \frac{1}{n}\sum_{i=1}^{n} x_i$$

모집단이면 모평균 μ, 표본이면 표본평균 $\overline{X}$

평균은 많은 것에서 적은 것으로 이동하여 전체를 공평하게 만들었을 때의 양으로 평균보다 큰 수까지의 거리 합과 평균보다 작은 수까지의 거리 합이 일치한다. 평균은 자료값들의 크기가 비슷하면 중심의 위치를 표현하는 데 적합하지만 이상치나 극단치가 존재

하면 대푯값으로 좋지 않다.

■ **기하평균(geometric mean)**
n개의 자료값들이 $x_1, x_2, ..., x_n$일 때, 다음을 기하평균이라 한다.

$$M_g = \sqrt[n]{x_1 \times x_2 \times \cdots \times x_n}$$

(예제)
A회사의 주식 한 주를 1,000원에 샀다. 한 달 후 주가가 1,200원으로 올랐다.(20% 상승) 또, 한 달 후 1,500원이 되었다(25% 상승). 그다음 달에 경기가 안 좋아 다시 1,000원이 되었다(33.3% 하락). 결과적으로 다시 원점으로 돌아와 이득은 없다. 만약, 이 경우에 산술평균으로 계산하면

$$\bar{x} = \frac{1}{3}(20 + 25 - 33.3) = 3.74\%$$

이다. 평균적으로 3.74% 이득을 본 것으로 계산되지만 틀린 말이다.
기하평균으로 다시 계산해 보면

$$M_g = \sqrt[3]{1.2 \times 1.25 \times 0.667} \fallingdotseq 1.0$$

이 된다. 다시 원점으로 돌아왔으니 이 값이 맞다. 기하평균은 인구증가율, 경제성장률 등의 평균계산에 사용된다.

■ **조화평균(hamonic mean)**
n개의 자료값들이 $x_1, x_2, ..., x_n$일 때, 다음을 조화평균이라 한다.

$$M_h = \frac{n}{\displaystyle\sum_{i=1}^{n} \frac{1}{x_i}}$$

(예제)
집에서 학교까지의 거리는 4km이다. 갈 때는 걸어서 1시간이 걸렸고 집에 돌아올 때는 뛰어서 20분 걸렸다. 평균속력을 구해보자. 만약 산술평균으로 구하면 갈 때는 시속 4km/h이고 올 때는 12km/h이므로

$$\bar{x} = \frac{1}{2}(4 + 12) = 8 \ km/h$$

이다. 그러나 이것은 틀린 계산이다. 총거리를 걸린 시간으로 나누어야 한다. 총 거리는 8km이고 걸린 시간은 1+1/3=4/3시간이다. 그러므로 평균속력은 다음과 같다.

$$M_h = \frac{8}{\frac{4}{3}} = 6\ km/h$$

자료가 속력 4, 12이면 조화평균은 $M_h = \dfrac{2}{\frac{1}{4}+\frac{1}{12}} = 6$ 이다. 조화평균은 평균속도를 구할 때나 가스나 입체, 입자 등의 평균밀도를 구할 때 적용된다.

■ 중위수(Median)

중위수는 크기순(ascending sort)으로 자료를 나열했을 때 가운데 위치한 값으로 평균에 비해 극단치나 이상치가 존재해도 덜 영향 받는 측도이다.

n개의 자료값들이 $x_1, x_2, \cdots, x_n$ 이고, 그 자료값들을 크기순으로 나열한 자료가 $x_{(1)}, x_{(2)}, \cdots, x_{(n)}$ 일 때,

$$중위수 = \begin{cases} x_{(\frac{n+1}{2})} & , n이\ 홀수 \\ \frac{1}{2}[x_{(\frac{n}{2})} + x_{(\frac{n}{2}+1)}] & , n이\ 짝수 \end{cases}$$

평균값이 아닌 중위수를 사용하는 예로서 PIR이 있다. 연소득대비 주택가격비율인 PIR(Price to Income Ratio)은 주택 구매능력을 나타내는 주요 지표로 주택가격을 가구당 연소득으로 나눈 값이다. 이 경우 주택가격의 중위수와 연간소득의 중위수를 사용한다. 즉,

$$PIR = \frac{주택가격의\ 중위수}{연간소득의\ 중위수}$$

이다. 국민연금 임의가입자의 월정액 산정 시에도 소득의 중위수를 사용한다. 또한 많은 의학 데이터의 경우에도 대푯값으로 평균을 사용하지 않고 중위수를 사용한다. 이처럼 극

단치가 존재할 때 대푯값으로 평균보다 중위수를 사용하는 것이 더 좋은 방법이다.

■ 최빈수(Mode)

최빈수는 자료값들 중에서 빈도가 가장 큰 자료값을 말한다. 최빈수는 양적 자료뿐만 아니라 질적 자료에도 사용할 수 있는 측도이다. 최빈수는 자료에 따라 존재하지 않을 수도 있고 하나 이상 존재할 수도 있다.

예제 2.7.

다음 자료의 대푯값인 평균, 중위수, 최빈수를 각각 구해보고 대푯값으로 적당한 측도를 말해 보아라.

(1) 휴대전화에서 하루 동안 보낸 문자의 건수를 일주일 기록한 자료(단위: 건)

5, 3, 6, 4, 3, 5, 2

(2) 하루 동안 섭취한 카페인의 양을 일주일 기록한 자료(단위: mg)

100, 120, 120, 100, 110, 400, 100

<풀이>

(1) 평균 $= \dfrac{5+3+\cdots+2}{7} = \dfrac{28}{7} = 4$

크기순으로 나열하면, 2, 3, 3, 4, 5, 5, 6이다. 자료의 개수가 7개 홀수이므로 중위수는 4번째 값인 4가 된다.

최빈수는 빈도가 가장 큰 3과 5이다. 극단치가 존재하지 않으므로 이 자료의 대푯값으로는 평균, 중위수, 최빈수 모두 적당하다.

(2) 평균 $= \dfrac{100+120+\cdots+100}{7} = \dfrac{1080}{7} = 154.3$

크기순으로 나열한 후 100, 100, 100, 110, 120, 120, 400이므로 중위수는 4번째 값인 110이다. 최빈수는 빈도가 가장 큰 100이다.

극단치가 존재하는 이 자료의 대푯값으로는 중위수 110이나 최빈수 100을 사용하는 것이 적당하다. 평균인 154.3은 대푯값으로 부적당하다.

■ 대푯값의 비교

평균의 가장 좋은 점은 중위수와 최빈수에 비해 계산이 간편하고 수식으로 나타내기가 편리하다. 그래서 통계적 추론 시 모평균을 모수(parameter)로 사용하는 것이 이론적으로 다루기 편하다. 이에 비해 중위수를 구하기 위해서는 자료를 크기순으로 배열해야만 한다. 그리고 중위수는 자료의 개수가 홀수일 때와 짝수일 때로 구분해서 표현한다. 또한 최빈수는 빈도가 일정하면 최빈수가 없는 자료이거나, 최빈수가 2개인 자료도 있을 수 있다. 따라서 최빈수는 수식으로 표현할 수 없다. 이처럼 평균은 다른 대푯값에 비해 수리적 처리가 쉽다.

평균의 단점은 자료에 극단치(extreme value)가 존재하면 영향을 크게 받는다. 그러나 중위수와 최빈수는 평균에 비해 비교적 극단치에 대해 영향을 덜 받는다. 따라서 자료값에 극단치가 존재하면 평균보다 중위수나 최빈수를 대푯값으로 사용하는 것이 바람직하다.

절사평균(trimmed mean), 윈저화 평균(winsorized mean) 등은 평균이 극단치에 영향을 크게 받는 것을 보완한 측도들이다. $100p\%$ 절사 평균은 자료를 크기 순서대로 나열하였을 때 양쪽에서 $100p\%$를 버린 후 가운데 $100(1-2p)\%$의 평균을 계산한 값이다. 예를 들어, A대학을 졸업한 학생들의 월 소득(단위: 만 원)이 180, 110, 100, 150, 120, 50000, 110일 때 평균은 7257.86이지만, 절사평균은 크기순으로 나열한 후 100, 110, 110, 120, 150, 180, 50000에서 100과 50000을 삭제한 100*(1/7)% 절사평균은 110, 110, 120, 150, 180의 평균 134가 된다. 다른 예로 체조경기에서 점수 내는 방식이 절사평균이다. 5명의 심판들의 점수 중 최저점수와 최고점수를 제외한 나머지 점수들의 평균이 20%의 절사평균이다.

g-g 윈저화 평균(winsorized mean)은 자료를 삭제하는 것이 아니라 인접한 자료로 대체한 후 평균을 구한 값이다. 예를 들어, A대학을 졸업한 학생들의 월 소득(단위: 만 원)이 180, 110, 100, 150, 120, 50000, 110일 때 크기순으로 나열한 100, 110, 110, 120, 150, 180, 50000에서 최솟값인 100을 110으로, 최댓값 50000을 180으로 대체한 110, 110, 110, 120, 150, 180, 180의 평균을 구한 값인 960/7=137.14가 1-1 윈저화 평균이다.

[그림 2.15.]에서 보는 것처럼 자료의 분포가 대칭적이고 봉우리가 하나이면 평균, 중위수, 최빈수가 거의 일치한다. [그림 2.16.]과 [그림 2.17.]처럼 자료의 분포가 기울어진 경우에는 평균, 중위수, 최빈수가 일치하지 않는다.

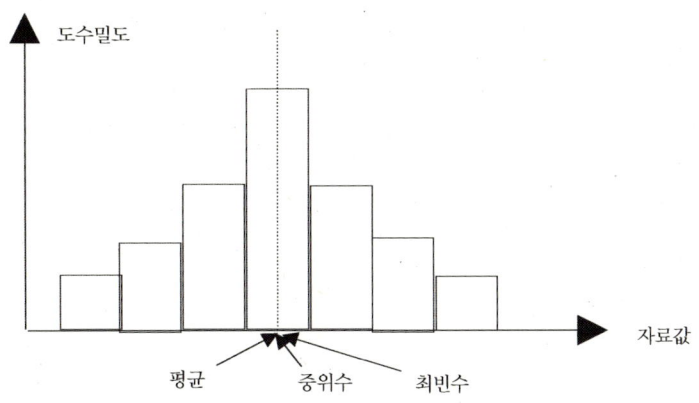

그림 2.15. 대칭적인 분포(평균＝중위수＝최빈수)

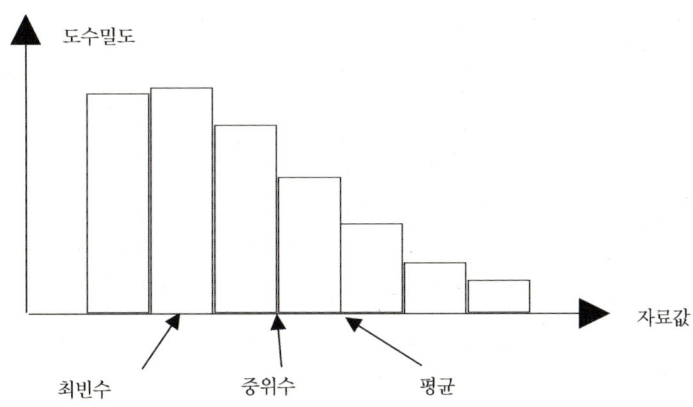

그림 2.16. 오른쪽으로 기울여진 분포(right-skewed)
(최빈수＜중위수＜평균)

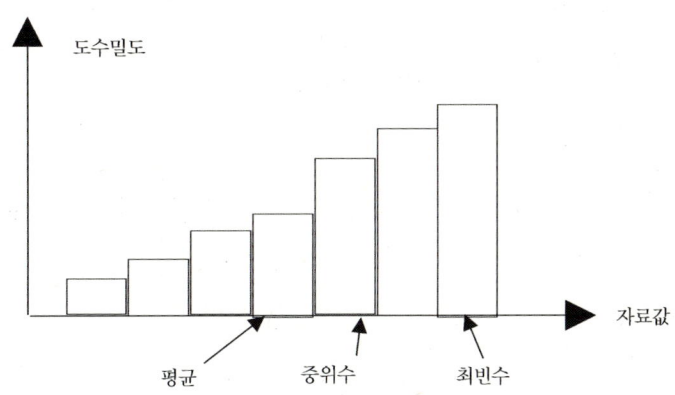

그림 2.17. 왼쪽으로 기울여진 분포(left-skewed)
(평균＜중위수＜최빈수)

2.4.2. 산포도: 자료의 퍼진 정도

어느 교육학자는 자신이 개발한 교육방법을 적용하기 위해 성적이 비슷한 두 개반을
선택하려고 한다. 1반과 2반 각각 12명의 성적을 조사하였더니 다음과 같았다.

  1반: 20, 30, 30, 50, 50, 60, 60, 60, 80, 90, 90, 100

  2반: 50, 50, 50, 60, 60, 60, 60, 60, 60, 70, 70, 70

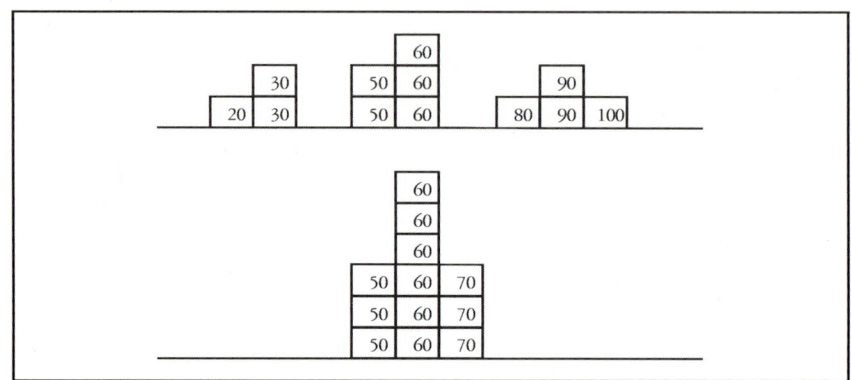

그림 2.18. 산포도의 비교

1반과 2반의 대푯값(평균, 중위수, 최빈수)은 모두 60점으로 동일하다. 대푯값이 일치하
므로 1반과 2반 학생들의 성적이 비슷한 학생들로 구성되어 있을까? 성적이 비슷한 그룹
이라 판단하여 두 반에 동일한 교육방법을 적용하면 어떤 결과를 가져올까? [그림 2.18]을
살펴보자. 1반과 2반의 대푯값은 동일하지만 점수분포를 보면 1반은 대푯값 60점에서 넓
게 흩어져 있는 것을 볼 수 있다. 반면에 2반은 대푯값 60점과 거의 비슷한 점수를 이루고
있어서 대푯값 근처에 몰려 있는 것을 알 수 있다. 즉, 1반은 성적의 높고 낮음의 폭이 넓
어 우열이 심하고 2반은 성적이 비슷한 학생들로 구성되어 있다. 그러므로 동일한 교육방
법과 교육수준을 적용하면 안 된다. 만약, 대푯값만으로 자료를 분석했다면 이런 점을 파
악하기 힘들었을 것이다. 이처럼 자료를 파악할 때는 중심 위치를 나타내는 대푯값과 자
료의 흩어진 정도를 나타내는 산포도를 함께 고려해야 한다.

산포도는 각각의 자료값이 중심(대푯값)에서 얼마나 흩어져 있는지를 나타내는 측도로
서 자료값들이 중심 위치에서 멀리 떨어져 있으면 산포도가 클 것이고 가까이 있으면 산

포도가 작을 것이다. 산포도에는 분산(variance)과 표준편차(standard deviation), 평균편차(averge deviation), 범위(range), 사분위범위(interquartile range: IQR), 변동계수(변이계수: coefficient of variation) 등이 있다.

■ 범위(range)

범위는 최댓값에서 최솟값을 뺀 것이다. 범위는 계산이 쉽지만 양 극단치에 영향을 많이 받는 단점이 있다. 또한 자료의 개수가 많아지면 범위도 커지기 쉽다.

범위(range) = 최댓값 − 최솟값

■ 사분위범위(interquartile range: IQR)

2.3.3에서 상자 그림을 그릴 때 구했던 사분위수 중 가장 큰 제3사분위수에서 가장 작은 제1사분위수를 뺀 것이 사분위범위이다.

사분위범위(IQR) = 제3사분위수(Q3) − 제1사분위수(Q1)

범위보다는 양 극단치에 덜 민감하지만 사분위범위도 두 개의 자료값만 사용하므로 두 자료값인 제3사분위수와 제1사분위수의 영향을 많이 받는다.

■ 평균편차(averge deviation)

n개의 관측값이 $x_1, x_2, \cdots, x_n$이면, 각 관측값에서 평균을 뺀 것 즉, $x_i - \bar{x}$을 편차(deviation)라 부른다. 편차의 합은 0이다. 즉,

$$\sum_{i=1}^{n}(x_i - \bar{x}) = \sum_{i=1}^{n} x_i - n\bar{x} = n\bar{x} - n\bar{x} = 0$$

이다. 그래서 편차의 절댓값을 구한다. 평균편차는 모든 관측값에서 평균까지의 거리의 합을 평균 낸 것이다.

$$\text{평균편차(A.D)} = \frac{1}{n}\sum_{i=1}^{n}|x_i - \overline{x}|$$

평균편차의 값이 크면 각 관측값들이 평균에서 멀리 떨어져 있는 것이고 0에 가까우면 평균근처에 몰려 있음을 의미한다. 평균편차는 범위나 사분위범위처럼 일부 관측값을 사용한 것이 아니라 모든 관측값이 중심에서 떨어져 있는 것을 표현한 측도이다. 따라서 산포도로서 매우 적절하다. 그러나 우리는 산포도를 나타낼 때 평균편차보다 분산과 표준편차를 더 많이 사용한다. 그 이유는 무얼까? 그 이유는 거리를 표현한 절댓값 때문이다. 절댓값은 수학적으로 다룰 때 절댓값 내부의 부호를 따져야 하는 번거로움이 있다. 절댓값처럼 다루기가 번거롭지 않고 모든 관측값이 중심에서 흩어져 있는 정도를 식으로 표현하는 방법은 무엇일까? 그것은 바로 편차의 제곱을 구하는 것이다.

■ 분산(variance)과 표준편차(standard deviation: s.d)

분산은 편차를 제곱한 것의 평균이다. 편차를 제곱하면 중심에서 떨어진 거리가 제곱만큼 늘어나지만 평균에서 떨어진 관측값들의 순서는 변함이 없다. 따라서 분산의 값이 크면 클수록 평균에서 멀리 떨어져 있다고 할 수 있다. 편차를 제곱하면 단위가 관측값의 단위와 다르다. 예를 들어, 키를 조사한 관측값의 자료는 ㎝인데 분산의 단위는 ㎠이 된다. 그래서 분산의 제곱근인 표준편차(s.d)를 구한다. 표준편차는 제곱한 것을 다시 원래 상태로 돌려놓는 역할을 한다. 그러므로 표준편차는 음수가 될 수 없다. 표준편차의 의미도 분산과 동일하게 그 값이 크면 자료들이 평균에서 넓게 흩어져 있는 것이고 0에 가까우면 평균 근처에 몰려 있는 것을 의미한다.

$$\text{모분산 } \sigma^2 = \frac{\sum_{i=1}^{N}(x_i-\mu)^2}{N} \quad \text{모표준편차 } \sigma = \sqrt{\sigma^2}$$

$$\text{표본분산 } s^2 = \frac{\sum_{i=1}^{n}(x_i-\overline{x})^2}{(n-1)} \quad \text{표본표준편차 } s = \sqrt{s^2}$$

관측값들이 표본인 경우 표본분산을 구할 때 n대신에 $n-1$을 사용하였다. 그 이유는 무엇일까? 추론통계학에서 표본분산은 모분산을 알기 위한 통계량이다. 만약, 표본분산을 $s'^2 = \dfrac{\sum_{i=1}^{n}(x_i - \overline{x})^2}{n}$ 으로 사용하면, 표본은 모집단의 일부분이므로 s'^2은 모분산보다 항상 작은 경향이 있다. 그렇다면 표본을 토대로 계산된 s'^2에 어느 정도를 추가해야 모분산의 대신으로 사용할 수 있을까? s'^2에 $\dfrac{n}{n-1}$ 을 곱해야 모분산과 비슷해진다. 그래서 표본분산 s^2을 다음과 같이 정의한다.

$$\text{표본분산 } s^2 = \frac{n}{n-1}\frac{\sum_{i=1}^{n}(x_i - \overline{x})^2}{n} = \frac{\sum_{i=1}^{n}(x_i - \overline{x})^2}{n-1}$$

이것은 통계적 추론의 문제로 7장의 추정에서 더 자세히 다루기로 하자.

표준편차는 각 자료값이 평균으로부터 얼마만큼 떨어져 있는가에 따라 분포의 크기가 정해지는 방법으로 평균편차보다 수학적으로 다루기 편하다.

분산을 직접 계산할 때 사용하면 간편한 식을 유도해 보면

$$\begin{aligned}
\text{모분산 } \sigma^2 &= \frac{1}{N}\sum_{i=1}^{N}(x_i - \mu)^2 \\
&= \frac{1}{N}\sum_{i=1}^{N}(x_i^2 - 2x_i\mu + \mu^2) \\
&= \frac{1}{N}\sum_{i=1}^{N}x_i^2 - \mu^2 \\
\text{표본분산 } s^2 &= \frac{1}{n-1}\sum_{i=1}^{n}(x_i - \overline{x})^2 \\
&= \frac{1}{n-1}\sum_{i=1}^{n}(x_i^2 - 2x_i\overline{x} + \overline{x}^2) \\
&= \frac{1}{n-1}\left[\sum_{i=1}^{n}x_i^2 - 2\overline{x}\sum_{i=1}^{n}x_i + n\overline{x}^2\right] \\
&= \frac{1}{n-1}\left[\sum_{i=1}^{n}x_i^2 - n\overline{x}^2\right]
\end{aligned}$$

이 된다.

다음은 <예제 2.5.>의 자료로서 사람의 뇌의 무게를 그램(g) 단위로 조사한 것이다. 자료 중에서 1명의 자료는 AIDS로 사망한 사람의 뇌의 무게이고, 나머지 10명의 자료는 정상인의 뇌의 무게이다. 의학계에서는 AIDS가 뇌의 무게를 가볍게 한다고 믿고 있다. 다음 자료의 평균, 중위수, 최빈값을 구하고 산포도인 분산과 표준편차도 구해보아라.

<풀이>

1090	1310	1560	1330	1370	1260	1350	1420	1280	1400	1370

이 자료를 크기순으로 나열하면 다음이 된다.

1090	1260	1280	1310	1330	1350	1370	1370	1400	1420	1560

평균 $\bar{x} = \dfrac{1}{11}(1090 + \cdots + 1370) = 1340$ 이고

중위수는 6번째 값인 1350이고, 최빈수는 빈도수가 2로 가장 큰 자료값인 1370이다.

표본분산 $s^2 = \dfrac{1}{11-1}\left[\displaystyle\sum_{i=1}^{11}(1090^2 + \cdots + 1370^2) - 11 \times (1340)^2\right] = 13380$

표본표준편차 $s = \sqrt{s^2} = \sqrt{13380} = 115.67$

■ 변동계수(변이계수: coefficient of variation: CV)

표준편차의 상대적 크기를 비교하기 위한 상대적 산포도인 변동계수는 다음과 같이 정의한다.

$$\text{변동계수}(CV) = \frac{\text{표준편차}}{\text{평균}} \times 100\% = \frac{s}{\bar{x}} \times 100\%$$

변동계수는 중심의 위치가 상이한 두 개 이상의 자료나 단위가 서로 다른 자료의 산포를 비교할 때 사용된다.

예를 들어, 다음 표는 50명의 성인 여자와 50명의 10세 소녀를 대상으로 몸무게를 조사한 결과이다.

구분	평균	표준편차	변동계수
성인 여자	51.1 Kg	5.0 Kg	$\frac{5.0}{51.1} \times 100 = 9.78\%$
10세 소녀	26.49 Kg	3.66 Kg	$\frac{3.66}{26.49} \times 100 = 13.82\%$

표준편차를 비교하면 성인 여자가 10세 소녀보다 더 크다. 성인 여자의 표준편차가 더 크니까 성인 여자그룹에서 몸무게의 변동이 더 심할까? 그렇지 않다. 두 그룹의 평균을 비교해 보면 성인 여자그룹이 2배 정도 더 크다. 이처럼 평균의 위치가 굉장히 차이가 나는 두 그룹의 산포를 비교할 때는 평균의 영향이 포함되지 않게 하기 위해 평균으로 나누어 준다. 그러면 평균의 위치를 같은 곳에 위치시켜 산포를 비교하는 효과가 나타난다. 중심 위치에 영향받지 않는 산포도인 변동계수를 계산해 보면 10세 소녀 그룹이 13.82%로 성인 여자 그룹 9.78%보다 더 큰 것을 볼 수 있다. 그러므로 성인 여자그룹보다 10세 소녀 그룹의 산포가 더 크다고 말할 수 있다.

예제 2.9.

A와 B 두 국가의 1인당 GNP의 산포도를 이용해 빈부 격차를 비교하려 한다. 다음의 두 국가의 1인당 GNP의 평균과 표준편차이다. 변동계수를 구하고 그 의미를 설명하라.

	평균	표준편차
A 국가	$ 20,000	$ 5,000
B 국가	$ 5,000	$ 2,000

<풀이>
산포도를 비교하기 위해 표준편차를 살펴보면 B국가보다 A국가가 더 크다. 그러나 변동계수를 구하면

$$\text{A국가의 변동계수 } C.V_A = \frac{5000}{20000} \times 100 = 25\%$$

$$\text{B국가의 변동계수 } C.V_B = \frac{2000}{5000} \times 100 = 40\%$$

이 되어 A국가보다 B국가 더 크다. 표준편차와 변동계수의 결과가 이렇게 다른 이유는 두 자료의 평균이 큰 차이가 나기 때문이다. 표준편차는 평균의 위치에 상관없이 구한 산포도이다. 하나의 자료의 산포도를 구할 때는 평균의 위치는 중요하지 않지만 두 자료의 산포도를 비교할 때는 평균의 위치에 따라 산포도가 영향을 받는다. 따라서 평균의 위치가 크게 다른 두 자료의 산포도는 표준편차보다 변동계수로 하는 것이 더 적절하다.

2.4.3. 왜도와 첨도

■ 왜도(skewness)

왜도(歪度)는 비대칭의 정도를 수치로 표현한 값이다. 다음과 같이 정의한다.

$$\alpha = \frac{1}{n} \sum (x_i - \overline{x})^3$$

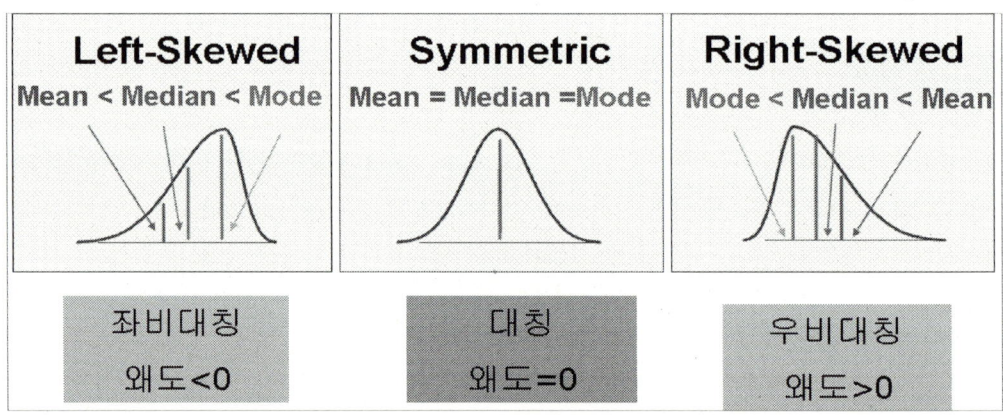

그림 2.19. 왜도값에 따른 분포 모양

왜도가 0에 가까우면 대칭인 분포, 양수이면 오른쪽으로 기울여진 분포, 음수이면 왼쪽으로 기울여진 분포를 말한다.

■ 첨도(kurtosis)

첨도(尖度)는 분포의 중심의 뾰족한 정도를 표현한 값이다. 정규분포의 첨도가 3이므로 3보다 크면 정규분포보다 가운데가 더 뾰족한 것이고 3보다 작으면 정규분포보다 완만하다는 것을 의미한다.

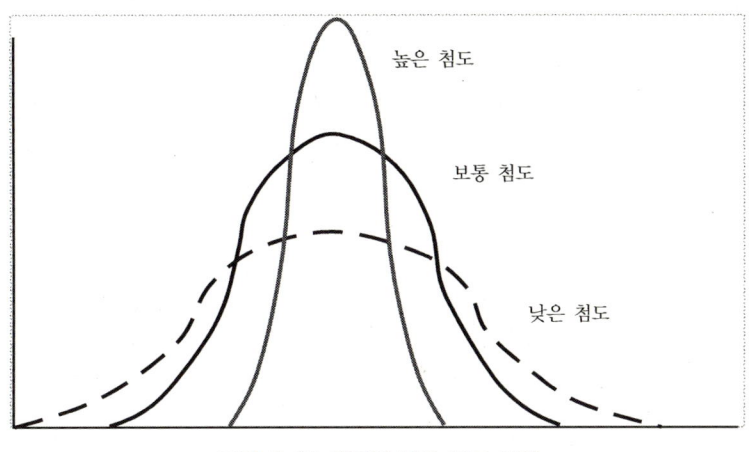

그림 2.20 첨도에 따른 분포 모양

2.4.4. 체비셰프의 법칙과 표준측도

■ 체비셰프의 정리(Chebyshev Theorem)

체비셰프 정리는 평균과 표준편차만으로도 분포가 어떤 형태인지를 대강 짐작할 수 있
게 한다.

■ 체비셰프 정리

평균에서부터 ±방향으로 표준편차의 k배 이내에 최소한 전체의 $100(1-\frac{1}{k^2})\%$가 들어 있다.
단, $k>1$이다.

예를 들어, 100가구의 월소득의 평균은 150만 원, 표준편차는 30만 원이라고 하자. 그러
면 k=2인 경우, 최소한 75가구가 월소득 150만 원±2·30만 원=(90만 원, 210만 원) 사이
에 들어간다.

A중학교의 900명 학생이 수학 시험을 보았다. 평균과 표준편차가 각각 $\bar{x}=83$점, $s=6$점이다. 수학점수가 71점에서 95점 사이에 있는 학생은 적어도 몇 명인가?

<풀이>

체비셰프 정리를 이용하면

(71, 95)=(83-2*6, 83+2*6)이므로 k=2이다.

$$1-\frac{1}{k^2}=1-\frac{1}{4}=\frac{3}{4}=0.75$$

따라서 전체 900명의 학생 중 적어도 900명*0.75=675명이 71점과 95점 사이에 있다.

■ **표준측도**

표준측도는 상대적 위치 표현으로 평균이 0, 표준편차가 1이 되는 분포를 기준으로 어떤 특정한 자료값 x의 위치를 나타낸다.

$$z\text{-값(z-score, 표준측도)}: \quad z=\frac{x-\bar{x}}{s}$$

예를 들어, 김 군이 속한 반에서 영어와 수학의 평균과 표준편차 다음 표와 같다.

	평균	표준편차	김 군의 성적	z-score
영어	50	25	80	1.2
수학	60	30	90	1.0

김 군은 영어를 80점, 수학을 90점을 받았다. 절대점수는 수학이 더 높지만 반 친구들이 영어보다 수학점수가 전체적으로 높다. 평균 0, 표준편차 1인 척도로 김 군의 성적을 다시 측정하면 영어는 1.2 수학은 1.0으로 영어점수가 더 높은 것을 알 수 있다. 대입수능점수의 표준점수가 바로 표준측도를 말한다.

고3인 A군과 B군은 수능 모의고사를 보았다. 수리영역의 원점수는 A군은 90점이고 B군은 92점이고 표준점수는 각각 130점, 145점이다. 그러면 모의고사의 수리영역부문의 평균과 표준편차는 얼마인가? 단, 수리영역의 표준점수는 표준편차는 20점이고 평균은 100점이다.

<풀이>

$z = \dfrac{\text{원점수} - \text{평균}}{\text{표준편차}}$ 은 평균이 0이고 표준편차를 1로 만든다. 따라서 표준점수는 이 값에 평균이 100이고 표준편차를 20으로 변경해 주어야 한다.

$$z_A = \frac{90 - \mu}{\sigma}, z_B = \frac{92 - \mu}{\sigma}$$

$$\begin{cases} 130 = z_A(20) + 100 \\ 145 = z_B(20) + 100 \end{cases}$$

$$\begin{cases} z_A = \dfrac{90 - \mu}{\sigma} = 1.5 \\ z_B = \dfrac{92 - \mu}{\sigma} = 2.25 \end{cases}$$

$$\begin{cases} 90 - \mu = 1.5\sigma \\ 92 - \mu = 2.25\sigma \end{cases}$$

$$0.75\sigma = 2$$
$$\therefore \ \sigma = \frac{2}{0.75} = 2.67 \ , \ \mu = 85.995$$

따라서 모의고사를 본 전체 수험생의 수리영역의 평균은 85.995점이고 표준편차는 2.67이다.

1. 다음 문장이 맞으면 ○, 틀리면 ×로 표시하고 그 이유를 설명하라.

   ① 모든 관측값에 일정한 상수를 더하면 표준편차는 그 수만큼 커진다. ( )

   ② 평균보다 큰 관측값이 자료에 포함되어 있으면 평균보다 작은 관측값도 반드시 있다. ( )

   ③ 평균은 한 두 개의 극단적 관측값에 영향을 받지 않는 저항력 있는 측도이다. ( )

   ④ 대칭인 분포를 갖는 자료에서 제1사분위수와 제3사분위수의 평균은 중위수이다. ( )

   ⑤ 자료의 분포가 오른쪽으로 기울여진 경우(right skewed)에는 평균이 중위수보다 크다. ( )

   ⑥ A자료의 표준편차가 B자료의 표준편차보다 더 크면 변동계수도 반드시 B자료보다 A자료가 더 크다. ( )

   ⑦ 10명의 학생으로 구성된 반에서 학생들의 시험성적의 최소치가 40점, 최대치가 80점이라면, 평균점수는 (80+40)/2=60점이 된다. ( )

   ⑧ 도수밀도에 대한 히스토그램에서 모든 사각형의 넓이는 상대도수의 합으로 1을 의미한다. ( )

   ⑨ 어느 회사에 출퇴근하는 직원을 500명을 대상으로 이용하는 교통수단을 지하철, 자가용, 버스, 택시, 지하철과 택시, 지하철과 버스, 기타의 분야로 나누어 조사하였다. 이 자료를 히스토그램을 이용하여 정리하였다. ( )

   ⑩ 대칭인 자료 $x_1, x_2, \cdots, x_n$의 중위수가 m이면 $\sum_{i=1}^{n}(x_i - m) = 0$은 항상 성립한다. ( )

   ⑪ 이상치(outlier)를 표시하는 그림으로는 상자 그림(Box and whisker plot)이 적당하다. ( )

2. 다음 빈칸에 알맞은 답을 써라.

   ① 통계학은 크게 두 가지 분야로 나뉜다. 하나는 기술통계학(descriptive statistics)이고 다른 하나는 (   )이다.

   ② 도수분포표에서 각 계급의 도수를 전체 관측값의 개수로 나누어준 것을 (   )(이)라 한다.

   ③ 자료의 평균에 대한 편차들의 제곱의 평균을 (   )(이)라 한다.

   ④ 자료가 중심에서 흩어져 있는 정도를 나타낸 것을 (   )라 한다. 이것의 대표적인 것으로 분산과 표준편차, 변동계수 등이 있다.

   ⑤ 상자 그림을 그릴 때 필요한 5개의 수치는 최댓값, 최솟값 그리고 (   )이다.

   ⑥ 상대도수밀도에 대한 히스토그램에서 모든 사각형의 면적은 (   )이다.

   ⑦ 표본추출법에는 확률추출법과 비확률추출법이 있다. 확률추출법에는 단순임의추출법, 층

화추출법, 집락추출법 그리고 (   )이 있다.

⑧ A={b, b+1, b+2, b+3, b+4}, B={3b, 3b+3, 3b+6, 3b+9, 3b+12}일 때, A의 분산은 B의 분산보다 (크다, 작다, 동일하다), 또한 A의 변동계수는 B의 변동계수보다 (크다, 작다, 동일하다.)

⑨ 서울 시내 슈퍼마켓의 연평균 매출액을 조사하고자 하는 경우 서울 시내 슈퍼마켓이 대형 50개, 중형 500개, 소형 1,000개, 미니슈퍼 6,000개 등 총 7,550개가 있다고 하자. 이 중에서 500개의 슈퍼마켓을 표본으로 추출해 조사하고자 할 때 적절한 표본추출법은 (   )이다.

3. 다음 상자에 있는 자료를 얻으려고 할 때 알맞은 측정수준을 써라.

---
① 거리 ② 나이 ③ 주가 ④ 온도 ⑤ 체중 ⑥ 종교 ⑦ 타율 ⑧ 성별 ⑨ 지지정당 ⑩ 대통령의 지지율 ⑪ 지능지수(IQ) ⑫ 학력 ⑬ 시청률 ⑭ 야구선수의 등번호 ⑮ 구내식당의 만족도 조사
---

(1) 명목척도(nominal scale)로 측정 가능한 자료의 번호를 모두 찾아 써라.

(2) 순위척도(ordinal scale)로 측정 가능한 자료의 번호를 모두 찾아 써라.

(3) 구간척도(interval scale)로 측정 가능한 자료의 번호를 모두 찾아 써라.

(4) 비율척도(ratio scale)로 측정 가능한 자료의 번호를 모두 찾아 써라.

4. 다음은 상자 그림을 그리기 위한 어떤 자료의 다섯 수치 요약이다.

$$110, \quad 440, \quad 560, \quad 740, \quad 1250$$

(1) 가장 작은 다섯 개의 관찰치는 110, 130, 140, 141, 144이고, 가장 큰 다섯 개의 관찰치는 1030, 1035, 1050, 1100, 1250이다. 사분위범위(IQR)를 구하라.

(2) 1.5×IQR 법칙에 의한 이상점이 있는가? 있으면 그 값을 모두 적어 보아라.

5. 한 연구기관에서 연구원들의 학력을 조사하기 위해 1345명의 연구원의 학력을 학사, 석사, 박사로 나누어 조사하였다. 다음 중 이 자료를 정리하기에 적당하지 **않은** 것은 어느 것인가? 그 이유에 대해 설명하라.

① 도수분포표   ② 막대그래프   ③ 원형그래프   ④ 히스토그램

6. 두 학생의 표준점수(Z-값)가 각각 0.8과 -0.4라 한다. 만일 두 학생의 성적이 각각 88점과 64점이라고 할 때, 두 학생이 속한 집단의 표준편차를 구하라.

7. 한 학생이 세 번 시험을 치러 평균 점수가 81점이었다. 만약, 이 학생이 앞으로 두 번 더 시험을 치러 다섯 번에 대한 평균 점수를 85점으로 끌어올리려고 한다면 앞으로 두 번의 시험에서 평균 몇 점을 받아야 하는가?

8. 어느 연구소에서는 1,000개의 연구개발 사업을 추진하고 있다. 이 각 사업에 투자된 금액의 평균과 표준편차는 각각 5,100만 원, 1,100만 원이다. 투자규모가 1,800만 원에서 8,400만 원 사이를 차지하는 사업의 비율의 최솟값을 구하라.

9. 어느 한 소액투자가가 신탁기금(fund)에 투자를 하려고 할 때 투자에 적합한 신탁기금을 선정하기 위해 과거 수익률의 기록을 분석하여 투자에 따른 위험을 줄이려고 한다. 두 신탁기금에 대한 과거 10년간 연 수익률을 조사하여 다음과 같은 기술통계치를 얻었다.

구분	신탁기금 A	신탁기금 B
평균	18	12
중앙값	20.9	11.75
분산	225	121
표준편차	15	11

 이 투자가는 위험을 회피하고자 하는 성향이 강한 투자가이라면 어느 신탁기금에 투자하겠는가? 그 이유를 설명하라.

10. K양은 15주 동안 두 곳의 쇼핑몰을 대상으로 어떤 한 상품이 얼마에 팔리고 있는가를 조사하여 아래와 같은 자료를 얻었다. K양은 짧은 기간 동안 물건을 싸게 파는 시기를 놓치지 않고 여러 가지 물건을 잘 사는 습관이 있다면 어느 쇼핑몰에서 사는 것이 좋은가? 그 이유를 설명하라.

	평균가격(천 원)	표준편차
A 쇼핑몰	32.75	8.37
B 쇼핑몰	31.56	2.20

11. 다음은 어떤 회사에서 남성 신입사원 18명과 여성 신입사원 18명에게 인터넷 교육을 실시한 후 평가한 자료이다.

여성사원									남성사원								
154	109	137	115	152	140	154	178	101	108	140	114	91	180	115	126	92	169
103	126	126	137	165	165	129	195	148	146	109	132	88	113	151	115	187	104

(1) 서로 맞댄 줄기-잎-그림을 그려보고 분포에 대해 설명하라.

(2) 동일한 수직선에 두 상자 그림을 그려보고 분포를 비교하라.

12. 다음 자료는 K자동차 회사에서 판매되는 승용차 12대의 연비(㎞/L)를 구한 결과이다.

21.2	23.7	24.8	24.3	24.7	24.8
24.4	25.1	25.2	24.9	22.3	23.4

(1) 줄기-잎-그림을 그려보고 분포에 대해 설명하라.

(2) 사분위수를 구하라.

(3) (2)번에서 구한 사분위수를 이용하여 상자 그림을 그려보고 이상치가 존재하면 적어 보아라.

13. 과거 경험에 따르면, 하루 동안 어느 편의점을 찾는 고객의 수는 평균 40명이고 표준편차는 4명이라고 한다. 어느 날 이 편의점을 찾을 고객의 수가 32명 이상 48명 이하일 확률의 최솟값을 구하라.

14. 원래의 자료에 포함된 관측값에 양수 a를 모두 곱하였다면 새로운 자료의 평균과 분산, 변동계수는 원래 자료의 평균과 분산, 변동계수에서 어떻게 변하는지 식을 이용해 보여라.

15. 다음은 S보건소에서 주민들의 건강상태 조사를 위해 30명의 주민들의 연령을 조사한 자료이다.

38	49	44	47	53	28	28	60	56	36
48	27	30	33	60	24	66	28	54	45
52	58	58	29	65	26	48	26	52	47

(1) 연령에 대한 도수분포표를 작성하라.

(2) 히스토그램을 그려라.

(3) 도수다각형과 오자이브를 그려라.

(4) 줄기-잎-그림을 그려라.

16. 다음은 190명의 성인들을 대상으로 콜레스테롤 수치를 조사한 자료를 사용해 도수분포표를 작성한 것이다. 다음을 구하라.

콜레스테롤	도수
105~135	10
135~165	50
165~195	70
195~225	34
225~255	18
255~285	6
285~315	2

(1) 콜레스테롤 수치의 평균을 구하라.

(2) 콜레스테롤 수치의 중위수를 구하라.

(3) 콜레스테롤 수치의 최빈수를 구하라.

(4) 제1사분위수와 제3사분위수를 구하라.

3장

확률

3.1. 표본공간(Sample space)과 사상(event)

표본공간은 어떤 실험에서 모든 가능한 결과(outcome)들의 집합이며 기호로는 S 또는 Ω(오메가)로 나타낸다. 예를 들어, 동전을 한 번 던지는 실험에서 표본공간은 $S=\{$앞면, 뒷면$\}$이며, 일반 가정의 한 달에 소비하는 전력량을 조사하는 실험에서 표본공간은 $S=\{t|0 \le t \le \infty\}$ 이 된다.

표본공간의 부분집합을 사상(event)이라 한다. 단순사상(Simple event, 근원사상)은 하나의 가능한 결과만 있는 사상이다. 그러므로 모든 단순사상의 집합이 곧 표본공간이다. 공사상(Empty event)은 불가능한 사상(Impossible event)을 의미한다. 또한 표본공간 전체를 전체사상(Sure event)이라 말한다.

예제 3.1.

1부터 6까지 적혀있는 공이 들어 있는 항아리에서 반복해서 두 개의 공을 꺼낸다고 할 때 다음을 구하라.
(1) 처음에 꺼낸 공을 항아리에 다시 넣지 않는 경우의 표본공간을 구하라.
(2) 처음에 꺼낸 공을 항아리에 다시 넣고 두 번째 공을 꺼내는 경우의 표본공간을 구하라.

<풀이>

(1) $S = \begin{Bmatrix} (1,2)(1,3)(1,4)(1,5)(1,6) \\ (2,1)(2,3)(2,4)(2,5)(2,6) \\ (3,1)(3,2)(3,4)(3,5)(3,6) \\ (4,1)(4,2)(4,3)(4,5)(4,6) \\ (5,1)(5,2)(5,3)(5,4)(5,6) \\ (6,1)(6,2)(6,3)(6,4)(6,5) \end{Bmatrix}$

(2) $S = \begin{Bmatrix} (1,1)(1,2)(1,3)(1,4)(1,5)(1,6) \\ (2,1)(2,2)(2,3)(2,4)(2,5)(2,6) \\ (3,1)(3,2)(3,3)(3,4)(3,5)(3,6) \\ (4,1)(4,2)(4,3)(4,4)(4,5)(4,6) \\ (5,1)(5,2)(5,3)(5,4)(5,5)(5,6) \\ (6,1)(6,2)(6,3)(6,4)(6,5)(6,6) \end{Bmatrix}$

공정한 주사위를 세 번 던지는 실험에서 3이 나오면 성공, 그렇지 않으면 실패라 할 때 표본공간을 표시하라.

<풀이>

3이 나오면 S, 그렇지 않으면 F로 표시하면 표본공간은 다음과 같이 8가지이다.

$S = \{SSS, SSF, SFS, SFF, FSS, FSF, FFS, FFF\}$

한 개의 동전을 앞면이 나올 때까지 던지는 실험에서 표본공간을 표시하라.

<풀이>

$S = \{H, TH, TTH, TTTH, \cdots, T \cdots TH, \cdots\cdots\}$

3.2. 확률의 정의와 기본법칙

● 상대도수적 확률

확률을 이해하는 방법 중 하나는 어떤 실험이 반복적으로 행해진 횟수와 원하는 사건이 일어난 횟수와의 비율인 상대도수(relative frequency)로 해석하는 방법이다. 한 개의 공정한 동전이 있을 때 앞면이 나올 확률은 얼마인가? 아마 여러분은 0.5라 답할 것이다. 그 동전을 10번을 던졌을 때는 앞면이 5번, 뒷면이 5번 나오기는 힘들지만 동전 던지는 횟수를 무한히 늘리면 앞면에 대한 상대도수는 확률 0.5에 점점 접근해 간다. 확률론의 대수의 법칙(law of large numbers)은 실험횟수를 무한히 늘리면 상대도수는 확률값에 접근한다는 것을 말해 주고 있다. 즉, 확률을 상대도수의 극한 개념으로 본다. 또 다른 예를 들어 보면, "내일 비가 올 확률이 80%이다"라는 것은 과거에 내일과 유사한 기상상황(기온, 풍향 등)이 100일 정도 있었다면 이 중에서 80일 정도가 비가 내렸다는 의미로 경험에 의해 예측한 결과이다. 이처럼 상대도수적 확률은 오랜 경험적 관찰을 바탕으로 이야기할 때 믿을 수 있으며, 이것이 확률적인 서술의 기초가 된다.

통계적 확률(경험적 확률, 상대도수적 해석)

$$\text{확률} = \lim_{\text{전체도수} \to \infty} \frac{\text{관심 있는 사건의 도수}}{\text{전체 도수}} = \text{상대도수의 극한}$$

예제 3.4.

다음의 확률을 상대도수적 의미로 생각해 보자.
(1) 그 환자가 완쾌할 확률은 0.95이다.
(2) 야구선수 A가 안타를 칠 확률은 0.35이다.
(3) 그 버스가 정시에 도착할 확률은 90%이다.

<풀이>
(1) 과거에 그 환자와 비슷한 상황의 환자 중 95%는 완쾌가 되었다는 것을 뜻한다. 만약, 똑같은 상황의 환자를 수없이 치료하여 0.95란 값을 얻었다면 이는 믿을 만하다.
(2) 오랫동안 그 선수를 관찰한 결과 전체 중 35%의 안타를 쳤음을 말한다.
(3) 그 버스의 도착시간을 오랫동안 관찰해 보면 정시에 도착한 비율이 90%임을 말한다.

● 확률의 정의(공리적 확률)

수학에서 확률의 정의는 다음과 같다.

표본공간 S의 부분집합인 각 사상에 대하여 실수값을 가지는 함수 P가 다음의 세 가지 성질을 만족하면 확률이라 한다.

(i) 임의의 사상 E에 대하여 $0 \leq P(E) \leq 1$
(ii) $P(S) = 1$
(iii) $E_1, E_2, E_3, \cdots$ 가 서로 배반인 사상들일 때
  $P(E_1 \cup E_2 \cup \cdots) = P(E_1) + P(E_2) + \cdots$

표본공간 S가 N개의 원소 $e_1, e_2, \cdots e_N$으로 이루어져 있다고 가정하면, 임의의 사상 A의 확률 $P(A)$은 A에 속한 단순사상들의 확률을 모두 더해 주면 된다. 즉, $A = \{e_2, e_4, e_6\}$이면

$$P(A) = P(\{e_2\}) + P(\{e_4\}) + P(\{e_6\})$$

이다.

공정하지 않은 주사위를 한 번 던지는 실험에서 표본공간은 $S = \{1, 2, 3, 4, 5, 6\}$이고 각 단순사상의 확률은

$$P(\{1\}) = 0.15, \ P(\{2\}) = 0.10, \ P(\{3\}) = 0.25$$
$$P(\{4\}) = 0.05, \ P(\{5\}) = 0.30, \ P(\{6\}) = 0.15$$

이다. 이때 다음 사상의 확률을 구하라.
(1) $A = \{1, 2, 3\}$에 대하여 다음을 구하라.
(2) $B = \{2, 4, 6\}$에 대하여 다음을 구하라.
(3) $C = \{2, 3, 4, 6\}$에 대하여 다음을 구하라.

<풀이>
(1) 각 단순사상이 일어날 확률이 다르므로 배반사상의 합으로 확률을 구한다. 즉,
$P(A) = P(\{1\}) + P(\{2\}) + P(\{3\}) = 0.15 + 0.10 + 0.25 = 0.5$이다.
(2) 눈의 수가 2의 배수일 확률이므로
$P(B) = P(\{2\}) + P(\{4\}) + P(\{6\}) = 0.10 + 0.05 + 0.15 = 0.3$이다.
(3) 눈의 수가 2의 배수이거나 3의 배수일 확률이므로
$P(C) = P(\{2\}) + P(\{3\}) + P(\{4\}) + P(\{6\}) = 0.10 + 0.25 + 0.05 + 0.15 = 0.55$이다.

만약, 표본공간 $S = \{e_1, e_2, \cdots e_N\}$이고 각 단순사상의 확률

$$P(\{e_i\}) = \frac{1}{N}, \ i = 1, 2, \cdots, N$$

이 모두 동일한 경우를 생각해 보자. 확률의 정의에 의해 $P(S) = 1$을 만족하기 위해서 각 단순사상의 확률은 $\frac{1}{N}$이 된다. 따라서 임의의 사상 A가 k개의 원소를 가지고 있으면 다음 식이 성립된다.

$$P(A) = \frac{1}{N} + \frac{1}{N} + \cdots + \frac{1}{N} = \frac{k}{N}$$

다시 말해서, 각 단순사상이 일어날 가능성이 동일하면, 확률을 구할 때 경우의 수를 이용해 표현할 수 있다. 이를 Laplace에 의한 고전적 확률이라 부른다.

표본공간이 유한 표본공간이고, **각 단순사상이 일어날 확률이 동일하면**, 임의의 사상 A의 확률은 다음과 같다.

$$P(A) = \frac{n(A)}{n(S)}$$

단, $n(A)$는 사상 A에 포함된 원소의 개수를 나타낸다.

확률에 관한 많은 문제에서 "공정한", "정상적인", "임의로"라는 표현은 그 실험에서 모든 단순사상의 확률이 모두 동일한 것을 의미하는 말들이다. 그러므로 우리는 확률을 구하기 위해 표본공간의 원소의 개수와 원하는 사건의 원소의 개수를 구해서 확률을 구하면 된다.

예제 3.6.

정상적인 동전을 반복해서 두 번 던지는 실험을 할 때, 다음을 구하라.
(1) 두 번 모두 뒷면이 나올 확률
(2) 두 번 모두 앞면이 나올 확률
(3) 앞면이 한 번 나올 확률

<풀이>

$S = \{HH, HT, TH, TT\}$이므로

(1) $P(\{TT\}) = \dfrac{1}{4}$ (2) $P(\{HH\}) = \dfrac{1}{4}$ (3) $P(\{HT, TH\}) = \dfrac{2}{4} = \dfrac{1}{2}$

예제 3.7.

공정한 주사위를 반복해서 두 번 던지는 게임에서 처음 나온 눈의 수가 두 번째 나온 눈의 수보다 클 확률을 구하라.

<풀이>

표본공간 $S = \begin{Bmatrix} (1,1)(1,2)(1,3)(1,4)(1,5)(1,6) \\ (2,1)(2,2)(2,3)(2,4)(2,5)(2,6) \\ (3,1)(3,2)(3,3)(3,4)(3,5)(3,6) \\ (4,1)(4,2)(4,3)(4,4)(4,5)(4,6) \\ (5,1)(5,2)(5,3)(5,4)(5,5)(5,6) \\ (6,1)(6,2)(6,3)(6,4)(6,5)(6,6) \end{Bmatrix}$ 이므로 36가지이다.

$A = \begin{Bmatrix} \\ (2,1) \\ (3,1)(3,2) \\ (4,1)(4,2)(4,3) \\ (5,1)(5,2)(5,3)(5,4) \\ (6,1)(6,2)(6,3)(6,4)(6,5) \end{Bmatrix}$ 이므로 15가지이다.

따라서 $P(A) = \dfrac{n(A)}{n(S)} = \dfrac{15}{36}$ 이다.

- **확률의 기본법칙**

두 사상 A, B에 대해, A 또는 B가 일어날 확률 $A \cup B$를 알아보자. 먼저 A와 B가 동시에 일어날 수 없는 사상을 서로 배반(mutually exclusive)사상이라 한다. A와 B가 서로 배반사상이면 즉, $A \cap B = \emptyset$이므로 $A \cup B$는 다음 법칙이 성립한다.

$$P(A \cup B) = P(A) + P(B)$$

그러나 A와 B가 서로 배반사상이 아니면 다음이 성립한다.

$$P(A \cup B) = P(A) + P(B) - P(A \cap B)$$

예를 들어, 1부터 100까지의 정수 중에서 하나를 임의로 선택하는데, 만약 그 숫자가 12의 배수이거나 9의 배수일 확률을 구해 보자. 이 실험의 표본공간 $S = \{1, 2, \cdots, 100\}$ 이고,

A=선택한 숫자가 12의 배수
B=선택한 숫자가 9의 배수

라 하면

A={12, 24, 36, 48, 60, 72, 84, 96}
B={9, 18, 27, 36, 45, 54, 63, 72, 81, 90, 99}

이다. 따라서

$$P(A) = \frac{8}{100} , \ P(B) = \frac{11}{100} , \ P(A \cap B) = \frac{2}{100}$$

이므로 선택한 숫자가 12의 배수이거나 9의 배수일 확률은

$$P(A \cup B) = \frac{8}{100} + \frac{11}{100} - \frac{2}{100} = \frac{17}{100}$$

이다.

사상 A가 아닌 사상을 A의 여사상(complementary event)이라 하고 기호로 A^c로 표시한다. 사상 A와 그 여사상 A^c은 서로 배반사상이다. A^c의 확률은 표본공간전체에 대한 확률인 1에서 A의 확률을 빼준 것과 같다. 즉, 다음이 성립한다.

$$P(A^c) = 1 - P(A)$$

예를 들어, 공정한 주사위를 한번 던질 때 표본공간은 S={1, 2, 3, 4, 5, 6}이 된다. 여기서 짝수가 나올 사상을 A라 하면 $P(A) = \frac{1}{2}$ 이고 A의 여사상 A^c의 확률은

$$P(A^c) = 1 - P(A) = 1 - \frac{1}{2} = \frac{1}{2}$$

이 된다.

■ 확률의 성질

임의의 사상 A와 B에 대하여 다음 성질이 성립한다.

① $P(\phi) = 0$

② 사상 A와 B가 $A \cap B = \varnothing$ 이면

즉, 상호 배반사상(mutually exclusive)이면 $P(A \bigcup B) = P(A) + P(B)$

③ $P(A \cup B) = P(A) + P(B) - P(A \cap B)$

④ $P(A^c) = 1 - P(A)$

⑤ $A \subset B$이면 $P(A) \leq P(B)$

예제 3.8.

공정한 동전을 두 번 던지는 실험에서 표본공간은 $S = \{HH, HT, TH, TT\}$ 이다. 두 사상 $A = \{HH, HT\}$, $B = \{HH, TH\}$ 일 때, 다음 확률을 구하라.

(1) A의 여사상의 확률 $P(A^c)$을 구하라.

(2) $P(A \cup B)$을 구하라.

<풀이>

$P(A) = P(B) = \frac{1}{2}$, $P(A \cap B) = P(\{HH\}) = \frac{1}{4}$

(1) $P(A^c) = 1 - P(A) = 1 - \frac{1}{2} = \frac{1}{2}$

(2) $P(A \cup B) = P(A) + P(B) - P(A \cap B)$
$\quad\quad\quad\quad = \frac{1}{2} + \frac{1}{2} - \frac{1}{4} = \frac{3}{4}$

어떤 학교 학생들의 60%는 반지를 끼지 않고 목걸이도 하지 않는다. 20%는 반지를 끼고 있으며 30%는 목걸이를 하고 있다. 학생들 중 임의로 한 명을 선택할 때 다음의 확률을 구하라.

(1) 그 학생이 반지 또는 목걸이를 하고 있을 확률은 얼마인가?

(2) 그 학생이 반지와 목걸이를 하고 있을 확률은 얼마인가?

<풀이>

R: 반지를 끼고 있을 사상

N: 목걸이를 하고 있을 사상이라 하면

$P(R^c \cap N^c) = 0.6, \ P(R) = 0.2, P(N) = 0.3$

(1) $P(R \cup N) = 1 - P(R^c \cap N^c) = 1 - 0.6 = 0.4$

(2) $P(R \cap N) = P(R) + P(N) - P(R \cup N)$
$$= 0.2 + 0.3 - 0.4 = 0.1$$

3.3. 순열과 조합

3.2.에서 확률은 고전적 정의에 의해 $P(A) = \dfrac{n(A)}{n(S)}$ 이므로 원소의 개수를 알아야 확률을 구할 수 있다. 따라서 이 절에서는 확률을 구하기 위해서 경우의 수를 구하는 방법인 순열과 조합에 대해 다룬다.

어떤 실험을 r가지 방법으로 실시하고, 또한 각 방법마다 k가지 방법으로 실시하였다면 모든 실험의 방법은 $r \times k$가지가 존재한다. 예를 들어, 동전 한 개와 주사위 한 개를 한 번씩 던지는 실험의 총 가지 수는 $2 \times 6 = 12$이고 주사위를 두 번 던지는 실험에서는 모두 $6 \times 6 = 36$가지의 경우가 존재한다.

복원추출(sampling with replacement)은 주머니에서 공을 하나 꺼낸 뒤 다시 그 공을 주머니 속에 넣은 뒤 다음 시행에서 첫 번째와 똑같은 상황에서 실험하는 방법이고 비복원추출(sampling without replacement)은 주머니에서 공을 하나 꺼낸 뒤 다시 넣지 않고 그다음 시행을 하는 방법이다. 여기서는 비복원추출인 순열과 조합을 다룬다.

● 순열(Permutation)

A, B, C, D, E 5명 중에서 회장, 반장, 부반장을 정하는 방법을 생각해 보자. 한 사람이 회장과 부반장을 동시에 할 수 없으므로 비복원추출을 의미한다. 우선, 회장 자리, 반장 자리, 부반장 자리를 마련해 놓았다고 하자. 회장 자리에 5명 모두 올 수 있으므로 5가지가 존재하고 그다음 반장 자리에는 앞의 회장 자리에 누군가 한 명이 앉기로 정해졌으니 한 명을 제외한 4명이 올 수 있고, 마지막 부반장 자리는 앞의 두 자리를 제외한 3명이 올 수 있다. 따라서 5명 중 3명을 뽑아 순서 있게 배열하는 방법은 모두 $5 \times 4 \times 3 = 60$가지이다. 이렇게 순서를 고려하여 배열하는 방법을 순열(Permutation)이라 한다.

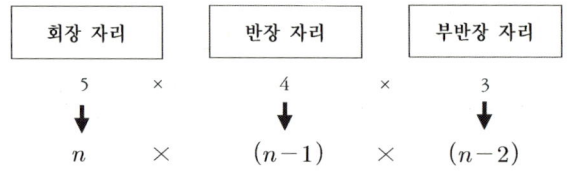

5명 중 3명을 뽑아 순서 있게 배열하는 경우의 수는 $5 \times (5-1) \times (5-2) = 60$가지였다. 이를 일반화시켜 보면, n명 중 r명을 뽑아 순서 있게 배열하는 경우의 수는 $n \times (n-1) \times (n-2) \times \cdots \times (n-(r-1))$이다. 이것을 기호로 $_nP_r$이다. 즉,

$$_nP_r = n \times (n-1) \times (n-2) \times \cdots \times (n-(r-1))$$

이다. 이 식을 계산하기 쉽게 계승(factorial)을 이용해 표현하면 다음과 같다.

$$_nP_r = \frac{n \times (n-1) \times (n-2) \times \cdots \cdots \times (n-(r-1)) \times (n-r) \times (n-r-1) \times \cdots \times 1}{(n-r) \times (n-r-1) \times \cdots \times 1}$$
$$= \frac{n!}{(n-r)!}$$

여기서 n의 계승(factorial)은 $n! = n(n-1)(n-2) \cdots 1$, $n \geq 1$인 정수이다. 만약, $n=4$이면 $4! = 4 \times 3 \times 2 \times 1 = 24$이다. 또한 0의 계승은 $0! = 1$로 정의한다.

■ **순열(Permutation)**

n개 중에서 r개를 뽑아 순서 있게 배열하는 경우의 수

$$_nP_r = n(n-1)(n-2) \cdots (n-(r-1))$$
$$= \frac{n!}{(n-r)!}$$

만약, 복원추출인 경우에는 한 사람이 회장, 반장, 부반장 모두를 다 겸임할 수 있다는 의미이므로 경우의 수는 $5 \times 5 \times 5 = 5^3$이 된다. 일반적으로 복원추출인 경우, n개 중 r개를 뽑아 순서 있게 배열하는 경우를 중복순열(permutation with replacement)이라 하고 그 경우의 수는 다음과 같다.

$$n \times n \times \cdots \times n = n^r$$

● **조합(Combination)**

A, B, C, D, E 5명 중에서 3명의 임원을 뽑는 방법은 몇 가지일까? 이것은 순서에 상관없이 뽑는 경우의 수로 조합(Combination)이라고 부른다. 일반적으로 n명 중 순서 상관없이 r명을 뽑는 경우의 수인 조합을 $\binom{n}{r}$ 또는 $_nC_r$으로 표시한다.

순열 $_nP_r$은 n명 중에서 r명을 뽑아 순서 있게 배열하는 방법으로, n명 중에서 우선 r명을 순서 상관없이 뽑고 그 뽑힌 r명을 순서 있게 배열하는 방법으로 생각하면 다음이 성립한다.

$$_nP_r = \binom{n}{r} \cdot r! = n(n-1) \cdots (n-r+1) = \frac{n!}{(n-r)!}$$
$$\binom{n}{r} = \frac{_nP_r}{r!} = \frac{n!}{r!(n-r)!}$$

■ **조합(Combination)**

n개 중에서 r개를 뽑아 순서 상관없이 배열하는 경우의 수

$$\binom{n}{r} = \frac{_nP_r}{r!} = \frac{n!}{r!(n-r)!}$$

복원추출이 가능한 조합을 중복조합(combination with replacement)이라 한다. 예를 들어, 한 아이에게 7종류의 장난감 중에서 4개를 가질 수 있다고 하자. 물론 같은 종류인 4개의 장난감을 가질 수 있다. 그러면 그 아이는 모두 10=4+(7-1) 개 중에서 4개를 가질 수 있는 것과 같다. 따라서 순서 상관없이 10개 중 4개를 뽑는 경우이므로 경우의 수는 $\binom{10}{4}$이다. 일반적으로 복원추출인 경우, n개 중 r개를 뽑아 순서 상관없이 배열하는 경우인 중복조합의 경우의 수는 다음과 같다.

$$_nH_r = {}_{n+r-1}C_r = \binom{n+r-1}{r} = \frac{(n+r-1)!}{r!\,(n-1)!}$$

예제 3.10.

창구가 하나인 놀이공원의 매표소에 5명이 동시에 도착하여 표를 사려고 한다. 차례로 줄 서는 방법은 몇 가지인가?

<풀이>

$_5P_5 = 5 \times 4 \times 3 \times 2 \times 1 = 5!$

예제 3.11.

1부터 6까지의 숫자를 한 번씩 사용하여 만들 수 있는 세 자리 정수는 몇 개인가?

<풀이>

$_6P_3 = 6 \times 5 \times 4 = 120$가지

예제 3.12.

어느 교수가 학생들에게 문제 10개를 내주면서 기말고사는 이 10개의 문제 중에서 5문제를 무작위로 선택하여 출제한다고 알려 주었다. 만일, 한 학생이 이 문제 중 해결할 수 있는 문제가 7개

라면, 다음 확률을 구하라.

(1) 그 학생이 기말시험에서 정확하게 5문제를 맞을 확률은 얼마인가?

(2) 그 학생이 기말시험에서 적어도 4문제를 맞을 확률은 얼마인가?

<풀이>

$$(1) \frac{\binom{7}{5}\binom{3}{0}}{\binom{10}{5}} = \frac{1}{12} \qquad (2) \frac{\binom{7}{4}\binom{3}{1}}{\binom{10}{5}} + \frac{\binom{7}{5}\binom{3}{0}}{\binom{10}{5}} = \frac{1}{2}$$

예제 3.13.

연못에 100마리의 잉어가 살고 있다. 이들 중 10마리를 잡아 꼬리표를 단 다음 놓아주었다. 일정 시간이 지난 후에 다시 100마리 중 8마리를 잡았다. 이 8마리 중 꼬리표를 단 잉어가 4마리일 확률을 구하라. 단, 연못의 잉어의 수는 일정하다고 가정하자.

<풀이>

$$\frac{\binom{10}{4}\binom{90}{4}}{\binom{100}{8}} = 0.00288$$

예제 3.14.

한 상자에 7개의 제품이 들어 있는데, 이 중 4개가 불량품이다. 7개 중에서 임의로 3개의 제품을 뽑을 때 다음 사상의 확률을 구하라.

(1) 3개 모두 불량품이다.

(2) 1개는 양품이고 2개는 불량품이다.

(3) 3개 모두 양품이다.

(4) 적어도 한 개 이상의 불량품이다.

<풀이>

표본공간의 개수는 $\binom{7}{3} = \frac{7 \times 6 \times 5}{3 \times 2 \times 1} = 35$이다.

(1) $\dfrac{\binom{4}{3}\binom{3}{0}}{\binom{7}{3}} = \dfrac{4}{35}$ (2) $\dfrac{\binom{4}{2}\binom{3}{1}}{\binom{7}{3}} = \dfrac{18}{35}$ (3) $\dfrac{\binom{4}{0}\binom{3}{3}}{\binom{7}{3}} = \dfrac{1}{35}$

(4) 적어도 한 개 이상의 불량품인 사상은 모두 양품인 사상의 여사상이다. 따라서 전체 확률 1에서 3개 모두 양품인 확률을 빼주면 된다.

즉, $1 - \dfrac{\binom{4}{0}\binom{3}{3}}{\binom{7}{3}} = 1 - \dfrac{1}{35} = \dfrac{34}{35}$ 이다.

3.4. 조건부 확률(Conditional probability)

어떤 사상 B가 일어났다는 조건 아래 사상 A가 일어날 확률을 조건부확률이라 부르고 다음과 같이 정의한다.

$$P(A|B) = \frac{P(A \cap B)}{P(B)}, \ P(B) \neq 0$$
$$\Leftrightarrow P(A \cap B) = P(A|B)P(B)$$

예를 들어, 공정한 주사위를 한번 던지는 실험에서 만일 다른 사람이 미리 그 결과를 알고 짝수라고 알려줬을 때 그 주사위의 눈이 4가 될 확률은 $\dfrac{1}{6}$이 아닌 $\dfrac{1}{3}$이다. 즉, 사상 A는 주사위 눈이 4일 사상이고 B는 짝수일 사상일 때,

$$P(A|B) = \frac{P(A \cap B)}{P(B)} = \frac{1/6}{3/6} = \frac{1}{3} \neq P(A) = \frac{1}{6}$$

이다.

예제 3.15.

어떤 모임에는 남자가 5명, 여자가 6명으로 구성되었다. 남자 중에는 2명이 안경을 쓰고 있고 여자 중에는 4명이 안경을 쓰고 있다고 한다. 임의의 한 명을 뽑았을 때, "이 사람이 안경을 쓰고 있다"라는 정보를 알고 있을 때 그 사람이 남자일 확률은 얼마인가?

<풀이>

A: 남자일 사상

B: 안경을 쓰고 있는 사상

남자일 확률은 안경을 쓰고 있다는 정보를 알고 있을 때 남자일 확률과 다를 것이다(남자 중에 안경을 쓰고 있는 사람이 있기 때문에).

즉, $P(A) \neq P(A|B)$ 이다.

$$P(A|B) = \frac{P(A \cap B)}{P(B)} = \frac{2/11}{6/11} = \frac{1}{3} \quad (\neq P(A) = \frac{5}{11})$$

예제 3.16.

실제로 어떤 야구공이 불량품인데도 불구하고, 양품이라고 판정 내릴 확률을 α라고 하면 $1-\alpha$ 라는 확률은 어떤 사상에 대한 확률인지를 설명하라.

<풀이>

$\alpha = P$(양품 판정|실제 불량품)이므로 $1-\alpha$은 여사상의 확률이다. 따라서 실제 그 공이 불량품 인데 불량품이라고 판정 내릴 사상에 대한 확률이다. 즉,

$1-\alpha = P$(불량품 판정|실제 불량품)이다.

예제 3.17.

52장짜리 카드 묶음에서 임의로 4장의 카드를 한 장씩 뽑으며 뽑힌 카드는 복원시키지 않는다. 4장의 카드를 뽑을 때 그 순서가 스페이드(S), 다이아몬드(D), 하트(H), 클로버(C)일 확률은 얼마인가?

<풀이>

$$\begin{aligned}
P(S \cap D \cap H \cap C) &= P(C|SDH)P(SDH) \\
&= P(C|SDH)P(H|SD)P(SD) \\
&= P(C|SDH)P(H|SD)P(D|S)P(S) \\
&= \frac{13}{49}\frac{13}{50}\frac{13}{51}\frac{13}{52}
\end{aligned}$$

3.5. 전확률 정리와 베이즈 공식

예를 들어, 쌀뻥튀기 과자를 만드는 공장에서 10대의 기계가 과자를 생산해 내고 있다고 하자. 각 기계에서 만들어진 과자는 한곳으로 모여 포장단계를 거쳐 시장에 나온다. 어느 날 공장장이 포장 직전의 뻥튀기들 중에서 임의로 하나를 뽑았을 때 그것이 불량품이었다면 그 과자가 세 번째 기계에서 나왔을 확률은 얼마일까? 우선, 각 기계가 선택될 사상을 $B_i, i=1,2,\cdots,10$라 할 때 $B_i, i=1,2,\cdots,10$들이 서로 배반사상이면 이를 분할 (partition)되었다고 한다. 즉, 뻥튀기를 만들어내는데 각각의 기계에서 완제품이 생산됨을 의미한다. 표본공간이 $B_i, i=1,2,\cdots,10$로 분할되었고 불량품일 사상을 A라 하자. 그러면 뽑힌 불량품이 기계1에서 나왔을 수도 있고 기계2에서 나왔을 수도 있다. 그러므로 P(A)는 다음과 같다.

$$P(A) = P(A \cap B_1) + P(A \cap B_2) + \cdots + P(A \cap B_{10})$$
$$= \sum_{i=1}^{10} P(A \cap B_i)$$
$$= \sum_{i=1}^{10} P(A|B_i) P(B_i)$$

우리가 구하려고 하는 것은 그것이 불량품이었다면 그 과자가 세 번째 기계에서 나왔을 조건부 확률이므로 다음이 성립한다.

$$P(B_3|A) = \frac{P(A \cap B_3)}{P(A)} = \frac{P(A|B_3) P(B_3)}{\sum_{i=1}^{10} P(A|B_i) P(B_i)}$$

여기서 $P(A) = \sum_{i=1}^{10} P(A|B_i) P(B_i)$을 일반화한 것을 전확률의 정리(theorem of total probability)라 하고, $P(B_3|A) = \dfrac{P(A|B_3) P(B_3)}{\sum_{i=1}^{10} P(A|B_i) P(B_i)}$을 일반화한 것을 베이즈의 공식(Bayes' formula)이라 한다.

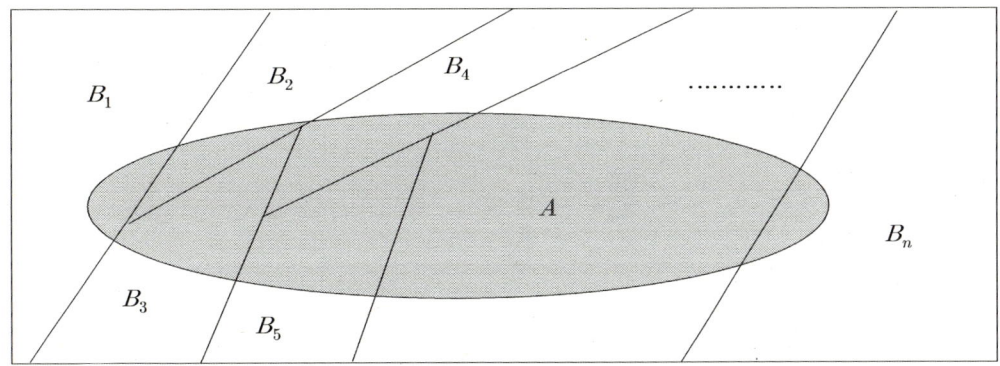

분할(partition)

표본공간이 서로 배반적인 사상 $B_1, B_2, \cdots, B_n$ 에 의해 분할(partition)되었고, B_i $(i=1, 2, \cdots, n)$ 에 대한 확률이 0이 아니라면 임의의 사상 A에 대해서 다음이 성립된다.

전확률의 정리(theorem of total probability)

$$P(A) = \sum_{i=1}^{n} P(A \cap B_i) = \sum_{i=1}^{n} P(A|B_i)P(B_i)$$

베이즈의 공식(Bayes' theorem)

$$P(B_k|A) = \frac{P(A \cap B_k)}{P(A)} = \frac{P(A|B_k)P(B_k)}{\sum_{i=1}^{n} P(A|B_i)P(B_i)}$$

$P(B_1), \cdots, P(B_n)$ 을 사전확률(prior probability)이라 하고 A를 알고 있을 때의 조건부 확률 $P(B_1|A), \cdots, P(B_n|A)$ 을 사후확률(posterior probability)이라 한다.

예제 3.18.

각각 문이 있는 4개의 벽으로 둘러싸인 어떤 방에 갇혀 있는 쥐 한 마리가 문을 통해 탈출하려고 한다. 각각의 D_1, D_2, D_3, D_4문에 함정이 놓여 있으며, 그 함정에 빠질 확률은 각각 0.3, 0.2, 0.3, 0.5이다. 만약, 쥐가 임의로 1개의 문을 택할 경우 다음 확률을 구하라.

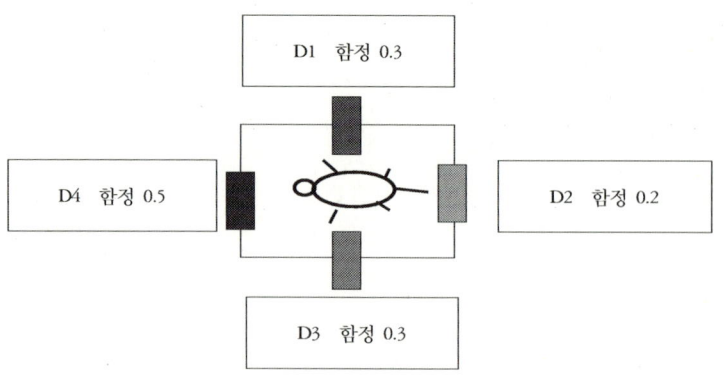

(1) 만약, 쥐가 임의로 1개의 문을 택할 경우, 쥐가 무사히 도피할 확률은 얼마인가?

(2) 쥐가 도피했다면 D_3문으로 도피했을 확률은 얼마인가?

<풀이>

(1) 쥐가 임의로 문을 선택하므로 $P(D_1) = P(D_2) = P(D_3) = P(D_4) = \dfrac{1}{4}$ 이고

$$P(A|D_1) = 1 - 0.3 = 0.7$$
$$P(A|D_2) = 1 - 0.2 = 0.8$$
$$P(A|D_3) = 1 - 0.3 = 0.7$$
$$P(A|D_4) = 1 - 0.5 = 0.5$$

이므로 쥐가 무사히 도피할 확률은 다음과 같다.

$$P(A) = \sum_{i=1}^{4} P(A \cap D_i)$$
$$= \sum_{i=1}^{4} P(A|D_i) P(D_i)$$
$$= \frac{1}{4}(0.7 + 0.8 + 0.7 + 0.5) = 0.675$$

(2) 쥐가 무사히 도피했다고 가정하고 문 D_3로 도피했을 확률은 다음과 같다.

$$P(D_3|A) = \frac{P(A|D_3) P(D_3)}{P(A)} = \frac{\dfrac{1}{4} \times 0.7}{0.675} = 0.259$$

볼트 제조공장에서 기계 Ⅰ, Ⅱ, Ⅲ은 각각 전체의 20%, 30%, 50%를 생산하고, 각각 그들 생산품의 5%, 3%, 2%는 결함이 있다고 할 때, 임의로 하나의 볼트를 선택할 때, 다음 확률을 구하라.

(1) 선택된 볼트가 결함이 있을 확률은 얼마인가?

(2) 결함이 있는 것이 뽑혔을 경우에 그것이 기계 Ⅰ에서 생산되었을 확률은 얼마인가?

<풀이>

결함이 있는 사상을 A라 하고, i번째 기계에서 생산될 사상을 D_i라 하면,

(1) $P(A) = \sum_{i=1}^{3} P(A \cap D_i)$

$= \sum_{i=1}^{3} P(A|D_i) P(D_i)$

$= 0.05(0.2) + 0.03(0.3) + 0.02(0.5) = 0.029$

(2) $P(D_1|A) = \dfrac{P(A|D_1) P(D_1)}{P(A)} = \dfrac{0.05 \times 0.2}{0.029} = 0.3445$

3.6. 독립사상(Independent event)

두 사상이 독립이라는 것은 두 사상이 일어나는 결과가 서로 아무런 영향을 미치지 않는다는 것을 의미한다. 예를 들어, 동전 한 개와 주사위 한 개를 던지는 실험에서 동전을 던져서 앞면이 나온 결과가 주사위가 1이 나오는 데 아무런 영향을 미치지 않음을 알 수 있다. 따라서 동전 던지기와 주사위 던지기는 서로 독립이라고 말할 수 있다.

두 사상 A와 B가 독립이면, 사상 B가 일어났다는 조건에서 사상 A가 일어날 조건부 확률 $P(A|B)$은 사상 B에 대한 아무런 정보도 모르는 상태로 그냥 사상 A의 확률인 $P(A)$와 같다. 즉, $P(A|B) = P(A)$이다. 그러므로 다음이 성립한다.

$$P(A|B) = \frac{P(A \cap B)}{P(B)} = P(A)$$

$$\Leftrightarrow P(A \cap B) = P(A)P(B)$$

따라서 두 사상 A와 B가 독립이면, A와 B가 동시에 일어날 확률은 A의 확률과 B의 확률의 곱과 같다. 즉, $P(A \cap B) = P(A)P(B)$이 성립한다.

두 사상 A와 B가 서로 독립이면
$$\Leftrightarrow P(A \cap B) = P(A) \cdot P(B)$$
$$\Leftrightarrow P(A|B) = P(A)$$
$$\Leftrightarrow P(B|A) = P(B)$$
$$\Leftrightarrow P(A \cap B) = P(A|B) \cdot P(B) = P(A) \cdot P(B)$$

만약, A와 B가 서로 독립 사상이면 A^c와 B, A와 B^c, A^c와 B^c도 독립이다.

즉, A와 B가 서로 독립 사상이면

① $P(A^c \cap B) = P(A^c) \cdot P(B)$

② $P(A \cap B^c) = P(A) \cdot P(B^c)$

③ $P(A^c \cap B^c) = P(A^c) \cdot P(B^c)$이 성립한다.

<증명>

① $B = (A \cap B) \cup (A^c \cap B)$

$P(B) = P(A \cap B) + P(A^c \cap B)$ $\quad (\because (A \cap B)$와 $(A^c \cap B)$는 서로 배반사상)

$\begin{aligned} P(A^c \cap B) &= P(B) - P(A \cap B) \quad (\because A$와 B는 서로 독립$) \\ &= P(B) - P(A)P(B) \\ &= P(B)[1 - P(A)] \\ &= P(B)P(A^c) \end{aligned}$

② $A = (A \cap B) \cup (A \cap B^c)$

$P(A) = P(A \cap B) + P(A \cap B^c)$ $\quad (\because (A \cap B)$와 $(A \cap B^c)$는 서로 배반사상)

$\begin{aligned} P(A \cap B^c) &= P(A) - P(A \cap B) \quad (\because A$와 B는 서로 독립$) \\ &= P(A) - P(A)P(B) \\ &= P(A)[1 - P(B)] \\ &= P(A)P(B^c) \end{aligned}$

③ $S = (A \cup B) \cup (A^c \cap B^c)$

$1 = P(A \cup B) + P(A^c \cap B^c)$ ($\because (A \cup B)$와 $(A^c \cap B^c)$는 서로 배반사상)

$P(A^c \cap B^c) = 1 - P(A \cup B)$ ($\because A$와 B는 서로 독립)

$$= 1 - [P(A) + P(B) - P(A)P(B)]$$
$$= [1 - P(A)] - P(B)[1 - P(A)]$$
$$= [1 - P(A)][1 - P(B)]$$
$$= P(A^c)P(B^c)$$

세 개의 사상 A, B, C가 서로 독립이면, 쌍별독립(pairwise independent)인

$$P(A \cap B) = P(A) \cdot P(B)$$
$$P(A \cap C) = P(A) \cdot P(C)$$
$$P(B \cap C) = P(B) \cdot P(C)$$

과

$$P(A \cap B \cap C) = P(A) \cdot P(B) \cdot P(C)$$

이 모두 성립한다. 위 네 조건 모두 성립할 때 A, B, C가 독립이라 말할 수 있다.

A, B, C 가 서로 독립 사상이면
$\Rightarrow P(A \cap B \cap C) = P(A) \cdot P(B) \cdot P(C)$
$\Rightarrow P(A \cap B) = P(A) \cdot P(B)$
$\Rightarrow P(A \cap C) = P(A) \cdot P(C)$
$\Rightarrow P(B \cap C) = P(B) \cdot P(C)$
역은 성립하지 않는다.

예제 3.20.

1, 2, 3, ⋯, 9의 숫자 중에서 임의로 하나의 숫자를 뽑아내고, 그다음 정상적인 동전과 주사위를 각각 한 번씩 던진다고 하자. 이때 뽑힌 숫자가 홀수이고, 동전은 앞면이며, 주사위의 눈은 3의

배수일 확률을 구하여라.

<풀이>

숫자를 뽑아내는 것, 동전 던지는 것, 주사위 던지는 것은 서로 독립이다.

$$P(\text{홀수} \cap \text{앞면} \cap 3\text{의 배수}) = P(\text{홀수}) \cdot P(\text{앞면}) \cdot P(3\text{의 배수}) = \frac{5}{9} \cdot \frac{1}{2} \cdot \frac{2}{6} = \frac{5}{54}$$

예제 3.21.

세 개의 독립된 성분이 직렬로 연결되어 있다. 각 성분이 고장 날 확률이 p일 때, 그 시스템이 고장 나지 않을 확률은 얼마인가?

<풀이>

각 성분이 작동될 확률은 $1-p$이다. 직렬로 연결되어 있기 때문에 모든 성분들이 고장 나지 않아야 시스템이 작동되므로 구하는 확률은

$$P(\text{I} \cap \text{II} \cap \text{III}) = P(\text{I})P(\text{II})P(\text{III}) = (1-p)^3$$

이다.

연 습 문 제

1. 다음 문장이 맞으면 ○, 틀리면 ×로 표시하라.
   ① 주사위 하나를 3이 나올 때까지 던지는 실험에서 표본공간은 $S = \{1, 2, 3, 4, 5, 6\}$ 이다. (　　)
   ② 두 사상 A, B가 서로 배반사상이면, A와 B는 독립이다. (　　)
   ③ 하나의 동전을 뒷면이 나올 때까지 던지는 실험에서 표본공간은 $S = \{H, T\}$ 이다. (　　)
   ④ 두 사상 A, B가 서로 독립이면, A^c와 B^c도 반드시 독립이다. (　　)
   ⑤ $A \subset B$이면 $P(A) \leq P(B)$이다. (　　)
   ⑥ $P(A|B^c) = P(A)$이면 A, B는 서로 독립이다. (　　)
   ⑦ $P(A|B) = P(A)$이 성립하면 사건 B가 일어나지 않음을 말한다. (　　)

2. 다음 빈칸에 알맞은 답을 써라.
   ① 주사위 세 개를 던질 때, 3의 배수가 나오면 S, 그렇지 않으면 F로 표시하면 이 실험의 표본 공간은 모두 (　　)가지이다.
   ② "freedom"이라는 단어에 속한 7개의 문자를 배열할 때, 처음에는 자음으로 시작하고 끝은 모음으로 끝나게 될 확률은 (　　)이다.
   ③ 어떤 실험에서 가능한 모든 결과들의 집합을 (　　)라 한다.
   ④ 아들을 낳을 확률은 0.5이다. 새로 결혼한 부부가 4명의 자녀를 두고 싶어 할 때, 아들이 최소한 한 명일 확률은 (　　)이다.
   ⑤ 공정한 동전을 20회 던지는 실험에서 20번째에 앞면이 나올 확률은 (　　)이다. 또한, 처음부터 19번째까지 앞면이 나왔다는 조건하에서 20번째 앞면이 나올 확률은 (　　)이다.

3. 두 개의 주머니가 있다. 주머니 I에는 흰 공 2개, 검은 공 6개가, 주머니 II에는 흰 공 7개, 검은 공 3개가 각각 들어 있다. 정상적인 주사위를 던져 1 또는 2가 나오면 주머니 I에서, 그 밖의 눈이 나오면 주머니 II에서 하나의 공을 임의로 꺼내는 실험을 한다.
   (1) 흰 공이 뽑힐 확률은?
   (2) 흰 공이 뽑혔을 때, 이 공이 주머니 I에서 나왔을 확률은?

4. 한 개의 주사위를 반복적으로 던지는 실험에서 확률변수 X는 주사위의 눈이 2가 나올 때까지 던진 횟수라 할 때, 다음을 구하라.
   (1) $P(X = 3)$은?

(2) $P(X=5|X>2)$은?

(3) $P(X=5|X>2) = P(X=3)$이 성립하는가? 성립하면 그 의미를 설명하여라.

5. 똘이네집의 가족은 아빠, 엄마, 똘이 모두 3명이다. 세 식구 중 적어도 두 명이 같은 생일을 가지고 있을 확률은 얼마인가? 단, 출생연도는 무시하고 일 년은 365일로 하자.

6. 김 씨는 두 대의 자동차를 소유하고 있는데, 하나는 대형차이고 다른 하나는 소형차이다. 그런데 회사의 주차공간이 협소하여 주차하는 데 많은 시간이 소요된다. 따라서 소형차와 대형차로 출근했을 때 지각률이 각각 10%, 30%이다. 김 씨는 출근하는 날의 80%는 소형차를 그리고 20%는 대형차를 이용한다.

(1) 오늘 아침에 김 씨가 지각하지 않을 확률은?

(2) 오늘 아침에 김 씨가 지각하지 안 했을 때, 소형차를 이용하였을 확률은?

7. 8명의 나이가 15, 5, 2, 20, 7, 30, 40, 23이었다. 이 중에서 3명을 뽑을 때 3명의 나이의 합이 28 이상이 될 확률을 구하라.

8. 눈이 내릴 확률이 0.3이다. 눈이 내린다는 조건 아래 비행기가 예정 시간에 이륙할 확률은 0.4이며, 눈이 내리지 않는다는 조건 아래 비행기가 예정 시간에 이륙할 확률은 0.9이다. 다음의 확률을 구하라.

(1) 비행기가 예정 시간에 이륙할 확률을 구하라.

(2) 비행기가 예정 시간에 이륙했을 때, 그때에 눈이 내리고 있을 확률은?

9. 한 주머니에 b개의 검은 공, r개의 붉은 공이 들어 있다. 이 주머니에서 임의로 1개의 공을 뽑은 뒤, 뽑힌 공과 같은 색의 공 k개를 구해서 뽑혔던 공과 함께 다시 주머니에 넣은 다음, 이 주머니에서 임의로 1개의 공을 다시 뽑는 실험을 생각해 보자.

(1) 이 실험의 결과가 검은 공일 확률은 얼마인가?

(2) 이 실험의 결과가 검은 공이었다는 조건 아래서 첫 번째 뽑힌 공이 붉은 공이었을 확률은 얼마인가?

10. 상자 안에 검은 공 3개와 흰 공 7개가 들어 있다. 매 실험마다 랜덤하게 하나의 공을 뽑은 후, 뽑힌 공과 함께 그 공의 색깔과 같은 공을 2개 더 넣는다. 이러한 실험을 세 번 할 때,

다음을 구하라.

(1) 세 번 연속해서 흰 공이 나타날 확률은 얼마인가?

(2) 세 번 연속해서 검은 공이 나타날 확률은 얼마인가?

11. 자동차 소유자의 보험 선호도에 대하여 보험계리인은 다음과 같은 결론을 얻었다. 자동차 소유자는 무자격 운전자 보험보다는 접촉사고 보험에 두 배 정도 더 가입한다. 자동차 소유자가 어떤 보험에 가입하느냐는 것은 독립이다. 자동차 소유자가 무자격 운전자 보험과 접촉사고 보험에 모두 가입할 확률은 0.15이다. 이때, 두 보험에 모두 가입하지 않을 확률은 얼마인가?

12. 한 상자에 번호 111, 221, 212, 122인 4장의 복권이 들어 있다. 한 장을 무작위로 뽑아 $A_i(i=1,2,3)$를 i번째 위치에 2가 있는 사상이라 하면, A_1, A_2, A_3가 서로 독립인가? 그 이유를 밝혀라.

13. 지난 5년 동안 어떤 단체에 가입한 사람을 대상으로 건강에 대한 연구가 이루어져 왔다. 이 연구의 초기에 흡연의 정도에 따라 담배를 많이 피우는 사람과 적게 피우는 사람 그리고 전혀 담배를 피우지 않는 사람의 비율이 각각 20%, 30% 그리고 50%이었다. 연구가 끝난 5년 동안에, 담배를 적게 피우는 사람은 전혀 피우지 않는 사람의 두 배가 사망하였고 많이 피우는 사람에 비하여 1/2만이 사망하였다는 결과를 얻었다. 이 연구의 대상인 회원을 임의로 선정하였을 때, 이 회원이 연구 기간 안에 사망하였다. 이 회원이 담배를 많이 피우는 사람이었을 확률을 구하여라.

14. 어떤 사람이 n개의 열쇠를 가지고 있는데 그중에 문을 열 수 있는 열쇠는 오직 한 개뿐이다. 그가 열쇠를 무작위로 선택하여 문을 열어보고 열리지 않으면 열쇠를 버린다고 가정하자.

(1) k번째 시도에서 문이 열릴 확률은 얼마인가?

(2) 열쇠를 버리지 않는다면 (1)번의 확률은 어떻게 될까?

(3) 만약, 10개의 열쇠를 가지고 있고 4번째 시도에서 문이 열릴 확률을 열쇠를 버리는 경우와 열쇠를 버리지 않는 경우로 나누어 각각 구하라.

15. 어느 기업체의 노조위원장 선거에 A, B, C 3명의 후보가 출마했다. 작업반장인 김 씨가 세 후보의 당선 가능성을 예측해 본 결과 각각 50%, 30%, 20%로 나타났다. 선거유세에 돌입한 세 후보는 모두 임금인상을 선거공약으로 내세웠는데, 과거 행적으로 볼 때 A, B, C 세 후보의

공약실천 가능성은 20%, 60%, 30% 정도라고 작업반장 김 씨는 분석하였다.

(1) 노조위원장 선거 후 이 회사에서 임금인상이 이루어질 확률은 얼마인가?

(2) 선거 전날 휴가를 떠나 선거 후 돌아온 작업반장 김 씨에게 월급이 올랐다는 소식을 전해주며 누가 당선되었을지 맞혀보라고 했을 때 김 씨는 누가 당선되었다고 하는 것이 유리한가?

16. 어떤 동전을 던졌을 때 앞면이 나올 확률이 p라고 한다. 동전을 2번 던졌을 때 두 번 모두 동일한 면이 나올 확률을 최소화하는 p의 값을 구하라.

4장

확률변수와 확률분포

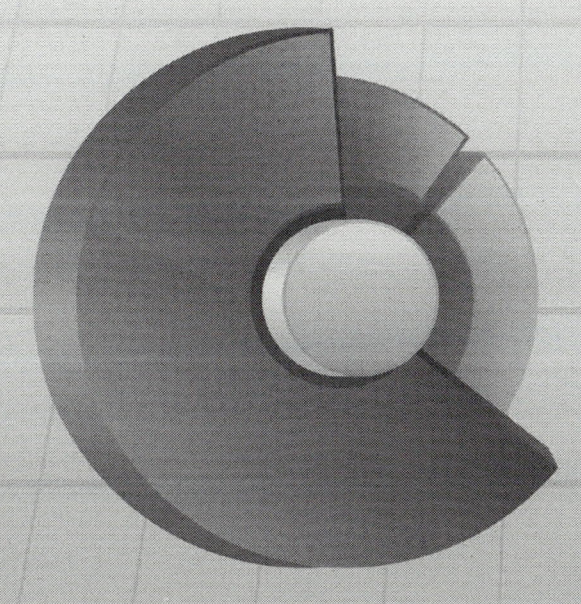

4.1. 확률변수

확률변수(random variable)는 표본 공간에서 정의된 하나의 함수로서 정의역(domain)은 표본공간이고 공역(codomain)은 실수이다. 즉, 미래의 불확실한 실험의 결과에 수치를 부여한 것이 확률변수이다. 따라서 확률변수의 값은 반드시 수치로 표현되어야 한다. 예를 들어, 동전을 한 번 던지는 실험에서 나오는 결과는 앞면이나 뒷면이 된다. 즉 표본공간 $S = \{H, T\}$ 이다. 여기서 확률변수를 동전의 출현면(outcome)이라 정의하면 확률변수의 값은 H 아니면 T이다. 그러나 이것은 수치로 표현되지 않았으므로 확률변수가 될 수 없다. 만약, 앞면이 나오면 1, 뒷면이 나오면 0으로 정의할 때, 즉 {H}=1, {T}=0이면 동전의 출현면은 확률변수이다. 확률변수는 보통 알파벳 대문자 X, Y, Z 등으로 표시하고 확률변수가 갖는 값은 소문자 x, y, z 등으로 표시한다.

예제 4.1.

한 개의 동전을 두 번 던지는 실험에서 확률변수 X가 앞면의 개수라 하면 확률변수 X가 취할 수 있는 값을 표현해라.

<풀이>
표본공간: $S = \{(H,H),(H,T),(T,H),(T,T)\}$
확률변수 X: 앞면의 개수
확률변수 X가 가질 수 있는 값: 0, 1, 2

표본공간	(H,H)	(H,T)	(T,H)	(T,T)
X	2	1	1	0

예제 4.2.

반경 15cm의 다트판에 다트를 던지는 게임에서 중심으로부터 다트가 맞은 곳까지의 거리를 확률변수 X라 할 때 확률변수 X가 취할 수 있는 값을 표현해라. 단, 반드시 다트판 어딘가에 맞춘다고 가정하자.

<풀이>

표본공간은 다트판의 모든 점이며, 확률변수 X는 $0 \leq x \leq 15cm$ 인 범위 내의 모든 값을 가진다.

확률변수는 이산확률변수(discrete r.v.)와 연속확률변수(continuous r.v.)로 나눈다. 이산확률변수는 확률변수가 취할 수 있는 값이 하나씩 셀 수 있는 경우이고 연속확률변수는 어떤 범위 내에 모든 값을 취할 수 있는 경우이다. 예를 들어, 통계학 수강생 중 지각한 사람의 수, 불량품의 개수, 한 학급의 안경을 쓴 사람의 수 등은 이산확률변수이고 하루의 기온, 전구의 수명, 대학 졸업생의 초봉, 임의로 뽑은 한 사람의 키, 버스를 기다리는 시간 등은 연속확률변수로 표현할 수 있다.

예제 4.3.

다음 예제가 확률변수인지 판단해 보아라. 또한 확률변수이면 이산형인지 연속형인지 구분해 보아라.

(1) A회사 직원들 중 임의로 한 명을 뽑을 때 그가 소유한 차량의 종류

(2) 어느 공장에서 생산되는 전구의 수명

(3) 월마트의 지난주 판매량

(4) 어떤 학생이 집에서 학교까지 등교하는 데 걸리는 시간

(5) 52장의 트럼프 카드로부터 3장을 뽑을 때 나오는 퀸 카드의 횟수

(6) A반 학생인 홍길동의 체중

(7) 20문항의 객관식 시험에서 어떤 학생이 맞춘 정답의 수

<풀이>

(1) 가능한 값이 실수가 아니므로 확률변수가 아니다.

(2) 연속확률변수

(3) 과거 자료이므로 확률변수가 아니다.

(4) 연속확률변수

(5) 이산확률변수

(6) 상수이므로 확률변수가 아니다.

(7) 이산확률변수

앞으로 다룰 통계분석에서 확률변수의 개념은 매우 중요하다. 예를 들어, 우리나라 중1 남학생의 키에 대해 알고 싶으면, 임의로 한 명을 뽑아서 나온 키를 확률변수라 정의하면 된다. 실제로 뽑아서 관측하기 전에는 어떤 값인지 모르기 때문에 확률변수이다. 따라서 임의로 뽑은 한 명의 키를 확률변수로 정의하면 확률변수가 가질 수 있는 모든 값에 대한 가능성은 결국에 우리나라 중1 남학생의 키에 대한 분포를 의미한다. 즉, 모집단을 확률변수로 표현할 수 있다. 표본의 특성을 나타내는 통계량도 확률변수이다. 예를 들어, 우리나라 중1 남학생 중에서 200명을 임의로 뽑아 이들 키의 평균을 구하면 이것도 확률변수이다. 실제로 200명을 뽑아 키를 재기 전에는 평균값이 얼마가 될지 알 수 없다. 따라서 표본평균도 확률변수이다. 모집단과 표본에 대한 확률변수 표현은 6장에서 자세히 논의하자.

4.2. 이산확률분포

이 절에서는 확률변수가 취할 수 있는 값이 셀 수 있는 이산확률변수에 대해 알아보자.

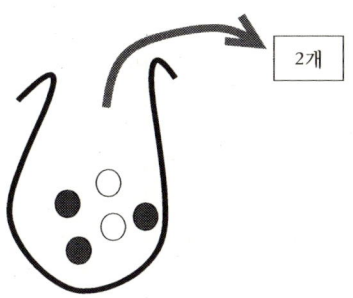

그림 4.1. 이산확률분포

예를 들어, [그림 4.1]처럼 2개의 흰 공과 3개의 검은 공이 들어 있는 주머니에서 임의로 2개를 추출할 때 흰 공의 개수를 확률변수 X라 하자. 그러면 확률변수가 취할 수 있는 값은 0, 1, 2가 된다. 여기서 $P(X=0)$은 뽑힌 2개 중 흰 공이 하나도 없을 때 사상의 확률이고, $P(X=1)$은 하나는 흰 공, 다른 하나는 검은 공인 사상의 확률이고 $P(X=2)$는 2개 모두 흰 공인 사상의 확률이다. 따라서 다음과 같이 구할 수 있다.

$$f(x) = P(X=x) = \frac{\binom{2}{x}\binom{3}{2-x}}{\binom{5}{2}}, \ x = 0, 1, 2$$

이것을 확률변수 X의 확률함수(이산형인 경우에는 확률질량함수(probability mass function: p.m.f)라 부른다.) 또는 확률분포라 부른다. 즉, 확률분포는 확률변수가 취할 수 있는 모든 값들의 확률을 구해놓은 것이다. 확률분포는 다음과 같은 조건을 만족한다.

① $0 \le f(x) \le 1$
② $\sum f(x) = 1$

확률이므로 0과 1 사이에 있는 숫자로 표현하고 확률변수가 취할 수 있는 모든 값의 확률을 더하면 반드시 1이 된다. 위의 예제에서도 확률변수 X가 취할 수 있는 값은 0, 1, 2이고 그 확률은 $P(X=0) = \frac{3}{10}$, $P(X=1) = \frac{6}{10}$, $P(X=2) = \frac{1}{10}$ 이므로 모두 더하면 1이 된다.

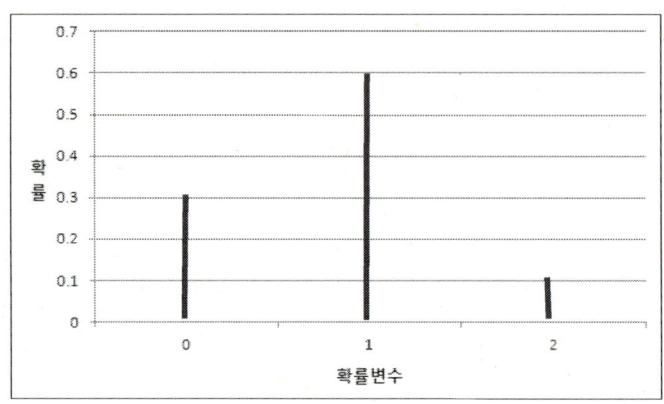

그림 4.2. 흰 공의 개수에 대한 확률분포

확률분포를 [그림 4.2.]처럼 수평축에 확률변수의 값을 표시하고 수직축에 확률을 표시하여 그림으로 나타낼 수 있다.

누적분포함수(cumulative distribution function: c.d.f)는 다음과 같이 정의한다.

$$F(x) = P(X \leq x) = \sum_{X \leq x} P(X = x)$$

즉, 확률변수 X가 x보다 작거나 같은 확률들의 합을 의미한다. 위의 예제에서 누적분포함수를 구하면 다음과 같다.

$F(0) = P(X \leq 0) = 0.3$

$F(1) = P(X \leq 1) = P(X = 0) + P(X = 1) = 0.3 + 0.6 = 0.9$

$F(2) = P(X \leq 2) = P(X = 0) + P(X = 1) + P(X = 2) = 0.3 + 0.6 + 0.1 = 1$

이를 다시 표현하면

$$F(x) = \begin{cases} 0 & , x < 0 \\ 0.3 & , 0 \leq x < 1 \\ 0.9 & , 1 \leq x < 2 \\ 1 & , x \geq 2 \end{cases}$$

이다. [그림 4.3]은 누적분포함수를 그림으로 표현한 것이다.

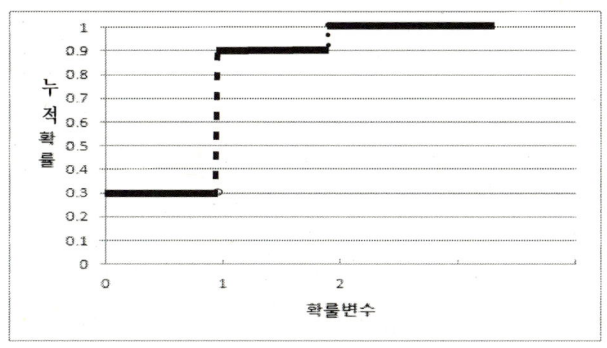

그림 4.3. 흰 공의 개수에 대한 누적확률분포

이산확률변수의 누적확률분포함수의 그림은 계단함수(step function)가 된다.

한 개의 동전을 두 번 던지는 실험에서 앞면의 개수를 확률변수 X라 할 때 확률분포와 누적분포
함수를 구하라.

<풀이>
표본공간은 $S = \{(H,H),(H,T),(T,H),(T,T)\}$ 이고 확률변수 X가 가질 수 있는 값은 0, 1, 2이다.
확률분포는 다음과 같다.

X	0	1	2
$P(X=x)$	$\dfrac{1}{4}$	$\dfrac{2}{4}$	$\dfrac{1}{4}$

누적분포함수는 다음과 같다.

$$F(x) = \begin{cases} 0 & , \ x < 0 \\ \dfrac{1}{4} & , \ 0 \le x < 1 \\ \dfrac{3}{4} & , \ 1 \le x < 2 \\ 1 & , \ x \ge 2 \end{cases}$$

■ **이산확률변수 X의 평균(기댓값: expectation: expected value)**

이산확률변수 X의 평균(기댓값)은 다음과 같이 정의된다.

$$E(X) = \mu = \mu_X = \sum x f(x)$$

즉, 확률변수 X의 평균은 평균의 극한 개념으로 어떤 실험을 무한히 반복하여 시행했
을 때의 평균이다. 이것을 기댓값이라 부르고 확률분포의 중심 위치를 나타낸다. 예를 들
어, 공정한 주사위를 한 번 던지는 게임에서 나온 눈의 100배의 상금을 받을 때 상금의
기댓값을 구해보고 그 의미를 생각해 보자.

주사위 눈	1	2	3	4	5	6
상금($X=x$)	100	200	300	400	500	600
$P(X=x)$	$\dfrac{1}{6}$	$\dfrac{1}{6}$	$\dfrac{1}{6}$	$\dfrac{1}{6}$	$\dfrac{1}{6}$	$\dfrac{1}{6}$

상금의 기댓값은 $E(X) = \sum xf(x) = \dfrac{1}{6}(100+\cdots+600) = 350(원)$이고 그 의미는 이 게임을 무한히 반복적으로 행하면 평균적으로 350원의 상금을 타는 게임이다. 다시 말해, 주사위를 던져서 3이 나오면 300원을 받고 다시 주사위를 던져 2가 나오면 200원을 받고 또 이런 게임을 계속 100번 반복했다고 하면, 100번에서 얻은 상금의 평균을 구하면 기댓값 350원과 비슷해지고 실험의 횟수를 1,000번으로 늘리면 상금의 평균은 기댓값 350원과 훨씬 더 비슷해질 거다. 즉, 기댓값은 평균의 극한 개념으로 생각할 수 있다.

확률변수 X의 평균 $E(X) = \mu = \mu_X = \sum xf(x)$을 상대도수적 확률 개념으로 생각해 보자. n개의 관측값이 $x_1, x_2, \cdots, x_n$이고 각각의 도수가 $f_1, f_2, \cdots, f_n$일 때, 산술평균은 다음과 같이 표현할 수 있다.

$$\bar{x} = \frac{1}{n}\sum_{i=1}^{n} x_i = \frac{1}{n}\sum f_i x_i = \frac{1}{n}(f_1 x_1 + f_2 x_2 + \cdots + f_n x_n)$$
$$= x_1 \frac{f_1}{n} + x_2 \frac{f_2}{n} + \cdots + x_n \frac{f_n}{n} = \sum_{i=1}^{n}(x_i \times 상대도수)$$

위 식에서 $n \to \infty$이면 상대도수는 확률로 수렴해 가므로 확률변수 X의 기댓값은 $E(X) = \sum xf(x)$이 된다.

예제 4.5.

초등학생 정현이의 컴퓨터 게임시간(단위: 시간)은 다음과 같은 확률분포로 주어진다고 가정하자. 정현이의 1일 평균게임시간을 구하고 그 의미를 설명하라.

1일 게임시간	0	1	1.5	2	2.5	3
$P(X=x)$	0.3	0.2	0.2	0.1	0.1	0.1

<풀이>

기댓값을 구하면

$$\mu = 0 \times 0.3 + 1 \times 0.2 + 1.5 \times 0.2 + 2 \times 0.1 + 2.5 \times 0.1 + 3 \times 0.1 = 1.25 (\text{시간})$$

이다. 따라서 하루 동안 평균게임시간은 1시간 15분이다. 오랜 기간 동안 정현이의 게임시간을 추적하여 계산하면 그의 하루 평균게임시간은 기댓값인 1.25에 접근하게 된다는 뜻이다.

■ 이산확률변수 X의 분산(variance)

이산확률변수 X에 대한 확률분포의 퍼진 정도를 표현하는 분산(variance)은 다음과 같이 정의되며, σ^2로 표시하고, 시그마제곱이라고 읽는다.

$$V(X) = \sigma^2 = E(X - \mu)^2 = \sum (x - \mu)^2 f(x)$$

분산은 확률분포가 중심 위치인 μ로부터 흩어져 있는 정도를 말해준다. 즉, 분산이 클수록 확률분포가 넓게 퍼져 있음을 의미한다.

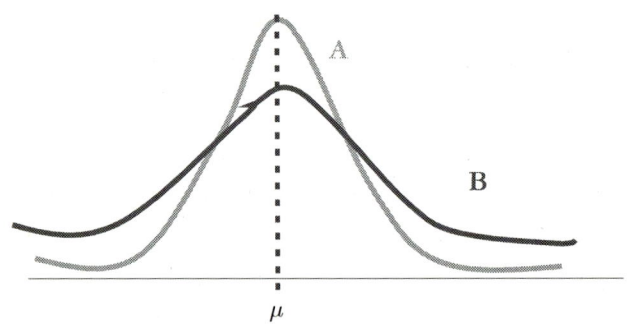

그림 4.4. 확률분포의 분산비교

[그림4.4]는 $\sigma_A^2 < \sigma_B^2$이다. 이것은 확률변수 B의 분포가 A의 분포보다 중심인 μ로부터 넓게 퍼져 있음을 의미한다.

확률변수 X의 분산을 계산할 때 다음 식을 이용하면 편리하다.

$$V(X) = \sigma^2 = E(X - \mu)^2 = E(X^2) - \mu^2 = \sum x^2 f(x) - \mu^2$$

[예제 4.5.]에서 분산을 구하라.

<풀이>

$$\sigma^2 = \sum x^2 f(x) - \mu^2$$

$$= 0^2 \times 0.3 + 1^2 \times 0.2 + 1.5^2 \times 0.2 + 2^2 \times 0.1 + 2.5^2 \times 0.1 + 3^2 \times 0.1 - 1.25^2$$

$$= 2.575 - 1.5625 = 1.0125$$

■ 평균과 분산의 성질

확률변수 X와 Y의 평균과 분산의 성질은 다음과 같다.

단, 여기서 a, b, c 는 상수이다.

$$* \ E(c) = c$$

$$* \ E(cX) = cE(X)$$

$$* \ E(aX+b) = aE(X) + b$$

$$* \ E(aX + bY) = aE(X) + bE(Y)$$

$$* \ V(c) = 0$$

$$* \ V(aX) = a^2 V(X)$$

$$* \ V(aX+b) = a^2 V(X)$$

■ 왜도(skewness)와 첨도(kurtosis)

왜도(skewness)는 확률분포의 대칭성을 나타내며 다음과 같이 정의된다.

$$\alpha = \sum (x - \mu)^3 \cdot f(x) / \sigma^3$$

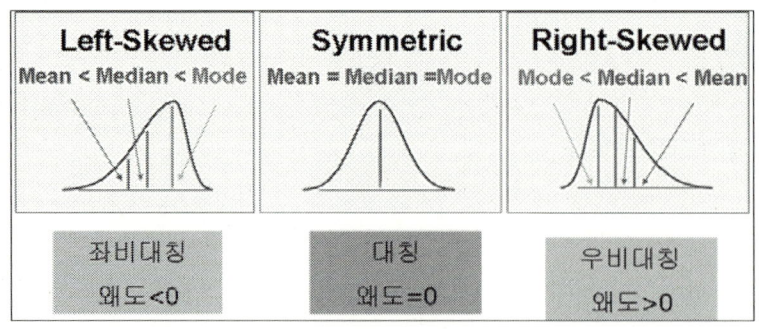

그림 4.5. 왜도

왜도의 부호에 따라 확률분포의 모양을 알 수 있다. [그림 4.5.]에서 보면 $\alpha = 0$이면 대칭인 분포이고 $\alpha > 0$이면 오른쪽으로 기울어진(right skewed) 분포이며, $\alpha < 0$이면 왼쪽으로 기울어진(left skewed) 분포를 의미한다.

첨도(kurtosis)는 확률분포의 그래프가 꼬리 부분에서 얼마나 두꺼운지를 나타내는 측도이다. 즉, 분포가 얼마나 뾰족한가를 나타내는 측도로 다음과 같이 정의한다.

$$\beta = \sum (x - \mu)^4 \cdot f(x)/\sigma^4$$

정규분포의 경우 첨도=3이다. $\beta = 3$이면 중첨(mesokurtic), $\beta > 3$이면 급첨(leptokurtic), $\beta < 3$이면 완첨(platykurtic)이라 한다.

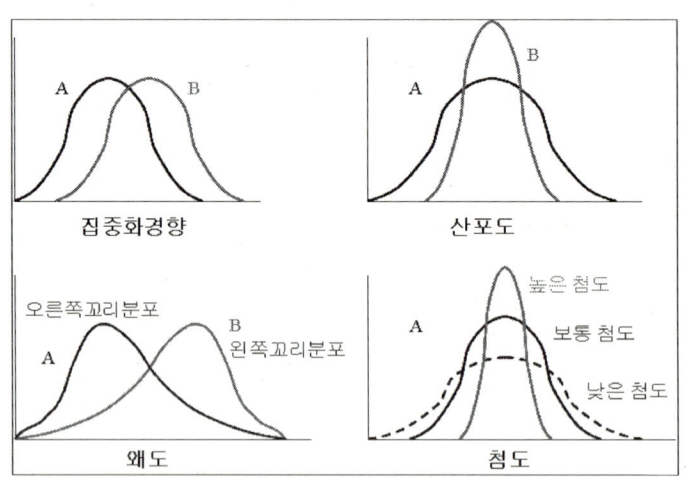

그림 4.6. 확률분포의 특성비교

일반적으로 확률분포를 설명할 때 [그림 4.6.]에서 보는 것처럼 중심 위치의 평균과 산포도를 나타내는 분산, 그리고 왜도와 첨도를 이용한다.

4.3. 연속확률분포

히스토그램을 이용하여 연속확률변수의 확률분포를 설명해 보자. 예를 들어, 오전 8시에 출발하는 어느 열차의 지연시간을 200일 동안 조사하여 도수분포표를 구한 후 [그림 4.7]처럼 상대도수밀도에 대한 히스토그램을 그렸다. 상대도수밀도는 상대도수를 각 계급의 폭으로 나눈 값이다. 그러므로 히스토그램의 직사각형의 넓이는 그 계급의 상대도수이다. 모든 직사각형의 넓이를 모두 합하면 상대도수의 합인 1과 같다.

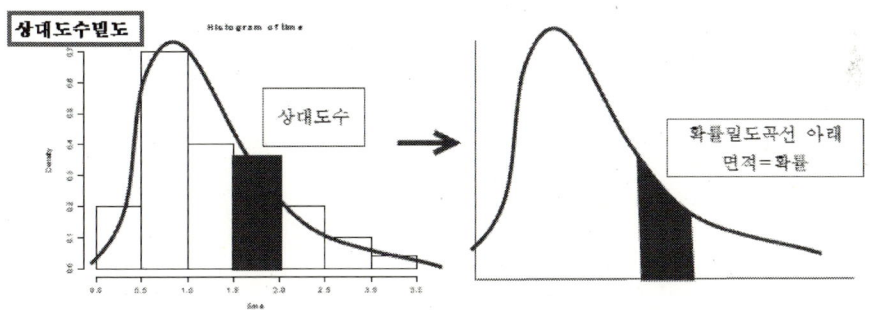

그림 4.7. 어느 열차의 지연시간에 대한 히스토그램과 확률밀도곡선

[그림 4.7]의 히스토그램에서 색칠된 부분은 지연시간이 1시간 30분에서 2시간인 계급의 상대도수이다. 만약 조사기간을 2,000일로 늘리면 색칠된 부분인 상대도수는 어떻게 될까? 조사기간을 무한히 늘리면 상대도수는 확률값으로 접근해 간다. 따라서 [그림 4.7]의 오른쪽 확률분포 모양을 얻게 된다. 이 확률분포 모양을 확률밀도곡선이라 부르고 그 함수를 확률밀도함수(probability density function: p.d.f)라 한다. 그리고 확률밀도곡선 아래의 면적은 확률이 된다. 따라서 확률밀도곡선 아래의 모든 면적은 확률값을 모두 더한 값인 1이다. [그림 4.7]의 오른쪽 확률밀도곡선의 아래 색칠된 면적은 지연시간이 1.5보다 크거나 2보다 작을 확률 즉, $P(1.5 < X < 2)$이다.

확률밀도함수(probability density function: p.d.f)는 다음과 같은 조건을 만족한다.

① 확률밀도곡선 아래의 모든 면적은 1이다.

② 확률밀도함수의 곡선은 항상 수평축 위에 있다.

■ **확률밀도함수(p.d.f)의 특징**
① 연속확률변수의 확률은 곡선 아래의 면적이다(적분이용).
② $P(a < X < b) = \int_{a}^{b} f(x)dx$
③ $P(a \leq X \leq b) = P(a < X \leq b) = P(a \leq X < b) = P(a < X < b)$
〈참고〉 X가 이산형 확률변수일 때 $P(a \leq X \leq b) \neq P(a < X < b)$
④ $P(X = a) = 0$

예제 4.7.

확률변수 X의 확률밀도함수가 다음과 같다.

$$f(x) = \begin{cases} \dfrac{1}{2}, 0 \leq x \leq 2 \\ 0, \quad \text{그 외에서} \end{cases}$$

확률 $P(1 \leq X \leq 1.5)$을 구하라.

<풀이>

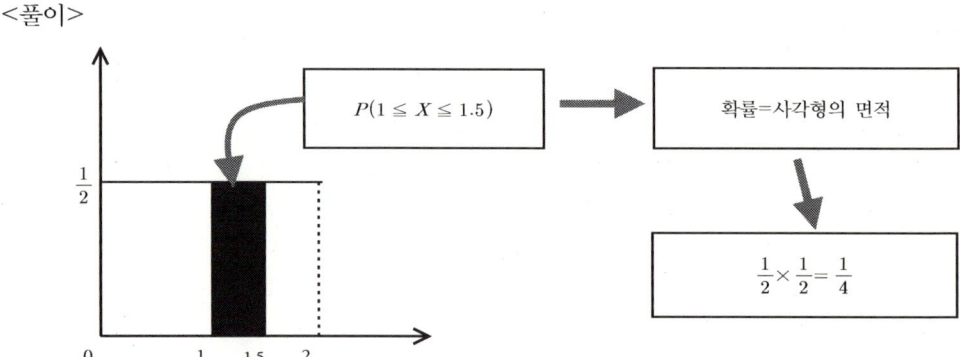

연속확률변수 X의 누적분포함수(cumulative distribution function: c.d.f)는 다음과 같이 정의한다.

$$F(x) = P(X \leq x) = \int_{-\infty}^{x} f(t)dt$$

누적분포함수 $F(x)$을 미분하면 다음과 같이 확률밀도함수 $f(x)$가 된다.

$$\frac{dF(x)}{dx} = f(x)$$

연속확률변수 X의 평균(Expectation, expected value)과 분산(variance)은 다음과 같다.

$$E(X) = \mu_X = \int_{-\infty}^{\infty} x \ f(x)dx$$

$$Var(X) = \sigma_X^2 = \int (x-\mu)^2 f(x)dx = \int x^2 f(x)dx - \mu^2$$

이산확률변수의 평균과 분산의 성질이 연속확률변수에서도 그대로 성립된다.

평균이 μ이고 분산이 σ^2인 확률변수 X의 표준화(standardized)는 평균을 0, 분산을 1로 만드는 것이다. 즉, 표준화된 변수 $Z = \frac{X-\mu}{\sigma}$의 평균과 분산은 각각 $E(Z) = 0$, $V(Z) = 1$이다.

표준화된 변수 $Z = \frac{X-\mu}{\sigma}$의 평균과 분산

$$E(Z) = 0, \ V(Z) = 1$$

<증명>

$$E(Z) = E(\frac{X-\mu}{\sigma}) = \frac{1}{\sigma}E(X) - \frac{\mu}{\sigma} = 0$$

$$V(Z) = V(\frac{X-\mu}{\sigma}) = \frac{1}{\sigma^2}V(X) = \frac{1}{\sigma^2}\sigma^2 = 1$$

앞의 2장에서 다룬 체비셰프 정리를 확률분포에 적용한 것이 체비셰프 부등식(Chebyshev Inequality)이다.

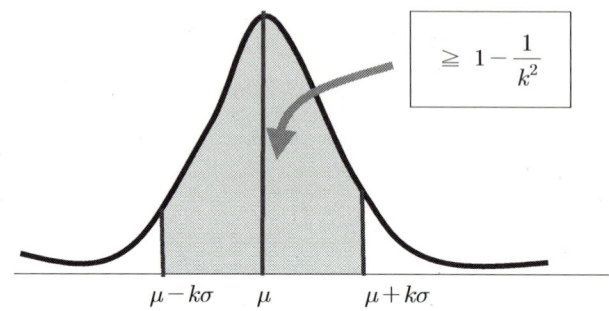

만약, $k=2$이면 $[\mu-2\sigma,\ \mu+2\sigma]$에 적어도 전체 자료의 $\frac{3}{4} \left(=1-\frac{1}{2^2}\right)$이 포함된다.

4.4. 결합확률분포와 주변확률분포

2개의 확률변수가 어떤 확률적 관계를 가지면서 관측되는 경우가 있을 수 있다. 예를 들어, 신생아의 키와 몸무게를 동시에 조사한다든지, 또는 학생들의 영어와 수학 성적 간의 관계를 알려고 할 때 등 많은 경우들을 흔히 볼 수 있다.

두 확률변수 X, Y를 함께 고려하는 경우에는 이들 각각의 분포만으로는 두 확률변수의 관계를 파악하는 데 충분하지 않다. 따라서 X와 Y의 결합확률분포를 알아야 한다. 예를 들어, 한 개의 주사위를 던지는 실험에서 X는 나온 눈을 2로 나눌 때의 나머지고 Y는 나온 눈을 4로 나눌 때의 나머지라 하면, X가 가질 수 있는 값은 0, 1이고 Y가 가질 수 있는 값은 0, 1, 2, 3이다.

X와 Y의 각각의 분포를 구해보면 다음과 같다.

$X=x$	0	1
$f_X(x)$	$\frac{1}{2}$	$\frac{1}{2}$

$Y=y$	0	1	2	3
$f_Y(y)$	$\frac{1}{6}$	$\frac{2}{6}$	$\frac{2}{6}$	$\frac{1}{6}$

그러면, X=1이고 Y=2일 때의 확률은 어떻게 구할까? 2로 나누어 나머지가 1이고 4로 나누면 나머지가 2인 경우는 없다. 따라서 확률은 0이 된다. 이 확률값 0을 X와 Y의 각각의 분포만 알고 있을 때 얻을 수 있을까? P(X=1)와 P(Y=2)를 곱해서 구할까? 이것을 해결하려면 두 변수 X와 Y를 함께 고려한 결합확률분포를 알아야 한다. X와 Y의 결합확률분포표는 다음과 같다.

x \ y	0	1	2	3	$f_X(x)$
0	$\frac{1}{6}$	0	$\frac{2}{6}$	0	$\frac{3}{6}$
1	0	$\frac{2}{6}$	0	$\frac{1}{6}$	$\frac{3}{6}$
$f_Y(y)$	$\frac{1}{6}$	$\frac{2}{6}$	$\frac{2}{6}$	$\frac{1}{6}$	1

확률변수 X, Y의 결합확률분포(joint p.d.f)는 다음과 같이 정의된다.

$$f(x,y) = P(X=x,\ Y=y)$$

두 확률변수 X, Y에 대한 결합확률분포가 $f(x,y)$일 때, X와 Y의 주변확률분포(marginal p.d.f)는 각각 다음과 같다.

X의 주변확률분포(marginal p.d.f)

$$f_X(x) = \begin{cases} \sum_y f(x,y) & ,\text{이산형} \\ \int_{-\infty}^{\infty} f(x,y)dy & ,\text{연속형} \end{cases}$$

Y의 주변확률분포(marginal p.d.f)

$$f_Y(y) = \begin{cases} \sum_x f(x,y) & ,\text{이산형} \\ \int_{-\infty}^{\infty} f(x,y)dx & ,\text{연속형} \end{cases}$$

위 예제의 결합확률분포표에서 X의 주변확률분포 $f_X(x)$는 y값 0, 1, 2, 3에 대한 확률를 전부 더해서 얻을 수 있고 Y의 주변확률분포 $f_Y(y)$는 x값 0, 1에 대한 확률을 모두 더해서 얻을 수 있다.

x \ y	0	1	2	3	$f_X(x)$
0	$\frac{1}{6}$	0	$\frac{2}{6}$	0	$\frac{3}{6}$
1	0	$\frac{2}{6}$	0	$\frac{1}{6}$	$\frac{3}{6}$
$f_Y(y)$	$\frac{1}{6}$	$\frac{2}{6}$	$\frac{2}{6}$	$\frac{1}{6}$	1

따라서 X의 주변확률분포 $f_X(x)$와 Y의 주변확률분포 $f_Y(y)$는 다음과 같다.

$$f_X(x) = \sum_{y=0}^{3} f(x,y) = \frac{1}{2} \ , x = 0, 1$$

$$f_Y(y) = \sum_{x=0}^{1} f(x,y) = \begin{cases} \dfrac{1}{6} \ , y = 0, 3 \\ \dfrac{2}{6} \ , y = 1, 2 \end{cases}$$

예제 4.8.

공정한 동전을 세 번 던져서 나온 앞면의 수를 X라 하고 뒷면의 수를 Y라 할 때, 다음을 구하라.
(1) 두 확률변수 X, Y의 결합확률분포를 구하라.
(2) X와 Y의 주변확률분포를 각각 구하라.
(3) 확률 $P(X \geq 1, Y \geq 2)$를 구하라.

<풀이>
동전을 세 번 던지는 실험의 표본공간은
$S = \{HHH, HHT, HTH, THH, HTT, THT, TTH, TTT\}$ 이다.
X의 가능한 값은 0, 1, 2, 3이다. Y의 가능한 값도 0, 1, 2, 3이다.

(1) 두 확률변수 X, Y의 결합확률분포는 다음과 같다.

x \ y	0	1	2	3	$f_X(x)$
0	0	0	0	$\frac{1}{8}$	$\frac{1}{8}$
1	0	0	$\frac{3}{8}$	0	$\frac{3}{8}$
2	0	$\frac{3}{8}$	0	0	$\frac{3}{8}$
3	$\frac{1}{8}$	0	0	0	$\frac{1}{8}$
$f_Y(y)$	$\frac{1}{8}$	$\frac{3}{8}$	$\frac{3}{8}$	$\frac{1}{8}$	1

(2) X와 Y의 주변확률분포는 다음과 같다.

$$f_X(x) = \sum_{y=0}^{3} f(x,y) = \begin{cases} \dfrac{1}{8}, & x = 0, 3 \\ \dfrac{3}{8}, & x = 1, 2 \end{cases}$$

$$f_Y(y) = \sum_{x=0}^{3} f(x,y) = \begin{cases} \dfrac{1}{8}, & y = 0, 3 \\ \dfrac{3}{8}, & y = 1, 2 \end{cases}$$

(3) $P(X \geq 1, Y \geq 2) = f(1,2) + f(1,3) + f(2,2) + f(2,3) + f(3,2) + f(3,3)$
$$= \frac{3}{8}$$

예제 4.9.

두 연속확률변수 X, Y에 대한 결합확률분포가 $f(x,y)$가 다음과 같을 때, X와 Y의 주변확률분포(marginal p.d.f)를 각각 구하라.

$$f(x,y) = x + y, \ 0 \leq x \leq 1, \ 0 \leq y \leq 1$$

<풀이>

$$f(x) = \int_0^1 f(x,y)dy = \int_0^1 (x+y)dy = [xy + \frac{1}{2}y^2]_0^1 = x + \frac{1}{2}, \ 0 \leq x \leq 1$$

$$\therefore f_X(x) = x + \frac{1}{2}, 0 \leq x \leq 1$$

$$f(y) = \int_0^1 f(x,y)dx = \int_0^1 (x+y)dx = [\frac{1}{2}x^2 + yx]_0^1 = y + \frac{1}{2},\ 0 \le y \le 1$$

$$\therefore f_Y(y) = y + \frac{1}{2},\ 0 \le y \le 1$$

4.5. 공분산과 상관계수

우리는 현실에서 두 양적 변수 사이의 관계를 알고 싶을 때가 잦다. 예를 들어, 키가 크면 몸무게도 많이 나갈까? 지능지수(IQ)가 높으면 성적도 높을까? 사교육비가 많으면 성적도 높을까? 채소섭취량과 암발생률과의 연관성 등 두 양적 변수 사이의 관련성을 알고 싶은 경우가 많이 있다. 우선, 두 양적 변수의 관련성을 그림으로 표현한 것이 산점도 (Scatter plot)이다. 산점도는 좌표평면상에 서로 대응하는 자료를 점 찍어 놓은 것이다.

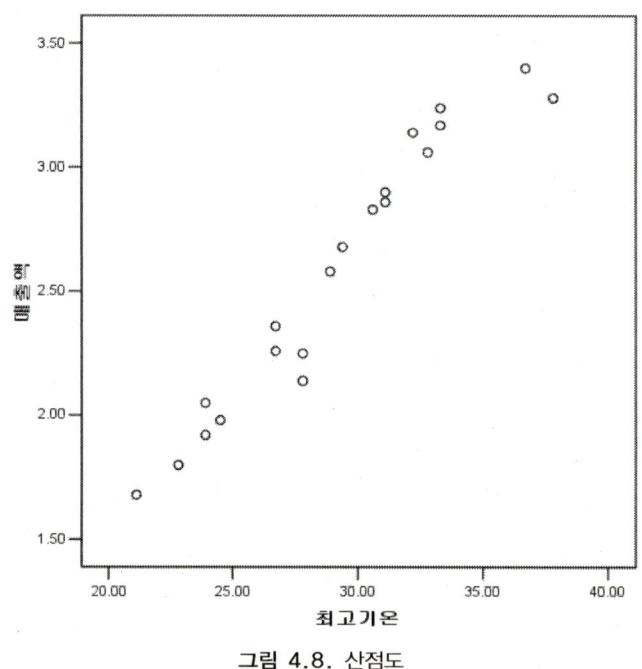

그림 4.8. 산점도

[그림 4.8.]은 어떤 도매상에서 20일 동안 아이스크림 매출액과 최고기온에 대해 조사한 후, 수평축에 최고기온을 놓고 수직축에 매출액을 놓고 대응되는 곳에 점을 찍어 그린 산점도이다. [그림 4.8]에서 보는 것처럼 최고기온이 오르면 매출액도 올라가고 있다. 다시

말해, 최고기온과 매출액 사이에 직선적인 경향을 나타낸다. 그다음 알고 싶은 것은 최고 기온과 매출액 사이에 존재하는 직선적인 경향을 나타내는 측도를 구해 직선의 정도를 수치로 표현하는 것이다. 그러면 다른 자료와의 비교도 가능해진다. 두 양적 변수의 직선적인 정도를 나타내는 측도를 생각해보자.

두 확률변수 X와 Y의 평균을 각각 μ_X, μ_Y라고 하면, 공분산(Covariance)은 다음과 같이 정의한다.

두 확률변수 X와 Y의 공분산(Covariance)

$$Cov(X, Y) = E[(X - \mu_X)(Y - \mu_Y)]$$

확률변수 X가 평균 μ_X보다 큰 값을 가질 때, Y도 평균 μ_Y보다 큰 값을 가지면 $(X - \mu_X)(Y - \mu_Y)$의 부호가 양수가 된다. 각각의 경우, 부호는 다음 표와 같다.

$(X - \mu_X)(Y - \mu_Y)$의 부호	$Y > \mu_Y$	$Y < \mu_Y$
$X > \mu_X$	+	−
$X < \mu_X$	−	+

따라서 공분산은 두 변수 사이의 선형관련성(직선관련성)을 나타내는 측도로 사용될 수 있다. 즉, 공분산이 양수이면 두 확률변수 X와 Y가 같은 방향이고, 음수이면 다른 방향임을 알 수 있다.

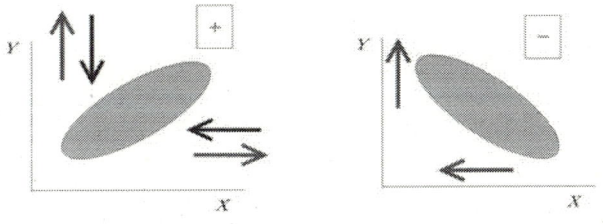

그러나 일반적으로 두 변수의 선형관련성의 정도를 나타낼 때 공분산을 사용하지 않고 상관계수를 사용한다. 그 이유는 무엇일까? 다음 예제를 통해 알아보자. 두 자료 A와 B는

다음과 같다.

자료 A: (1, 1) (2, 2) (3, 3) (4, 4) (5, 5)
자료 B: (1, 3) (2, 5) (3, 4) (4, 7) (5, 9)

자료 A와 B의 공분산은 각각 다음과 같다.

$$Cov_A(X, Y) = \frac{1}{5}\{(1-3)(1-3)+(2-3)(2-3)+(3-3)(3-3)+(4-3)(4-3)+(5-3)(5-3)\}$$
$$= 2$$

$$Cov_B(X, Y) = \frac{1}{5}\{(1-3)(3-5.6)+(2-3)(5-5.6)+(3-3)(4-5.6)+(4-3)(7-5.6)+(5-3)(9-5.6)\}$$
$$= 2.8$$

공분산은 자료 B가 자료 A보다 더 크다.

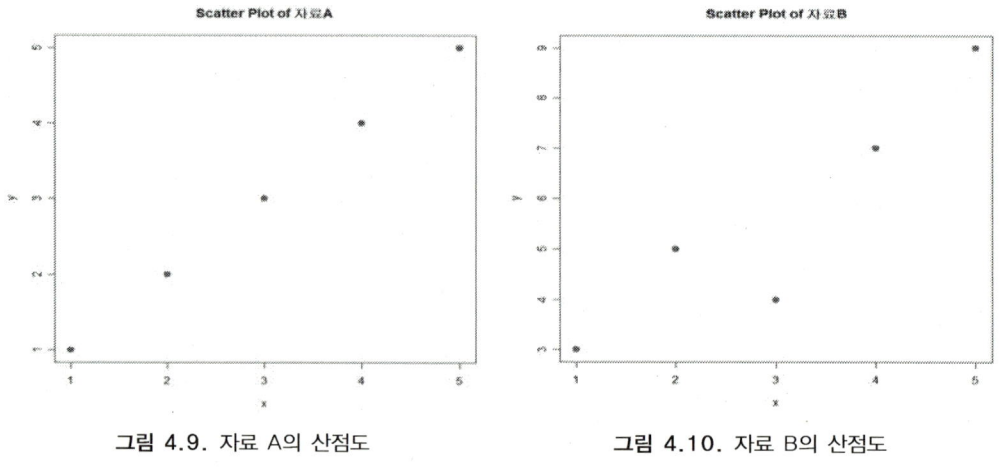

그림 4.9. 자료 A의 산점도   **그림 4.10.** 자료 B의 산점도

자료 A가 자료 B보다 선형관련성의 정도가 훨씬 큰데도 자료 B의 공분산이 더 큰 것을 볼 수 있다. 그 이유는 표준편차에 의해서만 선형관련성 정도를 나타내기 때문이다. 따라서 공분산은 선형관련성의 정도를 나타내는 측도로 부적합하다. 그래서 두 변수의 퍼진 정도인 표준편차가 달라도 선형관련성에 영향을 미치지 않는 측도를 생각해 낸다. 그것이 상관계수(Correlation coefficient)이다. 상관계수는 공분산을 두 변수의 표준편차로 나눈 값이다. 표준편차로 나누는 의미는 표준편차의 영향을 상쇄시킨다. 그러면 표준편차가 서로

달라도 직선의 정도에 영향을 미치지 않는다.

■ **두 확률변수 X와 Y의 상관계수(Correlation coefficient)**

$$Corr(X, Y) = \frac{Cov(X, Y)}{\sigma_X \sigma_Y}$$

상관계수는 다음과 같은 성질을 가진다.

■ $-1 \leq Corr(X, Y) \leq 1$

■ $-1 < Corr(X, Y) < 0$: 음의 상관

■ $Corr(X, Y) = 0$: 상관관계가 없다(선형관련성이 없다).

■ $0 < Corr(X, Y) < 1$: 양의 상관

[그림 4.11.]은 산점도와 상관계수를 나타낸다. 상관계수가 -1이면 완전 음의 상관이라
하며 이 경우는 두 변수 사이에 기울기가 음수인 완벽한 직선관계가 존재함을 의미한다.
상관계수가 0이면 두 변수 사이에 선형관련성이 없음을 의미한다. 상관계수가 1이면 기울
기가 양수인 완전한 직선관계가 있음을 말해 준다.

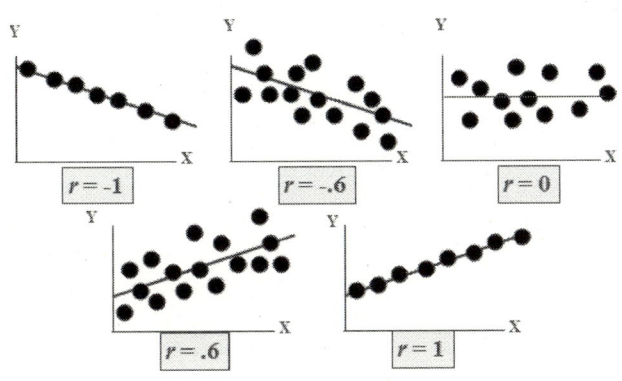

그림 4.11. 산점도와 상관계수

상관계수는 두 변수의 직선적인 관련성을 나타내는 측도이다. 직선관계가 아닌 다른
관계를 나타내는 측도로는 적당하지 않음을 유의해야 한다. 다음 예제는 두 변수 사이에

완벽한 곡선관계가 존재하지만 선형관련성은 없다. 따라서 직선관계를 나타내는 상관계수가 0이 되는 예제이다.

예제 4.10.

두 확률변수 X, Y의 관계가 $Y = X^2 - 1$일 때 상관계수를 구하라.

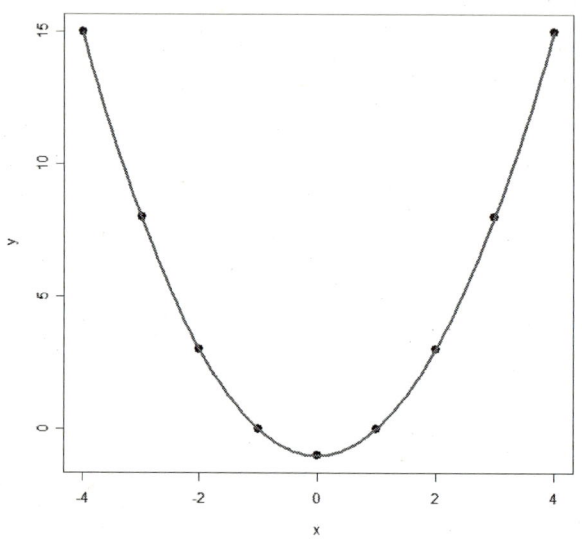

<풀이>

곡선적인 관련성은 존재하나 선형 관련성은 없다. 따라서 상관계수는 0이다.

예제 4.11.

다음의 두 가지 변수들이 어떤 상관관계(양의 관계, 음의 관계, 상관관계 없음)를 가질 것으로 예상되는지 말해 보아라.
① 회사의 주당 이익과 주당 배당액
② 종업원의 교육기간과 봉급수준
③ 광고비와 판매량
④ 친구 수와 휴대전화 요금

⑤ 빵값과 빵 판매량

⑥ 여자들의 스커트 길이와 종합주가지수

⑦ 갑을마트에서 맥주의 판매량과 기저귀 판매량

⑧ 체중과 혈압

<풀이>

양의 상관관계: 1, 2, 3, 4, 7, 8

음의 상관관계: 5

상관관계 없음: 6

4.6. 두 확률변수의 독립성

3.6.에서 두 사상 A와 B가 독립이면 $P(A \cap B) = P(A)P(B)$이 성립하였다. 이 개념과 마찬가지로 두 확률변수 X와 Y가 독립이면 다음이 성립한다.

두 확률변수 X와 Y가 독립 $\Leftrightarrow$ $f(x,y) = f_X(x)f_Y(y)$

두 확률변수 X와 Y가 독립이면 공분산은 0이다. 그러나 그 역은 성립하지 않는다. 연속형인 두 확률변수 X와 Y가 독립이면 공분산이 0이 되는 것을 증명하면 다음과 같다.

<증명>

$$Cov(X, Y) = E[(X - \mu_X)(Y - \mu_Y)]$$

$$= E(XY) - \mu_X\mu_Y$$

$$= \int \int xyf(x, y)dxdy - \mu_X\mu_Y$$

$$= \int \int_{-\infty}^{\infty} xyf_X(x)f_Y(y)dxdy - \mu_X\mu_Y \quad (\because X, Y \text{ 서로 독립})$$

$$= \left(\int_{-\infty}^{\infty} xf_X(x)dx \right)\left(\int_{-\infty}^{\infty} yf_Y(y)dy \right) - \mu_X\mu_Y$$

$$= E(X)E(Y) - \mu_X\mu_Y = 0$$

1. 다음 문장이 맞으면 ○, 틀리면 ×로 표시하고 그 이유를 설명하라.

   ① 확률변수 X의 기댓값보다 X^2의 기댓값이 항상 크거나 같다.

   ② 앞면에는 빨간색, 뒷면에는 파란색이 칠해 있는 동전을 던진다고 할 때 나오는 색깔에 숫자를 부여하면 이산형 확률변수로 설명할 수 있다.

   ③ 이산형 확률변수 X와 Y의 결합확률분포 $f(x, y)$에서 X의 주변확률분포 $f(x)$는 $\sum_x f(x, y)$이다.

   ④ 수강생이 50명인 반에서 중간·기말시험 성적이 모두 평균보다 높은 학생이 30명이고, 나머지는 모두 중간·기말시험 성적이 평균보다 낮으면, 이 반 학생의 중간시험 성적과 기말시험 성적의 상관계수는 양수이다.

   ⑤ 공분산의 부호와 상관계수의 부호는 항상 같다.

   ⑥ 확률변수 X의 분산은 X+3의 분산보다 작다.

   ⑦ 두 변수의 선형관련성이 크면 공분산의 값도 항상 크다.

   ⑧ 두 확률변수 X와 Y가 독립이면 결합확률분포 $f(x, y)$는 0이다.

2. 다음 빈칸에 알맞은 답을 써라.

   ① 연속형 확률변수가 어떤 구간 내에 속할 확률은 그 확률변수의 (   )(을)를 그 구간 내에서 적분한 값이 된다.

   ② 키와 몸무게의 관계, 지능지수와 성적과의 관계 등 두 확률변수 사이의 선형적인 관계를 수치로 나타낸 것을 (   )(이)라 한다.

   ③ 확률변수는 정의역이 (   )(이)고, 공역이 (   )인 함수이다.

   ④ 이산확률변수 X와 Y의 결합확률분포 $f(x, y)$에서 X의 주변확률분포 $f(x)$는 (   )이고, Y의 주변확률분포 $f(y)$는 (   )이다.

   ⑤ 두 확률변수 X와 Y의 공분산은 (   )의 곱의 평균으로 식으로 나타내면 (   )이다.

   ⑥ 상관계수는 공분산을 X와 Y의 (   )로 각각 나눈 것으로 식으로 나타내면 (   )이다.

3. $E(X+4) = 10$이고 $E[(X+4)^2] = 116$이라 할 때,

   (1) $Var(X+4)$을 구하라.

   (2) 평균 $\mu = E(X)$와 분산 $\sigma^2 = Var(X)$을 각각 구하라.

4. 두 개의 주사위를 던지는 실험에서 첫 번째 주사위의 출현눈금을 X_1, 두 번째 주사위의 출현 눈금을 X_2라 할 때, 두 주사위 출현눈금의 합 T는 $T = X_1 + X_2$과 같이 표현된다. 다음을 구하라.

   (1) 확률변수 T가 가질 수 있는 값을 적어 보아라.

   (2) T의 평균과 분산을 구하라.

5. 어떤 퀴즈문제에 3개의 객관식 문제가 포함되어 있다고 한다. 1번 문제는 3개, 2번 문제는 4개, 3번 문제는 2개 중에서 하나의 답을 고르는 문제이다. 전혀 준비가 되어 있지 않은 한 학생이 임의로 답을 고르기로 결정했다. 이때 X를 그 학생이 맞춘 문제의 수라고 할 때 다음에 답하라.

   (1) X의 모든 가능한 값은?

   (2) 확률변수 X의 확률분포를 구하라.

   (3) 적어도 1문제를 맞출 확률은?

   (4) 만약, 3문제 모두 3개 중에서 하나의 답을 고르는 문제라면, 확률변수 X의 확률분포는 (2) 와 같을까? 다르다면 그때의 확률분포를 구하고 (3)의 확률도 구하라.

6. 하나의 주사위를 던지는 실험에서 3이 나오면 성공이고 그렇지 않으면 실패라고 했을 때, 주사 위를 100번 던지는 실험에서 X_i는 i번째 실험에서 나온 결과로 성공이면 1, 실패면 0의 값을 부여할 때, $\sum_{i=1}^{100} X_i$는 무엇을 나타내는가?

7. 확률변수 X는 1, 2, 4의 값을 취한다고 한다. $P(X=1)=0.3$이고, X의 기댓값이 2, 7일 때 $P(X=2)$와 $P(X=4)$를 구하라.

8. 동전을 n번 던져 앞면이 나타난 횟수와 뒷면이 나타난 횟수와의 차이를 X라 할 때

   (1) X의 가능한 값을 나타내어라.

   (2) 만일 공정한 동전으로 n=3번 던질 때, X가 가질 수 있는 값은 무엇인가?

   (3) (2)번의 확률분포를 구하라.

9. 열쇠고리에 비슷하게 생긴 열쇠 네 개가 있는데, 그중 하나가 아파트 열쇠이다. 확률변수 X가 아파트 문을 여는 동안 시도한 열쇠의 수라 할 때, 다음을 구하라.

   (1) X의 확률분포를 구하라.

   (2) X의 누적분포함수를 구하고 이를 그림으로 나타내어라.

   (3) X의 평균과 분산을 구하라.

10. 주머니에 1부터 10까지의 숫자가 적혀 있는 공이 들어 있다. 이 주머니에서 임의로 하나의 공을 꺼낼 때 공에 적혀 있는 숫자를 X라 하자.

(1) X의 확률분포를 구하라.

(2) X의 평균과 표준편차를 구하라.

(3) X의 평균과 표준편차를 각각 μ, σ라 할 때, $E(\frac{X-\mu}{\sigma})$와 $V(\frac{X-\mu}{\sigma})$를 구하라.

(4) $E[X(11-X)]$를 구하라.

11. 동전을 세 번 던질 때, X를 처음 두 번째까지 나타난 앞면의 개수라 하고 Y를 세 번 던질 때까지 나타난 앞면의 개수라 하자. 다음 물음에 답하라.

(1) 확률변수 X와 Y의 결합 확률분포를 구하라.

(2) 주변 확률분포를 구하라.

(3) $P(X < Y)$를 구하라.

12. X과 Y의 결합확률분포가 다음과 같다.

$$f(x,y) = c(x+y), x = 0, 1, 2; y = 0, 1, 2$$

(1) 상수 c를 구하라.

(2) X의 주변확률분포를 구하라.

(3) Y의 주변확률분포를 구하라.

(4) $P(X=1, Y=1)$를 구하라.

(5) X와 Y는 독립인가?

13. X과 Y의 결합확률분포가 다음과 같다.

$$f(x,y) = \frac{x+y}{30}, x = 0, 1, 2, 3; y = 0, 1, 2$$

(1) X의 주변확률분포를 구하라.

(2) Y의 주변확률분포를 구하라.

(3) $P(X > Y)$를 구하라.

14. 동전 세 개를 던지는 실험에서 확률변수 X는 '뒷면의 수'를 나타내고 확률변수 Y는 다음과 같다.

$$Y = \begin{cases} 1, & \text{첫번째 동전이 뒷면인 경우} \\ 0, & \text{첫번째 동전이 앞면인 경우} \end{cases}$$

(1) X와 Y의 결합확률분포를 구하라.

(2) X와 Y의 주변확률분포를 각각 구하라.

(3) $E(X+Y)$와 $E(X-Y)$를 구하라.

(4) X와 Y가 독립인가?

15. 두 명의 안전진단 검사자가 새 빌딩을 검사하여 1, 2, 3, 4의 안전점수를 부여한다. 확률변수 X를 첫 번째 검사자의 안전점수로, Y를 두 번째 검사자의 안전점수라 할 때, 결합확률분포는 다음과 같다.

		X			
		1	2	3	4
	1	0.09	0.03	0.01	0.01
Y	2	0.02	0.15	0.03	0.01
	3	0.01	0.01	0.24	0.04
	4	0	0.01	0.02	0.32

(1) 두 검사자가 같은 안전점수를 부여할 확률은 얼마인가?

(2) 두 번째 검사자가 첫 번째 검사자보다 높은 점수를 줄 확률은 얼마인가?

(3) 두 검사자가 부여하는 안전점수는 서로 독립인가?

(4) 두 검사자가 부여하는 점수의 공분산을 구하라.

(5) 두 검사자가 부여하는 점수의 상관계수를 구하고, 그 의미를 설명하라.

16. 확률변수 X의 평균과 분산이 각각 μ, σ^2이고, $Y = aX + b$일 때, 다음을 구하라(단, $a > 0$).

(1) 공분산 $Cov(X, Y)$을 구하라.

(2) 상관계수 $Corr(X, Y)$를 구하라.

(3) 만약, $a < 0$이면 (2)번의 상관계수 $Corr(X, Y)$는 어떻게 될까?

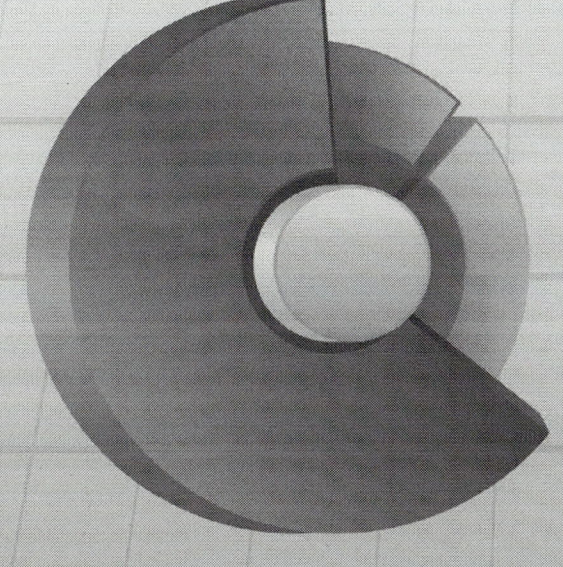

이 장에서는 확률분포 중에서 현실의 자료를 설명할 때 자주 사용되는 분포에 대해 다룬다. 이산확률분포에는 베르누이분포, 이항분포, 음이항분포, 기하분포, 초기하분포, 포아송분포, 이산균일분포에 대해 다루고 연속확률분포에서는 균등분포, 지수분포, 정규분포에 대해 다룬다.

5.1. 이산확률분포

5.1.1. 베르누이분포(Bernoulli distribution)

베르누이 시행(Bernoulli trial)은 성공과 실패의 둘 중 하나로 구분되는 실험을 수행하는 것으로 동전을 던졌을 때의 앞면, 뒷면, 병아리 성별검사에서 암수 구별, 제품검사에서 합격과 불합격, 운전면허시험의 합격과 불합격 등이 있다.

앞면이 나오는 것을 성공이라 할 때, 성공률이 p인 동전을 한 번 던지는 실험을 생각해 보자. 확률변수 X가 앞면이 나타나는 횟수라면 X가 가질 수 있는 값은 0 또는 1이다. $P(X=0)$은 뒷면이 나온 사상에 대한 확률로 $1-p=q$이고 $P(X=1)$은 앞면이 나온 사상에 대한 확률로 p이다. 이것을 함수로 표현하면 다음과 같다.

$$f(x) = p^x q^{1-x} , x = 0, 1$$

이 확률분포를 베르누이분포라 부르고 기호로 $Bernoulli(p)$이다. 어떤 분포를 결정짓는 값을 모수(parameter)라 부른다. 베르누이분포에서는 p가 모수이다. 따라서 확률분포 X가 베르누이분포를 따르는 것을 기호로 $X \sim Bernoulli(p)$로 쓴다.

■ **베르누이분포**

$f(x) = p^x q^{1-x}$, $x = 0, 1$, $X \sim Bernoulli(p)$

평균 $E(X) = \displaystyle\sum_{x=0}^{1} xf(x) = p$

분산 $V(X) = E(X-\mu)^2 = E(X^2) - \mu^2$

$$= \sum_{x=0}^{1} x^2 f(x) - \mu^2$$

$$= p - p^2 = p(1-p) = pq \quad (\because p + q = 1)$$

5.1.2. 이항분포(Binomial distribution)

실험의 결과가 성공 또는 실패의 둘 중 하나로 구분되고, 모든 시행은 독립시행이며 매 시행에서 성공률이 일정한 시행을 이항실험이라 한다. 즉, 베르누이 시행을 독립적으로 반복 시행하는 경우와 동일하다. 성공률이 p로 일정한 베르누이 시행을 독립적으로 반복 시행할 때 성공의 횟수를 확률변수 X라 하면 이 확률분포를 이항분포라 부른다.

다음 예제는 n=4인 이항실험에서 확률분포를 구하는 문제이다.

4발의 화살을 쏘는 실험에서 화살의 과녁에 맞으면 성공, 맞히지 않으면 실패로 간주한다. 관심 있는 확률변수 X는 4발 중에서 성공의 횟수라 하자. 매 시행에서 성공률을 p라 하자. 확률분포를 구해보면 다음과 같다.

X가 취할 수 있는 값: 0, 1, 2, 3, 4

$P(X=0)$: 4발 모두 과녁에 맞지 않을 확률 $\Rightarrow P(X=0) = \binom{4}{0} p^0 q^4$

$P(X=1)$: 4발 중 한 번만 과녁에 맞을 확률 $\Rightarrow P(X=1) = \binom{4}{1} p^1 q^3$

$P(X=2)$: 4발 중 두 번 과녁에 맞을 확률 $\Rightarrow P(X=2) = \binom{4}{2} p^2 q^2$

$P(X=3)$: 4발 중 세 번 과녁에 맞을 확률 $\Rightarrow P(X=3) = \binom{4}{3} p^3 q^1$

$P(X=4)$: 4발 모두 과녁에 맞을 확률 $\Rightarrow P(X=4) = \binom{4}{4} p^4 q^0$

$$P(X=x) = \binom{4}{x} p^x q^{4-x}, \ x = 0, 1, 2, 3, 4$$

매 성공률이 p로 일정한 베르누이 시행을 n번 독립시행할 때 성공의 횟수를 확률변수 X라면 확률분포는 다음과 같다.

$$f(x) = P(X=x) = \binom{n}{x} p^x q^{n-x}, \ x = 0, 1, 2, \cdots, n$$

이 확률분포를 이항분포(Binomial distribution)라 부르고 기호로는 $B(x;n,p)$이다. 이항분포는 베르누이분포에서 실험의 횟수를 n번으로 확장한 형태로 실험의 횟수 n과 매 시행의 성공률 p에 의하여 결정되는 분포이다. 따라서 확률변수 X가 실험 횟수가 n이고 매 시행의 성공률이 p인 이항분포를 따르는 것을 $X \sim B(n,p)$라 쓴다.

■ **이항분포(Binomial Distribution)**
매 시행의 성공률이 p로 일정한 이항실험에서 $(q = 1-p)$
확률변수 X : n번 시행 중에서 성공의 횟수(0, 1, 2, ..., n)
$$f(x) = P(X=x) = \binom{n}{x} p^x q^{n-x}, x = 0, 1, 2, \cdots, n$$
평균 $\mu = np$, 분산 $\sigma^2 = npq$

이항분포를 따르는 $X \sim B(n,p)$의 평균과 분산을 구해보자.

$$
\begin{aligned}
E(X) &= \sum_{i=0}^{n} x f(x) = \sum_{x=0}^{n} x \frac{n!}{(n-x)!x!} p^x q^{n-x} \\
&= \sum_{x=1}^{n} x \frac{n!}{(n-x)!x!} p^x q^{n-x} \\
&= \sum_{x=1}^{n} \frac{n!}{(n-x)!(x-1)!} p^x q^{n-x} \\
&= \sum_{k=0}^{n-1} \frac{n(n-1)!}{(n-k-1)!k!} p^{k+1} q^{n-k-1} \\
&= np \sum_{k=0}^{n-1} \frac{(n-1)!}{(n-k-1)!k!} p^k q^{n-k-1} \\
&= np
\end{aligned}
$$

$$E(X^2) = \sum_{i=0}^{n} x^2 f(x) = \sum_{x=0}^{n} x^2 \frac{n!}{(n-x)!x!} p^x q^{n-x}$$

$$= \sum_{x=1}^{n} x^2 \frac{n!}{(n-x)!x!} p^x q^{n-x}$$

$$= \sum_{x=1}^{n} x \frac{n!}{(n-x)!(x-1)!} p^x q^{n-x}$$

$$= \sum_{k=0}^{n-1} (k+1) \frac{n(n-1)!}{(n-k-1)!k!} p^{k+1} q^{n-k-1}$$

$$= \sum_{k=0}^{n-1} k \frac{n(n-1)!}{(n-k-1)!k!} p^{k+1} q^{n-k-1} + \sum_{k=0}^{n-1} \frac{n(n-1)!}{(n-k-1)!k!} p^{k+1} q^{n-k-1}$$

$$= \sum_{k=1}^{n-1} \frac{n(n-1)!}{(n-k-1)!(k-1)!} p^{k+1} q^{n-k-1} + np \sum_{k=0}^{n-1} \frac{(n-1)!}{(n-k-1)!k!} p^k q^{n-k-1}$$

$$= \sum_{j=0}^{n-2} \frac{n(n-1)(n-2)!}{(n-j-2)!j!} p^{j+2} q^{n-j-2} + np$$

$$= n(n-1)p^2 + np$$

$$V(X) = E(X^2) - [E(X)]^2 = n(n-1)p^2 + np - (np)^2 = np(1-p) = npq$$

예제 5.1.

하나의 공정한 동전을 독립적으로 5번 던지는 실험에서 앞면이 나타난 횟수를 X라 할 때, 다음을 구하라.

(1) 확률변수 X의 분포를 구하라.

(2) 앞면이 3회 나올 확률은 얼마인가?

(3) 적어도 한 번은 앞면이 나올 확률은 얼마인가?

<풀이>

(1) $X \sim B\left(5, \frac{1}{2}\right)$

(2) $P(X=3) = \binom{5}{3}\left(\frac{1}{2}\right)^3\left(\frac{1}{2}\right)^2 = \binom{5}{3}\left(\frac{1}{2}\right)^5$

(3) $1 - P(X=0) = \binom{5}{0}\left(\frac{1}{2}\right)^0\left(\frac{1}{2}\right)^5 = \left(\frac{1}{2}\right)^5$

예제 5.2.

슛의 성공률이 0.6인 어떤 농구 선수가 10개의 슛을 날렸을 때, 성공한 슛의 개수를 X라 하자. 다음 확률을 구하라.

(1) 확률변수 X의 분포를 구하라.

(2) 8번 슛을 성공할 확률은 얼마인가?

(3) 슛을 성공한 횟수의 기댓값과 분산은 얼마인가?

(4) 성공한 슛이 9개 이상일 확률은 얼마인가?

<풀이>

(1) $X \sim B(10, 0.6)$

(2) $P(X=8) = \binom{10}{8}(0.6)^8(0.4)^2 = B(8;10,0.6)$

(3) $E(X) = np = 10 \times 0.6 = 6$

$V(X) = npq = 10 \times 0.6 \times 0.4 = 2.4$

(4) $P(X \geq 9) = \sum_{x=9}^{10} B(x;10,0.6)$

$= \sum_{x=9}^{10}\binom{10}{x}(0.6)^x(0.4)^{10-x}$

$= 0.040 + 0.006 = 0.046$

예제 5.3.

어떤 국회의원이 한 구역의 다음 선거에 출마하려 한다. 그 구역의 선거권자 중 그를 지지하는 사람의 비율이 $p=0.6$라 믿고 있다. 8명의 선거권자를 임의로 뽑아서 6명 이상이 그를 지지할 확률은 얼마인가?

<풀이>

$P(X \geq 6) = \sum_{x=6}^{8} B(x;8,0.6)$

$= \sum_{x=6}^{8}\binom{8}{x}(0.6)^x(0.4)^{8-x}$

$= 0.209 + 0.090 + 0.017 = 0.316$

5.1.3. 음이항분포(Negative binomial dist.)와 기하분포(Geometric dist.)

예를 들어, 3개의 동전을 던지는 실험에서 모두 같은 면이 나오는 것을 성공이라 하자. 그러면 매 시행의 성공률 p는

$$p = P(\{H,H,H\}) + P(\{T,T,T\}) = (\frac{1}{2})^3 + (\frac{1}{2})^3 = \frac{1}{4}$$

이다. 이 실험에서 확률변수 X는 성공(모두 같은 면)이 2번 나올 때까지의 총 시행횟수이다. 이 확률변수가 가질 수 있는 값은 2, 3, 4…이다. 확률분포를 구해보자.

① 확률변수 X: 모두 같은 면(성공)이 2번 나올 때까지의 총 시행횟수 (2, 3, 4, ……)

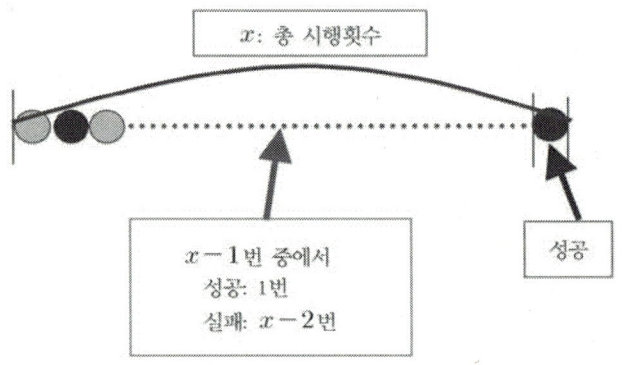

확률: $p^2 q^{x-2}$ (성공 2번, 실패 $x-2$번), 경우의 수: $\binom{x-1}{1}$

성공이 2번 일어날 때까지 총 시행횟수에 대한 확률분포는 다음과 같다.

$$P(X=x) = \binom{x-1}{1} p^2 q^{x-2}, \ x = 2, 3, 4, \cdots$$

다음은 확률변수 X가 성공이 2번 나올 때까지 실패횟수일 때 확률분포를 구해보자.

② 확률변수 X: 모두 같은 면(성공)이 2번 나올 때까지의 실패횟수 (0, 1, 2, ……)

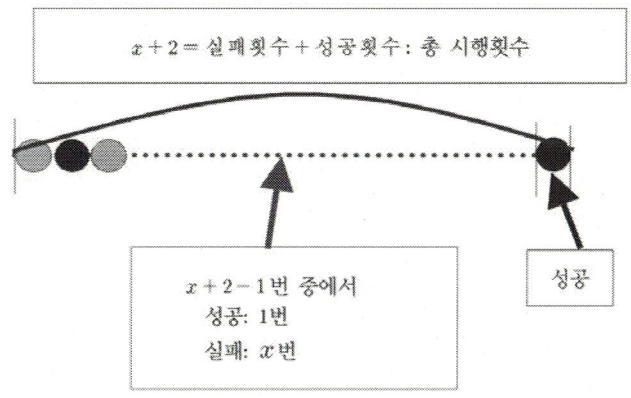

확률: $p^2 q^x$ (성공: 2번, 실패: x번), 경우의 수: $\binom{x+2-1}{2-1} = \binom{x+2-1}{x}$

전체횟수－1＝실패횟수＋성공의 횟수－1에서 성공이 한 번 일어난다(실패는 x번).

성공이 2번 일어날 때까지 실패횟수에 대한 확률분포는 다음과 같다.

$$P(X=x) = \binom{x+2-1}{x} p^2 q^x, \; x=0, 1, 2, \cdots$$

매 성공률이 p로 일정한 베르누이 시행을 독립시행할 때 k번 성공이 일어날 때까지의 총 시행횟수를 확률변수 X라면 확률분포는 다음과 같다.

$$f(x) = P(X=x) = \binom{x-1}{k-1} p^k q^{x-k}, \; x=k, k+1, k+2, \cdots$$

이 확률분포를 음이항분포(Negative binomial distribution)라 부르고 기호로는 $NB(x; k, p)$ 이다. 음이항분포는 성공 횟수 k와 매 시행의 성공률 p에 의하여 결정되는 분포이다. 따라서 확률변수 X가 성공 횟수 k와 매 시행의 성공률 p인 음이항분포를 따르는 것을 $X \sim NB(k, p)$ 라 쓴다.

실패횟수에 관심을 갖는 것도 음이항분포라 부른다. 실패횟수가 확률변수라면 가능한 값은 0부터 시작된다. 만약, 매 성공률이 p로 일정한 베르누이 시행을 독립시행할 때 k번 성공이 일어날 때까지의 실패횟수를 확률변수 X라면 확률분포는 다음과 같다.

$$f(x) = P(X=x) = \binom{x+k-1}{k-1} p^k q^x \quad , x = 0, 1, 2, \cdots$$

■ **음이항분포(Negative binomial distribution)**

성공률이 p인 베르누이 시행을 독립적으로 반복 시행할 때
확률변수: k번 성공할 때까지의 총 실험횟수(실패횟수)

시행횟수: $f(x) = P(X=x) = \binom{x-1}{k-1} p^k q^{x-k}, \ x = k, \ k+1, \ k+2, \cdots$

실패횟수: $f(x) = P(X=x) = \binom{x+k-1}{k-1} p^k q^x, \ x = 0, 1, 2, \cdots$

---

k번 성공이 일어날 때까지의 총 시행횟수를 확률변수 X라면 기댓값은 $\dfrac{k}{p}$이고 분산은 $\dfrac{kq}{p^2}$
이다.

만약, 운전면허 시험을 볼 때, 운전면허 시험을 2번 합격하는 것은 아무 의미가 없다. 운전면허 시험을 처음 합격할 때까지 총 시행횟수 또는 실패횟수에 더 관심을 가진다. 이처럼 음이항분포에서 k=1인 경우인 처음으로 성공이 일어날 때까지의 총 시행횟수 또는 실패횟수에 대한 확률분포를 기하분포(Geometric distribution)라 부른다.

매 성공률이 p로 일정한 베르누이 시행을 독립시행할 때 처음으로 성공이 일어날 때까지의 총 시행횟수를 확률변수 X라면 확률분포는 다음과 같다.

$$f(x) = P(X=x) = pq^{x-1}, \ x = 1, 2, 3, \cdots$$

이 확률분포를 기하분포(Geometric distribution)라 부르고 기호로는 $G(x;p)$이다. 기하분포는 매 시행의 성공률 p에 의하여 결정되는 분포이다. 따라서 확률변수 X가 매 시행의 성공률 p인 기하분포를 따르는 것을 $X \sim G(p)$라 쓴다.

만약, 매 성공률이 p로 일정한 베르누이 시행을 독립시행할 때 처음 성공이 일어날 때까지의 실패횟수를 확률변수 X라면 확률분포는 다음과 같다.

$$f(x) = P(X = x) = pq^x \quad , x = 0, 1, 2, \cdots$$

■ 기하분포(Geometric distribution)

성공률이 p인 베르누이 시행을 독립적으로 반복 시행할 때

확률변수: 처음 성공할 때까지의 총 시행횟수(실패횟수)

시행횟수: $\quad f(x) = P(X = x) = pq^{x-1} \quad , x = 1, 2, 3, \cdots$

실패횟수: $\quad f(x) = P(X = x) = pq^x \quad , x = 0, 1, 2, \cdots$

성공이 일어날 때까지의 총 시행횟수를 확률변수 X라면 기댓값은 $\dfrac{1}{p}$이고 분산은 $\dfrac{q}{p^2}$이다.

예제 5.4.

어떤 사람이 1,000원을 지불하고 3,000원짜리 인형을 받을 수 있는 게임을 한다. 그가 매 시행에서 인형을 받을 확률은 0.1이라 할 때, 그는 3명의 자녀에게 줄 인형을 받아야 한다. 다음을 구하라.

(1) 세 개의 인형을 받기 위해 10번 게임을 할 확률은 얼마인가?

(2) 세 개의 인형을 받기 위해 적어도 4번 게임을 할 확률은 얼마인가?

(3) 세 개의 인형을 받기 위해 필요한 시행횟수의 기댓값은 얼마인가?

<풀이>

(1) $P(X = 10) = \binom{9}{2}(0.1)^3(0.9)^7 = 0.0172$

(2) $\begin{aligned} P(X \geq 4) &= 1 - P(X \leq 3) = 1 - P(X = 3) \\ &= 1 - (0.1)^3 \\ &= 0.999 \end{aligned}$

(3) 음이항분포 $X \sim NB(3, 0.1)$ 의 평균은 $\dfrac{k}{p} = \dfrac{3}{0.1} = 30$번이다. 즉, 세 개의 인형을 받기 위해 필요한 평균 시행 횟수는 30번이다.

예제 5.5.

어떤 사람이 1,000원을 지불하고 3,000원짜리 인형을 받을 수 있는 게임을 한다. 그가

매 시행에서 인형을 받을 확률은 0.1이다.

  (1) 인형을 받을 때까지의 시행횟수 X에 대한 확률분포를 구하라.

  (2) 인형을 받기 위해 2번 게임을 할 확률은 얼마인가?

  (3) 인형을 받기 위해 적어도 4번 게임을 할 확률은 얼마인가?

  (4) 인형을 받기 위해 필요한 평균 시행횟수는 몇 번인가?

  <풀이>

  (1) 인형을 받을 때까지의 시행횟수 X의 확률분포는 다음과 같다.
$$f(x) = (0.1)(0.9)^{x-1}, \ x = 1, 2, \cdots$$

(2) $P(X=2) = (0.1)(0.9) = 0.09$

(3) $P(X \geq 4) = 1 - P(X \leq 3) = 1 - [1 - (0.9)^3]$
$$= 0.729$$

(4) 기하분포 $X \sim G(0.1)$의 평균은 $\dfrac{1}{p} = \dfrac{1}{0.1} = 10$번이다. 즉, 인형을 받기 위해 필요한 평균 시행횟수는 10번이다.

예제 5.6.

세 사람 중 누가 커피값을 낼 것인지를 결정하기 위해 세 사람이 동시에 동전을 던진다. 세 사람의 동전이 같게 나오면 다시 던지고 그렇지 않으면 다른 면이 나온 사람이 커피값을 내기로 했다.

(1) 두 번 이상 시행이 필요할 확률은 얼마인가?

(2) 두 번 이하 시행이 필요할 확률은 얼마인가?

<풀이>

세 사람이 모두 같지만 않으면 시행을 끝나므로 세 사람이 모두 같지 않을 때까지의 걸리는 횟수를 X라 하면 기하분포이다. 모두 같은 면이 나올 확률은 $P\{(HHH), (TTT)\} = \dfrac{2}{8} = \dfrac{1}{4}$이므로 모두 같지 않을 확률은 $1 - \dfrac{1}{4} = \dfrac{3}{4}$이다. 그러므로 $X \sim G\left(\dfrac{3}{4}\right)$이 된다.

(1) $P(X \geq 2) = 1 - P(X=1) = 1 - \dfrac{3}{4} = \dfrac{1}{4}$

(2) $P(X \leq 2) = P(X=1) + P(X=2)$
$$= \frac{3}{4} + \frac{1}{4}\frac{3}{4} = \frac{15}{16}$$

다음은 기하분포의 중요한 성질인 무기억성(memoryless)을 소개한다. 확률변수 X가 $X \sim G(p)$이면 다음이 성립한다.

$$P(X=n+m \mid X>n) = P(X=m)$$

이 의미는 n번째까지 성공이 일어나지 않았다는 조건 아래 앞으로 m번 더 던져 $n+m$번째에 성공이 일어날 확률은 처음부터 m번째에 성공이 일어날 확률과 동일하다. 즉, 과거의 기록은 아무 의미가 없다. 이것을 무기억성(memoryless)이라 한다.

예제 5.7.

한 개의 주사위를 반복적으로 던지는 실험에서 확률변수 X는 주사위의 눈이 2가 나올 때까지 던진 횟수라 할 때, 다음을 구하라.
(1) 이 실험의 표본공간을 나타내어라.
(2) 확률변수 X가 가질 수 있는 값을 표현해 보아라.
(3) $P(X=3)$은?
(4) $P(X=5 \mid X>2)$은?
(5) $P(X=5 \mid X>2) = P(X=3)$이 성립하는가? 성립하면 그 의미를 설명하여라.

<풀이>
2가 나오는 것을 1, 그렇지 않은 경우를 0으로 하면
(1) 표본공간 $S = \{1, 01, 001, 0001, \cdots, 0 \cdots 01\}$
(2) 확률변수의 가능한 값은 $x = 1, 2, 3, \cdots$
(3) $P(X=3) = \frac{1}{6}\left(\frac{5}{6}\right)^2$

(4) $P(X=5|X>2) = \dfrac{P(X=5)}{P(X>2)}$

$\qquad\qquad\qquad = \dfrac{P(X=5)}{1-P(X=1)-P(X=2)}$

$\qquad\qquad\qquad = \dfrac{(1/6)(5/6)^4}{(5/6)^2}$

$\qquad\qquad\qquad = (1/6)(5/6)^2$

$P(X=3+2|X>2) = P(X=3)$이 성립한다. 이 의미는 주사위의 눈이 2가 나오는 것이 성공이라 하면, 두 번까지 성공이 일어나지 않았다는 조건 아래 앞으로 세 번 더 던져서 성공이 일어날 확률은 처음부터 3번째에 성공이 일어날 확률과 동일하다. 즉, 과거의 기록은 아무 의미가 없다는 기하분포의 무기억성(memoryless)을 의미한다.

5.1.4. 초기하분포(Hypergeometric distribution)

한 마을의 연못에 잉어가 살고 있는데 그 연못 속에 사는 전체 잉어의 수 N을 추측해 보려고 한다. 우선 뜰채를 이용해 일부분을 건져 그 잉어들에게 표시를 한 후 다시 연못에 풀어 준다. 그러면 그 연못은 표시가 있는 잉어들과 표시가 없는 잉어들로 나뉜다. 일정 시간이 흐른 후 비복원추출로 n마리의 잉어를 잡았을 때 그중 표시되어 있는 잉어의 수를 확률변수 X로 생각하자. 이 실험을 하는 동안 전체 잉어의 수 N이 불변이라 가정하면, 이 확률분포를 초기하분포(Hyper geometric distribution)라 부른다.

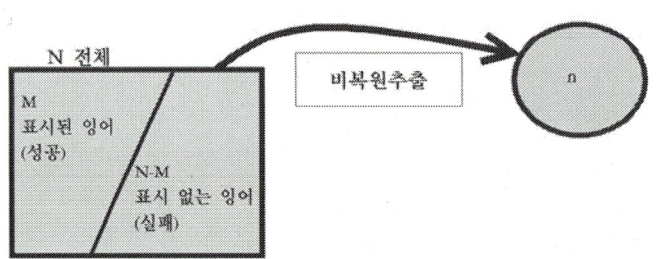

확률변수 X는 뽑힌 n마리의 잉어 중 표시된 잉어(성공)의 수이므로 확률변수가 가질 수 있는 값 x는 표시된 잉어의 수 M과 뽑는 잉어의 수 n 중 최솟값까지 가질 수 있다. 즉, $x = 0, 1, 2, \cdots, Min(n, M)$이 된다. 이 확률변수의 확률분포를 구하면

$$f(x) = P(X=x) = \frac{\binom{M}{x}\binom{N-M}{n-x}}{\binom{N}{n}}, \ x = 0, 1, 2, \cdots, Min(n, M)$$

이 된다. 이 확률분포를 초기하분포(Hypergeometric distribution)라 부르고 기호로는 $HG(x; N, M, n)$이다. 초기하분포는 N, M, n에 의하여 결정되는 분포이다. 따라서 확률변수 X가 초기하분포를 따르는 것을 $X \sim HG(N, M, n)$라 쓴다.

만약, $N \gg n$이면 즉, 초기하분포에서 뽑는 n에 비해 모집단의 크기 N이 굉장히 큰 경우는 이항분포로 근사된다. 매 시행에서 성공(표시된 잉어)이 일어날 확률 $\frac{M}{N} \approx p$로 일정하므로 이항분포로 생각할 수 있다. 이 경우에는 복원추출을 하는 것으로 생각될 수 있다. 즉, 복원추출인 경우나 $N \gg n$인 경우의 초기하분포는 이항분포로 근사된다.

■ **초기하분포(Hypergeometric distribution)**

확률변수 X: n번 중 성공의 횟수

$$f(x) = P(X=x) = \frac{\binom{M}{x}\binom{N-M}{n-x}}{\binom{N}{n}}, \ x = 0, 1, 2, \cdots, Min(n, M)$$

평균: $E(X) = n\left(\dfrac{M}{N}\right)$ 분산: $V(X) = n\left(\dfrac{M}{N}\right)\left(1 - \dfrac{M}{N}\right)\left(\dfrac{N-n}{N-1}\right)$

위의 예제에서 연못의 잉어의 수를 추측하는 것은 초기하분포의 확률이 최대가 될 때의 N 값이 된다. 따라서 다음과 같이 구할 수 있다.

$$P(X=x) = \frac{\binom{M}{x}\binom{N-M}{n-x}}{\binom{N}{n}} = P_x(N)$$

$P_x(N)$을 최대로 하는 N을 구하자.

$$\frac{P_x(N)}{P_x(N-1)} = \frac{(N-M)(N-n)}{N(N-M-n+x)} \geq 1$$

$$\left(\because \frac{P_x(N)}{P_x(N-1)} = \frac{\dfrac{\dbinom{M}{x}\dbinom{N-M}{n-x}}{\dbinom{N}{n}}}{\dfrac{\dbinom{M}{x}\dbinom{N-1-M}{n-x}}{\dbinom{N-1}{n}}} \right.$$

$$= \frac{\dbinom{N-M}{n-x}\dbinom{N-1}{n}}{\dbinom{N}{n}\dbinom{N-1-M}{n-x}}$$

$$= \frac{\dfrac{N-M}{N-M-n+x}\dbinom{N-M-1}{n-x}\dbinom{N-1}{n}}{\dfrac{N}{N-n}\dbinom{N-1}{n}\dbinom{N-1-M}{n-x}}$$

$$\left. = \frac{(N-M)(N-n)}{N(N-M-n+x)} \right)$$

이 비율은 $N \le \dfrac{Mn}{x}$ 일 때 1보다 같거나 크다. 즉, N이 $\dfrac{Mn}{x}$ 보다 작을 때는 $P_x(N)$이 증가하다가 N이 $\dfrac{Mn}{x}$ 보다 크면 감소한다. $P_x(N)$을 최대로 하는 값은 $N = \dfrac{Mn}{x}$ 이 된다.

예제 5.8.

연못에 있는 잉어의 수를 알기 위해 10마리를 잡아 이들에게 표시를 한 후 다시 놓아 주고 얼마 지난 후 다시 15마리를 잡아 표시가 있는 고기를 세어 보니 2마리였다. 연못의 잉어는 몇 마리가 있다고 할 수 있는가? 또 이를 위한 기본 가정은 무엇인가?

\<풀이\>

이 방법을 포획-재포획방법(capture-recapture method)이라 부른다. 이 경우에는 시간이 흐름에 따라 잉어의 수는 불변이라 가정한다.

$N = \dfrac{Mn}{x} = \dfrac{10*15}{2} = 75$마리로 추정할 수 있다.

10개의 흰 공과 15개의 검은 공이 들어 있는 상자에서 5개를 비복원추출할 때, 흰 공의 개수를 X라 할 때, 다음을 구하라.

(1) 확률변수 X의 확률분포를 구하라.

(2) 뽑힌 공 5개 중 흰 공이 3개일 확률은 얼마인가?

<풀이>

확률변수 X는 초기하분포 $X \sim HG(25, 10, 5)$ 이다.

(1) $f(x) = \dfrac{\binom{10}{x}\binom{15}{5-x}}{\binom{25}{5}}$, $x = 0, 1, \cdots, 5$

(2) $f(3) = P(X=3) = \dfrac{\binom{10}{3}\binom{15}{2}}{\binom{25}{5}}$

5.1.5. 포아송분포(Poisson distribution)

포아송 분포(Poisson distribution)는 주어진 시간, 면적 또는 공간 내에 발생하는 어떤 사건의 횟수에 관심이 있을 때 사용한다. 예를 들어, 옷감 1㎡당 결점 수, 학과사무실에 1시간 동안 걸려오는 전화통화 수, 주유소에서 1시간 동안 오는 자동차의 수, 올림픽대로에서 하루 동안 발생하는 교통사고의 수, 책의 오타의 수 등이 있다.

다음을 만족하면 포아송 확률변수라 한다.

① 주어진 시간 동안 일어나는 사건의 횟수는 서로 중복되지 않는 다른 시간 동안 일어나는 사건의 횟수와 독립이다.

② 짧은 시간 동안 사건이 한 번 발생할 확률은 사건의 길이에 비례한다.

③ 짧은 시간 동안 사건이 두 번 이상 발생할 확률은 매우 작기 때문에 무시할 수 있다.

단위 시간당 평균 사건의 횟수가 λ인 포아송 확률분포는 다음과 같이 정의한다.

$$f(x) = P(X=x) = \frac{e^{-\lambda}\lambda^x}{x!} \,, x = 0, 1, 2, \cdots$$

기호로는 $P(x; \lambda)$이다. 포아송분포는 평균 사건의 횟수 λ에 의하여 결정되는 분포이다. 따라서 확률변수 X가 포아송분포를 따르는 것을 $X \sim P(\lambda)$라 쓴다.

■ 포아송분포

확률변수 X: 주어진 시간, 공간, 면적에서 발생하는 사건의 횟수

$$f(x) = P(X=x) = \frac{e^{-\lambda}\lambda^x}{x!} \,, x = 0, 1, 2, \cdots$$

평균=분산: $\mu = \sigma^2 = \lambda$

이항분포에서 n이 크고 $p \approx 0, 1$이면 $\lambda = np$인 포아송 분포로 근사된다.

■ 이항분포의 포아송 근사

$$B(n, p) \rightarrow P(\lambda), \ \lambda = np, n \text{이 크고 } p \approx 0, 1 \text{인 경우}$$

예제 5.10.

고속도로에서 매일 발생하는 교통사고의 수는 모수 $\lambda = 3$인 포아송분포를 따른다고 한다.

(1) 하루 동안 교통사고가 3건 이상 발생할 확률을 구하라.

(2) 하루 동안 교통사고가 적어도 1건 발생할 확률을 구하라.

<풀이>

확률변수 X는 $X \sim P(3)$이므로 $f(x) = \dfrac{3^x e^{-3}}{x!} \,, x = 0, 1, 2, \cdots$ 이다.

(1) $P(X \geq 3) = 1 - P(X \leq 2) = 1 - \displaystyle\sum_{x=0}^{2} \frac{3^x e^{-3}}{x!} = 0.5768$

(2) $P(X \geq 1) = 1 - P(X=0) = 1 - e^{-3} = 0.9502$

어떤 공장에서 생산되는 물건의 3%가 결함이 있다고 한다. 공장장이 임의로 100개의 물건을 선택했을 때, 5개가 불량품일 확률을 구하라.

<풀이>

100개의 물건 중 불량품의 개수를 X라 하면, $X \sim B(100, 0.03)$ 이다. $\lambda = np = 100 \times 0.03 = 3$ 인 포아송분포로 근사시켜 확률을 구하면 다음과 같다.

$$P(X=5) = \frac{e^{-3}3^5}{5!} \approx 0.1008$$

5.1.6. 이산형 균일분포(Discrete uniform distribution)

균일분포(Uniform distribution)는 모든 확률변수 값에서 확률이 동일한 분포를 말한다. 예를 들어, 공정한 주사위를 던지는 실험에서 확률변수가 주사위 눈이면 가능한 값은 1, 2, 3, 4, 5, 6이고 확률은 모두 $\frac{1}{6}$ 로 이것을 이산균일분포(Discrete Uniform distribution)라 부른다. [그림 5.1.]은 이산확률분포를 그림으로 나타낸 것이다.

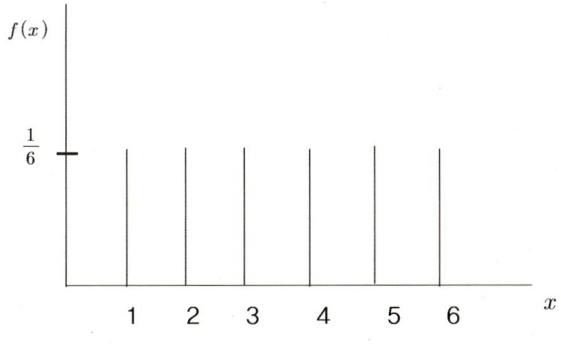

그림 5.1. 주사위 눈의 확률분포

확률변수가 가질 수 있는 값이 $x = 1, 2, 3, \cdots, n$ 인 이산균일분포(Discrete uniform distribution)는 다음과 같다.

$$f(x) = \frac{1}{n}, \quad x = 1, 2, 3, \cdots, n$$

기호로는 $DU(x; n)$ 이다. 확률변수 X가 이산형 균일분포 따르는 것을 $X \sim DU(n)$ 라 쓴다.

■ **이산균일분포**

$$f(x) = \frac{1}{n}, \quad x = 1, 2, 3, \cdots, n$$

평균 $\quad E(X) = \frac{n+1}{2}$, 분산 $\quad V(X) = \frac{n^2 - 1}{12}$

5.2. 연속확률분포

5.2.1. 균일분포(Uniform distribution)

확률변수 X가 취할 수 있는 값이 $a \leq x \leq b$ 이고 모든 확률이 동일하면 확률분포는 다음과 같다.

$$f(x) = \frac{1}{b-a}, \quad a \leq x \leq b$$

이 확률분포를 균일분포(Uniform distribution)라 부르고 기호로는 $U(x; a, b)$ 이다. 확률변수 X가 균일분포를 따르는 것을 $X \sim U(a, b)$ 라 쓴다. [그림 5.2]는 $U(a, b)$ 의 확률밀도함수를 나타낸다.

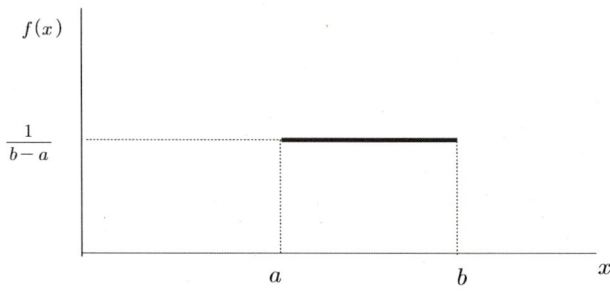

그림 5.2. 균일분포

확률변수 $X \sim U(a,b)$에 대한 누적분포함수(c.d.f)는

$$F(x) = \begin{cases} 0 & , x < a \\ \displaystyle\int_a^x \frac{1}{b-a}dt = \frac{x-a}{b-a} & , a \le x < b \\ 1 & , x \ge b \end{cases}$$

이다. [그림 5.3.]은 누적분포함수를 그림으로 나타낸 것이다.

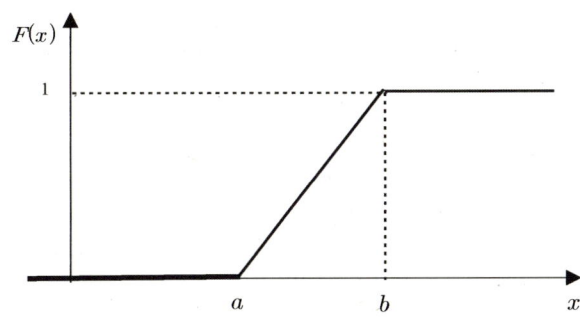

그림 5.3. 누적분포함수

■ 균일분포(균등분포, 일양분포)

$$f(x) = \frac{1}{b-a}, \ \ a \le x \le b$$

$$F(x) = \begin{cases} 0 & , x < a \\ \dfrac{x-a}{b-a} & , a \le x < b \\ 1 & , x \ge b \end{cases}$$

평균 $E(X) = \dfrac{a+b}{2}$, 분산 $V(X) = \dfrac{(b-a)^2}{12}$

다음 확률밀도함수의 그래프를 그려보아라.

$$f(x) = \frac{1}{2}, \ -1 \leq x \leq 1$$

평균과 분산도 구하고, $P(0 \leq X \leq 0.5)$ 값도 구하라.

누적분포함수를 구하라.

<풀이>

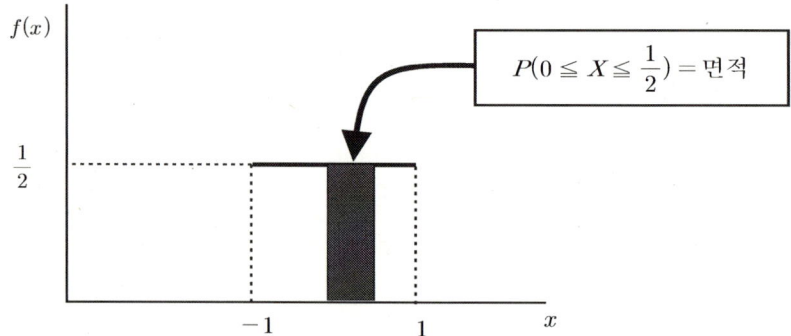

평균: $E(X) = \int_{-1}^{1} x\frac{1}{2}dx = [\frac{1}{4}x^2]_{-1}^{1} = 0$

$E(X^2) = \int_{-1}^{1} x^2\frac{1}{2}dx = [\frac{1}{6}x^3]_{-1}^{1} = \frac{1}{3}$

분산: $V(X) = E(X^2) - [E(X)]^2 = \left(\frac{1}{3}\right) - 0^2 = \frac{1}{3}$

누적분포함수는 다음과 같다.

$$F(x) = \begin{cases} 0 & , \ x < -1 \\ \dfrac{x+1}{2} & , \ -1 \leq x < 1 \\ 1 & , \ x \geq 1 \end{cases}$$

5.2.2. 지수분포(Exponential distribution)

 5.1.5.에서 우리는 주어진 시간 동안 발생하는 사건의 횟수에 관심이 있을 때 이용되는 포아송 분포에 대해 다루었다. 지수분포는 연속확률분포로서 어떤 사건이 일어나고 그다음 사건이 일어날 때까지 걸리는 시간을 설명할 때 사용되는 분포이다. 예를 들어, 주어진 한 시간 동안 주유소에 오는 자동차의 수는 포아송분포로 설명되지만 지금부터 자동차가 들어올 때까지 걸리는 시간은 지수분포로 설명할 수 있다.
 임의의 양수 λ에 대하여 연속확률변수 X의 확률밀도함수가

$$f(x) = \begin{cases} \lambda e^{-\lambda x} , & x \geq 0 \\ 0 & , x < 0 \end{cases}$$

인 확률분포를 지수분포(Exponential distribution)라 하고 $X \sim \text{Exp}(\lambda)$로 나타낸다. 지수분포의 누적분포함수(c.d.f)는

$$\begin{aligned} F(x) = P(X \leq x) &= \int_0^x \lambda e^{-\lambda t} dt \\ &= \left[-e^{-\lambda t} \right]_0^x \\ &= 1 - e^{-\lambda x} , \ \ x \geq 0 \end{aligned}$$

이다.

 ■ **지수분포(Exponential distribution)**

 확률밀도함수 $\ \ f(x) = \begin{cases} \lambda e^{-\lambda x} , & x \geq 0 \\ 0 & , x < 0 \end{cases}$

 누적분포함수 $\ \ F(x) = 1 - e^{-\lambda x} , \ \ x \geq 0$

 평균 $\ \ E(X) = \dfrac{1}{\lambda}$, 분산 $\ \ V(X) = \dfrac{1}{\lambda^2}$

 다음은 지수분포의 중요한 성질인 무기억성(memoryless)에 대해 알아보자. 확률변수 X

가 $X \sim \text{Exp}(\lambda)$이면 다음이 성립한다.

$$P(X > a+b \mid X > a) = P(X > b)$$

이 의미는 어떤 사건이 a시간이 지날 때까지 일어나지 않았을 때 그 이후로 b시간이 더 지난 $a+b$시간 이후에 발생할 확률은 처음부터 b시간 후에 발생할 확률과 같음을 말한다. 즉, 과거의 기록은 아무 의미가 없다. 이것을 무기억성(memoryless)이라 한다. 연속확률분포 가운데 지수분포와 이산확률분포 가운데 기하분포가 무기억성의 성질을 만족한다.

예제 5.13.

교차로에서 나타나는 교통사고 발생시간의 간격 X는 $X \sim \text{Exp}(3)$인 지수분포를 따른다. (단위: 월) 확률밀도함수는

$$f(x) = \begin{cases} 3e^{-3x} & , x \geq 0 \\ 0 & , x < 0 \end{cases}$$

이다.

(1) 사고가 관측된 이후로 한 달이 지난 후에 다음 사고가 발생할 확률은 얼마인가?

(2) 두 달 안에 사고가 발생할 확률을 구하라.

(3) 한 달을 30일이라 할 때, 평균 며칠 만에 사고가 나는가?

\<풀이\>

(1) $P(X > 1) = \displaystyle\int_1^\infty 3e^{-3x}dx = \left[-e^{-3x}\right]_1^\infty = e^{-3} = 0.0498$

(2) $P(X \leq 2) = \displaystyle\int_0^2 3e^{-3x}dx = \left[-e^{-3x}\right]_0^2 = 1 - e^{-6} = 0.9975$

(3) $\mu = \dfrac{1}{\lambda} = \dfrac{1}{3}$이므로 한 달의 $\dfrac{1}{3}$인 약 10일이 된다. 평균적으로 10일 만에 사고가 발생한다.

어떤 기계의 일부 부품이 고장 날 때까지 걸리는 시간은 평균 $\frac{1}{\lambda} = 1000$ 시간인 지수분포를 따른다고 한다. 즉, 확률밀도함수는

$$f(x) = \begin{cases} \dfrac{1}{1000}e^{-x/1000} , & x \geq 0 \\ 0 & , x < 0 \end{cases}$$

이다. 이 기계를 500시간 동안 아무런 문제 없이 사용한 후, 그 후로 다시 100시간 이상 사용할 확률을 구하라.

<풀이>

지수분포의 무기억성의 성질을 이용하면 다음과 같다.

$$P(X \geq 100 + 500 | X \geq 500) = P(X \geq 100)$$

$$= \int_{100}^{\infty} \frac{1}{1000} e^{-x/1000} dx$$

$$= \left[-e^{-x/1000} \right]_{100}^{\infty}$$

$$= e^{-0.1} = 0.9048$$

5.2.3. 정규분포(Normal distribution)

대학생들의 지능 지수, 1kg의 커피병 용량의 오차, 연간 강우량, 중학생들의 신장 등 현실의 많은 현상들이 정규분포 모양으로 설명될 수 있다.

1733년에 프랑스의 드 무아브르가 처음으로 모형을 제안하고, 1820년 라플라스에 의해 분포의 함수식이 도출되었다. 그 후 독일의 가우스(Carl Friedrich Gauss, 1777~1855)가 오차에 대한 확률분포가 정규분포와 일치함을 보였다. 정규분포를 "가우스 분포"라고 부르기도 한다.

〈Carl Friedrich Gauss, 1777~1855〉

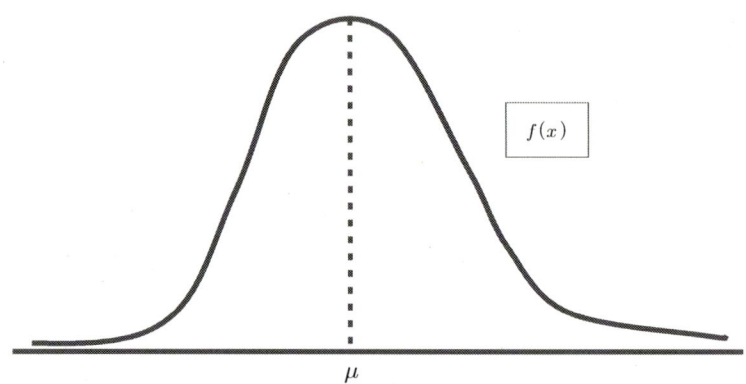

그림 5.4. 정규분포의 확률밀도함수 곡선

평균이 μ 이고 분산이 σ^2 인 연속확률변수 X의 확률밀도함수가

$$f(x) = \frac{1}{\sqrt{2\pi\sigma^2}} \exp\left[-\frac{(x-\mu)^2}{2\sigma^2}\right], \; -\infty < x < \infty$$

인 확률분포를 정규분포(Normal distribution)라 하고 $X \sim N(\mu, \sigma^2)$ 로 나타낸다.

정규분포는 평균 μ에 대칭인 종(bell shape)모양이며 평균에서 최댓값을 가지며, 양쪽 꼬리 부분은 수평축이 점근선이 된다. 정규분포의 변곡점은 평균에서 표준편차만큼 떨어진 점인 $\mu - \sigma$와 $\mu + \sigma$이다.

정규분포에서 평균 μ는 분포의 중심 위치를 결정하고 표준편차 σ는 분포의 모양(퍼진 정도)을 결정한다. 따라서 정규분포는 평균 μ과 분산 σ^2을 알면 결정되는 분포이다.

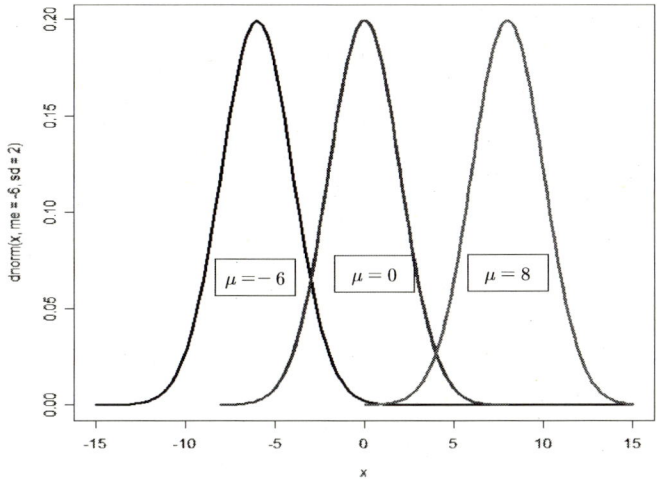

그림 5.5. 평균에 따른 정규분포

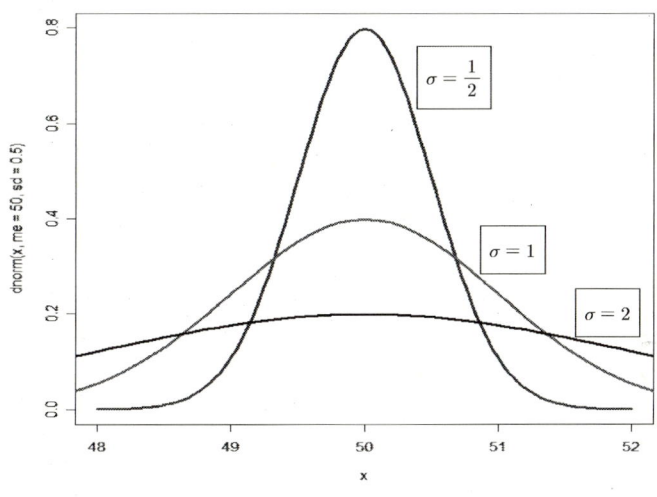

그림 5.6. 분산에 따른 정규분포

정규분포의 확률을 구하기 위해서는 확률밀도곡선 아래의 면적을 구하기 위해 적분을 이용해야 된다. 평균과 분산이 다른 정규분포의 적분을 일일이 수행하기란 쉬운 일이 아니다. 그래서 정규분포 중 평균이 0이고 분산이 1인 표준정규분포의 적분 값을 표로 만든 [부록]의 표준정규분포표를 이용하여 확률을 구한다. 표준정규분포가 아닌 정규분포는 표준화를 통해 표준정규분포로 변경한 후 [부록]의 표준정규분포표를 이용하면 확률을 쉽게 구할 수 있다.

확률변수 X가 평균 μ이고 분산 σ^2인 정규분포를 따를 때, 즉 $X \sim N(\mu, \sigma^2)$일 때 $P(a \le X \le b)$을 구해 보자. 우선 표준화하면

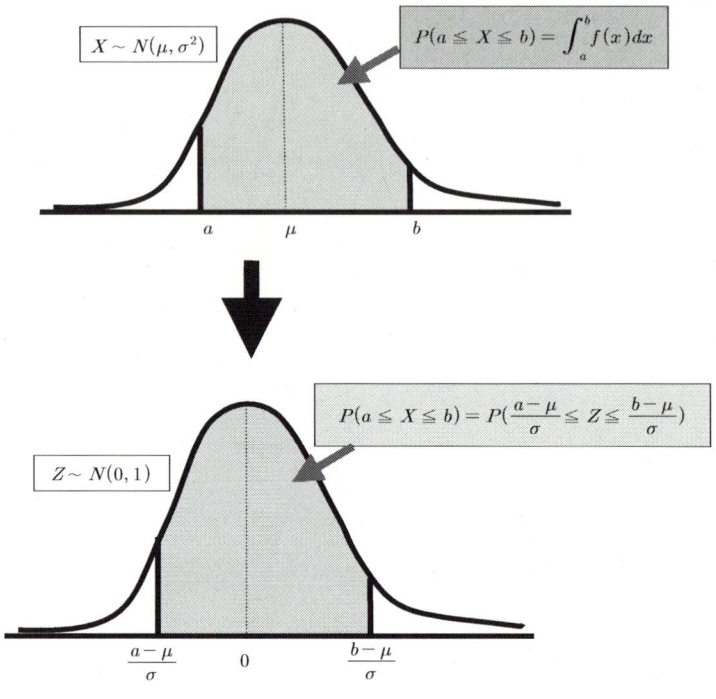

$X \sim N(\mu, \sigma^2)$

$P(a \le X \le b) = \int_a^b f(x)dx$

$P(a \le X \le b) = P(\frac{a-\mu}{\sigma} \le Z \le \frac{b-\mu}{\sigma})$

$Z \sim N(0, 1)$

$\frac{a-\mu}{\sigma} \quad 0 \quad \frac{b-\mu}{\sigma}$

그림 5.7. 정규분포의 표준화

$$Z = \frac{X - \mu}{\sigma}$$

이 된다. 즉, 확률변수 Z은 $E(Z) = 0$, $V(Z) = 1$인 정규분포가 된다. 이를 표준정규분포라 하며 $Z \sim N(0,1)$로 나타낸다. 따라서 표준화시키면

$$P(a \le X \le b) = P(\frac{a-\mu}{\sigma} \le \frac{X-\mu}{\sigma} \le \frac{b-\mu}{\sigma})$$
$$= P(\frac{a-\mu}{\sigma} \le Z \le \frac{b-\mu}{\sigma})$$

이 된다.

[부록]의 표준정규분포표는 [그림 5.8.]에서 보는 것처럼 $P(0 \le Z \le z)$을 표시한다.

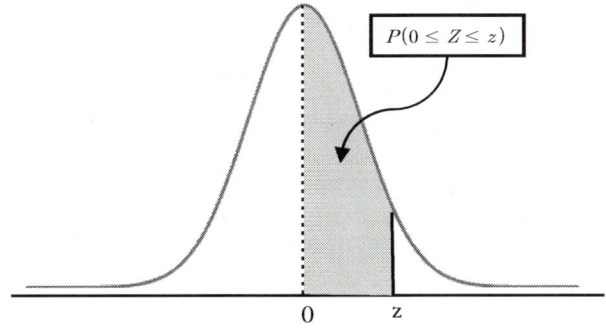

그림 5.8. $Z \sim N(0,1)$에서 확률 $P(0 \leq Z \leq z)$

[표 5.1.]은 [부록]의 표준정규분포표의 일부분이다. z값의 행(row)은 소수 첫째 자리이고 열(column)은 소수 둘째 자리를 나타낸다. 예를 들어, 확률$P(0 < Z < 1.54)$를 구하려면 z값의 행에서 1.5를 찾고 열에서 0.04를 찾아 서로 만나는 부분의 값인 0.4382가 구하는 확률이다. 즉, $P(0 < Z < 1.54) = 0.4382$이다.

표 5.1. 표준정규분포표

z	0.00	0.01	0.02	0.03	0.04	0.05	0.06	0.07	0.08
0.0	0.0000	0.0040	0.0080	0.0120	0.0160	0.0199	0.0239	0.0279	0.0319
0.1	0.0398	0.0438	0.0478	0.0517	0.0557	0.0596	0.0636	0.0675	0.0714
0.2	0.0793	0.0832	0.0871	0.0910	0.0948	0.0987	0.1026	0.1064	0.1103
0.3	0.1179	0.1217	0.1255	0.1293	0.1331	0.1368	0.1406	0.1443	0.1480
0.4	0.1554	0.1591	0.1628	0.1664	0.1700	0.1736	0.1772	0.1808	0.1844
0.5	0.1915	0.1950	0.1985	0.2019	0.2054	0.2088	0.2123	0.2157	0.2190
0.6	0.2257	0.2291	0.2324	0.2357	0.2389	0.2422	0.2454	0.2486	0.2517
0.7	0.2580	0.2611	0.2642	0.2673	0.2704	0.2734	0.2764	0.2794	0.2823
0.8	0.2881	0.2910	0.2939	0.2967	0.2995	0.3023	0.3051	0.3078	0.3106
0.9	0.3159	0.3186	0.3212	0.3238	0.3264	0.3289	0.3315	0.3340	0.3365
1.0	0.3413	0.3438	0.3461	0.3485	0.3508	0.3531	0.3554	0.3577	0.3599
1.1	0.3643	0.3665	0.3686	0.3708	0.3729	0.3749	0.3770	0.3790	0.3810
1.2	0.3849	0.3869	0.3888	0.3907	0.3925	0.3944	0.3962	0.3980	0.3997
1.3	0.4032	0.4049	0.4066	0.4082	0.4099	0.4115	0.4131	0.4147	0.4162
1.4	0.4192	0.4207	0.4222	0.4236	0.4251	0.4265	0.4279	0.4292	0.4306
1.5	0.4332	0.4345	0.4357	0.4370	0.4382	0.4394	0.4406	0.4418	0.4429
1.6	0.4452	0.4463	0.4474	0.4484	0.4495	0.4505	0.4515	0.4525	0.4535
1.7	0.4554	0.4564	0.4573	0.4582	0.4591	0.4599	0.4608	0.4616	0.4625
1.8	0.4641	0.4649	0.4656	0.4664	0.4671	0.4678	0.4686	0.4693	0.4699
1.9	0.4713	0.4719	0.4726	0.4732	0.4738	0.4744	0.4750	0.4756	0.4761

표준정규분포표를 이용하여 다음 확률을 구하라.

(1) $P(0 < Z < 1.64)$ (2) $P(-1 < Z < 1)$

(3) $P(Z < -1.78)$ (4) $P(-2 < Z < 2)$

(5) $P(-2.42 < Z < 0.8)$ (6) $P(-3 < Z < 3)$

<풀이>

(1) $P(0 < Z < 1.64) = 0.4495$

(2) $P(-1 < Z < 1) = 2P(0 < Z < 1) = 2(0.3413) = 0.6826$

(3) $P(Z < -1.78) = P(Z > 1.78)$
$= 0.5 - P(0 < Z < 1.78)$
$= 0.5 - 0.4625 = 0.0375$

(4) $P(-2 < Z < 2) = 2P(0 < Z < 2) = 2(0.4772) = 0.9544$

(5) $P(-2.42 < Z < 0.8) = P(0 < Z < 2.42) + P(0 < Z < 0.8)$
$= 0.4922 + 0.2881 = 0.7803$

(6) $P(-3 < Z < 3) = 2P(0 < Z < 3) = 2(0.4987) = 0.9974$

표준정규분포표를 이용하여 c값을 각각 구하라.

(1) $P(0 < Z < c) = 0.3944$ (2) $P(Z \leq c) = 0.1151$

(3) $P(1 < Z < c) = 0.1525$ (4) $P(-c < Z < c) = 0.8164$

<풀이>

(1) $P(0 < Z < c) = 0.3944$

(2) $P(Z \leq c) = 0.1151$

(3) $P(1 < Z < c) = 0.1525$

(4) $P(-c < Z < c) = 0.8164$

$X \sim N(40, 6^2)$ 일 때, 다음을 구하라.

(1) $P(40 < X < 45)$　　(2) $P(X > 40)$

(3) $P(X < 48)$　　(4) $P(40 < X < 47)$

(5) $P(30 < X < 45)$　　(6) $P(45 < X < 50)$

<풀이>

(1) $\begin{aligned} P(40 < X < 45) &= P\left(\frac{40-40}{6} < \frac{X-40}{6} < \frac{45-40}{6}\right) \\ &= P(0 < Z < 0.83) \\ &= 0.2967 \end{aligned}$

(2) $P(X > 40) = P\left(Z > \frac{40-40}{6}\right) = P(Z > 0) = 0.5$

(3) $\begin{aligned} P(X < 48) &= P\left(Z < \frac{48-40}{6}\right) = P(Z < 1.33) \\ &= 0.5 + P(0 < Z < 1.33) \\ &= 0.5 + 0.4082 = 0.9082 \end{aligned}$

(4) $\begin{aligned} P(40 < X < 47) &= P\left(\frac{40-40}{6} < Z < \frac{47-40}{6}\right) \\ &= P(0 < Z < 1.17) = 0.3790 \end{aligned}$

(5) $\begin{aligned} P(30 < X < 45) &= P\left(\frac{30-40}{6} < Z < \frac{45-40}{6}\right) \\ &= P(-1.67 < Z < 0.83) \\ &= P(0 < Z < 1.67) + P(0 < Z < 0.83) \\ &= 0.4525 + 0.2967 = 0.7492 \end{aligned}$

(6) $\begin{aligned} P(45 < X < 50) &= P\left(\frac{45-40}{6} < Z < \frac{50-40}{6}\right) \\ &= P(0.83 < Z < 1.67) \\ &= P(0 < Z < 1.67) - P(0 < Z < 0.83) \\ &= 0.4525 - 0.2967 = 0.1558 \end{aligned}$

$X \sim N(\mu, \sigma^2)$일 때, 다음을 구하라.

(1) $P(|X - \mu| < \sigma)$

(2) $P(|X - \mu| < 2\sigma)$

(3) $P(|X - \mu| < 3\sigma)$

<풀이>

(1) $P(|X - \mu| < \sigma) = P(-\sigma < X - \mu < \sigma) = P(\mu - \sigma < X < \mu + \sigma)$
$$= P\left(\frac{\mu - \sigma - \mu}{\sigma} < Z < \frac{\mu + \sigma - \mu}{\sigma}\right)$$
$$= P(-1 < Z < 1)$$
$$= 2P(0 < Z < 1) = 2(0.3413)$$
$$= 0.6826$$

(2) $P(|X - \mu| < 2\sigma) = P(-2\sigma < X - \mu < 2\sigma) = P(\mu - 2\sigma < X < \mu + 2\sigma)$
$$= P\left(\frac{\mu - 2\sigma - \mu}{\sigma} < Z < \frac{\mu + 2\sigma - \mu}{\sigma}\right)$$
$$= P(-2 < Z < 2)$$
$$= 2P(0 < Z < 2) = 2(0.4772)$$
$$= 0.9544$$

(3) $P(|X - \mu| < 3\sigma) = P(-3\sigma < X - \mu < 3\sigma) = P(\mu - 3\sigma < X < \mu + 3\sigma)$
$$= P\left(\frac{\mu - 3\sigma - \mu}{\sigma} < Z < \frac{\mu + 3\sigma - \mu}{\sigma}\right)$$
$$= P(-3 < Z < 3)$$
$$= 2P(0 < Z < 3) = 2(0.4987)$$
$$= 0.9974$$

통계학 시험 점수는 평균이 74점이고 표준편차가 7.9로 근사적 정규분포 $X \sim N(74, 7.9^2)$를 따른다고 할 때, 다음을 구하라.

(1) 하위의 10%는 F학점을 준다면 몇 점을 받아야 F학점을 면할 수 있는가?

(2) 상위 5%는 A학점을 준다면 B학점을 받는 점수 중 최고 점수는 몇 점인가?

(3) 상위 10%는 A학점을 주고 다음 25%는 B학점을 준다면 B학점 중 가장 낮은 점수는 몇 점인가?

<풀이>

(1) $P(X < f) = 0.1$

$\Leftrightarrow P\left(Z < \dfrac{f-74}{7.9}\right) = 0.1$

$\dfrac{f-74}{7.9} = -1.28$

$f = 63.888$

따라서 약 64점을 받아야 F학점을 면할 수 있다.

(2) $P(X > a) = 0.05$

$\Leftrightarrow P\left(Z > \dfrac{a-74}{7.9}\right) = 0.05$

$\dfrac{a-74}{7.9} = 1.645$

$a = 86.9955$

따라서 약 87점을 받으면 B학점 중 최고점수이다.

(3) $P(X > b) = 0.35$

$\Leftrightarrow P\left(Z > \dfrac{b-74}{7.9}\right) = 0.35$

$\dfrac{a-74}{7.9} = 0.39$

$a = 77.081$

따라서 약 77점이 B학점 중 가장 낮은 점수이다.

예제 5.20.

어떤 휴대전화의 평균 수명은 5년이고 표준편차는 1.5년인 정규분포를 따른다고 한다. 휴대전화 제조업자는 보증기간 동안 고장 난 휴대전화는 모두 교환해 준다고 한다. 만일, 그가 고장 난 휴대전화의 1%만 교환해 주고자 한다면, 보증기간을 얼마로 정해야 하는가?

<풀이>

$$핸드폰의\ 수명\ X \sim N(5, 1.5^2)$$

$$P(X < a) = 0.01$$
$$P(Z < \frac{a-5}{1.5}) = 0.01$$
$$\frac{a-5}{1.5} = -2.33$$
$$a = 1.505$$

따라서 보증기간을 약 1년 6개월로 정하면 된다.

예제 5.21.

X는 중부고속도로를 통과하는 차량의 시속이다. X의 분포에서 시속 80km가 넘는 차량이 85%, 시속 90km 이하인 차량이 70%라는 사실을 알았다.

(1) X의 분포를 정규분포라 가정하면, 평균과 분산은 어떻게 될까?

(2) 모든 차량 속도의 90%가 L=평균-c와 U=평균+c 사이에 위치한다면 상수 c값은 얼마인가?

(3) 시속 40km 이하로 주행하면 차량 소통에 지장을 준다고 한다. 몇 %의 운전자가 차량 소통에 지장을 주는가?

<풀이>

(1) $P(X > 80) = 0.85$

$\Leftrightarrow P(Z > \frac{80-\mu}{\sigma}) = 0.85$

$\frac{80-\mu}{\sigma} = -1.04 \Leftrightarrow 80 - \mu = -1.04\sigma$

$P(X \leq 90) = 0.7$

$\Leftrightarrow P(Z \leq \frac{90-\mu}{\sigma}) = 0.7$

$\frac{90-\mu}{\sigma} = 0.52 \Leftrightarrow 90 - \mu = 0.52\sigma$

$\sigma = 6.41$,

$\sigma^2 = 41.09, \ \mu = 86.67$

(2) $P(L < X < U) = P(\mu - c < X < \mu + c) = P(-c < Z < c) = 0.9$

$\therefore c = 1.645$

(3) $P(X \leq 40) = P(Z \leq \dfrac{40 - 86.67}{6.41}) = P(Z \leq -7.28) \approx 0$

5.2.4. 정규확률변수의 선형결합

확률변수 X가 $N(\mu, \sigma^2)$을 따를 때, 상수 a, b에 대해 $Y = aX + b$의 분포는

$$Y \sim N(a\mu + b, a^2\sigma^2)$$

이다. 확률변수 Y의 평균은 $E(Y) = E(aX + b) = aE(X) + b = a\mu + b$이고 분산은 $V(Y) = V(aX + b) = a^2 V(X) = a^2\sigma^2$이다. 정규분포를 따르는 확률변수의 선형결합도 정규분포를 따른다.

만약, 서로 독립인 확률변수 X_1과 X_2의 분포가 각각 $X_1 \sim N(\mu_1, \sigma_1^2)$, $X_2 \sim N(\mu_2, \sigma_2^2)$일 때, $Y = X_1 + X_2$의 분포는 다음과 같다.

$$Y = X_1 + X_2 \sim N(\mu_1 + \mu_2, \sigma_1^2 + \sigma_2^2)$$

또한, $Y = X_1 - X_2$의 분포는

$$Y = X_1 - X_2 \sim N(\mu_1 - \mu_2, \sigma_1^2 + \sigma_2^2)$$

이 된다.

이를 더 확장해 보면, $X_i \sim N(\mu_i, \sigma_i^2), 1 \leq i \leq n$인 서로 독립인 확률변수들에 대하여 $Y = X_1 + X_2 + \cdots + X_n$의 분포는

$$Y = X_1 + X_2 + \cdots + X_n \sim N(\mu, \sigma^2)$$
$$\mu = \mu_1 + \mu_2 + \cdots + \mu_n, \ \ \sigma^2 = \sigma_1^2 + \sigma_2^2 + \cdots + \sigma_n^2$$

이다. 또한 $Y = X_1 - X_2 - \cdots - X_n$의 분포는

$$Y = X_1 - X_2 - \cdots - X_n \sim N(\mu, \sigma^2)$$

$$\mu = \mu_1 - \mu_2 - \cdots - \mu_n, \quad \sigma^2 = \sigma_1^2 + \sigma_2^2 + \cdots + \sigma_n^2$$

이 된다.

예제 5.22.

$X_i \sim N(\mu, \sigma^2)$, $1 \leq i \leq n$인 서로 독립인 확률변수들에 대하여 그들의 평균 $\overline{X} = \dfrac{1}{n}\displaystyle\sum_{i=1}^{n} X_i$의 분포를 구하라.

<풀이>

$\overline{X} = \dfrac{1}{n}\displaystyle\sum_{i=1}^{n} X_i$는 정규분포의 선형결합이므로

$$E(\overline{X}) = \frac{1}{n}n\mu = \mu, \quad V(\overline{X}) = \frac{1}{n^2}n\sigma^2 = \frac{\sigma^2}{n}$$

이 되며

$$\overline{X} \sim N\left(\mu, \frac{\sigma^2}{n}\right)$$

이 된다.

5.2.5. 이항분포의 정규근사

이항분포에서 n이 커지면 계산이 복잡해지고 이항확률을 구하는 데 많은 시간이 걸린다. 이항확률의 근사치를 정규분포를 이용하여 구할 수 있다.

예를 들어, 확률변수 $X \sim B(20, 0.4)$일 때, $P(X = 7)$을 정규근사 시켜보고 실제 확률값과 근사치를 비교해 보자.

이항분포를 따르는 확률변수이므로 정확한 확률은

$$P(X=7) = \binom{20}{7}(0.4)^7(0.6)^{20-7} = 0.1659$$

이다. 이번에는 정규근사치를 구하기 위해 평균 $\mu = np = 20 \times 0.4 = 8$이고 분산이 $\sigma^2 = npq = 20 \times 0.4 \times 0.6 = 4.8$인 정규분포를 이용하면

$$
\begin{aligned}
P(X=7) &\approx P(7-0.5 < X < 7+0.5) \\
&= P\left(\frac{7-0.5-8}{\sqrt{4.8}} < \frac{X-8}{\sqrt{4.8}} < \frac{7+0.5-8}{\sqrt{4.8}}\right) \\
&= P(-0.69 < Z < -0.23) \\
&= 0.2549 - 0.0910 = 0.1639
\end{aligned}
$$

이다. 이항확률값인 0.1659와 정규근사치 0.1639가 매우 비슷하다.

■ 이항분포의 정규근사

$$B(x\,;n,\,p) \rightarrow N(np,\,npq)\ ,\ n\rightarrow\infty\,,\, p \approx 0.5\,,$$

$$B(x\,;n,\,p) \approx P\left(\frac{(x-\frac{1}{2})-np}{\sqrt{npq}} < Z < \frac{(x+\frac{1}{2})-np}{\sqrt{npq}}\right)$$

예제 5.23.

어떤 농구 선수의 자유투 성공률은 80%이다. 그 선수가 300번의 자유투를 던졌을 때 다음을 구하라.

(1) 정확히 250번 성공할 확률은 얼마인가?

(2) 210번 이상 260번 이하 성공할 확률은 얼마인가?

(3) 230번 미만일 확률은 얼마인가?

(4) 270번보다 많이 성공할 확률은 얼마인가?

<풀이>

자유투 성공의 횟수는 $X \sim B(300, 0.8)$인 분포를 따른다. n이 크므로 $X \sim N(300 \times 0.8 = 240, 300 \times 0.8 \times 0.2 = 48)$인 정규근사를 이용한다.

(1) $P(X=250) \approx P(250-0.5 < X < 250+0.5)$

$\quad = P\left(\dfrac{250-0.5-240}{\sqrt{48}} < \dfrac{X-240}{\sqrt{48}} < \dfrac{250+0.5-240}{\sqrt{48}}\right)$

$\quad = P(1.37 < Z < 1.52)$

$\quad = 0.4357 - 0.4147 = 0.021$

(2) $P(210 \le X \le 260) \approx P(210-0.5 \le X \le 260+0.5)$

$\quad = P\left(\dfrac{210-0.5-240}{\sqrt{48}} \le \dfrac{X-240}{\sqrt{48}} \le \dfrac{260+0.5-240}{\sqrt{48}}\right)$

$\quad = P(-4.40 < Z < 2.96)$

$\quad = 0.5 + 0.4985 = 0.9985$

(3) $P(X < 230) \approx P(X < 229+0.5)$

$\quad = P\left(\dfrac{X-240}{\sqrt{48}} < \dfrac{229+0.5-240}{\sqrt{48}}\right)$

$\quad = P(Z < -1.52)$

$\quad = 0.5 - 0.4357 = 0.0643$

(4) $P(X > 260) \approx P(X > 261-0.5)$

$\quad = P\left(\dfrac{X-240}{\sqrt{48}} > \dfrac{261-0.5-240}{\sqrt{48}}\right)$

$\quad = P(Z > 2.96)$

$\quad = 0.5 - 0.4985 = 0.0015$

n이 크더라도 p가 0에 가까울 경우는 이항확률을 정규분포에 의해 근사시키는 것보다 포아송근사가 더 근사가 잘 된다.

■ 이항분포의 포아송 근사

$$B(n,p) \rightarrow P(\lambda) ,\ \lambda = np ,\ n\text{이 크고 } p \approx 0, 1\text{인 경우}$$

---

n이 크면 포아송 분포를 정규분포로 근사시킬 수 있다.

■ 포아송 분포의 정규근사

$$P(\lambda) \rightarrow N(\lambda, \lambda) ,\ n \rightarrow \infty \qquad Z = \dfrac{X-\lambda}{\sqrt{\lambda}} \sim N(0,1)$$

■ 여러 분포 간의 근사관계

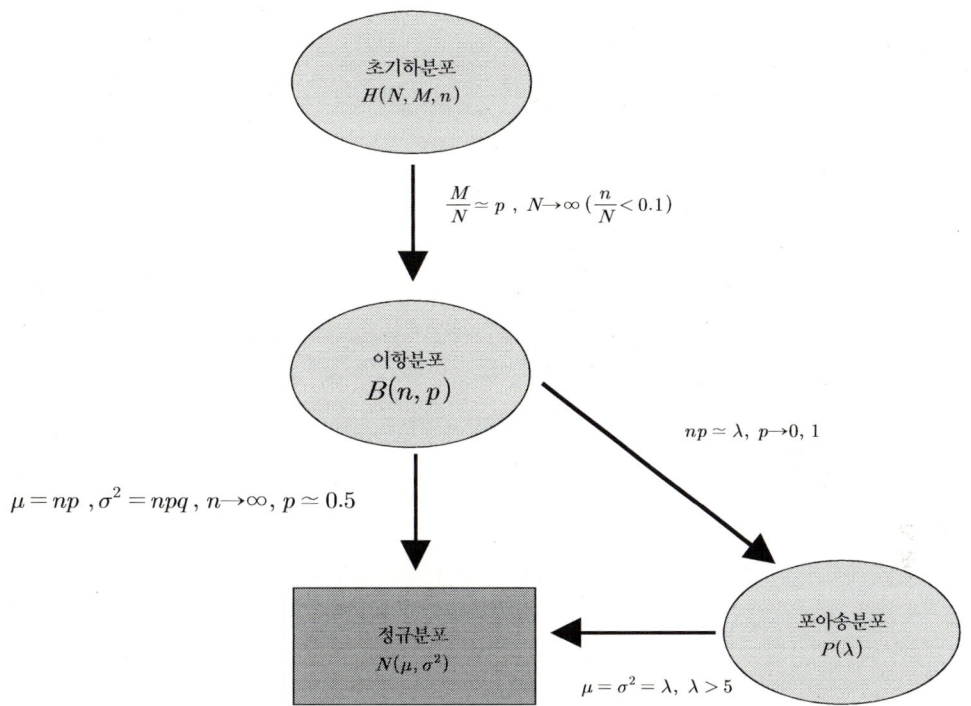

1. 다음 문장이 맞으면 ○, 틀리면 ×로 표시하고 그 이유를 설명하라.

   ① 정규분포에서 평균에서부터 ±2만큼 떨어진 면적은 평균이 100일 때가 평균이 0일 때보다 크다.

   ② 정규분포에서 평균에서부터 ±2만큼 떨어진 면적은 표준편차가 3일 때가 표준편차가 6일 때보다 크다.

   ③ 정답이 하나인 사지선다형 10문제 중 틀린 개수를 설명할 때 이항분포를 사용한다.

   ④ 초기하분포에서 모집단의 개수가 표본의 개수보다 굉장히 크면 기하분포로 근사된다.

   ⑤ $N(10,2^2)$에서 $P(10 < X < 20)$은 $N(0,1)$에서 $P(0 < Z < 10)$과 같다.

   ⑥ 흰 공과 검은 공이 들어있는 주머니에서 비복원으로 공을 꺼내는 시행을 반복할 때, 흰 공이 나올 때까지 걸린 시행횟수는 기하분포로 설명할 수 있다.

   ⑦ 정규분포의 경우 평균과 중위수는 항상 같다.

   ⑧ 동부간선도로에서 하루 동안 발생하는 교통사고의 건수는 포아송 분포로 설명할 수 있다.

2. 다음 빈칸에 알맞은 답을 써라.

   ① 공정한 주사위 한 개를 반복적으로 던지는 시행에서 2 또는 4가 나오면 성공이라 할 때, 성공이 2번 일어날 때까지 실패횟수는 (   )분포로 설명될 수 있으며, 성공이 2번 일어날 때까지 실패가 3번 일어날 확률은 (   )이다.

   ② 공정한 주사위 한 개를 반복적으로 던지는 시행에서 짝수가 나오면 성공이라 할 때, 성공이 일어날 때까지 실패횟수는 (   )분포로 설명될 수 있으며 성공이 나올 때까지 5번 실패할 확률은 (   )이다.

   ③ 평소에 세 번 전화를 걸면 두 번 정도 통화가 되는 친구에게 5번째 전화를 걸어서 처음으로 통화가 될 확률은 (   )이며, 이것은 (   )분포로 설명될 수 있다.

3. 어떤 사람이 10개의 열쇠를 가지고 있는데 그중에 문을 열 수 있는 열쇠는 오직 한 개뿐이다. 그가 열쇠를 무작위로 선택하여 문을 열어보고 열리지 않으면 열쇠를 버린다고 가정하자.

   (1) 4번째 시도에서 문이 열릴 확률은 얼마인가?

   (2) 열쇠를 버리지 않는다면 (1)번의 확률은 어떻게 될까?

   (3) (2)번과 같은 확률분포의 이름을 써라.

4. 어떤 노처녀는 남자가 세 번의 데이트에서만 자기에게 호의를 베풀면 그 남자와 결혼하기로 마음먹었다. 모든 여자에게 5번의 데이트 중 1번의 데이트 꼴로 호의를 베푸는 남자가 나타났다. 위 노처녀가 이 남자와 11번째의 데이트 만에 결혼하기로 마음을 정할 확률은 얼마인가?

5. 보통 가옥의 현관 높이는 188cm가 표준이다. 우리나라 성인 남자의 신장은 평균 172cm, 표준편차 6cm인 정규분포를 따른다고 한다.
   (1) 문틀에 머리를 부딪칠 만한 키를 가진 키다리 남자의 비율은 얼마인가?
   (2) 문틀에 머리를 부딪치는 키다리 남자의 비율을 0.1%로 줄이려면 현관 높이를 얼마로 해야 되나?

6. 한 식품점에서 한 주 동안에 판매되는 육류는 대략 평균 2,000kg, 표준편차 120kg의 정규분포를 따른다.
   (1) 그 식품점에 2,120kg의 육류가 있다면 그것이 다 팔리지 않을 확률은 얼마인가?
   (2) 고기가 떨어져 있는 때가 10% 미만이 되게 하려면 그 식품점은 얼마만큼의 고기를 비축해야 하나?

7. 항공기 조종사에 대한 자질검사로서 몇 가지의 작업을 연속적으로 얼마나 빨리 수행할 수 있는가를 측정하려고 한다. 이러한 자질검사의 소요시간은 평균값 90분, 표준편차 20분인 정규분포를 한다.
   (1) 자질검사의 합격상한 시간이 80분 이내라면 지원자의 몇 퍼센트나 자질검사에 합격하겠는가?
   (2) 만약 전체 지원자 중 우수한 사람 5%에게만 자격증을 부여한다면, 이를 받기 위해서는 얼마나 빨리 자질검사를 끝내야 하는가?

8. 과거의 경험으로부터 어떤 지방의 연간 강우량의 평균이 150cm, 표준편차가 10cm인 정규분포를 한다고 알려져 있다. 연간 강우량이 170cm를 초과하면 홍수가 난다고 한다.
   (1) 어느 한 해에 홍수가 날 확률을 구하라.
   (2) 오랜 기간 관찰해 보면 몇 년마다 홍수가 일어난다고 볼 수 있나?

9. 어떤 단추를 만드는 기계에서 생산된 단추의 직경은 평균 2cm, 표준편차 0.01cm인 정규분포를 따른다. 이 단추들 중 일정한 직경의 단춧구멍을 통과하는 것만 받아들인다고 할 때, 통과하지 못하는 단추가 1% 미만이 되게 하려면 단춧구멍의 직경은 대략 얼마로 해야 하는가?

10. 12명의 회원이 있는 동아리에서 어느 안건에 대하여 실제로 6명이 찬성을 하고 있다. 4명을 임의로 추출했을 경우 확률변수 X를 찬성자 수라고 하자.

(1) 확률변수 X가 가질 수 있는 값들은?

(2) X의 확률분포를 구하고 이름을 써라.

11. 통계학 시험에서 학생들의 점수가 평균 70점, 표준편차 10점인 정규분포를 따른다고 한다. 학교 규정에 의하면 10%의 학생에게 A학점을, 23%의 학생에게 B학점을 주기로 되어 있다. A학점과 B학점을 구분하는 점수를 구하라.

12. 어떤 합금의 강도는 평균이 70이고 표준편차가 3인 정규분포를 따른다.

(1) 어떤 표본재료의 강도가 66 이상 74 이하일 때 합격 판정을 받는다면 무작위로 선택된 표본재료가 합격판정을 받을 확률은 얼마인가?

(2) 만일 합격 판정을 받을 범위가 $70 \pm c$이면 c가 얼마일 때 모든 표본 재료의 95%가 합격판정을 받겠는가?

13. 확률변수 X와 Y는 평균이 모두 0이고 분산이 각각 σ^2과 $\dfrac{\sigma^2}{4}$인 정규분포를 따르고, 확률변수 Z는 표준정규분포를 따른다. 두 양수 a와 b에 대하여 $P(|X| \le a) = P(|Y| \le b)$ 일 때, **다음 문장이 맞으면 ○, 틀리면 ×로 표시하라.**

(1) $P(|Z| \le \dfrac{a}{\sigma}) = P(|Z| \le \dfrac{2b}{\sigma})$이 성립한다. (   )

(2) $a < b$가 성립한다. (   )

(3) $P(Z > \dfrac{2b}{\sigma}) = P(Y > \dfrac{a}{2})$이 성립한다. (   )

(4) $P(Y \le b) = 0.7$일 때, $P(X > a) = 0.3$이 성립한다. (   )

(5) $a = 2b$를 만족한다. (   )

14. $X \sim N(\mu, \sigma^2)$일 때, $P(X \le 5) = 0.8$이며 $P(X \ge 0) = 0.6$이라고 한다. $\mu + \sigma$의 값을 구하라.

15. 어떤 회사에서 생산되는 특정 기계부품은 너비가 평균 $\mu = 2600\,mm$, 표준편차 $\sigma = 0.6\,mm$를 따르는 정규분포를 한다.

(1) 기계의 너비가 2,599mm와 2,601mm의 범위 밖에 있을 확률은 얼마인가?

(2) 만약 회사가 2,599mm와 2,601mm의 범위 밖에 있는 기계부품을, 구매자에게 1,000개 중

1개를 넘지 않도록 보장하고 싶어 한다면 σ의 값을 얼마나 줄여야 하는가?

16. 어떤 제조부품은 그 강도가 표준편차 4.2인 정규분포를 따른다. 그 강도의 평균은 작업자에 의해서 결정된다. 그 강도가 100보다 작을 확률이 정확히 95%가 되게 하기 위해서는 평균 강도의 수준이 얼마가 되어야 하는가?

17. 한 커피자판기가 한 번에 배출하는 양은 평균이 120.5cc이고, 표준편차가 0.2cc인 정규분포를 가진다.
　　(1) 배출량이 120cc 이하가 될 확률은 얼마인가?
　　(2) 배출량이 120cc 이상이 될 확률이 99.9% 이상이 되게 하기 위해서는 평균을 얼마로 조정하여야 하는가(단, 표준편차는 불변)?

18. 공정한 동전 한 개를 앞면이 10번 나올 때까지 계속 던진다. 이때 확률변수 X를 뒷면이 나타난 횟수라 할 때, X의 확률분포를 구하고 확률분포 이름을 써라.

19. 0에서 1까지의 눈금을 표시한 둥근 원판의 가운데 축에 화살이 있다. 이 화살을 돌려서 나오는 눈금의 위치를 측정하는 실험을 한다.

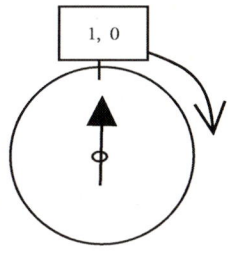

　　(1) 화살이 멈춘 위치의 눈금을 확률변수라 할 때, 확률분포를 구하고 이 분포의 이름을 써라.
　　(2) 화살이 $\frac{1}{2}$과 $\frac{3}{4}$ 사이에 멈출 확률을 계산하라.

20. 어떤 집단은 15명의 A당원과 10명의 B당원으로 구성되어 있다. 그중에서 임의로 6명을 뽑아서 위원회를 구성할 때 확률변수 X를 위원회에 포함된 A당원의 수로 정의한다면
　　(1) X=2라는 사상은 어떤 의미를 갖는가? 의미를 설명하고 P(X=2)를 구하라.
　　(2) A당원이 과반수를 차지한다는 사상을 X로 표시하고, 그 확률을 구하라.

21. 어떤 제약회사에서 개발된 한 백신이 시판할 만큼 안전한지에 대하여 논쟁하고 있다. 그 회사에서 그 백신이 90%의 효과를 보인다고 주장하고 있다. 즉, 어떤 사람에게 투약했을 때 면역성이 생길 확률은 0.9라고 주장하고 있다. 그러나 의약대리점 연합회에서는 그 주장은 과장된 것이며, 그 백신은 40%의 효과를 보인다고 믿고 있다. 회사 측의 주장을 실험하기 위해 다음과 같은 방법이 고찰되었다. 백신을 10명에게 투약해서 8명 이상이 면역성을 갖게 되면 회사 측의 주장을 받아들이기로 하였다. 다음의 확률을 구하라.

(1) 의약대리점 연합회의 주장이 옳은 데도 회사 측의 주장이 받아들여지는 과오를 범할 확률은?

(2) 실제상 백신이 90%의 효과가 있는데도 회사 측의 주장이 부당하게 묵살될 확률은?

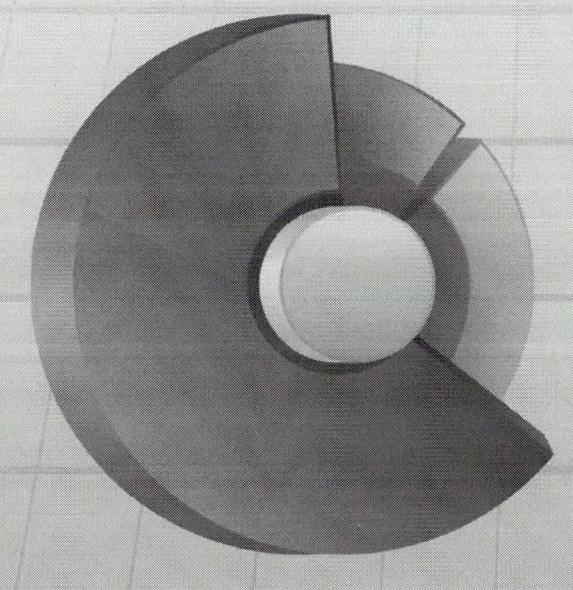

6장

표본분포

6.1. 모집단의 표현

추론 통계학의 목적은 표본을 바탕으로 모집단을 추측하는 것으로 곧 표본을 바탕으로 모수를 추론하는 것이다. 따라서 모집단을 분명히 하기 위해 모집단의 분포를 가정해야 된다. 즉, 확률변수와 확률분포를 사용해 모집단을 표현해야 한다. 모집단을 아는 것은 모집단의 분포를 아는 것과 동일하다. 예를 들어, 우리나라 중1 남학생의 키 전체분포(모집단의 분포)를 아는 것은 우리나라 중1 남학생 중에서 임의로 뽑은 한 사람의 키를 확률변수 X라 하면 X의 분포를 아는 것과 동일하다. 또 다른 예를 들어 보자. 대통령의 지지율을 아는 것은 국민 중 임의로 한 명을 뽑았을 때 그 사람의 대통령 지지 여부인 확률변수 X의 분포를 아는 것과 동일하다. 이 경우 모집단의 분포는 베르누이분포 $X \sim B(1,p)$이다. 여기서 모수 p가 대통령의 지지율이다. p는 모집단을 전부 조사해야 알 수 있기 때문에 현실에서 여론조사를 실시하여 p를 추측하는 것이다.

모집단을 표현할 때, 확률변수와 분포를 이용하여 표현한다. 예를 들어, 전구회사에서 전구의 수명을 조사하려고 할 때 모집단을 "하루에 생산되는 10,000개의 전구 수명"이라 표현하면 이것은 확률변수와 분포를 사용하지 않은 표현이므로 적절치 않다. 모집단을 하루에 생산되는 전구 중에서 임의로 뽑은 한 개 전구의 수명을 X라 하며 $X \sim N(\mu, \sigma^2)$로 가정하면 μ, σ만 알면 모집단을 알게 되므로 표본을 뽑아 μ, σ을 추측하면 모집단을 알 수 있게 된다.

예제 6.1.

대통령의 지지율을 조사하기 위해 여론조사를 실시한다. 이 경우 모집단에 대해 설명해 보아라.

<풀이>

모집단은 우리나라 국민의 지지 여부이고 관심 있는 모수는 국민의 지지율(p)이다. 우리나라 국민 중 임의로 한 명을 뽑았을 때 그 사람의 지지 여부인 확률변수는 지지하면 1이고, 지지하지 않으면 0이라 하면 $X \sim B(1, p)$가 된다. 따라서 국민의 지지율인 p을 알면 모집단을 아는 것과 동일하다. 그러므로 여론조사의 경우 모집단의 분포가 $X \sim B(1, p)$이다. 여기서 지지율 p를 알려면 국민모두를 조사해야 하므로(모집단을 알아야 하므로) 여론조사를 통해 지지율인 p를 추측하는 것이다. 일반적으로 모비율에 관심을 갖는 문제는 모집단의 분포는 $X \sim B(1, p)$이다.

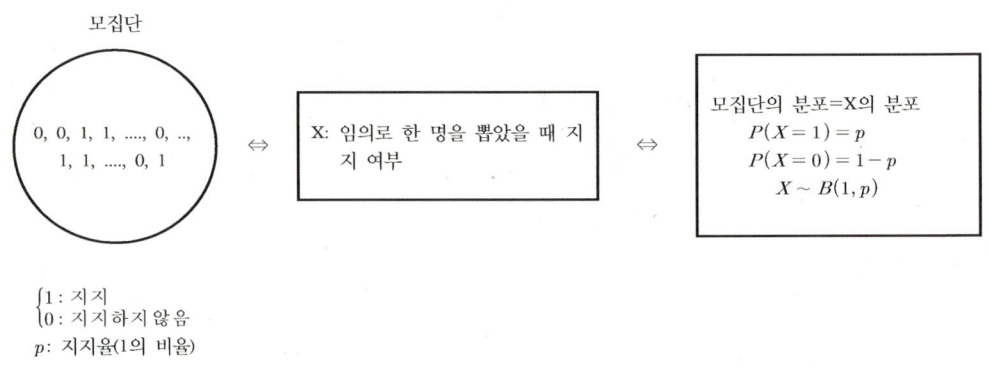

$\begin{cases} 1 : 지지 \\ 0 : 지지하지 않음 \end{cases}$
p: 지지율(1의 비율)

6.2. 확률표본과 표본분포

확률표본(random sample)은 모집단의 모든 원소들이 표본으로 뽑힐 가능성이 동일한 상황에서 추출된 표본을 말한다. 현실에서 확률표본을 실현하는 방법은 난수표를 이용하여 표본을 추출하면 된다. 확률표본이 아닌 경우를 편의표본(biased sample)이라 한다. 앞으로 다루는 표본은 확률표본을 의미한다.

표본분포(sampling distribution)는 통계량의 확률분포이다. 예를 들어, 표본평균의 분포, 표본비율의 분포, 표본분산의 분포 등이 표본분포이다.

예를 들어, 우리나라 초등학교 1학년 남학생의 평균 키 μ(모수)를 알려고 한다. 500명의 표본을 뽑아서 평균을 구하면 $\bar{x} = 120\,cm$이었다. 표본평균치 120cm가 모평균 μ값인가? 표본 평균치 120cm가 모평균 μ값에 얼마나 가까운가? 표본 평균이 모수 μ로부터 1cm만큼 벗어날 확률은 얼마인가? 이것을 알기 위해서는 표본평균이 가질 수 있는 모든 값에 대한 분포를 알아야 한다. 즉, 우리가 알려고 하는 모수는 모르는 값이지만 상수이고 통계량인 표본평균은 확률변수이다. 따라서 확률변수를 가지고 상수인 모수를 추측하기 위해서는 통계량의 확률분포를 알아야 한다. 통계량의 확률분포를 표본분포라 부른다. 모수에 대한 추정과 검정을 다루는 추측통계학을 하기 위해서는 표본분포를 반드시 알아야 한다.

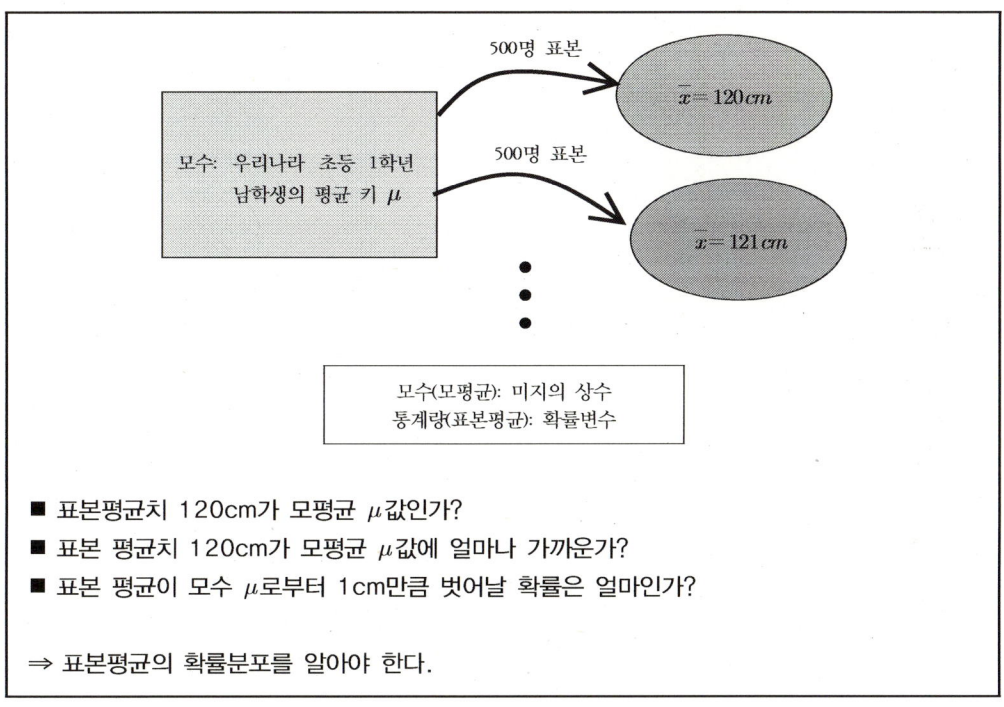

우리는 흔히 모수 중에서 중심의 위치를 나타내는 모평균 μ와 산포도인 모분산 σ^2 그리고 모비율 p 등에 관심이 있다. 그러므로 통계량 중에서 표본평균 $\bar{X}$, 표본분산 S^2, 표본비율 $\dfrac{X}{n}$에 대한 확률분포를 알아보자.

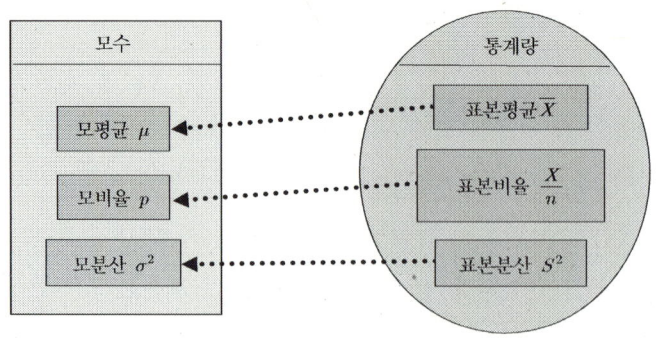

그림 6.1. 모수와 통계량

6.3. 표본평균의 분포

모집단의 분포(모집단에서 임의로 하나를 뽑았을 때의 값 X의 분포)가 다음과 같다.

$X = x$	0	1	2	3
$P(X = x)$	$\frac{1}{4}$	$\frac{1}{4}$	$\frac{1}{4}$	$\frac{1}{4}$

모평균 μ과 모분산 σ^2은 각각

$$\mu = 0 \times \frac{1}{4} + 1 \times \frac{1}{4} + 2 \times \frac{1}{4} + 3 \times \frac{1}{4} = 1.5$$

$$\sigma^2 = (0^2 \times \frac{1}{4} + 1^2 \times \frac{1}{4} + 2^2 \times \frac{1}{4} + 3^2 \times \frac{1}{4}) - 1.5^2 = 1.25$$

이다. [그림 6.2]처럼 모집단에서 n=2개의 표본을 추출할 때 표본평균의 분포를 구해 보자.

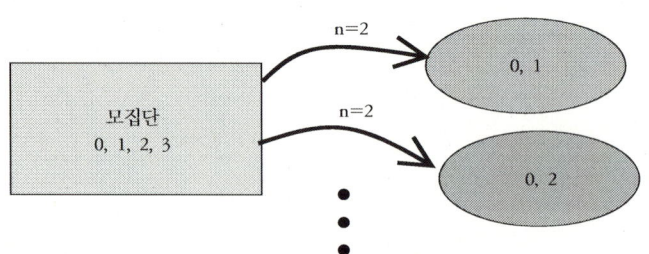

그림 6.2. 표본평균의 예제

우선 복원추출인 경우를 구해 보면 가능한 모든 표본은 다음과 같다.

① 복원추출(with replacement)

가능한 표본	확률	평균
0, 0	1/16	0
0, 1	.	0.5
0, 2	.	1.0
0, 3	.	1.5
1, 0	.	.
1, 1	.	.
1, 2	.	.
1, 3	.	.
2, 0	.	.
2, 1	.	.
2, 2	.	.
2, 3	.	.
3, 0	.	.
3, 1	.	.
3, 2	.	.
3, 3	1/16	3

표본평균 $\overline{X}$의 분포는

$\overline{X} = \overline{x}$	$P(\overline{X} = \overline{x})$
0	1/16
0.5	2/16
1	3/16
1.5	4/16
2	3/16
2.5	2/16
3	1/16

이다. 표본평균 $\overline{X}$의 평균(기댓값)과 분산은 각각

$$E(\overline{X}) = 0 \times \frac{1}{16} + 0.5 \times \frac{1}{8} + \cdots + 3 \times \frac{1}{16}$$
$$= 1.5 = \mu$$

$$V(\overline{X}) = 0^2 \times \frac{1}{16} + 0.5^2 \times \frac{1}{8} + \cdots + 3^2 \times \frac{1}{16} - 1.5^2$$
$$= \frac{1.25}{2} = \frac{\sigma^2}{n}$$

이다.

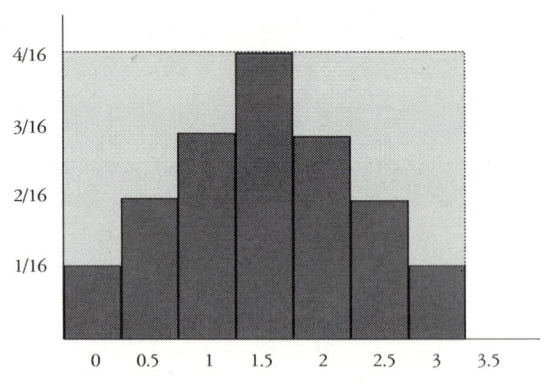

그림 6.3. 표본평균의 분포(복원추출)

표본평균 $\overline{X}$의 평균은 모평균 μ와 같고 표본평균의 분산은 $\dfrac{\sigma^2}{n}$이다. 즉, 표본평균 $\overline{X}$의 중심은 모평균 μ와 일치하고 산포는 모집단의 분포보다 모평균 μ의 주위에 더 밀집되어 있다. [그림 6.3.]은 표본평균의 분포를 그림으로 나타낸 것이다. 이 그림을 보면 표본평균은 대칭인 분포모양을 보이고 퍼진 정도인 산포를 보면 모집단보다 모평균 μ의 주위에 더 밀집되어 있다.

비복원추출인 경우를 구해 보면 가능한 모든 표본은 다음과 같다.

② 비복원추출(without replacement)

가능한 표본	확률	평균
0, 1	1/12	0.5
0, 2	.	1.0
0, 3	.	1.5
1, 0	.	.
1, 2	.	.
1, 3	.	.
2, 0	.	.
2, 1	.	.
2, 3	.	.
3, 0	.	.
3, 1	.	.
3, 2	1/12	2.5

표본평균 $\overline{X}$의 분포는

$\overline{X} = \overline{x}$	$P(\overline{X} = \overline{x})$
0.5	1/6
1	1/6
1.5	2/6
2	1/6
2.5	1/6

이다. 표본평균 $\overline{X}$의 평균(기댓값)과 분산은 각각

$$E(\overline{X}) = 0.5 \times \frac{1}{6} + \cdots + 2.5 \times \frac{1}{6}$$
$$= 1.5 = \mu$$
$$V(\overline{X}) = 0.5^2 \times \frac{1}{6} + \cdots + 2.5^2 \times \frac{1}{6} - 1.5^2$$
$$= \frac{1.25}{3} = \frac{1.25}{2}\left(\frac{4-2}{4-1}\right) = \frac{\sigma^2}{n}\left(\frac{N-n}{N-1}\right)$$

이다. 비복원추출인 경우도 표본평균 $\overline{X}$의 평균은 모평균 μ와 같고 표본평균의 분산은 $\frac{\sigma^2}{n}\left(\frac{N-n}{N-1}\right)$이다. 만약, $N \gg n$이면 $\left(\frac{N-n}{N-1}\right) \approx 1$이 되어 표본평균의 분산은 $\frac{\sigma^2}{n}$이 된다.

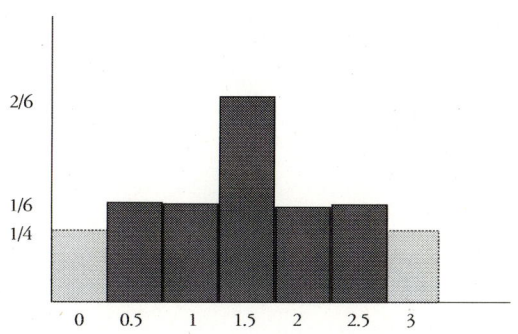

그림 6.4. 표본평균의 분포(비복원추출)

평균 μ와 분산 σ^2을 갖는 모집단으로부터 크기 n인 표본을 추출했을 때 다음이 성립한다.

$$E(\overline{X}) = \mu \quad , \quad Var(\overline{X}) = \frac{\sigma^2}{n}$$

비복원추출의 경우: $Var(\overline{X}) = \left(\frac{N-n}{N-1}\right)\frac{\sigma^2}{n}$ (N: 모집단의 크기)

일반적으로 오차(error)란 실제값과 추정치와의 차이를 말한다. 추측통계학에서 우리가 알고 싶은 것은 모집단의 모수이고 그 모수를 표본의 통계량으로 추측하려고 한다. 그러나 모수는 상수이고 통계량은 확률변수이므로 오차도 변수가 된다. 따라서 어떤 모수의 표준오차(standard error: s.e)는 추측에 사용되는 통계량의 표준편차(standard deviation;s.d)라 정의한다. 예를 들어, 모평균의 추측에 표본평균을 사용하면 평균의 표준오차는 표본평균의 표준편차가 되고, 모분산의 추측에 표본분산을 사용하면 분산의 표준오차는 표본분산의 표준편차가 된다.

만약 모평균의 추측에 표본평균을 사용하면 평균의 표준오차(standard error of mean: S.E)는 표본평균 $\overline{X}$의 표준편차

$$\sigma_{\overline{X}} = \frac{\sigma}{\sqrt{n}}$$

이 된다. 표준오차(S.E)를 줄이려면 표본의 크기 n을 늘리거나 모분산을 줄이면 된다. 표본의 크기가 클수록 모평균에 대한 많은 정보를 얻을 수 있으므로 표본평균 $\overline{X}$는 모평균 μ에 더 가까이 있게 될 것이다. 또한, 모집단의 분산 σ^2은 조사자가 조절할 수 없으므로 평균의 표준오차를 줄이는 방법은 표본을 많이 뽑는 것이다.

예제 6.2.

표본의 크기를 $n = 50$에서 $n = 200$으로 4배 늘리면 평균의 표준오차(S.E)는 어떻게 되는가?

<풀이>

평균의 표준오차는 $\dfrac{\sigma}{\sqrt{n}}$ 이므로

$$\frac{\dfrac{\sigma}{\sqrt{200}}}{\dfrac{\sigma}{\sqrt{50}}} = \frac{\sqrt{50}}{\sqrt{200}} = \frac{1}{2}$$

이다. 따라서 표본의 크기 n이 4배 커지면 평균의 표준오차는 반으로 줄어든다.

6.3.1. 중심극한정리

모집단이 평균이 μ이고 분산이 σ^2인 정규분포를 따르면 표본평균 $\overline{X}$도 정규분포를 따른다. 즉, $\overline{X} \sim N\left(\mu, \dfrac{\sigma^2}{n}\right)$이 된다.

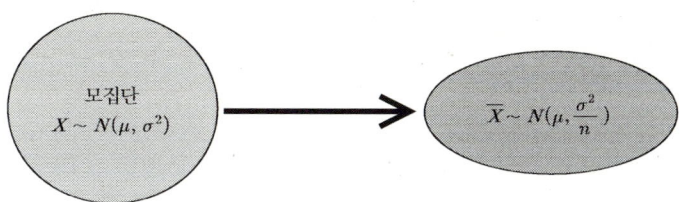

그림 6.5. 모집단이 정규분포일 때 표본평균의 분포

현실에서 우리는 모집단에 대해 아무것도 모르는 경우가 대부분이다. 모집단의 분포를 알면 표본추출은 할 필요가 없다. 따라서 모집단이 정규분포를 따른다는 정보는 현실에 가정하기 힘들다. 그러면 모집단에 대한 아무런 정보도 모를 때 어떻게 할 것인가? 그 해결책이 중심극한정리 이론이다.

중심극한정리(Central limit theorem: CLT)는 모집단의 분포에 상관없이 표본의 크기가 크면(보통 $n \geq 30$) $\overline{X}$의 분포가 정규분포를 따른다는 것이다. 즉, 모평균이 μ이고 모분산이 σ^2일 때,

$$\overline{X} \; \dot{\sim} \; N(\mu, \frac{\sigma^2}{n}) \; , \; n \rightarrow \infty$$
$$\Leftrightarrow Z = \frac{\overline{X} - \mu}{\sigma / \sqrt{n}} \; \dot{\sim} \; N(0, 1) \; , \; n \rightarrow \infty$$

이 된다.

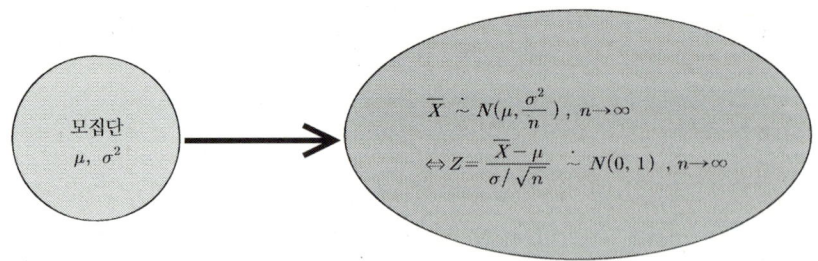

$$\overline{X} \overset{.}{\sim} N(\mu, \frac{\sigma^2}{n}) \ , \ n \to \infty$$

$$\Leftrightarrow Z = \frac{\overline{X} - \mu}{\sigma / \sqrt{n}} \overset{.}{\sim} N(0, 1) \ , \ n \to \infty$$

그림 6.6. 중심극한정리

모집단이 정규분포이면 $\overline{X}$의 분포는 표본의 크기에 상관없이 정규분포를 따른다. 또한 모집단이 대칭적인 분포를 갖는 경우에는 표본의 크기 $n = 10$ 정도의 비교적 작은 표본크기로도 정규분포에 접근한다. 중심극한정리에서 보통, 표본의 크기 $n = 30$일 때 어느 정도 정규분포에 가깝게 되며 표본의 크기가 크면 클수록 표본평균 $\overline{X}$의 분포는 정규분포에 더 가깝게 된다.

예제 6.3.

우리나라 중1 남학생의 신장은 평균이 150cm이고 표준편차가 8cm인 정규분포를 따른다. 임의로 100명의 중1 남학생을 뽑았을 때, 그들의 평균신장이 147cm에서 152cm 사이에 들어 있을 확률을 구하라.

<풀이>
모집단의 분포가 $N(150, 8^2)$이므로 표본평균 $\overline{X}$의 분포도 정규분포를 따른다. 표본평균 $\overline{X}$의 평균은 모평균과 같은 150cm이고 표본평균 $\overline{X}$의 분산은 $\frac{8^2}{100}$이다. 따라서 구하는 확률은 다음과 같다.

$$P(147 < \overline{X} < 152) = P\left(\frac{147 - 150}{8/10} < Z < \frac{152 - 150}{8/10} \right)$$

$$= P(-3.75 < Z < 2.5)$$

$$= 0.4938 + 0.4999 = 0.9937$$

예제 6.4.

통계에 의하면 경기도의 30평형 아파트의 평균가격은 3억이고 표준편차는 2천만 원이다.

(1) 임의로 50채의 30평형 아파트를 골랐을 때 표본평균의 평균과 표준편차를 구하라.

(2) 표본의 크기를 200채로 늘리면 표본평균의 평균과 표준편차는 어떻게 변하는가?

<풀이>

(1) 중심극한정리에 의해서 표본평균 $\overline{X}$의 분포는 정규분포로 근사한다. 표본평균 $\overline{X}$의 평균은 모평균과 같은 3억이고 표본평균 $\overline{X}$의 표준편차는 $n=50$이므로 $\dfrac{2천만원}{\sqrt{50}}=2,828,427.125$ (원)이다.

(2) 표본평균 $\overline{X}$의 평균은 3억으로 (1)번의 $n=50$인 경우와 같지만 표본평균 $\overline{X}$의 표준편차는 $n=200$이므로 $\dfrac{2천만 원}{\sqrt{200}}=1414213.562$(원)이 되고 이것은 (1)번의 $n=50$인 경우에 비해 반으로 줄어든 값이다. 즉, $\dfrac{2천만 원}{\sqrt{50\times4}}=\dfrac{1}{2}\left(\dfrac{2천만 원}{\sqrt{50}}\right)$이다.

예제 6.5.

초등학교 6학년의 월평균 사교육비는 500,000원, 표준편차 80,000원이라 한다. 임의로 뽑은 64명의 초등학교 6학년의 평균 사교육비가 다음과 같을 확률을 구하라.

(1) 평균 사교육비가 480,000원을 초과할 확률은 얼마인가?

(2) 평균 사교육비가 490,000원에서 512,000원 사이에 있을 확률은 얼마인가?

<풀이>

중심극한정리에 의해서 표본평균 $\overline{X}$의 분포는 정규분포 $N\left(500,000,\dfrac{80,000^2}{64}\right)$로 근사한다.

(1) $P(\overline{X}>480,000)=P\left(Z>\dfrac{480,000-500,000}{80,000/\sqrt{64}}\right)$

$\qquad\qquad\qquad\quad =P(Z>-2)$

$\qquad\qquad\qquad\quad =0.5+0.4772=0.9772$

(2) $P(490{,}000 < \overline{X} < 512{,}000) = P\!\left(\dfrac{490{,}000 - 500{,}000}{80{,}000/\sqrt{64}} < Z < \dfrac{512{,}000 - 500{,}000}{80{,}000/\sqrt{64}} \right)$

$$= P(-1 < Z < 1.2)$$

$$= 0.3413 + 0.3849 = 0.7262$$

6.3.2. 스튜던트 t-분포(Student t-distribution)

모집단이 정규분포를 따르고 모분산을 알고 있을 때는 표본의 크기에 상관없이 표본평균 $\overline{X}$는 정규분포를 따른다. 즉,

$$\overline{X} \sim N\!\left(\mu, \dfrac{\sigma^2}{n} \right)$$

$$\Leftrightarrow Z = \dfrac{\overline{X} - \mu}{\sigma/\sqrt{n}} \sim N(0,1)$$

이다. 그러나 표본의 크기가 작고($n < 30$), 모분산을 모를 경우에 모표준편차 σ을 표본표준편차 S으로 대체하면 다음과 같이 t-분포를 따른다.

$$T = \dfrac{\overline{X} - \mu}{S/\sqrt{n}} \sim t(n-1)$$

1908년 William Gosset이 t-분포를 유도했다. t-분포는 모수가 자유도 $\nu = n-1$이다. 기호로 $t(\nu)$로 표시한다.

■ **자유도 ν인 t-분포**

두 확률변수 Z, U이 각각 $Z \sim N(0, 1)$, $U \sim \chi^2(\nu)$이고 서로 독립이면,

$$T = \dfrac{Z}{\sqrt{\dfrac{U}{\nu}}} \sim t(\nu)$$

$$T = \frac{\overline{X} - \mu}{S/\sqrt{n}} \sim t(n-1) \text{이 성립함을 보이면 다음과 같다.}$$

$$T = \frac{Z}{\sqrt{\dfrac{U}{\nu}}} = \frac{\dfrac{\overline{X}-\mu}{\sigma/\sqrt{n}}}{\sqrt{\dfrac{(n-1)S^2}{\sigma^2}/(n-1)}} = \frac{\overline{X}-\mu}{S/\sqrt{n}} \sim t(n-1)$$

자유도가 ν인 t-분포의 확률밀도함수 $f(x)$는 다음과 같다.

■ **자유도가 ν인 t-분포의 확률밀도함수**

$$f(t) = \frac{\Gamma\left(\dfrac{\nu+1}{2}\right)}{\sqrt{\pi\nu}\,\Gamma(\nu/2)}\left(1+\frac{t^2}{\nu}\right)^{-\frac{\nu+1}{2}}, \quad -\infty \le t \le \infty$$

여기서 $\Gamma(k) = \displaystyle\int_0^{\infty} t^{k-1}e^{-t}dt$

■ **평균과 분산**

$$E(T) = 0, \quad V(T) = \frac{\nu}{\nu-2}, \quad \nu > 2$$

자유도가 ν인 t-분포 $t(\nu)$의 특징을 살펴보자.

① N(0, 1)처럼 0에 대해 좌우 대칭인 종 모양(bell type)의 형태이지만 정규분포보다 더 납작하다. 즉, 꼬리 부분이 더 두껍다(자유도 ν가 작을수록 더 납작하다).

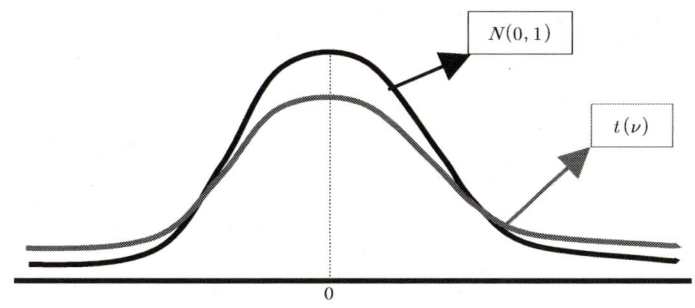

② 자유도가 커질수록 t-분포는 정규분포로 근사된다. 즉,

$t(\nu) \rightarrow N(0,1)$, $\nu \rightarrow \infty$ 이다.

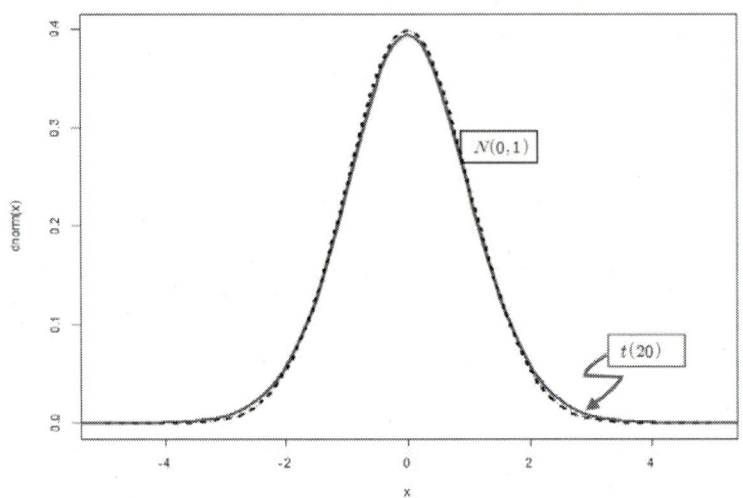

[부록]의 t-분포표를 이용해 확률을 구하기 위해 $t_\alpha(\nu)$을 다음과 같이 정의하자.
$T \sim t(\nu)$일 때, $P[T > t_\alpha(\nu)] = \alpha$

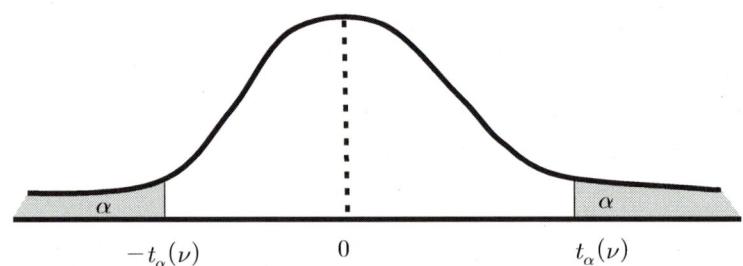

예제 6.6.

[부록]의 t-분포표를 이용하여 다음을 구하라.

(1) $t_{0.1}(7)$

(2) $t_{0.025}(19)$

(3) $t_{0.975}(30)$

(4) $t_{0.9}(10)$

(5) $T \sim t(10)$ 일 때, $P(T \leq -1.812)$

(6) $T \sim t(7)$ 일 때, $P(T \geq -2.998)$

<풀이>

(1) $t_{0.1}(7) = 1.415$

(2) $t_{0.025}(19) = 2.093$

(3) $t_{0.975}(30) = -t_{0.025}(30) = -2.042$

(4) $t_{0.9}(10) = -t_{0.1}(10) = -1.372$

(5) $T \sim t(10)$ 일 때, $P(T \leq -1.812) = P(T \geq 1.812) = 0.05$

(6) $T \sim t(7)$ 일 때,

$$P(T \geq -2.998) = 1 - P(T < -2.998)$$
$$= 1 - P(T > 2.998)$$
$$= 1 - 0.01$$
$$= 0.99$$

■ 정규모집단에서의 표본평균 $\overline{X}$의 분포

1. 모분산을 알고 있을 경우

$$Z = \frac{\overline{X} - \mu}{\sigma / \sqrt{n}} \sim N(0,1)$$

2. 모분산을 모를 경우

① 소표본($n < 30$)일 때, $T = \frac{\overline{X} - \mu}{S / \sqrt{n}} \sim t(n-1)$

② 대표본($n \geq 30$)일 때, $T = \frac{\overline{X} - \mu}{S / \sqrt{n}} \simeq N(0,1)$

■ 정규모집단이 아닌 모집단에서의 표본평균 $\overline{X}$의 분포(CLT에 의해)단, 표본의 크기가 커야만 한다($n \geq 30$).

$$Z = \frac{\overline{X} - \mu}{\sigma / \sqrt{n}} \simeq N(0,1)$$

$$T = \frac{\overline{X} - \mu}{S / \sqrt{n}} \simeq N(0,1)$$

6.3.3. 두 표본평균 차이의 분포

서로 다른 두 모집단에서 모평균들을 비교할 때, 예를 들어 남녀별 용돈의 비교, 강북과 강남의 평균 재산세 비교 등 두 모집단의 평균에 차이가 있는지를 알고 싶은 경우가 있다. 이를 위해 두 모집단에서 각각 표본을 추출한 후 두 표본평균 차이에 대한 분포를 구해서 모평균의 차이를 추측해 본다.

모평균과 모분산이 각각 μ_X, σ_X^2인 모집단에서 m개의 표본, 모평균과 모분산이 각각 μ_Y, σ_Y^2인 모집단에서 n개의 서로 독립인 표본을 각각 추출하였다.

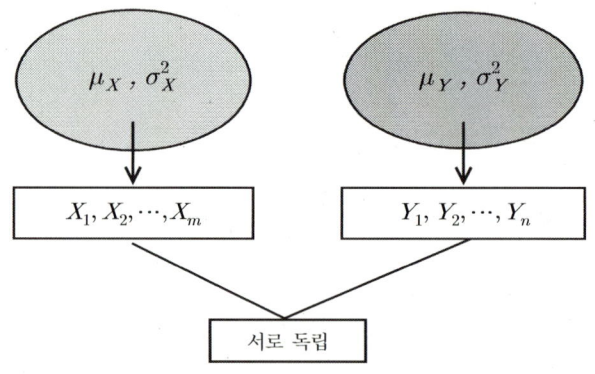

두 표본평균 차이 $\overline{X} - \overline{Y}$ 의 평균과 분산은

$$E(\overline{X} - \overline{Y}) = E(\overline{X}) - E(\overline{Y}) = \mu_X - \mu_Y$$

$$V(\overline{X} - \overline{Y}) = V(\overline{X}) + V(\overline{Y}) \quad (\because \overline{X}, \overline{Y} : \text{서로독립} \, independent)$$

$$= \frac{\sigma_X^2}{m} + \frac{\sigma_Y^2}{n}$$

이다. 만약, 두 모집단이 정규분포를 따르면 두 표본평균 차이 $\overline{X} - \overline{Y}$의 분포도 정규분포를 따른다. 즉,

$$\overline{X} - \overline{Y} \sim N(\mu_X - \mu_Y, \frac{\sigma_X^2}{m} + \frac{\sigma_Y^2}{n})$$

이다. 이것을 표준화하면

$$Z = \frac{(\overline{X} - \overline{Y}) - (\mu_X - \mu_Y)}{\sqrt{\dfrac{\sigma_X^2}{m} + \dfrac{\sigma_Y^2}{n}}} \sim N(0, 1)$$

이 된다.

■ **두 표본평균의 차이에 대한 분포(정규모집단, 서로 독립)**

$$\overline{X} - \overline{Y} \sim N(\mu_X - \mu_Y, \frac{\sigma_X^2}{m} + \frac{\sigma_Y^2}{n})$$

$$\Leftrightarrow Z = \frac{(\overline{X} - \overline{Y}) - (\mu_X - \mu_Y)}{\sqrt{\dfrac{\sigma_X^2}{m} + \dfrac{\sigma_Y^2}{n}}} \sim N(0, 1)$$

　두 모집단의 분포를 모르지만, 표본의 크기 m, n이 크고($m \geq 30, n \geq 30$) 서로 독립일 때, 중심극한정리(CLT)에 의해 $\overline{X} - \overline{Y}$은 근사적 정규분포를 따른다. 즉,

$$\overline{X} - \overline{Y} \simeq N(\mu_X - \mu_Y, \frac{\sigma_X^2}{m} + \frac{\sigma_Y^2}{n})$$

$$\Leftrightarrow Z = \frac{(\overline{X} - \overline{Y}) - (\mu_X - \mu_Y)}{\sqrt{\dfrac{\sigma_X^2}{m} + \dfrac{\sigma_Y^2}{n}}} \simeq N(0, 1)$$

을 만족한다.

■ **두 표본평균의 차이에 대한 분포(중심극한정리에 의해)**
　(모집단의 분포를 모를 때, $m \geq 30, n \geq 30$, 서로 독립)

$$\overline{X} - \overline{Y} \simeq N(\mu_X - \mu_Y, \frac{\sigma_X^2}{m} + \frac{\sigma_Y^2}{n})$$

$$\Leftrightarrow Z = \frac{(\overline{X} - \overline{Y}) - (\mu_X - \mu_Y)}{\sqrt{\dfrac{\sigma_X^2}{m} + \dfrac{\sigma_Y^2}{n}}} \simeq N(0, 1)$$

두 모집단의 평균을 비교하는 문제에서 비교하려는 두 모평균을 제외한 다른 상황은 똑같은 상태에서 비교가 이루어지는 것이 합리적 생각일 것이다. 따라서 두 모평균을 비교할 때 두 모분산은 동일하다고 가정하는 것이 타당할 것이다. 즉, $\sigma^2 = \sigma_X^2 = \sigma_Y^2$ 이다. 만약, 등분산인 모분산 σ^2을 모르면 표본에서 얻을 수 있는 통계량을 사용해야 한다. 두 모집단에서 추출한 표본 m개와 n개를 모두 사용한 표본분산을 이용한다. 이 표본분산을 합동표본분산(pooled sample variance)이라 하고 S_p^2라 쓴다. 합동표본분산 S_p^2은

$$S_p^2 = \frac{\sum_{i=1}^{m}(X_i - \overline{X})^2 + \sum_{i=1}^{n}(Y_i - \overline{Y})^2}{m-1+n-1} = \frac{(m-1)S_X^2 + (n-1)S_Y^2}{m+n-2}$$

이다.

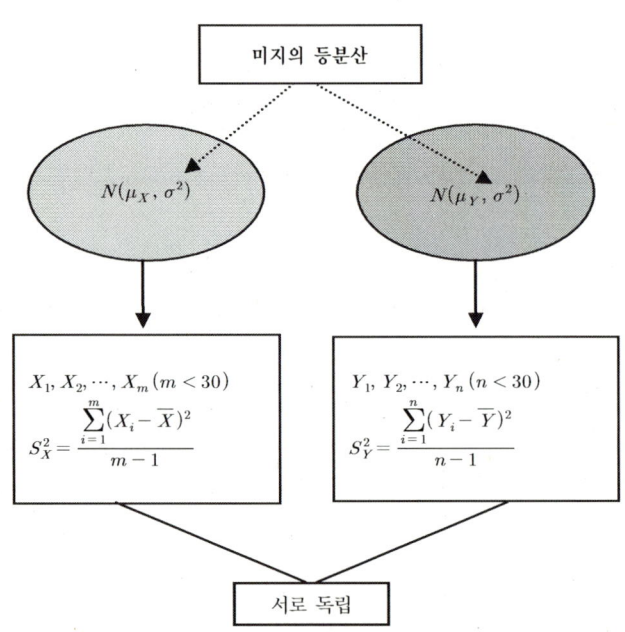

그림 6.7. 미지의 등분산인 경우 두 표본평균차이의 분포

만약, [그림 6.7.]처럼 두 모집단이 정규분포를 따르고 미지의 등분산이며 표본이 소표본$(m < 30, n < 30)$일 때, 두 표본평균 차이 $\overline{X} - \overline{Y}$ 의 분포는

$$T = \frac{(\overline{X} - \overline{Y}) - (\mu_X - \mu_Y)}{\sqrt{\dfrac{S_p^2}{m} + \dfrac{S_p^2}{n}}} \sim t(m+n-2)$$

이다. 여기서 합동표본분산(pooled sample variance) S_p^2은 다음과 같다.

$$S_p^2 = \frac{\displaystyle\sum_{i=1}^{m}(X_i - \overline{X})^2 + \sum_{i=1}^{n}(Y_i - \overline{Y})^2}{m-1+n-1} = \frac{(m-1)S_X^2 + (n-1)S_Y^2}{m+n-2}$$

■ 두 정규모집단에서의 표본평균 차이에 대한 분포 (미지의 등분산, 소표본인 경우)

$$T = \frac{(\overline{X} - \overline{Y}) - (\mu_X - \mu_Y)}{S_p\sqrt{\dfrac{1}{m} + \dfrac{1}{n}}} \sim t(m+n-2)$$

여기서 합동표본분산(pooled sample variance)

$$S_p^2 = \frac{\displaystyle\sum_{i=1}^{m}(X_i - \overline{X})^2 + \sum_{i=1}^{n}(Y_i - \overline{Y})^2}{m-1+n-1} = \frac{(m-1)S_X^2 + (n-1)S_Y^2}{m+n-2}$$

예제 6.7.

A대학 남학생의 용돈은 평균이 30만 원이고 표준편차가 3만 원인 정규분포를 따르고, 여학생의 용돈은 평균이 29만 원이고 표준편차가 4만 원인 정규분포를 따른다. 남학생과 여학생 중 각각 36명을 임의로 뽑았을 때, 평균용돈의 차이가 3만 원에서 4만 원 사이가 될 확률은 얼마인가?

<풀이>

남학생의 용돈(단위: 만 원) $X \sim N(30, 3^2)$

여학생의 용돈(단위: 만 원) $Y \sim N(29, 4^2)$

표본평균의 분포는 각각 $\overline{X} \sim N\left(30, \dfrac{3^2}{36}\right)$와 $\overline{Y} \sim N\left(29, \dfrac{4^2}{36}\right)$이다. 그러므로 표본평균 차이의 분

포는 $\overline{X} - \overline{Y} \sim N\left(30-29, \dfrac{3^2}{36} + \dfrac{4^2}{36}\right)$ 이다. 즉,

$$\overline{X} - \overline{Y} \sim N\left(1, \dfrac{5^2}{6^2}\right)$$

이다. 따라서 구하는 확률은 다음과 같다.

$$P(3 < \overline{X} - \overline{Y} < 4) = P\left(\dfrac{3-1}{5/6} < Z < \dfrac{4-1}{5/6}\right)$$
$$= P(2.4 < Z < 3.6)$$
$$= 0.4999 - 0.4918 = 0.0081$$

6.4. 표본비율의 분포

대통령의 지지율, A당의 지지율, 흡연율, 불량률 등 모집단의 모비율을 알고 싶은 경우가 현실에 많이 있다. 이 경우 모집단을 0과 1로 구성되어 있다고 볼 수 있다. 모집단을 어떤 속성(흡연, 지지, 찬성 등)을 가지면 1이고 그렇지 않으면 0이라 생각하면 1의 비율이 곧 모비율 p가 된다.

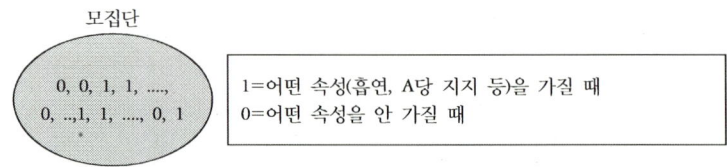

모집단이 0과 1로 구성되어 있을 때, 모집단의 확률분포는 다음과 같이 베르누이분포 즉, 이항분포에서 n=1인 경우인 $B(1, p)$이다.

$X = x$	0	1
$P(X = x)$	$1 - p$	p

모평균과 모분산은 각각

$$\mu = 0 \times (1-p) + 1 \times p = p$$

$$\sigma^2 = 0^2 \times (1-p) + 1^2 \times p - p^2 = p(1-p) = pq$$

이다. 이 모집단에서 n개의 확률표본 $Y_1, Y_2, \cdots\cdots, Y_n$을 추출했을 때 Y_i는 0 아니면 1의 값을 가진다. 즉,

$$Y_i = \begin{cases} 1, \text{ 뽑힌 } i \text{번째 개체가 어떤 속성을 가짐} \\ 0, \text{ 그밖에} \end{cases}$$

$$\Rightarrow Y_1, Y_2, \cdots\cdots, Y_n \sim B(1,p)$$

이다. 그러므로 표본의 합 $X = \sum_{i=1}^{n} Y_i$ 은 이항분포 $B(n,p)$를 따른다. 그런데 $X = \sum_{i=1}^{n} Y_i$ 은 0과 1로 구성된 표본의 합이므로 결국 1의 개수가 되어 표본비율 $\dfrac{X}{n}$은 표본평균이 된다. 즉, 표본비율은 0과 1로 구성된 모집단에서 뽑힌 표본의 평균을 의미한다. 따라서 표본의 크기가 크면 중심극한정리를 이용하여 앞에서 구한 표본평균의 분포를 적용할 수 있다. 즉,

$$\frac{X}{n} = \frac{\sum_{i=1}^{n} Y_i}{n} = \overline{Y} \simeq N(p, \frac{pq}{n}) \ , n \to \infty$$

이 된다.

■ 표본비율의 근사분포
(표본의 크기 n이 대부분 크므로 중심극한정리에 의해서 정규분포로 근사)

$$\frac{X}{n} \ \dot\sim \ N(p, \frac{pq}{n}), \ n \to \infty$$

$$\Leftrightarrow Z = \frac{\dfrac{X}{n} - p}{\sqrt{pq/n}} = \frac{X - np}{\sqrt{npq}} \ \dot\sim \ N(0,1) \ , \ n \to \infty$$

어느 대학의 여학생의 흡연율이 5%라 한다. 임의로 500명의 여학생을 추출하여 흡연 여부를 물어본다고 하자.

(1) 이 500명의 여학생의 흡연율의 기댓값과 표준편차는 얼마인가?

(2) 이 500명의 여학생의 흡연율이 3%와 5% 사이가 될 근사적 확률은 얼마인가?

<풀이>

(1) 표본비율의 기댓값은 모비율과 같으므로 5%이다. 즉, $E\left(\dfrac{X}{500}\right) = p = 0.05$이다. 표본비율의 분산은 $V\left(\dfrac{X}{500}\right) = \dfrac{pq}{n} = \dfrac{0.05(1-0.05)}{500} = 0.000095$이고 표준편차는 $\sqrt{0.000095} = 0.0097$이다. 따라서 기댓값은 0.05이고 표준편차는 0.0097이다.

(2) $\dfrac{X}{n} \simeq N\left(0.05, \dfrac{0.05(0.95)}{500}\right)$ 이므로 구하는 확률은 다음과 같다.

$$
\begin{aligned}
P\left(0.03 < \frac{X}{n} < 0.05\right) &= P\left(\frac{0.03-0.05}{0.0097} < Z < \frac{0.05-0.05}{0.0097}\right) \\
&= P(-2.06 < Z < 0) \\
&= P(0 < Z < 2.06) \\
&= 0.4803
\end{aligned}
$$

유전학에서 멘델의 분리법칙에 따르면 어떤 종류의 완두콩을 교배시켰을 때 노란 완두콩이 나올 확률은 $\dfrac{3}{4}$이고, 녹색완두콩이 나올 확률은 $\dfrac{1}{4}$이다. 400개의 완두콩이 생산되었을 때 다음을 구하라.

(1) 노란 완두콩의 비율의 표준편차는 얼마인가?

(2) 노란 완두콩의 비율이 0.71과 0.78 사이에 있을 근사적 확률은 얼마인가?

<풀이>

X는 400개의 완두콩에 포함된 노란완두콩의 개수라 하면 표본비율의 분포는

$$\frac{X}{400} \simeq N\left(\frac{3}{4}, \frac{(3/4)(1/4)}{400}\right)$$

이다.

(1) $\sqrt{\dfrac{pq}{n}} = \sqrt{\dfrac{(3/4)(1/4)}{400}} = 0.0217$

(2) $P\left(0.71 < \dfrac{X}{n} < 0.78\right) = P\left(\dfrac{0.71 - 0.75}{0.0217} < Z < \dfrac{0.78 - 0.75}{0.0217}\right)$

$\qquad\qquad\qquad\qquad\quad = P(-1.85 < Z < 1.38)$

$\qquad\qquad\qquad\qquad\quad = 0.8840$

예제 6.10.

어느 초등학교에서 학원을 다니는 학생의 비율은 80%이다. 이 학교에서 150명의 표본을 임의로 추출했을 때, 학원을 다니는 학생의 수가 120명 이상일 근사적 확률은 얼마인가?

<풀이>

X는 150명 중 학원을 다니는 학생의 수라 하면 표본비율의 분포는

$$\frac{X}{n} \simeq N\left(0.8, \frac{(0.8)(0.2)}{150}\right)$$

이다. 대칭인 정규분포에서 평균보다 큰 쪽의 확률이므로 0.5이다. 즉,

$$P\left(\frac{X}{n} > \frac{120}{150}\right) = P\left(\frac{X}{n} > 0.8\right) = 0.5$$

이다.

6.4.1. 두 표본비율 차이의 분포

앞에서 다룬 모집단이 하나일 때 표본비율의 분포를 구하는 문제의 확장으로 서로 다른 두 모집단에서 모비율을 비교하기 위해 표본비율의 차이에 대한 분포를 구해보자. 예를 들면 남녀별 흡연율의 비교, 두 학급의 출석률 비교 등이 있다.

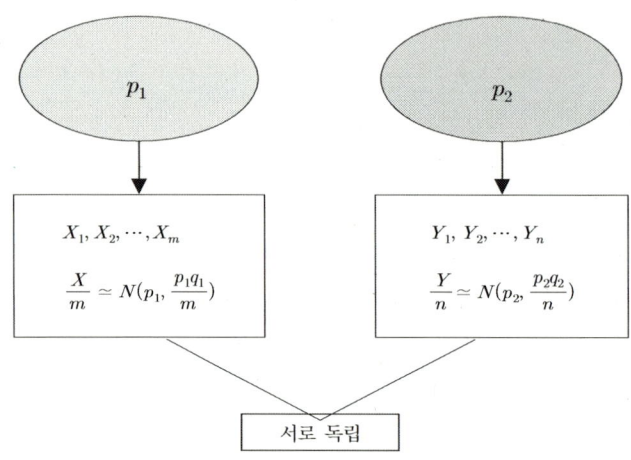

서로 독립이고 모비율이 p_1과 p_2인 두 모집단으로부터 각각 크기 m, n의 확률표본을 추출했을 때, 두 표본비율의 차이에 대한 근사적 분포는 다음과 같다. 단, m, n이 충분히 커야 한다.

$$\left(\frac{X}{m} - \frac{Y}{n}\right) \simeq N(p_1 - p_2, \frac{p_1 q_1}{m} + \frac{p_2 q_2}{n}) \;,\; m > 30, n > 30$$

이를 표준화하면 다음과 같이 된다.

$$Z = \frac{\left(\dfrac{X}{m} - \dfrac{Y}{n}\right) - (p_1 - p_2)}{\sqrt{\dfrac{p_1 q_1}{m} + \dfrac{p_2 q_2}{n}}} \simeq N(0, 1)$$

■ 두 표본비율 차이의 분포

$$\left(\frac{X}{m}-\frac{Y}{n}\right) \simeq N\!\left(p_1-p_2,\frac{p_1q_1}{m}+\frac{p_2q_2}{n}\right) ,\ m>30, n>30$$

$$\Leftrightarrow Z=\frac{(\frac{X}{m}-\frac{Y}{n})-(p_1-p_2)}{\sqrt{\frac{p_1q_1}{m}+\frac{p_2q_2}{n}}} \simeq N(0,1)$$

예제 6.11.

어느 대학의 교수 흡연율은 47%이고 학생의 흡연율은 51%라 한다. 임의로 150명의 교수와 300명의 학생을 표본 추출했을 때, 150명의 교수 중 48명이 담배를 피우고, 300명의 학생 중 114명이 담배를 피운다고 한다. 다음을 구하라.

(1) 교수의 흡연율과 학생의 흡연율의 차이에 대한 분포를 구하라.

(2) 교수의 흡연율과 학생의 흡연율의 차이가 5% 미만일 확률은 얼마인가?

<풀이>

p_1을 모든 교수들 중에서 담배 피우는 사람의 비율이라 하고, p_2을 모든 학생들 중에서 담배 피우는 사람의 비율이라 하면, $p_1 = 0.47$, $p_2 = 0.51$이다.

(1) $\left(\dfrac{X}{m}-\dfrac{Y}{n}\right) \simeq N\!\left(0.47-0.51,\dfrac{(0.47)(0.53)}{150}+\dfrac{(0.51)(0.49)}{300}\right)$

(2) $P\left(\dfrac{X}{m}-\dfrac{Y}{n}<0.05\right)=P\left(Z<\dfrac{0.05-(-0.04)}{\sqrt{\dfrac{(0.47)(0.53)}{150}+\dfrac{(0.51)(0.49)}{300}}}\right)$

$= P(Z<1.8) = 0.9641$

6.5. 표본분산의 분포: 카이제곱(χ^2)분포

정규모집단 $N(\mu,\sigma^2)$로부터 크기 n인 확률표본을 추출하면 서로 독립이고 동일한 분포

(independent identically distributed: *i.i.d*)를 따른다. 즉, 다음과 같이 표현할 수 있다.

$$X_1, X_2, \cdots, X_n \sim i.i.d \ N(\mu, \sigma^2)$$

$$\Leftrightarrow Z_i = \frac{X_i - \mu}{\sigma}, \ i = 1, 2, \cdots, n \ \sim i.i.d \ N(0,1)$$

여기서 표준정규분포의 제곱의 합인 통계량 $X = \sum_{i=1}^{n} Z_i^2$ 은 자유도가 n 인 카이제곱분포 (chi-squared distribution)라 한다. 즉,

$$X = \sum_{i=1}^{n} Z_i^2 \ \sim \chi^2(n)$$

이다.

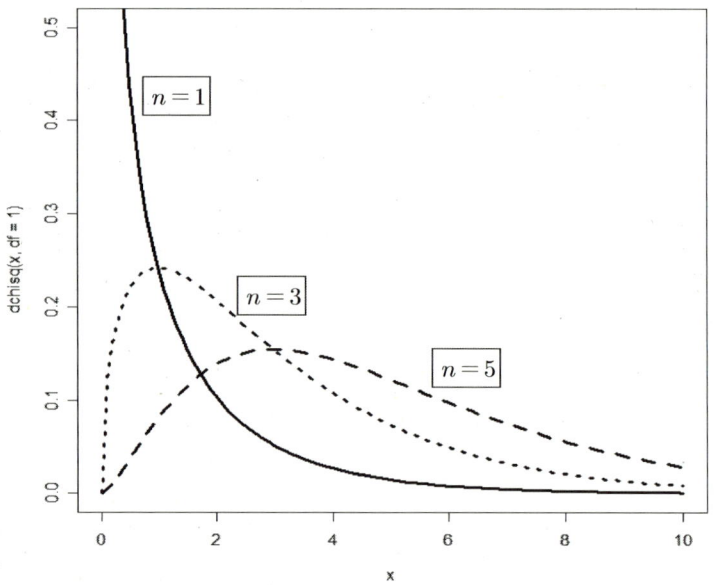

그림 6.8. 자유도에 따른 카이제곱 분포 모양

자유도가 n 인 카이제곱분포의 확률밀도함수 $f(x)$ 는 다음과 같다.

■ **자유도가 n인 카이제곱분포의 확률밀도함수**

$$f(x) = \frac{1}{\Gamma(n/2)2^{n/2}}x^{n/2-1}e^{-x/2} \,,\; x \geq 0 \quad \text{여기서 } \Gamma(k) = \int_0^\infty t^{k-1}e^{-t}dt$$

■ **평균과 분산** $\quad E(X) = n\,,\; V(X) = 2n$

카이제곱 분포의 특징은 다음과 같다.

① 카이제곱 분포 곡선의 모양은 자유도 n에 의해 결정된다.

② 카이제곱 분포의 값은 음수가 될 수 없다.

③ 자유도가 작으면 오른쪽으로 기울여진 분포가 된다.

④ 자유도가 커지면 대칭인 분포가 된다.

⑤ 자유도가 30 이상이면 정규분포에 가까워진다.

[부록]의 카이제곱분포표를 이용해 확률을 구하기 위해 $\chi_\alpha^2(n)$을 다음과 같이 정의하자.

$$X \sim \chi^2(n) \text{일 때, } P[X > \chi_\alpha^2(n)] = \alpha$$

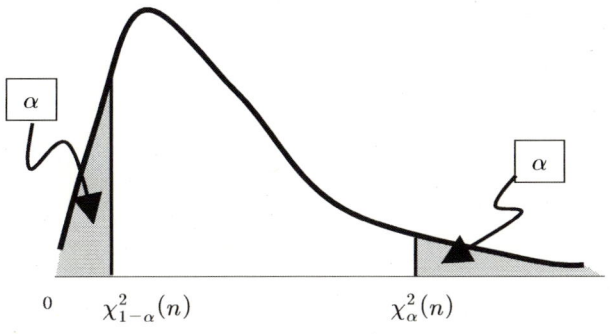

앞에서 정의한 카이제곱분포는 표본분산의 분포를 알기 위한 것이다. 정규모집단, $N(\mu,\sigma^2)$으로부터 크기 n인 확률표본을 추출할 때 통계량 $U = \dfrac{(n-1)S^2}{\sigma^2}$ 의 분포는 자유도가 $n-1$인 카이제곱분포를 따른다.

[부록]의 카이제곱분포표를 이용하여 다음을 구하라.

(1) $\chi^2_{0.01}(9)$

(2) $\chi^2_{0.05}(20)$

(3) $\chi^2_{0.99}(5)$

(4) $\chi^2_{0.95}(6)$

(5) $U \sim \chi^2(6)$ 일 때, $P(U \geq 12.592)$

(6) $U \sim \chi^2(25)$ 일 때, $P(U \leq 40.646)$

<풀이>

(1) $\chi^2_{0.01}(9) = 21.666$

(2) $\chi^2_{0.05}(20) = 31.41$

(3) $\chi^2_{0.99}(5) = 0.554$

(4) $\chi^2_{0.95}(6) = 1.635$

(5) $U \sim \chi^2(6)$ 일 때, $P(U \geq 12.592) = 0.05$

(6) $U \sim \chi^2(25)$ 일 때, $P(U \leq 40.646) = 1 - 0.025 = 0.975$

■ 표본분산의 분포

정규모집단 $N(\mu, \sigma^2)$으로부터 크기 n인 확률표본을 추출할 때

$$U = \sum_{i=1}^{n} \left(\frac{X_i - \overline{X}}{\sigma} \right)^2 = \frac{(n-1)S^2}{\sigma^2} \sim \chi^2(n-1)$$

다음은 카이제곱분포의 가법성을 이용하여 $U = \dfrac{(n-1)S^2}{\sigma^2} \sim \chi^2(n-1)$이 됨을 보여준다.

$$\sum_{i=1}^{n} Z_i^2 = \sum_{i=1}^{n}\left(\frac{X_i-\mu}{\sigma}\right)^2 = \sum_{i=1}^{n}\left(\frac{X_i-\overline{X}}{\sigma}\right)^2 + n\left(\frac{\overline{X}-\mu}{\sigma}\right)^2$$

$$= \frac{(n-1)S^2}{\sigma^2} + \left(\frac{\overline{X}-\mu}{\sigma/\sqrt{n}}\right)^2$$

$$\chi^2(n) \qquad \chi^2(n-1) \qquad \chi^2(1)$$

예제 6.13

정규모집단으로부터 10개의 확률표본을 추출하였을 때, 통계량 $U=\dfrac{(n-1)S^2}{\sigma^2}$ 에 대해 다음을 구하라.

(1) $P(U > 3.325)$

(2) $P(2.088 < U < 3.325)$

(3) $P(U > a) = 0.05$ 인 a의 값은?

<풀이>

$U=\dfrac{(n-1)S^2}{\sigma^2} \sim \chi^2(n-1)$ 이고 $n=10$이므로, 자유도는 $10-1=9$이다.

(1) $P(U > 3.325) = 0.95$

(2) $P(2.088 < U < 3.325) = 0.99 - 0.95 = 0.04$

(3) $a = \chi^2_{0.05}(9) = 16.919$

모분산이 동일한 두 개의 정규모집단에서의 합동 표본분산의 분포

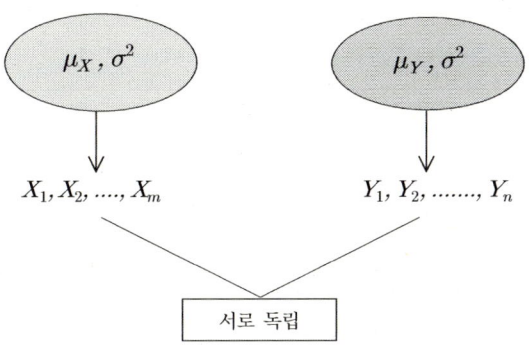

모분산이 동일하므로 분산의 추정량으로 두 표본을 모두 사용하여 추정해야 한다. 이것을 합동표본분산(pooled sample variance)이라 한다.

$$S_p^2 = \frac{\sum\limits_{i=1}^{m}(X_i - \overline{X})^2 + \sum\limits_{i=1}^{n}(Y_i - \overline{Y})^2}{m-1+n-1} = \frac{(m-1)S_X^2 + (n-1)S_Y^2}{m+n-2}$$

통계량 $U = \dfrac{(m+n-2)S_p^2}{\sigma^2}$ 의 분포는

$$U = \frac{(m+n-2)S_p^2}{\sigma^2} \sim \chi^2(m+n-2)$$

이 된다.

6.5.1. 두 표본분산 비율의 분포: F-분포

F-분포는 서로 독립인 두 정규모집단의 분산을 비교하기 위해 사용한다. 두 확률변수 U, V이 각각 $U \sim \chi^2(n), V \sim \chi^2(m)$ 이고 서로 독립이면, F-분포를 다음과 같이 정의한다.

■ F-분포

두 확률변수 U, V이 각각 $U \sim \chi^2(n), V \sim \chi^2(m)$ 이고 서로 독립이면,

$$F = \frac{U/n}{V/m} \sim F(n, m)$$

자유도가 n, m인 F-분포의 확률밀도함수 $f(x)$는 다음과 같다.

■ **자유도가 n, m인 F-분포의 확률밀도함수**

$$f(x) = \frac{\Gamma\left(\dfrac{n+m}{2}\right)}{\Gamma\left(\dfrac{n}{2}\right)\Gamma\left(\dfrac{m}{2}\right)}\left(\frac{n}{m}\right)^{\frac{n}{2}} x^{\frac{n}{2}-1}\left(1+\frac{n}{m}x\right)^{-\frac{n+m}{2}} \ , \ x \geq 0$$

$$\text{여기서, } \Gamma(k) = \int_0^\infty t^{k-1} e^{-t} dt$$

■ **평균과 분산**

$$E(F) = \frac{m}{m-2} \ , \ m > 2 \ , \ V(F) = \frac{2m^2(n+m-2)}{m(m-2)^2(m-4)} \ , m > 4$$

[부록]의 F-분포표를 이용해 확률을 구하기 위해 $F_\alpha(n, m)$을 다음과 같이 정의하자.

$$F \sim F(n, m)\text{일 때, } P[F > F_\alpha(n, m)] = \alpha$$

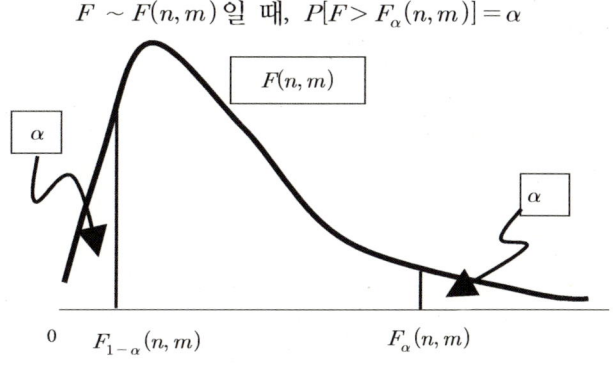

F-분포의 특징은 다음과 같다.

① F-분포 곡선의 모양은 자유도 n, m에 의해 결정된다.

② F-분포의 값은 음수가 될 수 없다.

③ 자유도 n, m가 작으면 오른쪽으로 기울여진 분포가 된다.

④ [그림 6.9]과 [그림 6.10]처럼 자유도 n, m가 커지면 대칭인 분포가 된다.

⑤ [그림 6.11]에서 보는 것처럼 자유도 n, m가 30 이상이면 대칭인 정규분포에 가까워
   진다.

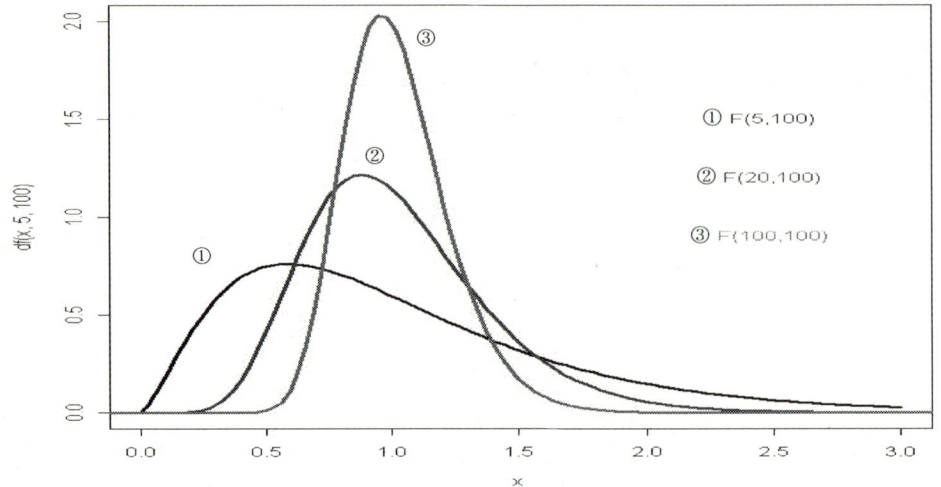

그림 6.9. F(5, 100), F(20, 100), F(100, 100)

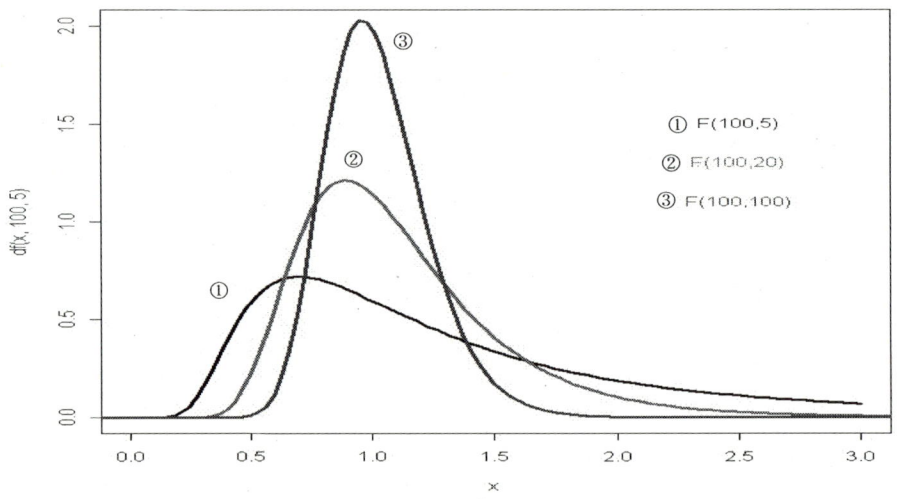

그림 6.10. F(100, 5), F(100, 20), F(100, 100)

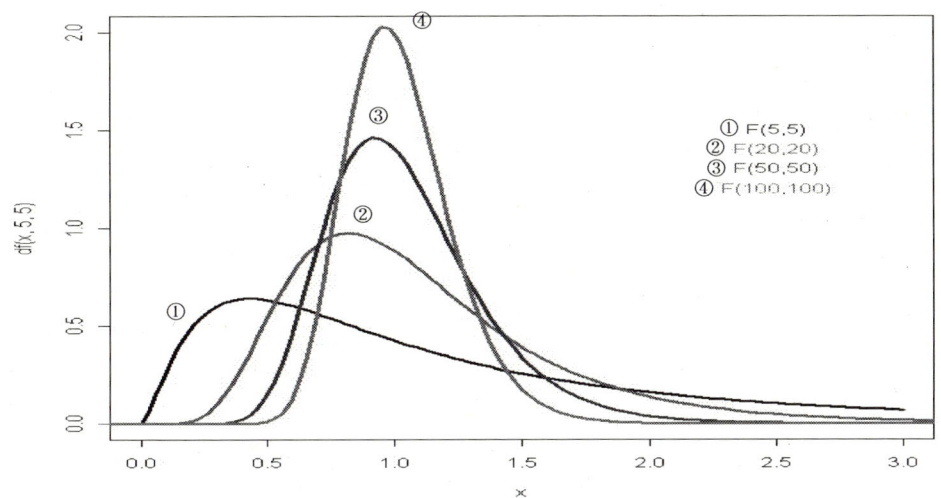

그림 6.11. F(5, 5), F(20, 20), F(50, 50), F(100, 100)

F-분포는 $F \sim F(n,m)$ 이면, $\frac{1}{F} \sim F(m,n)$ 이 성립한다. 따라서 $F_{1-\alpha}(m,n)$ 은 다음과 같이 구할 수 있다.

$$F_{1-\alpha}(m,n) = \frac{1}{F_\alpha(n,m)}$$

예를 들어, $F_{0.95}(9,4)$ 은 부록에서 찾을 수 없으므로 F-분포의 성질을 이용하여 다음과 같이 구한다.

$$F_{0.95}(9,4) = \frac{1}{F_{0.05}(4,9)} = \frac{1}{3.63} = 0.28$$

예제 6.14.

[부록]의 F-분포표를 이용하여 다음을 구하라.

(1) $F_{0.05}(10,10)$

(2) $F_{0.01}(15,3)$

(3) $F_{0.975}(12, 15)$

(4) $F_{0.9}(20, 10)$

(5) $F \sim F(12, 10)$일 때, $P(F > b) = 0.05$가 되는 b값?

(6) $F \sim F(5, 20)$일 때, $P(F < a) = 0.99$가 되는 a값?

<풀이>

(1) $F_{0.05}(10, 10) = 2.98$

(2) $F_{0.01}(15, 3) = 26.87$

(3) $F_{0.975}(12, 15) = \dfrac{1}{F_{0.025}(15, 12)} = \dfrac{1}{3.18} = 0.3145$

(4) $F_{0.9}(20, 10) = \dfrac{1}{F_{0.1}(10, 20)} = \dfrac{1}{1.94} = 0.5155$

(5) $F \sim F(12, 10)$일 때, $P(F > b) = 0.05$가 되는 $b = F_{0.05}(12, 10) = 2.91$이다.

(6) $F \sim F(5, 20)$일 때, $P(F < a) = 0.99$가 되는 $a = F_{0.01}(5, 20) = 4.10$이다.

위에서 정의한 F-분포는 두 표본분산의 비(ratio)에 대한 분포를 알기 위한 것이다. 두 정규모집단 $N(\mu_X, \sigma_X^2)$와 $N(\mu_Y, \sigma_Y^2)$로부터 크기 m과 n인 확률표본을 각각 추출할 때, 두 통계량 $U = \dfrac{(m-1)S_X^2}{\sigma_X^2}$와 $V = \dfrac{(n-1)S_Y^2}{\sigma_Y^2}$의 분포는 각각 $\chi^2(m-1)$와 $\chi^2(n-1)$를 따른다. 그러면 다음이 성립한다.

$$F = \frac{U/(m-1)}{V/(n-1)} = \frac{S_X^2/\sigma_X^2}{S_Y^2/\sigma_Y^2} \sim F(m-1, n-1)$$

■ 두 표본분산의 비(ratio)에 대한 분포

$$U = \sum_{i=1}^{m} \left(\frac{X_i - \overline{X}}{\sigma_X} \right)^2 = \frac{(m-1)S_X^2}{\sigma_X^2} \sim \chi^2(m-1),$$

$$V = \sum_{i=1}^{n} \left(\frac{Y_i - \overline{Y}}{\sigma_Y} \right)^2 = \frac{(n-1)S_Y^2}{\sigma_Y^2} \sim \chi^2(n-1) \text{ 이면}$$

$$F = \frac{U/(m-1)}{V/(n-1)} = \frac{S_X^2/\sigma_X^2}{S_Y^2/\sigma_Y^2} \sim F(m-1, n-1) \text{ 이 된다.}$$

예제 6.15.

상호독립이고 분산이 동일한 두 정규모집단으로부터 각각 크기가 $m = 10$, $n = 15$인 확률표본을 추출했을 때, 통계량 $F = \dfrac{S_X^2/\sigma_X^2}{S_Y^2/\sigma_Y^2}$ 이 4.03보다 클 확률은 얼마인가?

\<풀이\>

모분산이 동일$(\sigma_X^2 = \sigma_Y^2 = \sigma^2)$하므로 $F = \dfrac{S_X^2}{S_Y^2} \sim F(9, 14)$ 이 된다. 따라서 구하는 확률은 다음과 같다.

$$P\left(\frac{S_X^2}{S_Y^2} > 4.03\right) = 0.01$$

1. 다음 문장이 맞으면 ◯, 틀리면 ×로 표시하고 그 이유를 설명하라.

   ① t-분포는 항상 정규분포보다 분산이 크다.

   ② 정규분포를 따르는 모집단에서 뽑힌 표본평균은 반드시 정규분포를 따른다.

   ③ 카이제곱 분포에서 확률변수가 취할 수 있는 값은 절대로 음수가 될 수 없다.

   ④ F분포에서 $F_{0.05}(20,10) = \dfrac{1}{F_{0.05}(10,20)}$ 이 성립한다.

   ⑤ 표본의 크기가 고정되어 있을 때, 모분산이 크면 표본평균의 분산은 항상 커진다.

   ⑥ F분포에서 $F_{1-\alpha}(n,m) \cdot F_{\alpha}(m,n) = 1$ 이 성립한다.

   ⑦ 표본평균의 표준편차는 표본의 개수가 많아지면 커진다.

   ⑧ 균일분포(uniform distribution)를 하는 모집단에서 뽑힌 확률표본의 표본평균도 반드시 균일분포를 따른다.

2. 다음 빈칸에 알맞은 답을 순서대로 써라.

   ① (   )(은)는 평균이 μ이고 분산이 σ^2인 확률분포로부터 크기가 n인 확률표본을 추출할 때, 표본평균 $\overline{X}$가 n이 클수록 평균이 μ이고, 분산이 (   )인 정규분포로 가까워진다는 이론이다.

   ② 평균의 표준오차는 (   )이고, 비율의 표준오차는 (   )이다.

   ③ 평균의 표준오차를 원래 값의 반으로 줄이려면 표본의 크기를 (   )배 늘려야 한다.

   ④ 1부터 5까지 다섯 장의 카드가 든 주머니에서 두 장을 복원 추출해서 뽑은 표본평균을 $\overline{X}$라 하면, $\overline{X}$의 평균 $E(\overline{X})$은 (   )이고, 분산 $V(\overline{X})$은 (   )이다. 또한, 비복원 추출을 하면 $\overline{X}$의 평균 $E(\overline{X})$은 (증가, 불변, 감소), 분산 $V(\overline{X})$은 (증가, 불변, 감소) 된다.

3. A회사의 전구의 수명은 평균이 450시간이고 표준편차는 9시간인 정규분포를 따른다. 16개의 전구를 뽑아 수명을 조사하였다고 할 때 다음을 구하라.

   (1) 평균수명 $\overline{X}$의 표준편차를 구하라.

   (2) 평균수명 $\overline{X}$의 분포를 구하라.

4. 어떤 모집단이 표준편차가 5인 정규분포를 가진다. 다음을 구하라.

   (1) 크기가 16인 확률표본을 추출했을 때 표본평균의 표준편차를 구하라.

   (2) 만약, 표본의 크기를 4배 늘린 64개를 추출하면 표본평균의 표준편차는 어떻게 될까?

5. 어떤 항공노선의 여객들의 짐무게는 평균이 20kg, 표준편차가 4kg인 정규분포를 따른다. 만일 비행기에 실을 수 있는 짐의 무게가 2,125kg까지라고 할 때 100명의 손님이 탑승했을 때 짐의 무게가 한계를 초과할 확률을 구하라.

6. 한 원양어선이 하루에 잡는 참치는 평균이 130톤이고, 표준편차가 42톤이다. 앞으로 36일을 잡 는다고 할 때 총어획고가 4,320톤 이상이 될 확률을 구하라.

7. 한 서점에서는 서점에 들어오는 사람들 중 25%가 책을 산다고 생각한다. 내일은 200명이 들어 올 것으로 예상한다.
   (1) 내일 책을 구입하는 사람의 비율의 평균과 분산은 얼마인가?
   (2) 이 비율이 0.25와 0.30 사이가 될 확률은 얼마인가?

8. 어느 회사의 전체 직원 1,500명 중 960명이 현재의 경영진을 지지하고 있다. 이 회사의 직원들 중 100명을 임의로 뽑았을 때 이 중 50% 이상이 경영진을 지지할 확률은 얼마인가?

9. 어느 대학교에서 남학생의 한 달 용돈은 평균 35만 원이고 표준편차는 5만 원이며 여학생의 한 달 용돈은 평균이 30만 원이고 표준편차는 7만 원이다. 이 학교 남학생과 여학생 중에서 각각 임의로 100명씩 뽑아 한 달 용돈을 조사하였다. 다음을 구하라.
   (1) 남학생의 평균용돈과 여학생의 평균용돈의 차이에 대한 분포를 구하라.
   (2) 남학생과 여학생의 평균용돈의 차가 5만 원보다 클 확률을 얼마인가?

10. 새로 개발된 백신의 면역률이 80%로 기존의 면역률인 60%보다 높다고 한다. 이를 확인하기 위해 각각 80명을 뽑아 두 그룹으로 나누어 그 효과를 알아보려고 한다. 새로운 백신에 대한 면역율과 기존 백신의 면역율의 차인 $\hat{p_1} - \hat{p_2}$의 분포를 구하고, $\hat{p_1} - \hat{p_2}$이 20%보다 클 확률을 구하라.

11. 어떤 회사에서 만드는 베어링의 직경은 평균이 5mm이고 표준편차가 1mm인 정규분포를 따른 다. 표본으로 뽑은 베어링 10개의 직경에 대한 표본평균과 표본분산에 대하여 다음에 답하라.
   (1) $P(s^2 < a) = 0.95$를 만족하는 a를 구하라.
   (2) $P(\overline{X} < b) = 0.95$를 만족하는 b를 구하라.
   (3) 다른 회사에서 생산하는 같은 종류의 베어링의 분산은 2이다. 만약, 13개의 표본에 대한 표

본분산이 s_2^2일 때, $P(\dfrac{s_2^2}{s^2} > c) = 0.95$를 만족하는 c를 구하라.

12. $N(\mu, \sigma^2)$에서 추출된 크기 $n = 16$인 확률분포에서 표본평균 $\overline{X}$와 표본분산 S^2을 구하였다. 이때 $P[-c < \dfrac{4(\overline{X} - \mu)}{S} < c] = 0.95$를 만족하는 상수 c값을 구하라.

13. 어느 온도 조절장치의 온도는 분산이 σ^2인 정규분포를 계속 따르도록 조절되어 있다. 확률표본을 추출하여 표본분산 S^2을 계산하였다. 다음을 만족하기 위해 얼마나 많은 관측값이 필요한가?

$$P\left[\dfrac{(n-1)S^2}{\sigma^2} \leq 18.31\right] = 0.95$$

14. 모평균 μ인 정규모집단으로부터 크기 15인 표본을 임의로 추출한 경우 $P(\dfrac{|\overline{X} - \mu|}{S} < k) = 0.9$을 만족하는 상수 k를 구하라.

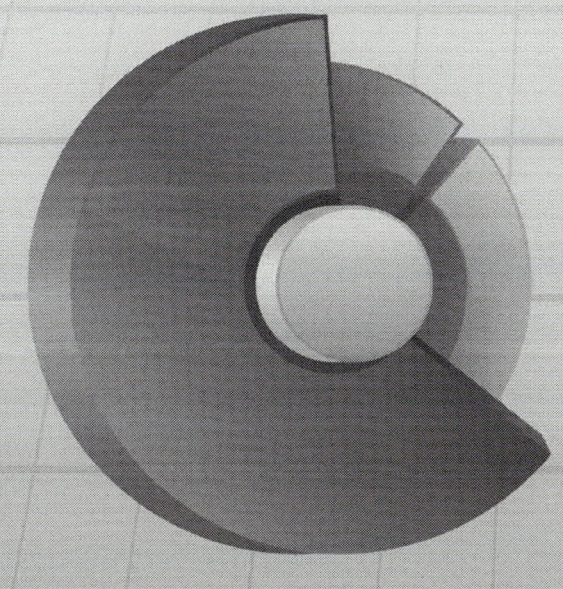

7장 추정

7.1. 추정의 개요

6.1.에서 모집단의 표현을 확률변수와 분포를 사용하면 그 확률분포를 결정하는 모수를 아는 것이 곧 모집단을 아는 것과 동일하다고 했다. 만약, 정규모집단 $N(\mu, \sigma^2)$ 라 가정하면 표본을 추출하여 μ와 σ^2을 추측하면 모집단에 대해 알 수 있다. 즉, 표본에서 얻어진 통계량을 이용하여 모수를 추론하는 것이다. 미지의 모수값에 대해 추측해보는 것을 통계적 추론(statistical inference)이라 하며 통계적 추론의 방법에는 추정(Estimation)과 가설검정(Test of hypothesis)의 두 가지 방법이 있다. 이 장에서는 추정에 대해 다룬다.

추정은 미지의 모수에 대해 통계량을 사용해 추측해 보는 것으로 점추정(point estimation)과 구간추정(interval estimation)이 있다. 점추정은 모수에 대해 하나의 값으로 추정하는 것이며 구간추정(interval estimation)은 모수가 속할 구간으로 추정하는 것이다. 예를 들어, 어떤 제품의 불량률을 추정할 때, 불량률은 1%라고 추정하면 점추정이지만 불량률은 구간 (0.5%, 1.5%)에 있을 것이라고 추정하면 구간추정이다.

미지의 모수를 추정하는 통계량을 추정량(estimator)이라 하며 하나의 표본을 실제로 추출하여 계산된 추정량의 값을 추정치(estimate)라 한다. 예를 들어, 우리나라 중학교 1학년의 평균몸무게의 추정량이 표본평균 $\hat{\mu} = \bar{X}$이면 추정치는 실제로 500명의 학생을 뽑아 관측한 몸무게의 평균값 $\bar{x} = 45.5$kg이다. 모수를 θ라 하면 그 모수의 추정량에는 "^" (hat)을 붙여 표현한다. 즉, 모수 θ의 추정량은 $\hat{\theta}$로 표시한다.

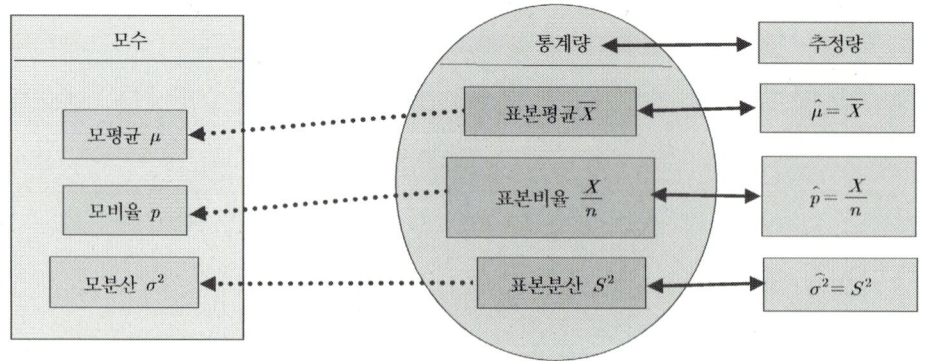

그림 7.1. 모수와 추정량

7.2. 점추정(Point estimation)

예를 들어, 자동차 수리비를 계산할 때 견적 내는 사람이 다르면 견적값이 다르게 나온다. 이처럼 미지의 모수를 추정하는데도 여러 가지 다른 점추정량이 있을 수 있고 점추정량이 다르면 추정값도 달라진다. 모평균 μ의 추정량으로 표본평균 $\overline{X}$을 사용할 수 있지만 중심 위치를 나타내는 측도인 표본중위수 $\widetilde{X}$ 도 추정량으로 사용될 수 있다. 또한 모분산 σ^2의 추정량으로 표본분산 $S^2 = \dfrac{\sum (X_i - \overline{X})^2}{n-1}$도 있지만 통계량 $S'^2 = \dfrac{\sum (X_i - \overline{X})^2}{n}$도 추정량이 될 수 있다. 이처럼 하나의 모수에 대한 추정량은 여러 개 있을 수 있다. 그러면 여러 가지 추정량 중에서 어떤 것이 좋은 추정량인지 판별할 필요가 있다. 좋은 추정량을 판별하는 기준에는 불편성(unbiasedness), 유효성(efficiency), 일치성(consistency), 충분성(sufficiency) 등이 있다. 좋은 추정량의 판단 기준에 대해 살펴보자.

■ 불편성(unbiasedness)

모수 θ의 추정량을 $\hat{\theta}$라 하면 추정량의 평균에서 모수를 뺀 것 즉, $E(\hat{\theta}) - \theta$을 편의(bias)라 정의한다. 편의가 0인 추정량을 불편추정량(unbiased estimator: U.E)이라 하고 0이 아닌 추정량을 편의추정량(biased estimator)이라 한다. 즉,

$$E(\hat{\theta}) = \theta \text{이면} \quad \hat{\theta} \text{은 } \theta \text{의 불편추정량(unbiased estimator)}$$
$$E(\hat{\theta}) \neq \theta \text{이면} \quad \hat{\theta} \text{은 } \theta \text{의 편의추정량(biased estimator)}$$

이다.

앞의 6장에서 $E(\overline{X}) = \mu$와 $E(\frac{X}{n}) = p$이 됨을 보았다. 따라서 표본평균 $\overline{X}$는 모평균 μ의 불편추정량이고 표본비율 $\frac{X}{n}$은 모비율 p의 불편추정량이다. 2.4.2.에서 표본분산 S^2을 정의할 때 편차제곱합을 표본의 크기 n보다 1만큼 작은 $n-1$로 나누었다. 그 이유는 표본분산이 모분산 σ^2의 불편추정량이 되기 때문이다. 편차제곱합을 표본의 크기 n으로 나눈 통계량 $S'^2 = \dfrac{\sum(X_i - \overline{X})^2}{n}$ 은 모분산 σ^2의 불편추정량(unbiased estimator)이 아니라 편의추정량(biased estimator)이 된다.

다음의 예제는 6.3.에서 다루었던 예제로 표본분산 S^2이 모분산 σ^2의 불편추정량이 되는 것을 보여준다. 모집단에서 n=2개의 표본을 추출할 때 표본분산 S^2분포를 구해 보자.

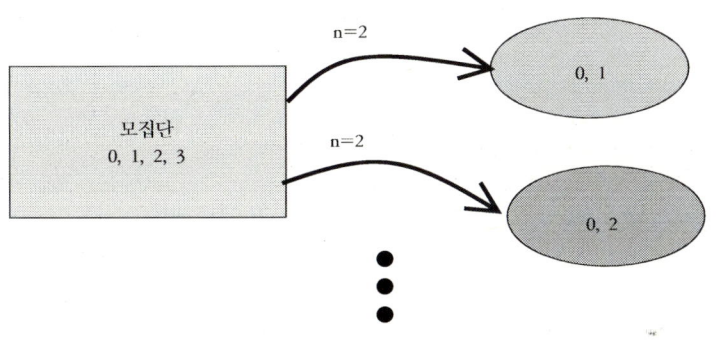

모집단의 분포는 (모집단에서 임의로 하나를 뽑았을 때의 값 X의 분포) 다음과 같고, 모평균 $\mu = 1.5$이고 모분산 $\sigma^2 = 1.25$이다.

$X = x$	0	1	2	3
$P(X = x)$	$\frac{1}{4}$	$\frac{1}{4}$	$\frac{1}{4}$	$\frac{1}{4}$

복원추출(with replacement)인 경우에는 16가지 가능한 표본이 존재한다.

가능한 표본	확률	평균	표본분산(S^2)	S'^2
0, 0	1/16	0	0	0
0, 1	.	0.5	1/2	1/4
0, 2	.	1.0	2	1
0, 3	.	1.5	9/2	9/4
1, 0	.	0.5	1/2	1/4
1, 1	.	1.0	0	0
1, 2	.	1.5	1/2	1/4
1, 3	.	2.0	2	1
2, 0	.	1.0	2	1
2, 1	.	1.5	1/2	1/4
2, 2	.	2	0	0
2, 3	.	2.5	1/2	1/4
3, 0	.	1.5	9/2	9/4
3, 1	.	2.0	2	1
3, 2	.	2.5	1/2	1/4
3, 3	1/16	3	0	0

$S^2 = s^2$	$P(\overline{X} = \overline{x})$
0	4/16
1/2	6/16
2	4/16
9/2	2/16

$S'^2 = s'^2$	$P(\overline{X} = \overline{x})$
0	4/16
1/4	6/16
1	4/16
9/4	2/16

$$E(S^2) = 0 \times \frac{4}{16} + \frac{1}{2} \times \frac{6}{16} + 2 \times \frac{4}{16} + \frac{9}{2} \times \frac{2}{16}$$
$$= \frac{5}{4} = 1.25 = \sigma^2$$

$$E(S'^2) = 0 \times \frac{4}{16} + \frac{1}{4} \times \frac{6}{16} + 1 \times \frac{4}{16} + \frac{9}{4} \times \frac{2}{16}$$
$$= \frac{5}{4}\frac{1}{2} = \frac{5}{4}\frac{2-1}{2} = \frac{n-1}{n}\sigma^2$$

위에서 보는 것처럼 $E(S^2) = \sigma^2$이 되어 표본분산 S^2은 모분산 σ^2의 불편추정량이다. 그러나 $E(S'^2) = \frac{n-1}{n}\sigma^2 \neq \sigma^2$ 이므로 $S'^2 = \frac{\sum(X_i - \overline{X})^2}{n}$은 불편추정량이 아니다.

예제 7.1.

평균 μ, 분산 σ^2인 모집단으로부터 크기 n인 확률표본 $X_1, X_2, \cdots, X_n$을 추출할 때, 다음이 성립함을 보여라.

① $E(\overline{X}) = \mu$

② $E(\dfrac{X}{n}) = p$

③ $E(S^2) = \sigma^2$

④ $E(S'^2) = E[\dfrac{1}{n}\sum_{i=1}^{n}(X_i-\overline{X})^2] = \dfrac{n-1}{n}\sigma^2$

<증명>

① $E(\overline{X}) = E\left(\dfrac{1}{n}\sum_{i=1}^{n}X_i\right) = \dfrac{1}{n}\sum_{i=1}^{n}E(X_i) = \dfrac{1}{n}n\mu = \mu$

∴ 표본평균 $\overline{X}$는 모평균 μ의 불편추정량이다.

② 6.4절에서 언급한 바와 같이 $X = \sum_{i=1}^{n}Y_i \sim B(n,p)$ 이므로

$E\left(\dfrac{X}{n}\right) = \dfrac{1}{n}E(X) = \dfrac{1}{n}np = p$

이다. 따라서 표본비율 $\dfrac{X}{n}$ 은 모비율 p의 불편추정량이다.

③ 표본분산 S^2을 변형하면 다음과 같이 된다.

$$S^2 = \dfrac{1}{n-1}\sum_{i=1}^{n}(X_i-\overline{X})^2$$
$$= \dfrac{1}{n-1}\sum_{i=1}^{n}[(X_i-\mu)-(\overline{X}-\mu)]^2$$
$$= \dfrac{1}{n-1}\sum_{i=1}^{n}[(X_i-\mu)^2+(\overline{X}-\mu)^2-2(X_i-\mu)(\overline{X}-\mu)]$$
$$= \dfrac{1}{n-1}\left[\sum_{i=1}^{n}(X_i-\mu)^2+\sum_{i=1}^{n}(\overline{X}-\mu)^2-2(\overline{X}-\mu)\sum_{i=1}^{n}(X_i-\mu)\right]$$
$$\left(\because \sum_{i=1}^{n}(X_i-\mu)=\sum_{i=1}^{n}X_i-n\mu=n\overline{X}-n\mu=n(\overline{X}-\mu)\right)$$
$$= \dfrac{1}{n-1}\left[\sum_{i=1}^{n}(X_i-\mu)^2+n(\overline{X}-\mu)^2-2n(\overline{X}-\mu)^2\right]$$
$$E(S^2) = \dfrac{1}{n-1}E\left[\sum_{i=1}^{n}(X_i-\mu)^2-n(\overline{X}-\mu)^2\right]$$
$$= \dfrac{1}{n-1}\left[\sum_{i=1}^{n}E(X_i-\mu)^2-nE(\overline{X}-\mu)^2\right]$$
$$= \dfrac{1}{n-1}\left[n\sigma^2-nV(\overline{X})\right]$$
$$= \dfrac{1}{n-1}\left[n\sigma^2-n\dfrac{\sigma^2}{n}\right]$$
$$= \dfrac{1}{n-1}(n-1)\sigma^2 = \sigma^2$$

$E(S^2) = \sigma^2$이 되어 표본분산 S^2은 모분산 σ^2의 불편추정량이다.

④ $E(S'^2) = E\left[\dfrac{1}{n}\sum_{i=1}^{n}(X_i - \overline{X})^2\right]$

$\qquad\qquad = E\left[\dfrac{1}{n-1}\sum_{i=1}^{n}(X_i - \overline{X})^2\left(\dfrac{n-1}{n}\right)\right]$

$\qquad\qquad = \left(\dfrac{n-1}{n}\right)E\left[\dfrac{1}{n-1}\sum_{i=1}^{n}(X_i - \overline{X})^2\right]$

$\qquad\qquad = \left(\dfrac{n-1}{n}\right)E(S^2) = \left(\dfrac{n-1}{n}\right)\sigma^2 \neq \sigma^2$

$E(S'^2) = \dfrac{n-1}{n}\sigma^2 \neq \sigma^2$이므로 $\quad S'^2 = \dfrac{\sum(X_i - \overline{X})^2}{n}$ 은 불편추정량이 아니다.

■ 유효성(efficiency)

모수 θ의 불편추정량은 $E(\widehat{\theta}) = \theta$을 만족하면 되므로 여러 개 존재할 수 있다. 만약 모수 θ의 불편추정량이 $\widehat{\theta}_1$과 $\widehat{\theta}_2$, 두 개일 때는 어떤 추정량이 더 좋은 추정량이 될까? 불편성은 추정량의 중심 위치가 모수와 동일한 추정량을 선택하는 것이다. 그러나 같은 불편추정량이라도 추정량의 퍼진 정도인 산포가 더 적은 추정량이 좋은 추정량이 된다. 추정량의 산포가 더 적은 것을 유효성(efficiency)이라 말한다. 따라서 분산이 작은 추정량을 유효추정량(efficient estimator)이라 한다. 즉, 모수 θ의 불편추정량이 각각 $\widehat{\theta}_1$과 $\widehat{\theta}_2$이면

$$Var(\widehat{\theta}_1) < Var(\widehat{\theta}_2)$$

$\widehat{\theta}_1$을 θ의 유효 추정량(efficient estimator)이라 한다. 불편추정량 중에서 분산이 가장 작은 추정량을 최소분산불편추정량(minimum unbiased estimator: MVUE) 또는 최량 추정량(best estimator)이라 한다. 예를 들어, 모평균 μ의 불편추정량은 표본평균 $\overline{X}$와 표본중위수 $\widetilde{X}$ 가 있다. 그러나 표본평균의 분산은 $Var(\overline{X}) = \dfrac{\sigma^2}{n}$ 이고 표본 중위수의 분산은 $Var(\widetilde{X}) = \dfrac{\sigma^2}{n}\left(\dfrac{\pi}{2}\right)$ 이다. 따라서 분산이 더 작은 표본평균 $\overline{X}$이 모평균 μ의 유효추정량이다. 즉,

$$Var(\overline{X}) = \dfrac{\sigma^2}{n} < Var(\widetilde{X}) = \dfrac{\pi\sigma^2}{2n}$$

이 된다. 표본평균 $\overline{X}$는 모평균 μ의 최량추정량(best estimator)이다.

■ 일치성(consistency)

표본의 크기 n을 늘리면 얼마든지 모수 θ에 가까운 추정치를 거의 확실히 구할 수 있으면 일치성이 있다고 한다. 매우 작은 값인 $\epsilon > 0$에 대해, 다음을 만족하는 추정량 $\hat{\theta}$을 모수 θ의 일치추정량(consistent estimator)이라 한다.

$$\lim_{n \to \infty} P(\,|\,\hat{\theta} - \theta\,|\, < \epsilon\,) = 1 \;\; 또는 \;\; \lim_{n \to \infty} P(\,|\,\hat{\theta} - \theta\,|\, \geq \epsilon\,) = 0$$

표본의 크기 n이 커질수록 추정량 $\hat{\theta}$이 모수 θ에 점점 접근해지는 것이 일치 추정량이 된다.

예를 들어, 표본평균 $\overline{X}$가 모평균 μ의 일치추정량이 됨을 살펴보자. 표본평균 $\overline{X}$의 평균과 분산은 각각 $E(\overline{X}) = \mu$, $Var(\overline{X}) = \dfrac{\sigma^2}{n}$ 이므로 Chebyshev 부등식에 의하여

$$P(|\overline{X} - \mu| \geq \epsilon) \leq \frac{V(\overline{X})}{\epsilon^2} = \frac{\sigma^2}{n\epsilon^2}$$

$$\left(\begin{array}{l} \because P(|X - \mu| \geq k\sigma) \leq \dfrac{1}{k^2} \;\; \left(\because k\sigma = \epsilon \Leftrightarrow k = \dfrac{\epsilon}{\sigma} \right) \\ \Leftrightarrow P(|X - \mu| \geq \epsilon) \leq \dfrac{\sigma^2}{\epsilon^2} \end{array} \right)$$

$$\lim_{n \to \infty} P(|\overline{X} - \mu| \geq \epsilon) \leq \lim_{n \to \infty} \left(\frac{1}{n} \right) \frac{\sigma^2}{\epsilon^2} = 0 \;\; \left(\because \frac{\sigma^2}{\epsilon^2} : 상수 \right)$$

이다. 따라서 표본평균 $\overline{X}$는 모평균 μ의 일치추정량이다. 또한 표본분산 S^2도 모분산 σ^2의 일치추정량이다. 6.5.의 표본분산 S^2의 분포에서 통계량 $U = \dfrac{(n-1)S^2}{\sigma^2}$ 은 자유도가 $n-1$인 카이제곱분포를 따랐다. 즉,

$$U = \frac{(n-1)S^2}{\sigma^2} \sim \chi^2(n-1)$$

이다.

카이제곱분포의 분산은 자유도의 2배이므로 $2(n-1)$이다. 따라서 통계량 $U = \dfrac{(n-1)S^2}{\sigma^2}$

의 분산은

$$V\left[\frac{(n-1)S^2}{\sigma^2}\right] = \frac{(n-1)^2}{\sigma^4}V(S^2) = 2(n-1)$$

이고 표본분산 S^2의 분산 $V(S^2)$은

$$V(S^2) = \frac{2\sigma^4}{n-1}$$

이 된다. 그러므로 Chebyshev 부등식에 의하여

$$P(|S^2-\sigma^2| \geq \epsilon) \leq \frac{V(S^2)}{\epsilon^2} = \frac{2\sigma^4}{(n-1)\epsilon^2}$$

$$\lim_{n \to \infty} P(|S^2-\sigma^2| \geq \epsilon) \leq \lim_{n \to \infty}\left(\frac{1}{n-1}\right)\frac{2\sigma^4}{\epsilon^2} = 0 \quad \left(\because \frac{2\sigma^4}{\epsilon^2} : 상수\right)$$

이 되어 표본분산 S^2은 모분산 σ^2의 일치추정량 됨을 볼 수 있다.

■ 충분성(sufficiency)

추정량 $\hat{\theta}$이 모수 θ에 대한 정보를 충분히 가지고 있으면 충분추정량(sufficient estimator)이라 부른다. 충분추정량을 구하는 수학적 방법은 이 책의 범위를 벗어나므로 생략한다.

좋은 추정량의 판단 기준인 불편성, 유효성, 일치성, 충분성 등을 적용한 결과 다음과 같은 좋은 점추정량을 구할 수 있다.

$$\hat{\mu} = \overline{X}, \; \hat{p} = \frac{X}{n}, \; \widehat{\sigma^2} = S^2, \; \hat{\sigma} = S$$

예제 7.2.

A회사에서 생산되는 전구의 수명을 알아보기 위해 5개를 뽑아서 수명을 측정하여 다음을 얻었다 (단위: 시간).

410, 460, 470, 510, 400

(1) 전구의 평균수명이 얼마라고 추정할 수 있는가?
(2) 전구 수명의 분산은 얼마라고 추정할 수 있는가?
(3) 전구 수명의 표준편차는 얼마라고 추정할 수 있는가?
(4) 5개의 전구의 평균수명에 대한 분산은 얼마라고 추정할 수 있는가?

<풀이>

표본평균의 값은 $\bar{x} = \dfrac{410 + 460 + 470 + 510 + 400}{5} = 450$ 이고

$$\sum_{i=1}^{5}(x_i - \bar{x})^2 = (-40)^2 + (10)^2 + (20)^2 + (60)^2 + (-50)^2 = 8200$$

이므로

(1) 평균의 추정치는 $\bar{x} = 450$ 이다.

(2) 분산에 대한 추정치는 $s^2 = \dfrac{1}{5-1}\sum_{i=1}^{5}(x_i - \bar{x})^2 = \dfrac{8200}{4} = 2050$ 이다.

(3) 표준편차의 추정치는 $\sqrt{s^2} = \sqrt{2050} = 45.28$ 이다.

(4) 5개 전구의 평균수명에 대한 분산은 $\dfrac{\sigma^2}{n} = \dfrac{\sigma^2}{5}$ 이 되는데 모분산 σ^2을 모르므로 추정치를 사용하면

$$\frac{s^2}{5} = \frac{2050}{5} = 410$$

이 된다.

다섯 개의 값 {1, 2, 3, 4, 5}에서 세 개의 원소로 이루어진 표본을 순서 상관없이 비복원으로 추출하는 경우

(1) 모든 가능한 표본들을 나열하고 각 표본에서 평균$\overline{X}$, 중위수$\widetilde{X}$ 그리고 최솟값$X_{(1)}$의 분포를 구하라.

(2) (1)번에서 구한 세 통계량 중에서 모평균 μ의 불편추정량은 어느 것인가? 그 이유를 설명하라.

(3) 세 추정량 $\overline{X}, \widetilde{X}, X_{(1)}$ 중에서 모평균에 대한 좋은 추정량은 어느 것인가? 그 이유를 설명하라.

$$\mu = 3, \ \sigma^2 = \frac{1}{5}(4+1+1+4) = 2 \ , \ \sigma = \sqrt{2}$$

<풀이>

(1)

표본	평균	중위수	최솟값
1, 2, 3	2	2	1
1, 2, 4	7/3	2	1
1, 2, 5	8/3	2	1
1, 3, 4	8/3	3	1
1, 3, 5	3	3	1
1, 4, 5	10/3	4	1
2, 3, 4	3	3	2
2, 3, 5	10/3	3	2
2, 4, 5	11/3	4	2
3, 4, 5	4	4	3

표본 평균	2	7/3	8/3	3	10/3	11/3	4
확률	1/10	1/10	2/10	2/10	2/10	1/10	1/10

표본중위수	2	3	4
확률	3/10	4/10	3/10

표본최소값	1	2	3
확률	6/10	3/10	1/10

(2) $E(\overline{X}) = 3 = \mu$, $E(\widetilde{X}) = 3 = \mu$, $E(X_{(1)}) = 1.5$

표본평균 $\overline{X}$과 표본중위수 $\widetilde{X}$ 가 불편추정량이다.

(3)

$$V(\overline{X}) = \frac{2}{3}\frac{5-3}{5-1} = 0.33$$

$$V(\widetilde{X}) = \frac{12+36+48}{10} - 3^2 = 0.6$$

$$V(X_{(1)}) = \frac{6+12+9}{10} - 1.5^2 = 0.45$$

표본평균이 가장 좋은 추정량이다. 그 이유는 불편추정량이면서 분산이 제일 작은 유효추정량이기 때문이다.

6.3.에서 모수 θ의 추정량 $\hat{\theta}$의 표준편차 $\sqrt{V(\hat{\theta})}$ 를 θ의 표준오차(standard error: S.E)라 정의하였다. 표준오차는 모수의 추정량이 얼마나 정확한가를 측정하는 것으로, 표준오차가 작을수록 추정량이 모수와 비슷함을 의미한다. 즉, 표준오차가 작을수록 추정량의 정밀도가 높다고 할 수 있다.

■ 표준오차(standard error: S.E)

$$S.E(\hat{\theta}) = \sqrt{V(\hat{\theta})}$$

평균의 표준오차는

$$S.E(\overline{X}) = \sqrt{V(\overline{X})} = \frac{\sigma}{\sqrt{n}}$$

이고 평균의 표준오차의 추정량은

$$\widehat{S.E(\overline{X})} = \frac{\hat{\sigma}}{\sqrt{n}} = \frac{S}{\sqrt{n}}$$

이다. 비율의 표준오차는

$$S.E(\frac{X}{n}) = \sqrt{V(\frac{X}{n})} = \sqrt{\frac{p(1-p)}{n}}$$

이고 비율의 표준오차의 추정량은

$$\widehat{S.E(\frac{X}{n})} = \sqrt{\frac{\hat{p}(1-\hat{p})}{n}} = \sqrt{\frac{X/n(1-X/n)}{n}}$$

이다. 분산의 표준오차는

$$S.E(S^2) = \sqrt{V(S^2)} = \sqrt{\frac{2\sigma^4}{n-1}}$$

이고 분산의 표준오차의 추정량은

$$\widehat{S.E(S^2)} = \sqrt{\widehat{V(S^2)}} = \sqrt{\frac{2S^4}{n-1}}$$

이다.

7.3. 구간추정(Interval estimation)

■ 구간추정이 왜 필요한가?

예를 들어, 우리나라 중1 남학생의 평균 키에 대한 추정을 하려고 한다. 표본을 뽑아 평균을 계산한 결과 $\bar{x} = 150\,cm$이었다. 중1 남학생의 평균 키에 대한 추정치로 얼마나 믿을 수 있을까? 추정치와 모수가 정확히 같을 가능성은 거의 없다. 만약, 표본의 크기가 n=2명인 경우와 n=100명인 경우 중 우리는 표본크기가 더 큰 n=100인 경우에 얻어진 추정치를 더 신뢰할 수 있을 것이다. 또한 $\sigma = 5$일 때와 $\sigma = 10$일 때, 우리는 $\sigma = 5$인 경우에 얻어진 추정치를 더 신뢰할 것이다. 이처럼, 점추정치가 얼마나 정확한지(진짜 모수에 얼마나 가까운지) 알기 위해서는 모표준편차 σ와 표본크기 n에 대해 알아야 한다. 구간추정은 앞에서 구한 점추정치에 표본크기 n과 모분산 σ^2의 정보를 모두 포함하여 미지의 모수가 속할 구간을 표시하는 방법이다.

■ 구간추정의 방법

추정량(estimator)을 모수에 의존하지 않는 분포(모수가 포함되어 있지 않은 분포)를 갖는 확률변수(Pivotal quantity)로 만들어 구간추정에 이용하는 방법을 Pivotal Quantity Method 라 한다.

우선, 모평균 μ에 대한 구간추정을 설명하겠다. 모분산, 모비율 등 다른 모수에 대한 구간추정도 같은 개념으로 이해하면 된다.

모평균 μ에 대한 두 통계량 L, U에 대해

$$P(L < \mu < U) = 1 - \alpha \, , \, 0 < \alpha < 1$$

가 되었을 때, 구간 (L, U)을 μ에 대한 구간추정량(interval estimator)이라 한다. 그리고 실제 표본의 관측값으로부터 계산된 L, U의 값을 각각 l, u라 하면 구간 (l, u)을 모수 μ에 대한 100(1-α)% 신뢰구간(confidence interval)이라 한다. 여기서 $1 - \alpha$를 신뢰 수준(confidence level) 또는 신뢰계수(confidence coefficient)라 부른다. l를 신뢰구간의 하한(lower bound), u을 신뢰구간의 상한(upper bound)이라 한다.

예를 들어, 모평균 μ에 대한 95% 신뢰구간을 구해보자.

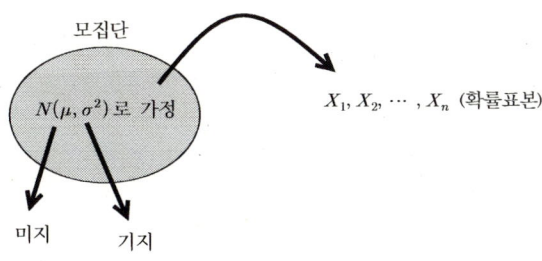

모분산 σ^2을 알고 있는 정규모집단 $N(\mu, \sigma^2)$으로부터 크기 n의 확률표본을 추출했을 때, 모평균 μ의 추정량인 표본평균 $\overline{X}$의 분포는

$$\overline{X} \sim N(\mu, \frac{\sigma^2}{n})$$

이다. 모평균 μ을 몰라서 표본평균 $\overline{X}$을 이용해 모평균을 추정하려고 하는 데 그 추정량이 모르는 모수인 모평균을 알아야 구할 수 있다. 즉, 추정량의 분포가 모수μ에 의존하고 있다. 따라서 이 통계량을 가지고 구간추정을 할 수 없다. 그래서 모수에 의존하지 않는 통계량인 pivotal quantity를 표준화해서 다음과 같이 얻을 수 있다.

$$Z = \frac{\overline{X} - \mu}{\sigma / \sqrt{n}} \sim N(0,1)$$

이제, $P(L < \mu < U) = 0.95$이 되도록 확률구간(L, U)을 구해보면,

$$P\left(-1.96 < \frac{\overline{X} - \mu}{\sigma / \sqrt{n}} < 1.96\right) = 0.95$$

$$\Leftrightarrow P\left(\overline{X} - 1.96 \frac{\sigma}{\sqrt{n}} < \mu < \overline{X} + 1.96 \frac{\sigma}{\sqrt{n}}\right) = 0.95 \quad \cdots\cdots (*)$$

이 된다. 여기서, 모수 μ는 상수이지만 구간의 하한 $\overline{X} - 1.96 \frac{\sigma}{\sqrt{n}}$과 상한 $\overline{X} + 1.96 \frac{\sigma}{\sqrt{n}}$인 양 끝점은 표본에 따라 달라지는 확률변수이다. 따라서 확률구간 $(\overline{X} - 1.96 \frac{\sigma}{\sqrt{n}}, \ \overline{X} + 1.96 \frac{\sigma}{\sqrt{n}})$이 모수 μ를 포함할 확률이 0.95라고 해석한다.

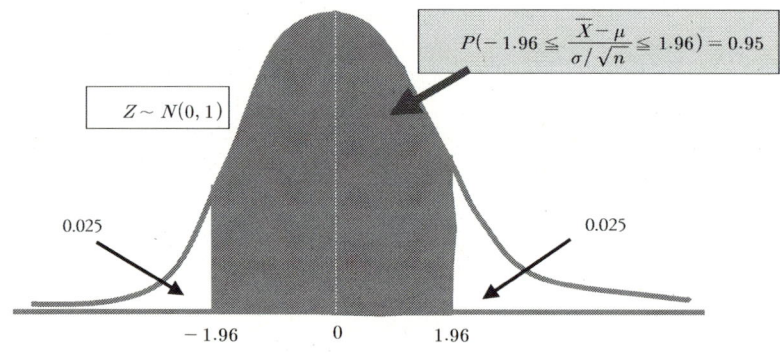

실제로 추출한 표본으로부터 $\overline{X}$의 값이 $\overline{x}$로 계산되었다면, 모평균 μ에 대한 95% 신뢰구간은 다음과 같다.

$$(\overline{x} - 1.96 \frac{\sigma}{\sqrt{n}}, \ \overline{x} + 1.96 \frac{\sigma}{\sqrt{n}}) \Leftrightarrow \overline{x} \pm 1.96 \frac{\sigma}{\sqrt{n}}$$

실제로 추출한 표본으로부터 $\overline{X}$의 값이 $\overline{x}$로 계산되었다면, 구간 $\overline{x} \pm 1.96 \frac{\sigma}{\sqrt{n}}$ 가 μ를 포함할 확률이 0.95라고 말하면 안 된다. 이 고정된 구간이 μ를 포함하거나 안 포함하거

나 둘 중 하나인데 우리는 포함하는지 안 포함하는지 모른다. 그렇지만 위의 (*)에 근거하여, μ가 $(\bar{x}-1.96\frac{\sigma}{\sqrt{n}}, \bar{x}+1.96\frac{\sigma}{\sqrt{n}})$ 에 존재할 거라는 것을 95% 신뢰할 수 있다.

■ **95% 신뢰도의 의미**

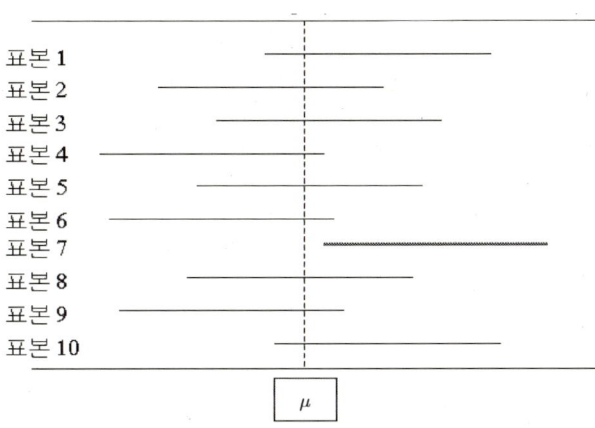

(*)식은 $\bar{X}$를 100번 관찰하여 만든 100개의 구간 중에서 95개는 μ를 포함하고 있고 5개는 포함되지 않음을 의미한다. 즉, 우리가 구한 어느 한 개의 구간이 μ을 포함하리라는 믿음의 정도가 95%임을 뜻한다.

μ에 대한 $100(1-a)\%$ 신뢰구간을 구하기 위해

$$P(-z_{\frac{\alpha}{2}} < \frac{\bar{X}-\mu}{\sigma/\sqrt{n}} < z_{\frac{\alpha}{2}}) = 1-\alpha$$

$$\Leftrightarrow P(\bar{X}-z_{\frac{\alpha}{2}}\frac{\sigma}{\sqrt{n}} < \mu < \bar{X}+z_{\frac{\alpha}{2}}\frac{\sigma}{\sqrt{n}}) = 1-\alpha$$

이므로, 실제로 추출한 표본으로부터 $\bar{X}$의 값이 $\bar{x}$로 계산되었다면 μ에 대한 $100(1-a)\%$ 신뢰구간은

$$\bar{x} \pm z_{\frac{\alpha}{2}}\frac{\sigma}{\sqrt{n}}$$

이 된다.

신뢰구간의 양 끝점을 잡을 때, 왜 양쪽을 똑같이 $\frac{\alpha}{2}$로 했을까? 그 이유는 대칭인 분포에서 양쪽을 똑같이 나누는 것이 구간의 길이가 가장 짧기 때문이다.

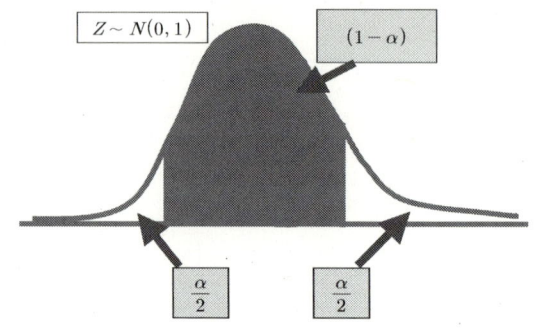

■ 신뢰구간의 길이

μ에 대한 $100(1-a)\%$ 신뢰구간이 $\bar{x} \pm z_{\frac{\alpha}{2}} \dfrac{\sigma}{\sqrt{n}}$ 이므로 신뢰구간의 길이는

$$2 z_{\frac{\alpha}{2}} \frac{\sigma}{\sqrt{n}}$$

이 된다. μ에 대한 신뢰구간의 길이는 $\bar{x}$에 의존하지 않지만 $n, z_{\frac{\alpha}{2}}, \sigma$에 따라 달라진다. 표본을 많이 뽑으면 신뢰구간의 길이가 짧아지고 $z_{\frac{\alpha}{2}}$값이 커지면 즉, 신뢰도(기대감의 정도)를 높이면 신뢰구간의 길이는 길어지며 모분산 σ^2이 크면 신뢰구간의 길이도 길어진다.

■ 모평균 추정에 필요한 표본크기

신뢰도 $100(1-\alpha)\%$을 가지고 모평균 μ와 추정치 $\bar{x}$의 차이가 어떤 특정한 값보다 작게 하려고 할 때 표본 크기를 결정하는 문제를 생각해 보자.

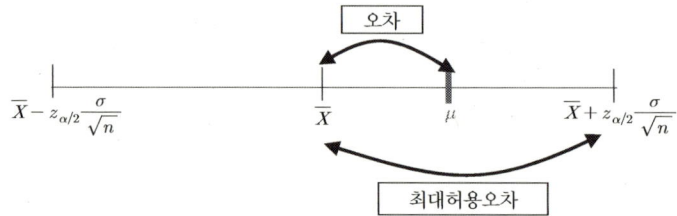

추정치 $\bar{x}$와 모수 μ와의 차이를 추정오차라 하고 추정오차의 최댓값인 최대허용오차를 ϵ라 하면 $100(1-\alpha)\%$ 신뢰구간에서 최대허용오차(오차범위)는

$$\epsilon = z_{\alpha/2}\frac{\sigma}{\sqrt{n}}$$

이 된다. 여기서, 표본의 크기 n은

$$n = \left(\frac{z_{\alpha/2}\sigma}{\epsilon}\right)^2$$

이다. 이 표본 크기 n이면 추정치 $\bar{x}$와 모수 μ와의 차이인 오차가 ϵ보다 작다는 것을 $100(1-\alpha)\%$ 정도 신뢰할 수 있음을 말한다. 표본을 n개 보다 더 많이 뽑으면 모집단의 정보를 더 많이 얻으므로 그만큼 신뢰도가 더 커진다. 만약, 표본 크기 n이 커지면 정확성이 높아지거나(오차가 줄어듦) 신뢰도가 높아지거나($z_{\alpha/2}$이 커짐) 모표준편차 σ이 크다. 그러므로 오차를 줄이려면 표본을 많이 뽑거나, 신뢰도를 낮추어야 한다. 우리는 모표준편차를 조절할 수는 없다.

예제 7.4.

우리 학교 고3 여학생 전원의 체중을 측량하여 평균값과 표준편차를 계산하였다. 그런데 선생님의 부주의로 이 자료가 든 가방이 분실되었다. 기억을 하고 있는 것은 표준편차가 5kg이라는 것뿐이다. 체중의 평균을 알기 위해 몇 명의 여학생을 제비뽑기로 뽑은 후 체중을 측정하여 전원의 평균을 추정하려고 한다. 오차가 너무 커도 안 되기 때문에 95% 신뢰구간의 폭을 3kg으로 하였다. 체중을 측정한 여학생은 모두 몇 명인가?

<풀이>

$$2z_{\alpha/2}\frac{\sigma}{\sqrt{n}} = 3$$
$$\Leftrightarrow 2(1.96)\frac{5}{\sqrt{n}} = 3$$
$$\Leftrightarrow 1.96\frac{5}{\sqrt{n}} = 1.5$$
$$\therefore n = \left(\frac{1.96 \times 5}{1.5}\right)^2 \approx 43명$$

7.4. 모평균에 대한 구간추정

7.4.1. 모평균 μ의 $100(1-\alpha)\%$ 신뢰구간

7.3.에서 구한 모집단이 하나일 때의 모평균 μ에 대한 신뢰구간은 정규모집단이고 모분산 σ^2을 알고 있다고 가정하여 유도했다.

만약, 정규 모집단을 가정할 수 없을 때 어떻게 신뢰구간을 구하는가? 모분산을 모를 때 어떻게 신뢰구간을 구하는가? 이 두 가지 모두 표본의 크기 n이 크면 해결된다. 즉, 표본을 많이 뽑으면 $(n>30)$ 중심극한정리(Central Limit Theorem)에 의해 정규근사분포를 이용할 수 있다.

모분산도 모르고, 표본의 크기가 작은 경우 $(n<30)$에는 어떻게 할 것인가? 표본의 크기가 작으므로 중심극한정리(CLT)를 이용할 수 없다. 이 경우는 t-분포를 이용하여 신뢰구간을 구한다.

모집단이 하나일 때의 모평균 μ에 대한 $100(1-\alpha)\%$ 신뢰구간을 정리하면 다음과 같다.

정규 모집단 가정	모분산을 알 때	소표본	$\bar{x} \pm z_{\alpha/2} \dfrac{\sigma}{\sqrt{n}}$
		대표본	
	모분산을 모를 때	소표본 (n<30)	$\bar{x} \pm t_{\alpha/2}(n-1) \dfrac{s}{\sqrt{n}}$
		대표본	$\bar{x} \pm z_{\alpha/2} \dfrac{s}{\sqrt{n}}$
정규모집단 가정을 할 수 없을 때		소표본	$\times$
		대표본	$\bar{x} \pm z_{\alpha/2} \dfrac{s}{\sqrt{n}}$

예제 7.5.

A은행에서 고객이 기다리는 시간은 표준편차 1.2분인 정규분포를 가진다.

(1) 20명의 고객들에 대하여 조사한 결과 평균대기시간이 5.2분이 나왔다. 이때 모평균에 대한 95% 신뢰구간을 구하라.

(2) 80명의 고객들에 대하여 조사한 결과 평균대기시간이 5.2분이 나왔다. 이때 모평균에 대한 95% 신뢰구간을 구하라.

(3) (1)과 (2)를 비교할 때 표본의 크기는 신뢰구간의 길이에 어떠한 영향을 미치는가?

<풀이>
모집단이 정규분포이고 모표준편차 $\sigma = 1.2$를 아는 경우이다.

(1)

$$\bar{x} \pm z_{\alpha/2} \frac{\sigma}{\sqrt{n}} \Leftrightarrow 5.2 \pm 1.96 \frac{1.2}{\sqrt{20}}$$

$$\therefore n = 20 일 때 \ 95\% \ 신뢰구간 (4.67, 5.73)$$

(2)

$$\bar{x} \pm z_{\alpha/2} \frac{\sigma}{\sqrt{n}} \Leftrightarrow 5.2 \pm 1.96 \frac{1.2}{\sqrt{80}}$$

$$\therefore n = 80 일 때 \ 95\% \ 신뢰구간 (4.94, 5.46)$$

(3) 표본의 크기가 크면 신뢰구간의 길이는 짧아진다.

예제 7.6.

중1 남학생의 신장을 알기 위해 16명의 중1 남학생의 신장을 조사했더니 평균 신장이 150cm이고 표준편차는 10cm이었다. 단, 신장은 정규분포를 이룬다고 가정한다.
(1) 우리나라 중1 남학생의 평균 신장 μ의 90% 신뢰구간을 구하라.
(2) 우리나라 중1 남학생의 평균 신장 μ의 95% 신뢰구간을 구하라.
(3) 우리나라 중1 남학생의 평균 신장 μ의 99% 신뢰구간을 구하라.
(4) (1), (2), (3)을 비교할 때 신뢰도는 신뢰구간의 길이에 어떠한 영향을 미치는가?

<풀이>
[부록]의 t-분포표를 이용하면 다음과 같다.
$\alpha = 0.1, \ t_{0.1/2}(15) = t_{0.05}(15) = 1.753$
$\alpha = 0.05, \ t_{0.05/2}(15) = t_{0.025}(15) = 2.131$
$\alpha = 0.01, \ t_{0.01/2}(15) = t_{0.005}(15) = 2.947$

(1) μ의 90% 신뢰구간 $\bar{x} \pm t_{\alpha/2} \dfrac{\sigma}{\sqrt{n}} \Leftrightarrow 150 \pm 1.753 \dfrac{10}{\sqrt{16}}$

$$\therefore 90\% \text{ 신뢰구간}(145.62,\ 154.38)$$

(2) μ의 95% 신뢰구간 $\bar{x} \pm t_{\alpha/2} \dfrac{\sigma}{\sqrt{n}} \Leftrightarrow 150 \pm 2.131 \dfrac{10}{\sqrt{16}}$

$$\therefore 95\% \text{ 신뢰구간}(144.67,\ 155.33)$$

(3) μ의 99% 신뢰구간 $\bar{x} \pm t_{\alpha/2} \dfrac{\sigma}{\sqrt{n}} \Leftrightarrow 150 \pm 2.947 \dfrac{10}{\sqrt{16}}$

$$\therefore 99\% \text{ 신뢰구간}(142.63,\ 157.37)$$

(4) 표본이 고정되어 있고, 신뢰도가 커지면 신뢰구간의 길이는 점점 길어진다.

예제 7.7.

한 과자공장에서 나오는 과자를 80개 랜덤하게 추출하여 무게를 측정하여 본 결과 평균은 50g이고 표준편차는 0.1g이었다. 평균무게에 대한 95% 신뢰구간을 구하라.

<풀이>

모집단의 분포도 모르고 모분산도 모르는 경우이지만 표본의 크기가 80개로 대표본이므로 중심극한정리를 이용하여 표본평균의 분포는 정규분포로 근사된다. 그러므로 $z_{\alpha/2} = z_{0.025} = 1.96$을 이용하여 신뢰구간을 구한다.

$$\bar{x} \pm z_{\alpha/2} \dfrac{s}{\sqrt{n}} \Leftrightarrow 50 \pm 1.96 \dfrac{0.1}{\sqrt{80}}$$

$$\therefore 95\% \text{ 근사적 신뢰구간 } (49.98,\ 50.02)$$

7.4.2. 두 모평균 차이 $\mu_X - \mu_Y$ 의 $100(1-\alpha)\%$ 신뢰구간

현실의 많은 경우, 서로 다른 두 모집단에서 모평균을 비교하거나 두 모집단의 비율을 비교하는 경우가 있다. 예를 들어 남녀별 평균용돈의 비교, 강북과 강남의 평균 재산세 비교, 남녀별 흡연율 비교 등이 있다. 이때 두 모수값이 얼마나 가까운지 알아보기 위해 두 모수의 차를 생각할 수 있다. 두 모수의 차가 0에 가까우면 서로 비슷하고, 0에서 멀어지면 두 모수가 서로 다르다는 것을 의미한다. 모수가 평균일 경우, 두 모평균의 차이 $\mu_X - \mu_Y$ 을 추정하기 위해 통계량 $\overline{X} - \overline{Y}$의 분포를 구해야 한다.

앞의 6.3.2.에서 보았듯이 모평균과 모분산이 각각 μ_X, σ_X^2인 모집단에서 m개의 표본, 모평균과 모분산이 각각 μ_Y, σ_Y^2인 모집단에서 n개의 서로 독립인 표본을 각각 추출하였다면,

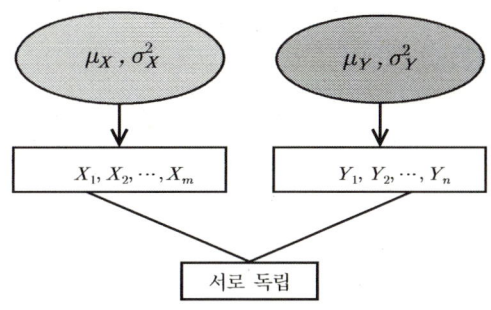

두 표본평균 차이 $\overline{X} - \overline{Y}$ 의 평균과 분산은

$$E(\overline{X} - \overline{Y}) = E(\overline{X}) - E(\overline{Y}) = \mu_X - \mu_Y$$

$$V(\overline{X} - \overline{Y}) = V(\overline{X}) + V(\overline{Y}) \ \ (\because \overline{X}, \overline{Y} : independent)$$

$$= \frac{\sigma_X^2}{m} + \frac{\sigma_Y^2}{n}$$

이며, 다음과 같이 $\overline{X} - \overline{Y}$의 분포를 구했다.

■ **두 표본평균의 차이에 대한 분포(정규모집단, 서로 독립)**

$$\overline{X} - \overline{Y} \sim N(\mu_X - \mu_Y, \frac{\sigma_X^2}{m} + \frac{\sigma_Y^2}{n})$$

$$\Leftrightarrow Z = \frac{(\overline{X} - \overline{Y}) - (\mu_X - \mu_Y)}{\sqrt{\frac{\sigma_X^2}{m} + \frac{\sigma_Y^2}{n}}} \sim N(0, 1)$$

- ■ 모집단의 분포를 모르지만 서로 독립일 때, CLT에 의해 근사적 정규분포를 따른다. 표본의 크기 m, n이 충분히 크다면, 두 표본평균의 차이에 대한 분포는 다음과 같다.

$$\overline{X} - \overline{Y} \simeq N(\mu_X - \mu_Y, \frac{\sigma_X^2}{m} + \frac{\sigma_Y^2}{n})$$

$$\Leftrightarrow Z = \frac{(\overline{X} - \overline{Y}) - (\mu_X - \mu_Y)}{\sqrt{\frac{\sigma_X^2}{m} + \frac{\sigma_Y^2}{n}}} \simeq N(0, 1)$$

두 모평균의 차이인 $\mu_X - \mu_Y$의 $100(1-\alpha)\%$ 신뢰구간도 모집단이 하나일 때 모평균의 신뢰구간을 유도해 내는 방법과 동일하게 적용할 수 있다.

각각의 모분산 σ_X^2와 σ_Y^2을 알고 있는 두 정규모집단 $N(\mu_X, \sigma_X^2)$와 $N(\mu_Y, \sigma_Y^2)$로부터 크기가 m과 n인 서로 독립인 표본을 각각 추출하였을 때, $\overline{X} - \overline{Y}$의 분포는

$$\overline{X} - \overline{Y} \sim N(\mu_X - \mu_Y, \frac{\sigma_X^2}{m} + \frac{\sigma_Y^2}{n})$$

$$\Leftrightarrow Z = \frac{(\overline{X} - \overline{Y}) - (\mu_X - \mu_Y)}{\sqrt{\frac{\sigma_X^2}{m} + \frac{\sigma_Y^2}{n}}} \sim N(0, 1)$$

이다. 그러므로 $\mu_X - \mu_Y$에 대한 $100(1-\alpha)\%$ 신뢰구간을 구하기 위해

$$P\left(-z_{\frac{\alpha}{2}} < \frac{(\overline{X} - \overline{Y}) - (\mu_X - \mu_Y)}{\sqrt{\frac{\sigma_X^2}{m} + \frac{\sigma_Y^2}{n}}} < z_{\frac{\alpha}{2}}\right) = 1 - \alpha$$

$$\Leftrightarrow P\left((\overline{X} - \overline{Y}) - z_{\frac{\alpha}{2}}\sqrt{\frac{\sigma_X^2}{m} + \frac{\sigma_Y^2}{n}} < \mu_X - \mu_Y < (\overline{X} - \overline{Y}) + z_{\frac{\alpha}{2}}\sqrt{\frac{\sigma_X^2}{m} + \frac{\sigma_Y^2}{n}}\right) = 1 - \alpha$$

이므로, 실제로 추출한 표본으로부터 $\overline{X}$와 $\overline{Y}$의 값이 $\overline{x}$와 $\overline{y}$로 계산되었다면 $\mu_X - \mu_Y$의 $100(1-\alpha)\%$ 신뢰구간은

$$(\overline{x} - \overline{y}) \pm z_{\frac{\alpha}{2}}\sqrt{\frac{\sigma_X^2}{m} + \frac{\sigma_Y^2}{n}}$$

이 된다.

정규모집단이고 등분산($\sigma_X^2 = \sigma_Y^2 = \sigma^2$)을 알 때, $\mu_X - \mu_Y$의 $100(1-\alpha)\%$ 신뢰구간은

$$(\bar{x} - \bar{y}) \pm z_{\alpha/2} \sqrt{\frac{\sigma^2}{m} + \frac{\sigma^2}{n}} = (\bar{x} - \bar{y}) \pm z_{\alpha/2} \sigma \sqrt{\frac{1}{m} + \frac{1}{n}}$$

이 된다.

정규모집단 가정을 할 수 없고, 미지의 이분산인 경우에는 중심극한정리에 의해 $\mu_X - \mu_Y$의 $100(1-\alpha)\%$ 근사적 신뢰구간을 다음과 같이 구할 수 있다.

$$(\bar{x} - \bar{y}) \pm z_{\alpha/2} \sqrt{\frac{s_X^2}{m} + \frac{s_Y^2}{n}}$$

m과 n이 크다면, 중심극한 정리에 의해 정규모집단의 가정에 상관없이, 등분산인 경우에 추정량으로 합동표본분산을 이용하고, 이분산일 경우에는 각각의 표본분산을 분산의 추정량으로 이용하여 신뢰구간을 구할 수 있다. 그러나 두 모집단의 분산을 모르고, 소표본인 경우에는 어떻게 신뢰구간을 구할까?

(Review)

■ 두 정규모집단에서의 표본평균 차이에 대한 분포(소표본인 경우)

두 모분산은 같으나 모를 때, 합동표본분산을 이용한다.

$$T = \frac{(\bar{X} - \bar{Y}) - (\mu_X - \mu_Y)}{S_p \sqrt{\frac{1}{m} + \frac{1}{n}}} \sim t(m+n-2)$$

여기서, 합동표본분산(pooled sample variance)

$$S_p^2 = \frac{\sum_{i=1}^{m} (X_i - \bar{X})^2 + \sum_{i=1}^{n} (Y_i - \bar{Y})^2}{m-1+n-1} = \frac{(m-1)S_X^2 + (n-1)S_Y^2}{m+n-2}$$

정규모집단이고 소표본이며 등분산을 모를 때, $\mu_X - \mu_Y$ 의 $100(1-\alpha)\%$ 신뢰구간은 t-분포를 이용하여 다음과 같이 구할 수 있다.

$$(\overline{x} - \overline{y}) \pm t_{\alpha/2}(m+n-2) \ s_p \ \sqrt{\frac{1}{m} + \frac{1}{n}}$$

여기서, $s_p^2 = \dfrac{(m-1)s_X^2 + (n-1)s_Y^2}{m+n-2}$ 은 합동표본분산(pooled sample variance)의 추정치이다.

예제 7.8

갑을유통업체는 서울에 두 개의 백화점을 운영하고 있다. 지점 관리자는 두 백화점에서 잘 팔리는 제품이 서로 다르다는 것을 알았다. 이러한 차이가 두 지역의 인구통계학적 차이에 기인한 것이라 믿고 있다. 두 백화점의 고객들의 평균 연령의 차이에 대하여 조사하기 위해 표본을 추출하여 다음과 자료를 얻었다.

	백화점 A	백화점 B
표본의 크기	m=36명	n=49명
표본평균	$\overline{x} = 40$세	$\overline{y} = 35$세

단, 두 모집단의 표준편차는 각각 $\sigma_X = 9$, $\sigma_Y = 10$ 로 알려져 있다고 하자(단위: 세).

(1) 두 백화점의 고객들의 평균 연령의 차이 $\mu_X - \mu_Y$ 에 대한 점추정치는 얼마인가?

(2) 95% 신뢰 수준에서 오차범위(최대허용오차)는 얼마인가?

(3) 두 백화점의 고객들의 평균 연령의 차이 $\mu_X - \mu_Y$ 에 대한 95% 신뢰구간을 구하라.

<풀이>

(1) $\mu_X - \mu_Y$ 의 점추정치는 $\overline{x} - \overline{y} = 40 - 35 = 5$ (세) 이다.

(2) $z_{\frac{\alpha}{2}} \sqrt{\dfrac{\sigma_X^2}{m} + \dfrac{\sigma_Y^2}{n}} = 1.96 \sqrt{\dfrac{9^2}{36} + \dfrac{10^2}{49}} = 1.96(2.07) = 4.06$

오차한계=4.06 (세)

(3) $(\overline{x} - \overline{y}) \pm z_{\frac{\alpha}{2}} \sqrt{\dfrac{\sigma_X^2}{m} + \dfrac{\sigma_Y^2}{n}} = 5 \pm 4.06 \Leftrightarrow (0.94,\ 9.06)$

두 백화점의 고객들의 평균 연령의 차이 $\mu_X - \mu_Y$에 대한 95% 신뢰구간은 (0.94, 9.06)이다. 95%의 신뢰 수준에서 0이 포함이 되지 않으므로 두 백화점 고객의 평균연령에 차이가 있음을 알 수 있다. 백화점 B보다 백화점 A의 고객들의 연령이 더 높다고 볼 수 있다.

예제 7.9.

남성과 여성의 임금차이를 조사한 연구에 의하면, 남성의 임금이 여성의 임금에 비하여 높은 이유는 높은 경력을 가졌기 때문인 것으로 보고되었다. 다음의 남성과 여성의 경력에 대한 표본 결과를 활용하여 다음 문제에 답하라.

	남성	여성
표본의 크기	m=16 (명)	n=16 (명)
표본평균	$\overline{x} = 14.9$ (년)	$\overline{y} = 10.3$ (년)
표본분산	$s_X = 5.2$ (년)	$s_Y = 3.8$ (년)

단, 두 모집단은 정규분포를 따르고 두 모집단의 모분산은 동일하다고 가정하자.
(1) 두 모집단의 평균 차이 $\mu_X - \mu_Y$에 대한 점추정치는 얼마인가?
(2) 95% 신뢰 수준에서 오차범위(최대허용오차)는 얼마인가?
(3) 두 모집단의 평균 차이 $\mu_X - \mu_Y$에 대한 95% 신뢰구간을 구하라.

<풀이>
(1) $\mu_X - \mu_Y$의 점추정치는 $\overline{x} - \overline{y} = 14.9 - 10.3 = 4.6$ (년)이다.

(2) $s_p^2 = \dfrac{(m-1)s_X^2 + (n-1)s_Y^2}{m+n-2} = \dfrac{15(5.2)^2 + 24(3.8)^2}{16+16-2} = 25.072$

$\quad t_{0.025}(30) \sqrt{\dfrac{s_p^2}{m} + \dfrac{s_p^2}{n}} = 2.042 \sqrt{\dfrac{25.072}{16} + \dfrac{25.072}{16}} = 2.042(1.77) = 3.615$

오차한계=3.615 (년)

(3) $(\overline{x} - \overline{y}) \pm t_{0.025}(30) \sqrt{\dfrac{s_p^2}{m} + \dfrac{s_p^2}{n}} = 4.6 \pm 3.615 \Leftrightarrow (0.985,\ 8.215)$

남성과 여성의 경력 차이 $\mu_X - \mu_Y$에 대한 95% 신뢰구간은 (0.985, 8.215)이다. 95%의 신뢰 수준에서 0이 포함이 되지 않으므로 남성과 여성의 경력에 차이가 있음을 알 수 있다. 남성이 여성보다 경력이 더 높다고 볼 수 있다.

7.4.3. 쌍체표본에서 $\mu_X - \mu_Y$의 $100(1-\alpha)$% 신뢰구간

앞의 7.4.2.에서 두 개의 표본을 독립적으로 추출하는 경우, 표본평균의 차이에 대하여 생각해 보았다. 그러나 독립 표본으로 볼 수 없는 많은 경우에 우리가 관심을 가지고 있는 순수한 효과만을 얻기 곤란한 경우가 있다. 예를 들어, A, B 두 타이어의 마모율을 비교하는 경우를 생각해 보자. 독립표본을 선택한다고 하면, A타이어를 장착한 자동차와 B타이어를 장착한 자동차는 서로 관련이 없는 두 개의 독립표본이 된다. 그런데 타이어의 마모율은 타이어의 품질뿐 아니라 자동차의 무게, 운전자의 운전습관, 날씨 및 도로상태 등에 따라 영향을 받는다. 그러므로 순수한 타이어의 품질에 대한 효과를 얻기가 곤란하다. 이러한 문제를 해결하기 위해서 같은 자동차의 한쪽에 A타이어, 다른 한쪽에 B타이어를 장착한 후 실험을 하면 된다. 그러면, 한 자동차에서 A타이어의 마모율과 B타이어의 마모율을 쌍으로 얻을 수 있다. 이러한 비교 방법을 쌍체비교(paired comparison)라 하고, 쌍체비교를 통해 얻어진 표본을 쌍체표본(paired sample)이라 한다. 이들 쌍으로 얻어진 자료는 서로 밀접한 관련이 있을 것이다.

다른 예를 들어보면, 어떤 의사가 개발한 치료법이 비만증에 효과가 있는지 알아보려고 할 때, 동일한 사람을 대상으로 치료법을 적용하기 전과 후의 쌍체표본을 얻어야 개인별 존재하는 영향을 상쇄시킬 수 있다. 또는, 교수 방법이 학생들의 성적에 영향을 미치는지를 알아보려고 할 때도 동일한 학생을 대상으로 교수 방법 적용 전과 후의 자료를 얻어야 개인별 지능이 미치는 영향을 제거할 수 있다.

또 다른 예를 들어보자. 회사 업무에 있어서 컴퓨터 교육이 효과가 있는지 알아보려고 한다.

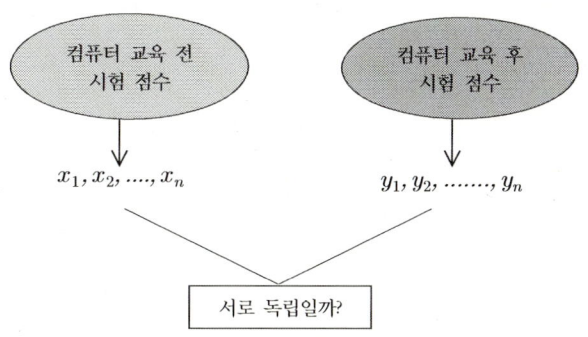

시험 점수는 순수한 컴퓨터 교육의 효과 때문만이 아닌 다른 조건들(개인별 지능지수, 건강상태, 과거의 컴퓨터 지식상태 등)에 의해 영향받을 것이다. 따라서 순수한 컴퓨터 교육의 효과를 얻으려면 다른 모든 조건이 똑같은 상황에서 실험을 해야 한다. 그러므로 동일인에게 컴퓨터 교육 전의 시험 점수와 교육 후의 시험 점수로 구성된 쌍체 표본을 얻어야 한다.

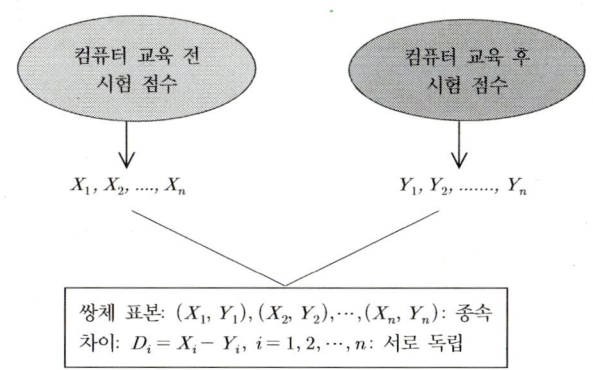

(Review)

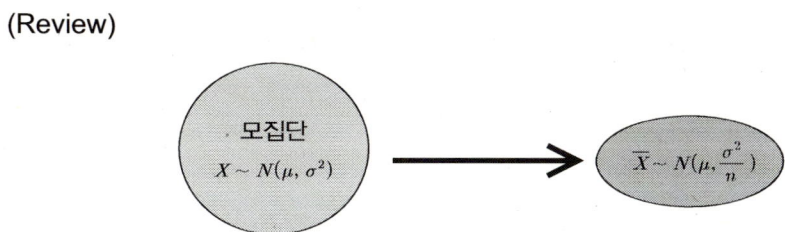

$D_i = X_i - Y_i$, $i = 1, 2, \cdots, n$, $D_1, D_2, \cdots, D_n \sim N(\mu_D, \sigma_D^2)$ 라 하면, 즉, 쌍체표본의 차이 D_i 를 하나의 정규모집단에서 추출된 확률표본이라 생각하면 앞에서 모집단이 하나일 때 모

평균의 100(1-α)%신뢰구간을 구하는 문제와 동일하다.

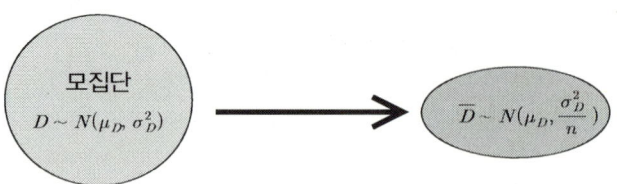

$\overline{D} = \dfrac{\sum_{i=1}^{n} D_i}{n}$ 의 분포는 평균이 모평균과 같고, 분산은 모분산의 $\dfrac{1}{n}$ 이 된다.

즉, $\overline{D} \sim N(\mu_D, \dfrac{\sigma_D^2}{n})$ 이 된다.

$$\overline{D} \sim N(\mu_D, \dfrac{\sigma_D^2}{n}) \iff Z = \dfrac{\overline{D} - \mu_D}{\dfrac{\sigma_D}{\sqrt{n}}} \sim N(0,1)$$

그러므로 쌍체표본에서 $\mu_X - \mu_Y$의 $100(1-\alpha)\%$ 신뢰구간은 모집단이 하나일 때, 모평균 μ의 $100(1-\alpha)\%$신뢰구간을 구하는 방법과 동일하게 구할 수 있다.

모분산을 알 때	소표본	$\overline{D} \pm z_{\alpha/2} \dfrac{\sigma_D}{\sqrt{n}}$
	대표본	
모분산을 모를 때	소표본 (n<30)	$\overline{D} \pm t_{\alpha/2}(n-1)\dfrac{s_D}{\sqrt{n}}$ 여기서, $s_D^2 = \dfrac{\sum_{i=1}^{n}(D_i - \overline{D})^2}{n-1}$
	대표본	$\overline{D} \pm z_{\alpha/2}\dfrac{s_D}{\sqrt{n}}$

예제 7.10.

어떤 회사에서 컴퓨터 교육에 대한 효과를 알아보기 위해 16명의 사원에게 컴퓨터 교육 전과 교육 후의 업무효율성 점수를 각각 측정하여 다음과 같은 자료를 얻었다. 컴퓨터 교육의 효과를 알아보기 위해 교육 전과 교육 후의 차이 $\mu_X - \mu_Y$에 대한 95% 신뢰구간을 구하라.

사원번호	1	2	3	4	5	6	7	8	9	10	11	12	13	14	15	16
교육 전	75	83	96	77	81	90	82	67	94	85	78	82	96	80	87	81
교육 후	80	90	92	75	86	90	81	70	89	88	82	79	91	90	78	89

<풀이>

사원번호	1	2	3	4	5	6	7	8	9	10	11	12	13	14	15	16
교육 전	75	83	96	77	81	90	82	67	94	85	78	82	96	80	87	81
교육 후	80	90	92	75	86	90	81	70	89	88	82	79	91	90	78	89
교육 전-교육 후	-5	-7	4	2	-5	0	1	-3	5	-3	-4	3	5	-10	9	-8

교육 전-교육 후=D라 하면

$$\overline{D} = \frac{\sum_{i=1}^{16} D_i}{16} = \frac{-16}{16} = -1, \quad s_D^2 = \frac{\sum_{i=1}^{n}(D_i - \overline{D})^2}{n-1} = \frac{(-5+1)^2 + \cdots + (-8+1)^2}{16-1} = 27.067 \text{ 이다.}$$

그러므로 $\mu_X - \mu_Y$에 대한 95% 신뢰구간은 다음과 같다.

$$\overline{D} \pm t_{\alpha/2}(n-1)\frac{s_D}{\sqrt{n}} \Leftrightarrow -1 \pm t_{0.025}(15)\frac{5.20}{\sqrt{16}} \Leftrightarrow -1 \pm 2.13(1.3)$$

$$\Leftrightarrow (-3.765, 1.769)$$

7.5. 모비율에 대한 구간추정

6.4.에서 표본비율에 대한 분포를 다음과 같이 유도해 냈다.

$$\frac{X}{n} \overset{\cdot}{\sim} N\left(p, \frac{pq}{n}\right), \ n \to \infty$$

그러므로 모비율 p에 대한 100(1-α)% 근사적 신뢰구간을 구하기 위해

$$P\left(-z_{\alpha/2} < \frac{X/n - p}{\sqrt{\dfrac{pq}{n}}} < z_{\alpha/2}\right) = 1 - \alpha$$

$$\Leftrightarrow P\left(\frac{X}{n} - z_{\alpha/2}\sqrt{\frac{pq}{n}} < p < \frac{X}{n} + z_{\alpha/2}\sqrt{\frac{pq}{n}}\right) = 1 - \alpha$$

가 된다. 따라서 표본의 크기가 클 때($n > 30$), 모비율 p에 대한 $100(1-\alpha)\%$ 근사적 신뢰구간은

$$\frac{x}{n} \pm z_{\alpha/2} \sqrt{\frac{\frac{x}{n}\left(1 - \frac{x}{n}\right)}{n}}$$

이 된다.

예제 7.11.

어느 대학에서 학생들의 흡연율을 알아보기 위해 전체 학생 중 100명의 학생을 랜덤하게 추출하여 흡연 여부를 조사한 결과 24명이 흡연을 하였다.
(1) 전체 학생의 흡연율 p의 추정치는 얼마인가?
(2) 전체 학생의 흡연율 p에 대한 95% 신뢰구간을 구하라.

<풀이>

(1) $\hat{p} = \frac{24}{100} = 0.24$

(2) $\frac{x}{n} \pm z_{\alpha/2} \sqrt{\frac{\frac{x}{n}\left(1 - \frac{x}{n}\right)}{n}} \Leftrightarrow 0.24 \pm 1.96 \sqrt{\frac{0.24(1 - 0.24)}{100}}$

$\Leftrightarrow 0.24 \pm 0.084 \Leftrightarrow (0.156, 0.324)$

따라서 전체 학생의 흡연율 p에 대한 95% 신뢰구간은 (0.156, 0.324)이다.

■ 모비율 p에 대한 추정에 있어서 표본크기 결정

신뢰도 $100(1-\alpha)\%$을 가지고 모비율 p와 추정치 $\frac{x}{n}$의 차이가 어떤 특정한 값보다 작게 하려고 할 때 표본 크기를 결정하는 문제를 생각해 보자.

최대허용오차를 e라 하면 모비율 p에 대한 $100(1-\alpha)\%$신뢰구간에서 최대허용오차(오차범위)는

$$e = z_{\alpha/2} \sqrt{\frac{p(1-p)}{n}}$$

이 된다. 여기서, 표본 크기 n을 구하면

$$n = \left(\frac{z_{\alpha/2}\sqrt{p(1-p)}}{e} \right)^2$$

이 된다. 여기서, p를 모를 때는 이전에 추정한 추정치를 사용하거나 n의 최댓값을 사용한다. $p(1-p)$이 최댓값을 가질 때 즉, $p=0.5$일 때 표본의 크기 n이 최대가 된다. 따라서 p의 추정치로 0.5를 사용하면 최대허용오차 e 안에서 뽑을 수 있는 표본의 크기가 제일 크게 된다. 그러므로 $p=0.5$을 대입하면

$$n = \left(\frac{z_{\alpha/2}\sqrt{0.5 \times 0.5}}{e} \right)^2 = \frac{1}{4}\left(\frac{z_{\alpha/2}}{e} \right)^2$$

이 된다. 만약, 신뢰도를 95%로 하면

$$n = \frac{1}{4}\left(\frac{1.96}{e} \right)^2 \approx \frac{1}{e^2}$$

이 된다. 신뢰도 95%인 여론조사에서 오차범위 e에 따른 표본 크기 n은 다음과 같다.

e	n
9.8%	100
4.4%	500
3.1%	1,000
2.5%	1,500
1.0%	9,604

　　예를 들어, 뉴스에서 다음과 같은 보도를 한 번 쯤은 들어본 적이 있을 것이다. 이 의미가 무엇인지 살펴보자.

　　"여론조사에서 A후보의 지지율은 88%로 나타났고 이 조사는 성인 남녀 1,000명을 대상으로 조사했으며 신뢰도는 95%이고 오차범위는 ±3.1%P입니다."

　　우선, A후보의 지지율의 추정치가 88%이며 오차범위는 ±3.1%P이므로 표본에 의해 A

후보의 지지율은 95%의 신뢰도로 88%±3.1%=(84.9%, 91.1%) 안에 포함된다. 그리고 $n = \frac{1}{4} \left(\frac{1.96}{e} \right)^2 \approx \frac{1}{e^2} = \frac{1}{0.031^2} \approx 1,000$명이므로 표본의 크기나 오차범위 중 한 가지만 알면 다른 것은 결정된다. 여론조사에서는 비용의 문제로 표본의 크기를 먼저 정하고 오차범위를 계산하여 발표를 한다.

예제 7.12.

95%의 신뢰도로 모비율에 대한 구간추정을 할 때 오차범위를 0.02 이하가 되게 하기 위해서 표본의 크기가 얼마가 되어야 하는가?

<풀이>

$$n = \frac{1}{4} \left(\frac{1.96}{e} \right)^2 \approx \frac{1}{e^2} = \frac{1}{0.02^2} = 2500$$개 이상이면 된다.

7.5.1. 두 모비율 차이 $p_1 - p_2$의 $100(1-\alpha)\%$ 신뢰구간

6.4.1.에서 두 표본비율의 차이에 대한 분포를 다음과 같이 유도해 냈다.

서로 독립이고 모비율이 p_1과 p_2인 두 모집단으로부터 각각 크기 m, n의 확률표본을 추출했을 때, 두 표본비율의 차이에 대한 근사적 분포는 다음과 같다.
단, m, n이 충분히 커야 한다.

$$\frac{X}{m} - \frac{Y}{n} \simeq N\left(p_1 - p_2, \frac{p_1 q_1}{m} + \frac{p_2 q_2}{n}\right)$$

$$\Leftrightarrow Z = \frac{\left(\frac{X}{m} - \frac{Y}{n}\right) - (p_1 - p_2)}{\sqrt{\frac{p_1 q_1}{m} + \frac{p_2 q_2}{n}}} \simeq N(0,1)$$

$p_1 - p_2$의 $100(1-\alpha)\%$ 신뢰구간도 모집단이 하나일 때 모비율의 신뢰구간을 유도해 내

는 방법과 동일하게 적용할 수 있다.

　서로 독립이고 모비율이 p_1과 p_2인 두 모집단으로부터 각각 크기 m, n의 확률표본을 추출했을 때, 다음과 같은 두 표본비율의 차이 $\dfrac{X}{m} - \dfrac{Y}{n}$의 근사적 분포를 이용하여

$$\frac{X}{m} - \frac{Y}{n} \simeq N\left(p_1 - p_2, \frac{p_1 q_1}{m} + \frac{p_2 q_2}{n}\right)$$

$$\Leftrightarrow Z = \frac{\left(\dfrac{X}{m} - \dfrac{Y}{n}\right) - (p_1 - p_2)}{\sqrt{\dfrac{p_1 q_1}{m} + \dfrac{p_2 q_2}{n}}} \simeq N(0, 1)$$

$p_1 - p_2$의 $100(1-\alpha)\%$ 신뢰구간을 구할 수 있다.

$$P\left(-z_{\frac{\alpha}{2}} < \frac{\left(\dfrac{X}{m} - \dfrac{Y}{n}\right) - (p_1 - p_2)}{\sqrt{\dfrac{p_1 q_1}{m} + \dfrac{p_2 q_2}{n}}} < z_{\frac{\alpha}{2}}\right) = 1 - \alpha$$

$$\Leftrightarrow P\left(\left(\frac{X}{m} - \frac{Y}{n}\right) - z_{\frac{\alpha}{2}}\sqrt{\frac{p_1 q_1}{m} + \frac{p_2 q_2}{n}} < p_1 - p_2 < \left(\frac{X}{m} - \frac{Y}{n}\right) + z_{\frac{\alpha}{2}}\sqrt{\frac{p_1 q_1}{m} + \frac{p_2 q_2}{n}}\right) = 1 - \alpha$$

이므로, 실제로 추출한 표본으로부터 $\dfrac{X}{m}$와 $\dfrac{Y}{n}$의 값이 $\dfrac{x}{m}$와 $\dfrac{y}{n}$로 계산되었다면 $m, n > 30$일 때, $p_1 - p_2$의 $100(1-\alpha)\%$ 근사적 신뢰구간은

$$\left(\frac{x}{m} - \frac{y}{n}\right) \pm z_{\frac{\alpha}{2}}\sqrt{\frac{x/m(1 - x/m)}{m} + \frac{y/n(1 - y/n)}{n}}$$

이 된다.

예제 7.13.

어떤 중학교에서 안경착용률을 조사하기 위해 전체 남학생 중 50명을 조사했더니 23명이 안경을 착용하고 있었고, 또한 전체 여학생 중 50명을 조사했더니 25명이 안경을 착용하고 있었다. 이 중

학교의 전체 남학생의 안경착용률과 여학생 안경착용률의 차이에 대한 90% 신뢰구간을 구하라.

<풀이>

남학생의 착용률의 추정치: $\dfrac{23}{50} = 0.46$

여학생의 착용률의 추정치: $\dfrac{25}{50} = 0.5$

남학생의 착용률-여학생의 착용률의 추정치: $\dfrac{23}{50} - \dfrac{25}{50} = 0.46 - 0.5 = -0.04$

$$(\frac{x}{m} - \frac{y}{n}) \pm z_{\frac{\alpha}{2}} \sqrt{\frac{x/m(1-x/m)}{m} + \frac{y/n(1-y/n)}{n}}$$

$$\Leftrightarrow -0.04 \pm 1.645 \sqrt{\frac{0.46(1-0.46)}{50} + \frac{0.5(0.5)}{50}}$$

$$\Leftrightarrow -0.04 \pm 1.645(0.0998)$$

$$\Leftrightarrow -0.04 \pm 0.164$$

$$\Leftrightarrow (-0.204, 0.124)$$

이 중학교의 전체 남학생의 안경착용률과 여학생 안경착용률의 차이에 대한 90% 신뢰구간은 (-0.204, 0.124)이다.

7.6. 모분산에 대한 구간추정

6.5.에서 표본분산이 포함된 통계량 $U = \dfrac{(n-1)S^2}{\sigma^2} \sim \chi^2(n-1)$ 이 되는 것을 유도해 냈다.

표본분산의 분포

정규모집단 $N(\mu, \sigma^2)$으로부터 크기 n인 확률표본을 추출할 때

$$U = \sum_{i=1}^{n} \left(\frac{X_i - \overline{X}}{\sigma} \right)^2 = \frac{(n-1)S^2}{\sigma^2} \sim \chi^2(n-1)$$

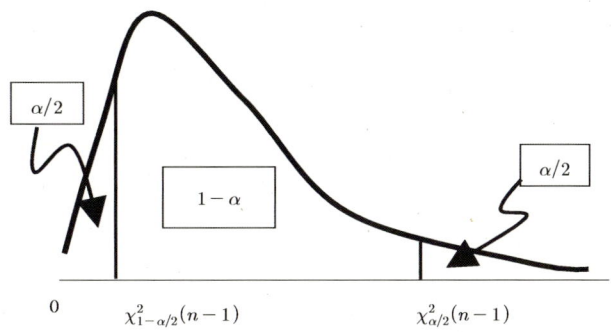

$U = \dfrac{(n-1)S^2}{\sigma^2} \sim \chi^2(n-1)$을 이용하여 모분산 σ^2의 $100(1-\alpha)\%$ 신뢰구간을 구하는 과정은 다음과 같다.

$$P\left[\chi^2_{1-\frac{\alpha}{2}}(n-1) \leq \frac{(n-1)S^2}{\sigma^2} \leq \chi_{\frac{\alpha}{2}}(n-1)\right] = 1-\alpha$$

$$\Leftrightarrow P\left[\frac{(n-1)S^2}{\chi^2_{\frac{\alpha}{2}}(n-1)} \leq \sigma^2 \leq \frac{(n-1)S^2}{\chi^2_{1-\frac{\alpha}{2}}(n-1)}\right] = 1-\alpha$$

따라서 실제로 추출한 표본으로부터 S^2의 값이 s^2로 계산되었다면, 모분산 σ^2에 대한 $100(1-\alpha)\%$ 신뢰구간은

$$\left[\frac{(n-1)s^2}{\chi^2_{\frac{\alpha}{2}}(n-1)} , \frac{(n-1)s^2}{\chi^2_{1-\frac{\alpha}{2}}(n-1)}\right]$$

이다.

χ^2분포처럼 비대칭 분포에서는 양쪽을 똑같이 $\frac{\alpha}{2}$로 정하면 신뢰구간의 길이가 가장 짧아진다고 볼 수 없다. 그러나 표본의 크기 n이 크면 대칭인 분포인 정규분포에 가깝게 되므로 실제로 가장 짧은 구간과 거의 비슷한 길이가 된다. χ^2분포에서 표본의 크기가 작으면($n < 10$) 양쪽을 똑같이 $\frac{\alpha}{2}$로 나누었을 때 구한 신뢰구간보다 더 짧은 신뢰구간을 찾을 수 있다.

15마리 젖소를 랜덤 추출하여 300일간의 집유 기간 중 총 우유 생산량을 조사하였다. 수집된 자료는 다음과 같다(단위: 1,000kg).

12.928	12.120	14.972	14.044	14.788
13.812	14.358	8.998	10.620	14.744
11.036	9.248	9.998	11.990	14.766

위 자료를 이용하여 우유 생산량에 대한 모분산의 95% 신뢰구간을 구하라.

<풀이>

자료에서 $n = 15, \overline{x} = 12.562, s^2 = 4.599$ 을 얻는다. 자유도는 15-1=14이다. 부록의 χ^2분포표에서 $\chi^2_{0.025}(14) = 26.119$, $\chi^2_{0.975}(14) = 5.629$ 이다. 따라서 모분산σ^2에 대한 95% 신뢰구간은 다음과 같다.

$$\left[\frac{(n-1)s^2}{\chi^2_{\frac{\alpha}{2}}(n-1)} , \frac{(n-1)s^2}{\chi^2_{1-\frac{\alpha}{2}}(n-1)} \right] \Leftrightarrow \left[\frac{14(4.599)}{26.119} , \frac{14(4.599)}{5.629} \right]$$

$$\Leftrightarrow (2.465, 11.438)$$

7.6.1. 두 모분산 비(ratio) $\frac{\sigma^2_X}{\sigma^2_Y}$의 $100(1-\alpha)\%$ 신뢰구간

6.5.1.에서 구한 두 표본분산의 비(ratio)에 대한 분포는 다음과 같다.

두 표본분산의 비(ratio)에 대한 분포

$$U = \sum_{i=1}^{m} \left(\frac{X_i - \overline{X}}{\sigma_X} \right)^2 = \frac{(m-1)S^2_X}{\sigma^2_X} \sim \chi^2(m-1),$$

$$V = \sum_{i=1}^{n} \left(\frac{Y_i - \overline{Y}}{\sigma_Y} \right)^2 = \frac{(n-1)S^2_Y}{\sigma^2_Y} \sim \chi^2(n-1) \text{이므로}$$

$$F = \frac{U/(m-1)}{V/(n-1)} = \frac{S^2_X/\sigma^2_X}{S^2_Y/\sigma^2_Y} \sim F(m-1, n-1) \text{이 된다.}$$

$$F = \frac{U/(m-1)}{V/(n-1)} = \frac{S_X^2/\sigma_X^2}{S_Y^2/\sigma_Y^2} \sim F(m-1, n-1)$$ 을 이용하여 두 모분산 비 $\dfrac{\sigma_X^2}{\sigma_Y^2}$에 대한

$100(1-\alpha)\%$ 신뢰구간을 구하는 과정은 다음과 같다.

$$P\left[F_{1-\alpha/2}(m-1,\, n-1) \leq \frac{S_X^2/\sigma_X^2}{S_Y^2/\sigma_Y^2} \leq F_{\alpha/2}(m-1, n-1)\right] = 1-\alpha$$

$$\Leftrightarrow P\left[F_{1-\alpha/2}(m-1,\, n-1)\frac{S_Y^2}{S_X^2} \leq \frac{\sigma_Y^2}{\sigma_X^2} \leq F_{\alpha/2}(m-1, n-1)\frac{S_Y^2}{S_X^2}\right] = 1-\alpha$$

$$\Leftrightarrow P\left[\frac{S_X^2/S_Y^2}{F_{\alpha/2}(m-1,n-1)} \leq \frac{\sigma_X^2}{\sigma_Y^2} \leq \frac{S_X^2/S_Y^2}{F_{1-\alpha/2}(m-1,n-1)}\right] = 1-\alpha$$

따라서 실제로 추출한 표본으로부터 각각 S_X^2, S_Y^2의 값을 s_X^2, s_Y^2로 계산되었다면, 두 모분산 비 $\dfrac{\sigma_X^2}{\sigma_Y^2}$에 대한 $100(1-\alpha)\%$ 신뢰구간은

$$\left[\frac{s_X^2/s_Y^2}{F_{\alpha/2}(m-1,n-1)},\ \frac{s_X^2/s_Y^2}{F_{1-\alpha/2}(m-1,n-1)}\right]$$

이다. 여기서, $F_{\alpha/2}(n-1, m-1) = \dfrac{1}{F_{1-\alpha/2}(m-1,n-1)}$ 이 성립하므로 두 모분산의 비 $\dfrac{\sigma_X^2}{\sigma_Y^2}$에 대한 $100(1-\alpha)\%$ 신뢰구간은 다음과 같이 표현될 수 있다.

$$\left[\frac{s_X^2}{s_Y^2}\frac{1}{F_{\alpha/2}(m-1,n-1)},\ \frac{s_X^2}{s_Y^2}F_{\alpha/2}(n-1,m-1)\right]$$

예제 7.15.

A, B 두 생산라인에서 만들어지는 어떤 전자 부품의 수명을 조사하였다. A생산라인에서 9개의 제품을 조사한 결과 표본분산 $s_X^2 = 0.51$이었고 B생산라인의 10개의 표본분산 $s_Y^2 = 0.2$이었다. 모분산의 비 $\dfrac{\sigma_X^2}{\sigma_Y^2}$에 대한 90%신뢰구간을 구하라.

<풀이>

자료에서 두 표본분산의 비는 $\dfrac{s_X^2}{s_Y^2} = \dfrac{0.51}{0.2} = 2.55$ 이며 부록의 F분포표에서

$$F_{0.05}(8,9) = 3.23 \Rightarrow \frac{1}{3.23} = 0.31, \ F_{0.05}(9,8) = 3.39$$

이다. 따라서 모분산의 비 $\dfrac{\sigma_X^2}{\sigma_Y^2}$ 에 대한 90% 신뢰구간은 다음과 같다.

$$\left[\frac{s_X^2}{s_Y^2} \frac{1}{F_{0.05}(8,9)}, \ \frac{s_X^2}{s_Y^2} F_{0.05}(9,8) \right]$$

$$\Leftrightarrow (2.55 \times 0.310, \ 2.55 \times 3.39) \Leftrightarrow (0.79, \ 8.64)$$

1. 다음 문장이 맞으면 ○, 틀리면 ×로 표시하고 그 이유를 설명하라.

　① 표본이 고정되어 있을 때, 95%의 신뢰구간의 길이가 99%의 신뢰구간의 길이보다 더 짧다.

　② 두 모평균의 차이에 대한 구간추정은 하나의 모평균에 대한 구간추정과 그 과정이 비슷한데, 다만 점추정량에 대한 확률분포에서 모수만 다를 뿐이다.

　③ 추정에서 t-분포를 사용하려면 반드시 모집단이 정규분포를 따라야만 한다.

　④ 모비율 p에 대한 추정량 $\hat{p}$은 표본 수가 클 때에만 정규분포를 따른다.

　⑤ 추정량의 편의(bias)가 작은 범위에서는 유효성보다 불편성이 더 중요하다.

　⑥ 추정에서 오차를 줄이려면 표본을 많이 뽑거나 신뢰도를 높이면 된다.

　⑦ 추정에서 편의(bias)가 0이 되는 추정량을 유효추정량이라 한다.

2. 다음 빈칸에 알맞은 답을 써라.

　① 크기 n인 표본에 의하여 신뢰도 95%로 모평균을 추정할 때, 최대허용오차를 e로 한다. 만일 최대허용오차를 $\frac{e}{2}$ 되게 하려면 표본의 크기를 (　　　)로 하면 된다.

　② 좋은 추정량을 판단하는 기준에는 불편성, 유효성, (　　　), (　　　) 등이 있다.

　③ 편의가 0이 되는 추정량을 (　　　　)추정량이라 한다.

　④ 좋은 추정량의 판단 기준에 의해 선택된 모평균, 모분산, 모비율에 대한 점추정량은 각각
　　(　　　　), (　　　　), (　　　　)이다.

3. 서울 시내 초등 3학년 학생들의 학력수준을 측정하기 위해 100명의 학생을 임의로 뽑아 학력고사를 실시하여 학력고사 평균점수를 95% 구간 추정한 결과 (68.9, 71.1)이 되었다. 다음 문장에 "예", "아니오" 또는 "알 수 없다"로 답하라.

　(1) 모평균이 (68.9, 71.1) 안에 있다.

　(2) 표본평균이 (68.9, 71.1) 안에 있다.

　(3) 다시 100명을 표본추출한다면 이 표본의 평균이 (68.9, 71.1)의 구간에 있다.

　(4) 표본의 95%가 (68.9, 71.1)안에 포함된다.

　(5) 같은 자료로부터 99%신뢰구간을 구한다면 그 구간이 (68.9, 71.1)보다 좁아진다.

4. 젖소 100마리의 확률표본을 뽑아 우유의 평균 생산량을 구간 추정한 결과 (41.6, 44.0)이 되었다.

우유 생산량이 $\sigma = 6$인 정규분포를 이룬다고 가정하면 얼마의 신뢰도로 구간 추정한 것인가?

5. 모평균 μ를 추정하기 위하여 세 개의 표본 X_1, X_2, X_3를 뽑았다. 아래 세 개의 추정량 중 어느 것이 더 좋은지 번호를 적고 선택한 이유를 쓰시오.

$$\text{①}\ \frac{2X_1 + X_2 + X_3}{4} \qquad \text{②}\ \frac{X_1 + X_2 + X_3}{3} \qquad \text{③}\ \frac{X_1 + X_2}{2}$$

6. 고속도로의 부분적 보수에 쓰이는 새로운 시멘트 혼합물이 굳을 때까지의 평균시간을 추정하고자 한다. 100군데의 보수공사의 기록으로부터 평균과 표준편차가 각각 32분과 4분으로 나타났다. 시멘트 혼합물이 굳을 때까지의 평균시간에 대한 95% 신뢰구간을 구하라.

7. 어떤 식품회사에서 새로 개발한 다이어트제품이 효과가 있는지를 알아보기 위해 8명의 성인여성을 대상으로 제품의 섭취 전 체중을 측정하고 한 달 동안 제품을 섭취한 후의 체중을 각각 측정하여 다음과 같은 자료를 얻었다.

	1	2	3	4	5	6	7	8
섭취 전	87	84	70	65.5	65	72	64	88
섭취 후	85	84.5	65.5	70	64	72.5	62	85

제품의 섭취 전과 섭취 후의 차이 $\mu_X - \mu_Y$에 대한 95% 신뢰구간을 구하라.

8. 대통령의 지지율을 알아보기 위해 여론조사를 실시하였다. 여론조사 결과 지지율이 20%이었다. 이 조사의 신뢰도는 95%이고 오차범위는 ±2.5%이었다. 몇 명을 조사한 결과인가?

9. 한미 FTA에 대한 찬성률을 조사하려고 한다. 99% 신뢰도로 표본비율과 모비율의 차이가 2%보다 작게 되도록 하려면 표본의 크기를 얼마로 해야 하는가?

10. 한 국회의원 후보자가 자신에 대한 선거구민들의 지지도를 조사하기 위해 선거구민 100명을 임의로 추출해 조사한 결과 49명이 지지한다고 응답했다.
    (1) 이 후보에 대한 지지율의 95% 신뢰구간을 구하라.
    (2) 그 지역에서는 후보가 두 사람만 출마한다고 할 때, (1)의 결과에 의해 위의 후보가 당선될 가능성이 있는가를 설명하라.

(3) 만약, 95%의 신뢰도로 그 후보의 실제 지지율과 표본비율의 차이가 3% 미만이 되게 하려면 선거구민 몇 명을 조사해야 하는가?

11. 400명의 서양인을 조사한 결과 123명이 왼손잡이었고, 200명의 동양인을 조사한 결과 57명이 왼손잡이었다.

   (1) 서양인 중에서 왼손잡이의 모비율을 p_1이고, 동양인 중에서 왼손잡이의 모비율을 p_2라 할 때 $p_1 - p_2$의 점추정치를 구하라.

   (2) $p_1 - p_2$에 대한 95%의 근사적 신뢰구간을 구하라.

12. 어느 단추공장에서는 단추의 지름이 5mm에 맞추어 단추를 생산하고 있다. 이 공장에서 생산되는 단추를 임의로 20개를 뽑아 지름을 측정해보니 표준편차가 0.4mm였다. 이 공장에서 생산되는 단추 전체의 분산에 대한 95%신뢰구간을 구하라. 단, 단추의 지름은 정규분포를 따른다.

13. A, B 두 아이스크림 도매상을 운영하고 있는 김 사장은 두 도매상의 평균매출액은 거의 같지만 분산은 차이가 있다고 생각하고 있다. 이를 알아보기 위해 A 도매상에서 임의의 10일간 매출액을 조사한 결과 표본분산이 $s_X^2 = 160,000$ 이었고, B 도매상에서 임의의 11일간 매출액을 조사한 결과 표본분산이 $s_Y^2 = 140,000$ 이었다. 모분산의 비 $\dfrac{\sigma_X^2}{\sigma_Y^2}$에 대한 95% 신뢰구간을 구하라.

8.1. 가설검정의 개요

다음은 가설검정을 정의한 문장이다.

"Decision procedures for accepting one of the two possible hypotheses about parameter using statistic in sample."

가설검정은 모수에 대한 두 개의 가능한 통계적 가설을 설정하고 표본의 통계량을 이용해 두 가설 중 하나를 받아들이는 과정이다.

통계적 가설은 모집단에 대한(모수에 대한) 어떤 주장 혹은 추측으로 반드시 모수로 표현한다. 예를 들어, "이 동전은 고르다"라는 가설은 p가 앞면이 나올 확률이라 하면 $H: p = \frac{1}{2}$로 표현하며 "이 새로운 타이어의 수명은 40,000km 이상이다"라는 가설은 $H: \mu > 40,000km$로 표현한다. "여자와 남자의 지능지수는 같다"라는 가설은 $H: \mu_1 = \mu_2$로 표현한다. 가설을 모수로 표현하면 표본을 뽑아 그 모수의 추정량에 대한 분포를 이용해 가설의 채택 여부를 판단할 수 있다.

모수에 대한 두 개의 가능한 가설을 각각 귀무가설(null hypothesis)과 대립가설(alternative hypothesis)이라 하고 H_0과 $H_1(H_a; H_A)$로 표현한다.

귀무가설(null hypothesis)은 가능하면 채택하려고 세운 가설이다. 즉, 표본으로부터 얻은 정보가 거의 확실히 대립가설을 입증할 충분한 근거가 없는 한 귀무가설을 채택한다. 보통 기존의 입장이 된다. 대립가설(alternative hypothesis)은 귀무가설과 상반되는 가설로서 연구자가 입증하고자 하는 가설이고, 새로운 생각이나 주장이 된다. 예를 들어, 어떤 한 제약회사의 연구소에서 개발한 새로운 치료 약이 기존의 치료 약보다 치료율이 더 높다고 주장하고 있다. 이를 위한 가설은 다음과 같다.

H_0: 새로운 치료 약의 치료율은 기존 치료 약의 치료율보다 높지 않다.

H_1 : 새로운 치료 약의 치료율은 기존 치료 약의 치료율보다 높다.

만약, 치료율을 p라 하고 기존의 치료율이 0.4라고 하면, 위의 가설을 다음과 같이 모수로 표현할 수 있다.

$H_0 : p = 0.4 \, (p \le 0.4)$

$H_1 : p > 0.4$

가설검정의 기본방향은 자료(뽑은 표본)로 볼 때 새로운 주장인 대립가설 H_1을 입증할 만한 충분한 근거가 없는 한 기존입장인 귀무가설 H_0을 받아들이려고 한다. 귀무가설(歸無假說)이란 용어는 귀무가설을 받아들이면 새로 제기된 생각이나 주장은 무의미한 것으로 되어 원래 상태로 돌아가는 것을 의미한다. 따라서 귀무가설을 기각한다고 판단을 내리는 것은 우리가 뽑은 표본이 귀무가설을 받아들일 만한 충분한 증거를 갖고 있지 않아서 귀무가설을 받아들이지 않는다는 것이지 귀무가설이 틀렸다는 것(거짓)을 의미하는 것은 아니다.

가설검정에 있어서 전체 모집단이 아닌 모집단의 일부분인 표본으로부터 얻은 불충분한 정보를 바탕으로 가설의 채택 여부를 판단했으므로 잘못된 결정을 내릴 위험이 항상 존재한다. 즉, 가설검정의 오류가 항상 존재한다.

가설검정에는 두 가지 오류가 존재한다. 제1종 오류(Type Ⅰ error)는 귀무가설이 참인데 귀무가설을 기각(reject)하는 오류를 말하고 제1종 오류를 범할 확률을 유의수준(significance level)이라 하며 기호로 α로 쓴다. 제2종 오류(Type Ⅱ error)는 귀무가설이 거짓인데 귀무가설을 채택(accept)하는 오류를 말하고 제2종 오류를 범할 확률을 기호로 β라 한다. α, β를 조건부 확률로 표현하면 다음과 같다.

$$\alpha = P(H_0 \text{기각}|H_0 \text{참}),\ 1-\alpha = P(H_0 \text{채택}|H_0 \text{참})$$

$$\beta = P(H_0 \text{채택}|H_1 \text{참}),\ 1-\beta = P(H_0 \text{기각}|H_1 \text{참})$$

	귀무가설 채택	옳은 결정: 확률은 $1-\alpha$
귀무가설 참	귀무가설 기각	잘못된 결정(제1종 오류) Type Ⅰ error 제1종 오류를 범할 확률(유의수준): α
귀무가설 거짓	귀무가설 채택	잘못된 결정(제2종 오류) Type Ⅱ error 제2종 오류를 범할 확률: β
	귀무가설 기각	옳은 결정: 확률은 $1-\beta$

제2종 오류를 범하지 않을 확률 $1-\beta$를 검정력(Power of Test)이라 한다. 검정력은 새로운 주장이 옳을 때 그 주장을 받아들일 확률을 의미한다.

귀무가설이 실제로 참일 때, 귀무가설을 기각하는 오류를 왜 "제1종 오류"라 할까?

가설을 설정할 때 기존의 입장을 귀무가설에 놓고 대립가설에는 새로운 주장을 놓았다. 따라서 실제로 기존의 입장이 진실인 데 귀무가설을 기각하는 결정을 내리면 기존의 상태가 무너지고 새로운 주장을 받아들여 모든 상태가 새로운 시스템으로 바뀌게 될 것이다. 그러면 엄청난 손실이 따르고 심각한 상황에 처하게 될 것이다.

그러나 제2종 오류를 범하면 그냥 기존의 시스템으로 계속 갈 것이므로 미래에 대한 발전은 없어도 최소한 손실은 피할 수 있을 것이다. 예를 들어, 전구회사에서 한 연구원이 개발한 새로운 기술이 전구의 수명을 기존의 것보다 전구의 수명을 더 늘릴 수 있다고 주장한다고 하자. 이 경우 실제로 새로운 기술이 전구의 수명을 늘리지 못하는 데 새로운 기술을 받아들여 공장의 설비를 새로운 시스템으로 바꾸게 되면 엄청난 손실이 따를 것이다. 그러나 기존 시스템으로 그냥 가면 최소한 비용의 낭비는 막을 수 있을 것이다. 따라서 더 심각한 오류에 "제1종 오류"라는 이름을 붙였다.

제1종 오류를 범할 확률 α과 제2종 오류를 범할 확률 β을 동시에 줄일 수 있을까? 바람직한 가설검정 방법은 α와 β를 모두 작아지게 하는 것이다. 그렇지만 표본의 크기가 고정되어 있을 때, α와 β를 동시에 줄이는 방법은 없다. α가 작아지면 β는 커지고, 반대로 β가 작아지면 α는 커지게 된다. 따라서 α와 β를 동시에 줄일 수 있는 방법은 오직 표본의 크기를 늘리는 방법뿐이다. 이 문제는 8.2.에서 다시 한 번 다루기로 하자.

예제 8.1.

법정에서 판사가 어느 피고를 재판할 때, 대립가설 "H_1 : 그 피고는 유죄이다"에 대한 귀무가설 "H_0 : 그 피고는 무죄이다"를 검정했다. 그랬더니 그 판사는 제1종의 오류를 범한 것으로 판명되었다. 진실은 무엇이며, 그 판사가 내렸던 결정은 무엇인가?

<풀이>

제1종 오류는 귀무가설이 참일 때 귀무가설을 기각하는 오류를 의미한다.

따라서 진실은 "그 피고는 무죄이다."이고 그 판사가 내렸던 결정은 대립가설 "H_1 : 그 피고는 유죄이다."이다.

예제 8.2.

어느 식품회사에서 새로 개발한 다이어트 제품이 있다. 문제는 '이 제품이 체중 감소의 효과가 있는가'이다. 이 회사는 이 제품의 판매 여부를 결정하려고 한다.

(1) 이 문제에서 범할 수 있는 두 가지의 오류는 무엇인가?

(2) 식품회사의 입장에서 더 심각한 오류는 무엇인가?

(3) 소비자 입장에서 더 심각한 오류는 무엇인가?

(4) 만약, 소비자를 대변하는 식품안전청에서 새로 개발한 다이어트 제품이 체중 감소의 효과가 있다는 그 회사의 주장을 검정하려고 한다면, 귀무가설과 대립가설은 어떻게 설정하면 될까?

<풀이>

(1) 두 가지 오류: 새로 개발한 다이어트 제품이 효과가 없는데 판매되는 오류와 다이어트 제품이 효과가 있는데 판매되지 않을 오류.

(2) 회사 입장에서는 개발한 다이어트 제품이 효과가 있는데 판매되지 않는 오류가 더 심각하다.

(3) 소비자의 입장에서는 다이어트 제품이 효과가 없는데 판매가 되는 오류가 더 심각하다.

(4) 소비자의 입장에서 더 심각한 오류가 제1종 오류가 되어야 하므로 귀무가설은 "새로 개발한 다이어트 제품은 체중 감소 효과가 없다"이고 대립가설은 "새로 개발한 다이어트 제품은 체중 감소 효과가 있다"라고 설정한다. 그러면 제1종 오류는 귀무가설이 참일 때 귀무가설을 기

각하는 오류이므로 새로 개발한 다이어트 제품이 효과가 없는 데 판매되는 오류가 제1종 오류가 된다.

예제 8.3.

학기 말에 학생에게 학점을 어떻게 줄 것인가에 관한 기준을 정해야 하는 어느 교수가 귀무가설과 대립가설을 다음과 같이 세웠다.

$$H_0 : \text{그 학생은 합격이다.} \qquad H_1 : \text{그 학생은 불합격이다.}$$

(1) 제1종의 오류를 피하는 유일한 방법 즉, $\alpha = 0$이 되게 하려면 어떻게 하면 되는가? 이때 β는 어떻게 되는가?
(2) 제2종의 오류를 범할 확률 $\beta = 0$이 되는 방법은 무엇인가? 이때 α는 어떻게 되는가?

<풀이>
(1) $\alpha = 0$이 되게 하려면 모든 학생을 합격시키면 된다. 이때 제2종 오류를 범할 확률 β는 1이 된다.
(2) $\beta = 0$이 되는 방법은 모든 학생을 불합격시킨다. 이때 $\alpha = 0$이 된다.

8.2. 가설검정의 방법

가설검정의 방법에는 Neyman과 Pearson의 방법과 Fisher의 p-value 접근방법이 있다. 이 절에서는 Neyman과 Pearson의 방법을 설명하고 8.5.에서는 Fisher의 p-value 접근방법에 대해 다룬다. 이 두 가지 방법은 결과에 이르는 접근방법이 다를 뿐 결과는 동일하다.

모평균에 대한 가설검정 방법에 대해 설명하겠다. 이 개념을 이해하면 모비율 또는 모분산의 가설검정에 그대로 적용된다.

예를 들어, 휴대전화 배터리를 만드는 어느 공장 기사가 새로운 기술을 사용하면 현재 평균 수명이 $\mu = 300$분인 배터리의 수명을 더 늘릴 수 있다고 주장하고 있다. 이를 검정하기 위해 16개의 표본을 뽑았다고 하자. 모집단의 배터리의 수명은 정규분포 $N(\mu, 40^2)$를 따른다고 가정하면, 표본평균은 $\overline{X} \sim N(\mu, \frac{40^2}{16})$이 된다.

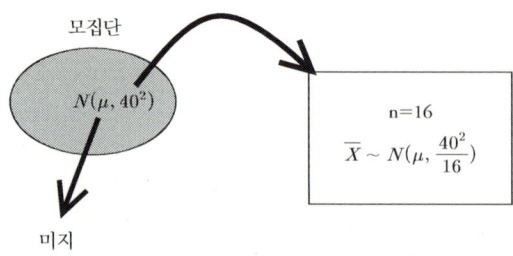

귀무가설과 대립가설은

$$H_0 : \mu = 300 \ , \ H_1 : \mu > 300$$

이 된다. 모수가 모평균이므로 모평균의 좋은 추정량인 표본평균을 가지고 가설을 검정한다. 그런데 표본평균은 $\overline{X} \sim N(\mu, \frac{40^2}{16})$이므로 모수 μ를 알아야 된다. 그래서 기존입장인 귀무가설이 참이라는 것에서부터 출발한다. 그러면 표본평균은 $\overline{X} \sim N(300, \frac{40^2}{16})$이 된다. 이 통계량을 검정통계량(Test statistic)이라 한다. 즉, 검정통계량은 귀무가설이 참일 때의 통계량이다.

16개의 표본을 뽑아 평균치를 계산해 보니 $\overline{x} = 325$분이었다. 이제 귀무가설과 대립가설 중에서 하나를 채택하려 한다. 어떤 결정을 내릴 것인가? 결정기준을 정해야 한다. 이 결정기준을 임계치(critical value) 또는 기각치(rejective value)라 한다. 만약, 기각치를 현재 수명의 300분보다 훨씬 크게 잡으면 수명을 늘린다는 새로운 주장이 사실일 때(H_1참) 그냥 묵살해 버릴(H_0채택) 가능성(β)이 커지고 반대로 기각치를 300분 가까이 정하면 수명을 늘린다는 주장이 거짓일 때(H_0참) 그 주장을 받아들일(H_0기각) 가능성(α)이 커진다. 여기서는 기각치를 320분이라 하자. 즉, 표본의 평균치가 320분 이상이면 귀무가설을 기각하려고 한다. 기각치를 기준으로 귀무가설을 기각하는 영역을 기각역(rejection region)이라 하고 귀무가설을 채택하는 영역을 채택역(acceptance region)이라 한다. 따라서 이 문제의 기각역은

$$\overline{x} > 320 \text{ 이면 귀무가설 기각}$$

이다. 그러면 유의수준 α는

$$\alpha = P(H_0\text{기각}|H_0\text{참})$$
$$= P(\overline{X} > 320|\mu = 300)$$
$$= P\left(Z > \frac{320 - 300}{40/\sqrt{16}}\right)$$
$$= P(Z > 2)$$
$$= 0.0228$$

이므로 기각역을 다음과 같이 표현할 수 있다.

$$\overline{x} > 320$$
$$\Leftrightarrow z = \frac{\overline{x} - 300}{40/\sqrt{16}} > \frac{320 - 300}{40/\sqrt{16}}$$
$$\Leftrightarrow z > 2$$
$$\Leftrightarrow z > z_{0.0228}$$

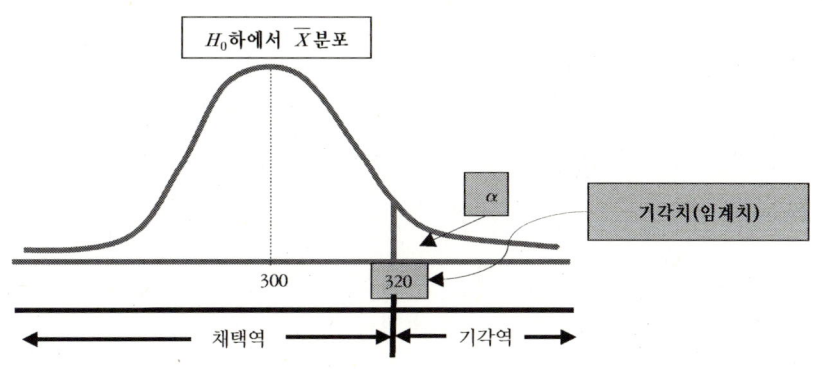

그러므로 기각치를 320분을 정한 것은 유의수준을 $\alpha = 0.0228$로 한 것과 동일하다. 따라서 기각치를 설정할 때는 유의수준으로 표현하는 것이 더 간편하다. 가설검정에서 유의수준을 설정하는 것은 결정기준인 기각치를 설정하는 것이므로 반드시 나타내야 한다. 일

반적으로 유의수준은 0.01(1%), 0.05(5%), 0.1(10%)로 설정한다.

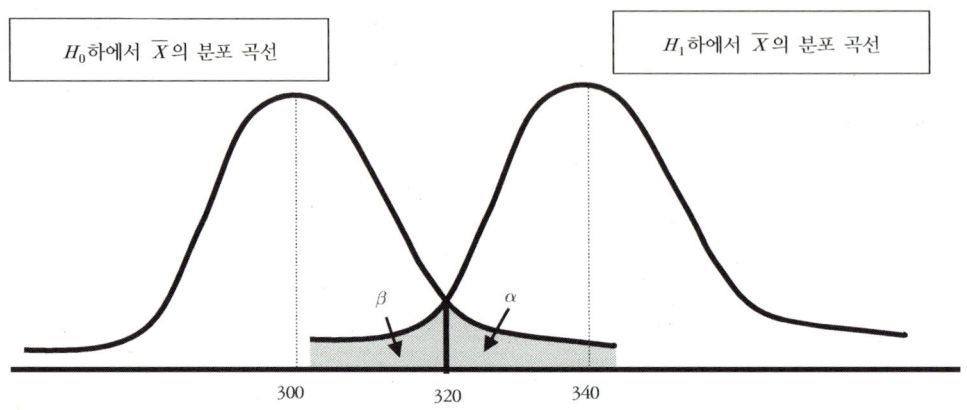

만약, 실제로 모평균 $\mu = 340$이면 제2종 오류를 범할 확률은 다음과 같다.

$$\beta = P(H_0 \text{ 채택} | H_1 \text{ 참})$$

$$= P(\overline{X} < 320 \mid \mu = 340)$$

$$= P(Z < \frac{320 - 340}{40/\sqrt{16}})$$

$$= P(Z < -2)$$

$$= 0.0228$$

다음은 α와 β의 관계를 살펴보자. [그림 8.1.]에서 보는 것처럼 만약, 표본이 고정되어 있을 때, 기각치를 320보다 더 크게 잡으면 α는 줄어들지만 β는 늘어난다. 반대로 기각치를 320보다 작게 잡으면 α는 늘어나지만 β는 줄어든다. 따라서 α와 β는 서로 상반적인 관계를 가진다. 그러면 α와 β를 동시에 줄일 수 있는 방법은 무엇일까? 그것은 [그림 8.2.]에서는 보는 것처럼, 검정통계량의 산포를 줄이는 것이다. 표본평균의 분산은 $\frac{\sigma^2}{n}$으로 모분산과 표본크기에 영향을 받는다. 따라서 우리는 모분산은 조절할 수 없으므로 α와 β를 동시에 줄이는 방법은 표본의 크기를 늘리는 것이다.

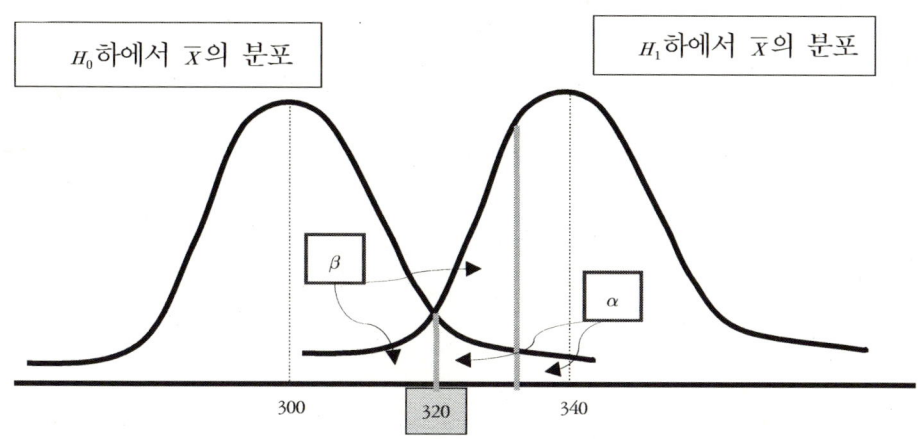

그림 8.1. α와 β의 관계

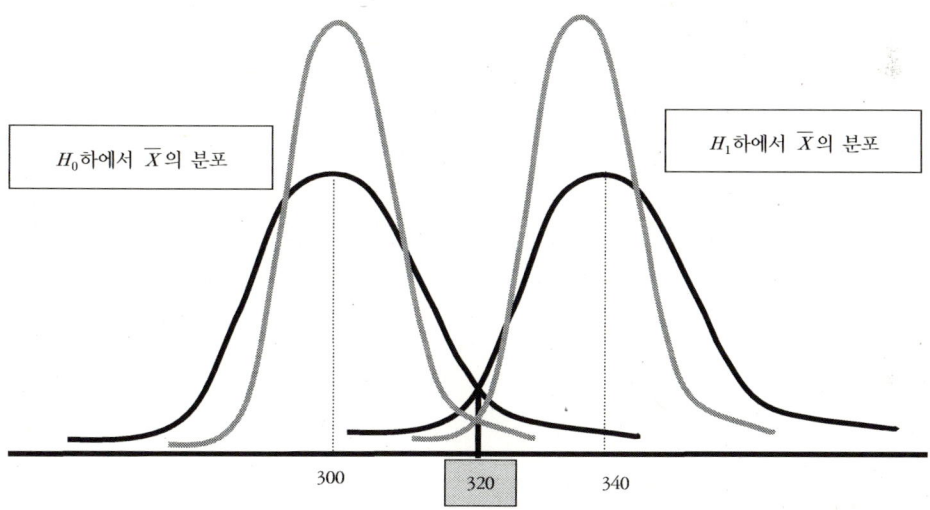

그림 8.2. α와 β 동시에 줄이기

■ **임계치의 결정**

위의 예제에서 유의수준이 5%가 되도록 임계치 c를 정하여 보자.

귀무가설과 대립가설은

$$\begin{cases} H_0 : \mu = 300 \\ H_1 : \mu > 300 \end{cases}$$

이고 유의수준 0.05이므로 [부록]의 표본정규분포표를 이용하면 다음이 성립한다.

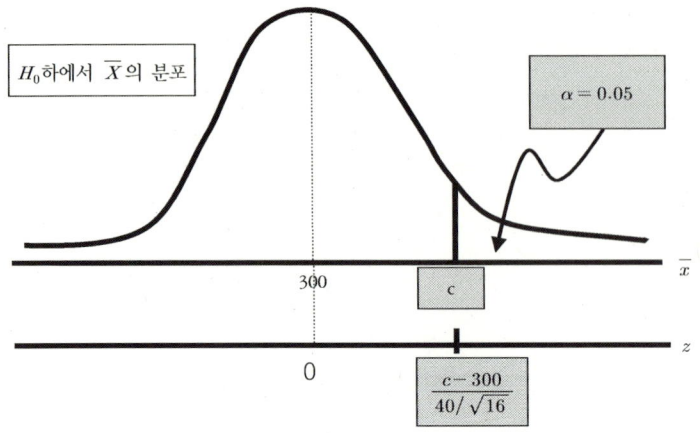

그림 8.3. 유의수준 $\alpha = 0.05$일 때 임계치

$$\frac{c-300}{40/\sqrt{16}} = 1.645$$

$$c = 300 + 1.645 \times \frac{40}{\sqrt{16}} = 316.45$$

그러므로 유의수준이 0.05이면 기각치가 316.45라는 것이다. 즉, 유의수준 $\alpha = 0.05$는 기각역이

$$\overline{x} > 316.45$$

$$\Leftrightarrow z = \frac{\overline{x}-300}{40/\sqrt{16}} > 1.645$$

$$\Leftrightarrow z > z_{0.05}$$

이다. 다시 말해서, 가설검정에서 유의수준은 임계치를 말해주는 것과 동일하다.

■ 단측검정과 양측검정

위의 예제 배터리 수명의 문제처럼 귀무가설과 대립가설이

$$\begin{cases} H_0 : \mu = \mu_0 \\ H_1 : \mu > \mu_0 \end{cases}$$

일 때, 유의수준 α하에서 $z = \dfrac{\overline{x} - \mu_0}{\sigma / \sqrt{n}} > z_\alpha$이면 H_0를 기각한다. 이 검정은 기각역이 오른쪽에 위치하므로 우측검정(right-tailed test)이라 한다.

만약, 두 가설이

$$\begin{cases} H_0 : \mu = \mu_0 \\ H_1 : \mu < \mu_0 \end{cases}$$

일 때, 유의수준 α하에서 $z = \dfrac{\overline{x} - \mu_0}{\sigma / \sqrt{n}} < -z_\alpha$이면 H_0를 기각한다. 이 검정은 기각역이 왼쪽에 위치하므로 좌측검정(left-tailed test)이라 한다. 우측검정과 좌측검정을 기각역이 한쪽에 있으므로 단측검정(one-tailed test)이라 부른다.

또한, 두 가설이

$$\begin{cases} H_0 : \mu = \mu_0 \\ H_1 : \mu \neq \mu_0 \end{cases}$$

일 때, 유의수준 α하에서 $z = \dfrac{\overline{x} - \mu_0}{\sigma / \sqrt{n}} < -z_{\alpha/2}$이거나 $z = \dfrac{\overline{x} - \mu_0}{\sigma / \sqrt{n}} > z_{\alpha/2}$이면 H_0를 기각 한다. 이 검정은 기각역이 양쪽에 위치하므로 양측검정(two-tailed test)이라 부른다. 이처럼 가설검정에서 기각역의 위치는 대립가설에 의해 좌우됨을 볼 수 있다.

■ **가설검정의 절차**

1. **가설설정:** 귀무가설과 대립가설을 설정한다. 두 가설은 서로 상반됨.

2. **검정통계량 결정:** 귀무가설이 참일 때 구한 통계량과 분포를 결정함.

3. **결정기준 정하기:** 결정의 기준인 임계치를 정한다. 즉, 유의수준 α를 정함.

4. **검정통계량의 값 계산:** 표본의 관측값을 이용하여 검정통계량 값을 계산함.

5. **의사결정:** 두 가설 중 하나를 받아들임.

예제 8.4.

모표준편차 σ가 2인 정규모집단에서 다음과 같은 가설을 검정하려 한다.

$$\begin{cases} H_0 : \mu = 20 \\ H_1 : \mu < 20 \end{cases}$$

(1) 크기가 25인 표본으로 10% 유의수준에서 위 가설을 검정할 때 검정의 기준은 무엇인가?

(2) 크기가 25인 표본의 평균이 19.4라면, 10% 유의수준에서 어떤 결정을 내리는 것이 적절한가?

<풀이>

(1) $\alpha = 0.1 = P(\overline{X} < c \,|\, \mu = 20)$

       $= P(Z < \dfrac{c-20}{2/5})$

       $\dfrac{c-20}{2/5} = -z_{0.05} = -1.645$

       $c = 20 - 1.645 * \dfrac{2}{5} = 19.342$

검정기준: $\overline{x} < 19.342$ 이면 귀무가설 기각

(2) $\overline{x} = 19.4 > 19.342$이므로 10% 유의수준에서 귀무가설을 채택한다.

예제 8.5.

한 회사에서 근무시간을 조정하려고 한다. 새로 제안된 근무시간은 아침 8시 출근, 저녁 5시 퇴근이다. 새로 제안된 근무시간에 대한 찬성률을 p라 하고, 다음과 같은 가설을 세웠다.

$$H_0 : p = 0.5 \quad vs \quad H_1 : p > 0.5$$

임의로 100명의 직원들을 조사하여 60명 이상이 찬성하면 귀무가설을 기각하기로 결정했다. 즉, 새로운 근무시간을 적용하기로 하였다.

(1) 제1종 오류를 범할 확률을 구하라.

(2) 찬성률이 0.7이면, 제2종 오류를 범할 확률은 얼마인가?

<풀이>

(1) $\alpha = P(X \geq 60|p=0.5) = P(\frac{X}{n} \geq 0.6|p=0.5)$

$= P(Z \geq \frac{0.6-0.5}{\sqrt{\frac{0.5(1-0.5)}{100}}}) = P(Z \geq 2) = 0.0228$

(2) $\beta = P(X < 60|p=0.7) = P(\frac{X}{n} < 0.6|p=0.7)$

$= P(Z < \frac{0.6-0.7}{\sqrt{\frac{0.7(1-0.7)}{100}}}) = P(Z < -2.18) = 0.0146$

예제 8.6.

분산이 9인 정규분포를 따르는 모집단에 대하여 다음 가설을 검정하려 한다.

$H_0 : \mu = 100 \quad vs \quad H_1 : \mu \neq 100$

(1) 유의수준이 0.1이고 표본의 크기가 16일 때 임계값을 구하라.

(2) (1)의 경우 표본평균이 97이라면 어떤 결정을 내리겠는가?

<풀이>

(1) $\alpha = 0.1 = P(|\overline{X}| \geq c \,|\mu=100)$

$= P(|Z| \geq \frac{c-100}{3/4})$

$\frac{c-100}{3/4} = z_{0.05} = 1.645$

$c = 100 + 1.645 * \frac{3}{4} = 101.23$

$\frac{c-100}{3/4} = -1.645$

$c = 100 - 1.645 * \frac{3}{4} = 98.77$

$\overline{x} < 98.77 \;\; or \;\; \overline{x} > 101.23$이면 귀무가설 기각

(2) 표본평균 97이 임계치인 98.77보다 작으므로 귀무가설을 기각한다.

8.3. 모집단이 하나일 때 가설검정

8.3.1. 모평균에 대한 가설검정

8.2.에서 다루었던 예제는 모분산을 알고 있는 정규모집단인 경우에 모평균의 가설검정이었다. 이 경우, 세 가지 대립가설에 대해 귀무가설 $H_0 : \mu = \mu_0$를 검정할 때 검정통계량은 $Z = \dfrac{\overline{X} - \mu_0}{\sigma / \sqrt{n}}$ 이다. 다음 표는 각 대립가설에 따른 기각역을 나타낸다.

▶ 정규모집단, 모분산을 알 때

귀무가설	대립가설	기각역	검정통계량
$H_0 : \mu = \mu_0$	① $H_1 : \mu > \mu_0$ ② $H_1 : \mu < \mu_0$ ③ $H_1 : \mu \neq \mu_0$	$Z > z_\alpha$ $Z < -z_\alpha$ $\lvert Z \rvert > z_{\alpha/2}$	$Z = \dfrac{\overline{X} - \mu_0}{\sigma / \sqrt{n}}$

모분산을 모르는 정규모집단인 경우, 표본이 소표본(n<30)일 때, 모평균의 가설검정에서 검정통계량은 $T = \dfrac{\overline{X} - \mu_0}{S / \sqrt{n}} \sim t(n-1)$ 이다. 따라서 세 가지 대립가설에 대해 귀무가설 $H_0 : \mu = \mu_0$를 검정할 때 기각치를 t분포에서 구한다. 다음 표는 각 대립가설에 따른 기각역을 나타낸다.

▶ 정규모집단, 모분산을 모를 때(소표본인 경우)

귀무가설	대립가설	기각역	검정통계량
$H_0 : \mu = \mu_0$	① $H_1 : \mu > \mu_0$ ② $H_1 : \mu < \mu_0$ ③ $H_1 : \mu \neq \mu_0$	$T > t_\alpha(n-1)$ $T < -t_\alpha(n-1)$ $\lvert T \rvert > t_{\alpha/2}(n-1)$	$T = \dfrac{\overline{X} - \mu_0}{S / \sqrt{n}}$

정규모집단을 가정할 수 없어도 n이 크면(n>30) 중심극한정리에 의해 근사적 정규검정을 한다.

예제 8.7.

어떤 자동차 회사에서 새로 출시한 소형차의 휘발유 1 L 당 주행거리가 20㎞를 넘는다고 주장한다. 그런 주장을 검정하기 위해 그 회사의 소형차 10대의 연비를 측정한 결과 1 L 당 주행거리가 23, 18, 22, 19, 19, 22, 18, 18, 24, 24로 나타났다. 그 회사의 주장이 맞는지를 유의수준 5%로 검정하라. 1 L 당 주행거리는 정규분포를 따른다고 가정한다.

<풀이>
1. 가설설정: $H_0 : \mu = 20$ vs $H_1 : \mu > 20$
2. 검정통계량의 값 계산

$$T = \frac{20.7 - 20}{2.54 / \sqrt{10}} = 0.871 < t_{0.05}(9) = 1.833$$

3. 결과해석
유의수준 5% 하에서 귀무가설 채택한다. 즉, 유의수준 5% 하에서 새로 출시한 소형차의 휘발유 1 L 당 주행거리가 20㎞를 넘는다는 주장을 받아들일 만한 충분한 근거가 없다.

예제 8.8.

쌍체비교(pairwise comparison)에 대한 예제
한 내과의사가 다이어트에 효과가 있는 식이요법을 개발하였다. 그 식이요법의 효과를 알아보기 위해 5명에게 식이요법 전과 후의 체중을 다음과 같이 얻었다. 그 식이요법의 효과가 있는지 유의수준 5%에서 가설검정하라.

사람번호	1	2	3	4	5
식이요법 전 체중(a_i)	87.5	84	70	65	75
식이요법 후 체중(b_i)	85	84.5	66.5	66	71.5
$D = b_i - a_i$	-2.5	0.5	-3.5	1.0	-3.5

<풀이>

1. 가설설정: $H_0 : \mu_1 - \mu_2 = 0$ vs $H_1 : \mu_1 - \mu_2 < 0$

2. 검정통계량의 계산

$$T = \frac{\overline{D} - 0}{S_D / \sqrt{n}} = \frac{-1.6 - 0}{2.191 / \sqrt{5}} = -1.633 > -t_{0.05}(4) = -2.132$$

3. 결과해석

유의수준 5% 하에서 귀무가설 채택한다. 즉, 유의수준 5% 하에서 그 의사의 주장이 맞는다는 충분한 근거가 없다. 즉, 그 식이요법은 체중 감소의 효과가 없다고 할 수 있다.

예제 8.9.

설탕회사에서 한 포대에 평균 16kg씩 담아 출하하는데 설탕 담는 기계 한 대가 한 포대에 16kg 이상을 담아 봉한다고 공장장이 의심하고 있다. 소비자에게는 좋은 소식이지만, 회사로서는 손해가 막심하므로 36개의 포대를 골라 표본 조사를 실시하였다.

(1) 이 문제를 위한 적절한 가설을 설정하라.

(2) 유의수준 $\alpha = 0.05$인 기각역을 정하라.

(3) 표본 36개의 설탕포대를 검사했더니 평균 16.1kg, 표준편차 0.225이었다. (1)의 가설을 유의수준 5%에서 검정하라.

<풀이>

(1) 가설설정: $H_0 : \mu = 16$ vs $H_1 : \mu > 16$

(2) $z = \dfrac{\overline{x} - 16}{s / \sqrt{36}} > z_{0.05} = 1.645$

$\Leftrightarrow z > 1.645$이면 귀무가설을 기각

(3) $z = \dfrac{\overline{x} - 16}{s / \sqrt{36}} = \dfrac{16.1 - 16}{0.225/6} = 2.667 > z_{0.05} = 1.645$

$\Leftrightarrow z = 2.667 > 1.645$이므로 귀무가설을 기각

따라서 유의수준 5% 하에서 설탕 한 포대에 16kg 이상이 담기고 있다고 볼 수 있다.

예제 8.10.

직경 50mm의 금속 실린더를 만드는 기계가 있다. 평균 실린더 직경이 50mm이면 기계가 정확히 제조하고 있다고 볼 수 있다. 이 기계가 이상이 있는지를 조사해 보기 위해 60개의 금속 실린더 직경을 조사하였더니 평균 $\bar{x} = 49.99$이고, 표준편차 $s = 0.1334$이었다. 5% 유의수준에서 이 기계가 직경 50mm를 유지하고 있는지 검정하라.

<풀이>

가설설정: $H_0 : \mu = 50$ vs $H_1 : \mu \neq 50$

검정통계량의 값: $|z| = \left| \dfrac{49.99 - 50}{0.1334/\sqrt{60}} \right| = |-0.581| = 0.581$

$|z| = 0.581 < z_{0.025} = 1.96$이므로 귀무가설을 채택한다.

따라서 유의수준 5% 하에서 이 기계는 직경 50mm을 유지하고 있다고 볼 수 있다. 즉, 이 기계는 이상이 없다고 판단된다.

8.3.2. 모비율에 대한 가설검정

모비율에 대한 검정 방법도 모평균의 검정 방법과 동일하다. 세 가지 대립가설에 대해 귀무가설 $H_0 : p = p_0$를 검정할 때 검정통계량은 $Z = \dfrac{X/n - p_0}{\sqrt{p_0(1-p_0)/n}}$ 이다. 다음 표는 각 대립가설에 따른 기각역을 나타낸다.

모집단이 하나인 경우 모비율 p에 대한 검정

귀무가설	대립가설	기각역	검정통계량
$H_0 : p = p_0$	① $H_1 : p > p_0$ ② $H_1 : p < p_0$ ③ $H_1 : p \neq p_0$	$Z > z_\alpha$ $Z < -z_\alpha$ $|Z| > z_{\alpha/2}$	$Z = \dfrac{X/n - p_0}{\sqrt{p_0(1-p_0)/n}}$

예제 8.11.

어떤 국회위원이 6개월 전 지역의 유권자를 대상으로 지지율을 조사했더니 30%이었다. 최근 자신의 지지율이 하락하였다고 생각하여 100명의 유권자들에게 지지 여부를 조사했더니 22명이 지지하였다. 유의수준 1%로 지지율이 하락하였는지를 검정하라.

\<풀이\>

1. 가설설정: $H_0 : p = 0.3 \, (p \geq 0.3)$ vs $H_1 : p < 0.3$

2. 검정통계량: $Z = \dfrac{X/n - 0.3}{\sqrt{0.3(1-0.3)/n}}$

3. 결정기준: $Z < -z_{0.01} = -2.33$ 이면 귀무가설 기각

4. $x/n = 22/100 = 0.22$ 이므로

   검정통계량의 값: $z = \dfrac{0.22 - 0.3}{\sqrt{0.3(1-0.3)/100}} = -1.746$

5. $-1.746 > -2.33$ 이므로 유의수준 1%에서 귀무가설 채택한다.

결론: 유의수준 1%에서 지지율이 하락하였다는 충분한 증거가 없다.

예제 8.12.

백신 접종으로 심각한 부작용을 겪는 젖소의 수가 1,000마리 중의 1마리 이상 나오지 않으면 그 백신은 안전하여 널리 사용될 수 있다고 한다. 새로 개발된 백신의 사용 여부를 판단하기 위해 5,000마리의 젖소에게 백신접종을 한 결과 4마리가 부작용을 나타냈다. 유의수준 5%에서 새로 개발된 백신의 사용 여부를 판단하여라.

\<풀이\>

1. 가설설정 $H_0 : p = 0.001$ $versus$ $H_1 : p < 0.001$

2. 검정통계량 $Z = \dfrac{X/n - 0.001}{\sqrt{0.001(1-0.001)/n}}$

3. 결정기준: $Z < -z_{0.05} = -1.645$이면 귀무가설 기각

4. $x/n = 4/5000 = 0.0008$이므로

검정통계량의 값: $z = \dfrac{0.0008 - 0.001}{\sqrt{0.001(1-0.001)/5000}} = -0.4474$

5. $-0.4474 > -1.645$이므로 유의수준 5%에서 귀무가설 채택한다.

결론: 유의수준 5%에서 새로 개발된 백신은 사용할 수 없다.

예제 8.13.

어떤 생물학자는 주머니쥐가 태어날 때 동일한 가능성을 가지고 암컷과 수컷이 태어나는지 관심을 갖고 있다. 이를 알아보기 위해 실험을 실시하여 관찰한 결과 태어난 23마리 중에서 수컷은 14마리, 암컷은 9마리였다. 수컷 주머니쥐가 태어날 확률을 p라 할 때, 유의수준 5%에서 수컷과 암컷이 동일한 가능성을 가지고 태어나는지를 검정하라.

<풀이>

1. 가설설정: $H_0 : p = 0.5 \ \ versus \ \ H_1 : p \neq 0.5$

2. 검정통계량: $Z = \dfrac{X/n - 0.5}{\sqrt{0.5(1-0.5)/n}}$

3. 결정기준: $|Z| > z_{0.025} = 1.96$이면 귀무가설 기각

4. $x/n = 14/23 = 0.61$이므로

   검정통계량의 값: $|z| = \left| \dfrac{0.61 - 0.5}{\sqrt{0.5(1-0.5)/23}} \right| = 1.055$

5. $1.055 < 1.96$이므로 유의수준 5%에서 귀무가설 채택한다.

결론: 유의수준 5%에서 수컷과 암컷이 동일한 가능성을 가지고 태어난다고 볼 수 있다.

8.3.3. 모분산에 대한 가설검정

6.5.에서 표본분산이 포함된 통계량 $U = \dfrac{(n-1)S^2}{\sigma^2}$ 의 분포를 다음과 같이 구했다.

표본분산의 분포

정규모집단 $N(\mu, \sigma^2)$으로부터 크기 n인 확률표본을 추출할 때

$$U = \sum_{i=1}^{n} \left(\frac{X_i - \overline{X}}{\sigma} \right)^2 = \frac{(n-1)S^2}{\sigma^2} \sim \chi^2(n-1)$$

모분산에 대한 검정 방법도 모평균의 검정 방법과 동일하다. 세 가지 대립가설에 대해 귀무가설 $H_0 : \sigma^2 = \sigma_0^2$를 검정할 때 검정통계량은 $X^2 = \frac{(n-1)S^2}{\sigma_0^2}$ 이다. 다음 표는 각 대립가설에 따른 기각역을 나타낸다.

★ 모분산의 가설검정

귀무가설	대립가설	기각역	검정통계량
$H_0 : \sigma^2 = \sigma_0^2$	① $H_1 : \sigma^2 > \sigma_0^2$ ② $H_1 : \sigma^2 < \sigma_0^2$ ③ $H_1 : \sigma^2 \neq \sigma_0^2$	① $X^2 > \chi_\alpha^2(n-1)$ ② $X^2 < \chi_{1-\alpha}^2(n-1)$ ③ $X^2 > \chi_{\alpha/2}^2(n-1)$ or $X^2 < \chi_{1-\alpha/2}^2(n-1)$	$X^2 = \frac{(n-1)s^2}{\sigma_0^2}$

예제 8.14.

어떤 제품을 만드는 제조공정에서 그 제품의 분산을 $\sigma = 2.5mm$ 이내로 관리하고 있다. 어느 날 15개의 표본을 측정한 결과 $s = 2.1mm$ 이었다. 이 제조공정은 $\sigma = 2.5mm$의 관리수준에 있다고 할 수 있는지를 유의수준 5%로 검정하라. 단, 제품의 분포는 정규분포를 따른다고 가정하자.

<풀이>

1. 가설설정 $H_0 : \sigma^2 = 2.5^2 \ versus \ H_1 : \sigma^2 \neq 2.5^2$

2. 검정통계량: $X^2 = \frac{(n-1)s^2}{\sigma_0^2}$

3. 결정기준: $X^2 > \chi_{0.025}^2(14) = 26.119$ or $X^2 < \chi_{1-0.025}^2(14) = 5.629$ 이면 귀무가설 기각

4. 검정통계량의 값: $X^2 = \frac{(14)2.1^2}{2.5^2} = 9.88$

5. $9.88 > 5.629$이므로 유의수준 5%에서 귀무가설 채택한다.

결론: 유의수준 5%에서 이 제조공정은 $\sigma = 2.5mm$ 의 관리수준에 있다고 할 수 있다.

8.4. 두 모집단에서의 가설검정

두 모집단을 연구하고, 두 모집단의 모수를 비교할 경우가 있다. 서로 다른 두 모집단에서 모평균 차이의 비교, 모비율 차이의 비교 또는 두 모분산의 비(ratio)의 비교 등이 있다. 두 모수가 서로 동일한지 비교해 보는 수학적 방법은 두 가지가 있다. 하나는 차이가 0이 되는지의 여부와 비(ratio)가 1이 되는지의 여부를 알아보는 방법이다. 두 모평균과 모비율의 비교에서는 두 모수의 차가 0인지 여부를 이용하고 두 모분산의 비교에서는 그 비가 1인지의 여부를 이용한다. 그 이유는 모수에 대한 추정량의 분포를 구하기 위해서다. 예를 들어, 두 모평균이 서로 동일한지 검정하기 위해서는 즉, $\mu_1 = \mu_2$은 그 차이가 0이 되는 것 $\mu_1 - \mu_2 = 0$을 검정하는 것과 같다. 그러므로 $\mu_1 - \mu_2$의 추정량인 $\overline{X} - \overline{Y}$의 분포를 구해야 한다. 마찬가지로 두 모비율이 동일함을 검정하는 문제도 $p_1 - p_2$의 추정량인 $\dfrac{X}{m} - \dfrac{Y}{n}$의 분포를 이용한다. 그러나 두 모분산이 동일한지를 검정하는 문제는 그 비율이 1인지 아닌지를 검정한다. 즉, $\dfrac{\sigma_X^2}{\sigma_Y^2} = 1 \Leftrightarrow \sigma_X^2 = \sigma_Y^2$을 검정하기 위해서 추정량인 $\dfrac{S_X^2}{S_Y^2}$의 분포를 이용한다.

8.4.1. 두 모평균의 차이 검정

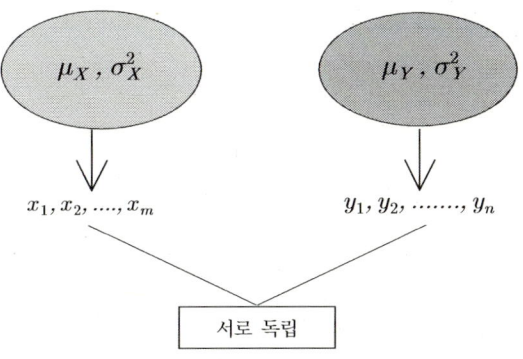

모분산을 알고 있는 각각 $N(\mu_X, \sigma_X^2)$와 $N(\mu_Y, \sigma_Y^2)$인 모집단에서 우리의 관심은 두 모평균이 같은지의 여부이다. 이것을 가설로 표현하면 $H_0 : \mu_X = \mu_Y \Leftrightarrow \mu_X - \mu_Y = 0$이 된다. 이

가설을 검정하기 위해 서로 독립인 크기가 m, n인 표본을 추출했을 때, 귀무가설이 참일 때($\mu_X - \mu_Y = 0$) 구한 검정통계량은

$$\overline{X} - \overline{Y} \sim N\left(0, \frac{\sigma_X^2}{m} + \frac{\sigma_Y^2}{n}\right)$$

$$\Leftrightarrow Z = \frac{(\overline{X} - \overline{Y}) - 0}{\sqrt{\dfrac{\sigma_X^2}{m} + \dfrac{\sigma_Y^2}{n}}} \sim N(0, 1)$$

이다. 따라서 세 가지 대립가설에 대해서 다음 표와 같이 기각역을 구할 수 있다.

■ 두 모평균의 차에 대한 검정(모분산을 알 때)

귀무가설	대립가설	기각역	검정통계량
$H_0 : \mu_X = \mu_Y$	① $H_1 : \mu_X > \mu_Y$ ② $H_1 : \mu_X < \mu_Y$ ③ $H_1 : \mu_X \neq \mu_Y$	$Z > z_\alpha$ $Z < -z_\alpha$ $\|Z\| > z_{\alpha/2}$	$Z = \dfrac{\overline{X} - \overline{Y}}{\sqrt{\dfrac{\sigma_X^2}{m} + \dfrac{\sigma_Y^2}{n}}}$

모분산이 같은데 모르는 $N(\mu_X, \sigma^2)$와 $N(\mu_Y, \sigma^2)$인 모집단에서 서로 독립인 크기가 $m, n\,(m, n < 30)$인 소표본을 추출하고 등분산인 모분산을 모르므로 합동표본분산 S_p^2을 추정량으로 사용하면, 귀무가설이 참일 때($\mu_X - \mu_Y = 0$) 구한 검정통계량은

$$T = \frac{(\overline{X} - \overline{Y}) - 0}{\sqrt{\dfrac{S_p^2}{m} + \dfrac{S_p^2}{n}}} \sim t(m + n - 2)$$

이 된다. 따라서 세 가지 대립가설에 대해서 다음 표와 같이 기각역을 구할 수 있다.

■ 두 모평균의 차에 대한 검정(모분산을 모를 때, 등분산, 소표본인 경우)

귀무가설	대립가설	기각역	검정통계량
$H_0 : \mu_X = \mu_Y$	① $H_1 : \mu_X > \mu_Y$ ② $H_1 : \mu_X < \mu_Y$ ③ $H_1 : \mu_X \neq \mu_Y$	$T > t_\alpha(m + n - 2)$ $T < -t_\alpha(m + n - 2)$ $\|T\| > t_{\alpha/2}(m + n - 2)$	$T = \dfrac{\overline{X} - \overline{Y}}{S_p\sqrt{\dfrac{1}{m} + \dfrac{1}{n}}}$

두 종류의 사료가 젖소의 우유 생산량에 미치는 영향의 차이를 조사하고자 한다. 젖소들 가운데 랜덤하게 8마리씩 두 그룹을 뽑아 한 그룹에는 사료 1을, 다른 그룹에는 사료 2를 주면서 3주일 간 우유 생산량을 조사한 결과 다음과 같은 자료를 얻었다. 두 종류의 사료는 우유 생산량이 다르다고 할 수 있는지 유의 수준 5%에서 검정하라.

■ 우유 생산량 ■

| 사료 1 | 54 | 60 | 66 | 53 | 62 | 61 | 42 | 50 |
| 사료 2 | 65 | 70 | 62 | 67 | 59 | 45 | 60 | 52 |

<풀이>

먼저 두 사료에 대한 평균과 표준편차를 구하면 다음과 같다.

	표본크기	평균	표준편차
사료 1	8	56	7.76
사료 2	8	60	8.18

① 사료1에 의한 자료를 X표본의 관측치라 하고, 사료 2에 의한 자료를 Y표본 의 관측치라 하면 귀무가설은 다음과 같이 설정할 수 있다.

귀무가설 $H_0 : \mu_1 = \mu_2$

대립가설 $H_1 : \mu_1 \neq \mu_2$

② 유의수준 $\alpha = 0.05$

③ 검정통계량:
$$T = \frac{\overline{X} - \overline{Y}}{S_p \sqrt{\frac{1}{n} + \frac{1}{m}}}$$

④ 기각역: $|T| \geq t_{0.025}(8 + 8 - 2 = 14) = 2.145$

⑤ 검정통계량의 값: $|T| = \left| \frac{56 - 60}{\sqrt{63.57(\frac{1}{8} + \frac{1}{8})}} \right| = 1.0 < 2.145$.

결론: 유의수준 5%에서 H_0을 채택한다. 두 사료의 우유 생산량이 심각하게 다르다고 할 수 있는 충분한 근거가 없다.

※공통분산 σ^2의 합동추정량 S_p^2은 다음과 같다.

$$S_p^2 = \frac{(n-1)S_1^2 + (m-1)S_2^2}{(n+m-2)} = \frac{(8-1)(7.76)^2 + (8-1)(8.18)^2}{8+8-2} = 63.57$$

예제 8.16.

고소 공포증(Acrophobia)의 치료법으로 기존의 표준치료법을 사용하는 데 새로운 치료법이 개발되었다. 새로운 치료법이 표준치료법보다 더 좋다고 할 수 있는지를 평가하기 위해 표준치료법을 받은 15명의 환자들에 대한 점수와 새로운 치료법을 받은 15명의 환자들에 대한 점수를 각각 다음과 같이 얻었다.

표준치료법	33 54 62 46 52 42 34 51 26 68 47 40 46 51 60
새로운 치료법	65 61 37 47 45 53 53 69 49 42 40 67 46 43 51

새로운 치료법이 표준치료법보다 더 좋다고 할 수 있는지를 5% 유의수준에서 검정하라.

<풀이>
먼저 두 치료법에 대한 평균과 표준편차를 구하면 다음과 같다.

	표본크기	평균	표준편차
표준 치료법	15	47.47	11.4
새로운 치료법	15	51.2	10.09

① 표준치료법에 의한 자료를 X표본의 관측치라 하고, 새로운 치료법에 의한 자료를 Y표본의 관측치라 하면 귀무가설은 다음과 같이 설정할 수 있다.

귀무가설 $H_0 : \mu_1 = \mu_2$

대립가설 $H_1 : \mu_1 < \mu_2$

② 유의수준 $\alpha = 0.05$

③ 검정통계량: $T = \dfrac{\overline{X} - \overline{Y}}{S_p\sqrt{\dfrac{1}{n} + \dfrac{1}{m}}}$

④ 기각역: $T < -t_{0.05}(15+15-2 = 28) = -1.701$

⑤ 검정통계량의 값: $T = \dfrac{47.47 - 51.2}{10.76\sqrt{\dfrac{1}{15} + \dfrac{1}{15}}} = -0.946 > -1.701$

결론: 유의수준 5%에서 H_0을 채택한다. 새로운 치료법이 표준치료법보다 더 좋다는 근거가 충분하지 않다.

※ 공통분산 σ^2의 합동추정량 S_p^2은 다음과 같다.

$$S_p^2 = \frac{(n-1)S_1^2 + (m-1)S_2^2}{(n+m-2)} = \frac{(14)(11.4)^2 + (14)(10.09)^2}{15 + 15 - 2} = 115.88$$

8.4.2. 두 모비율의 차이 검정

두 모비율에 대한 검정 방법도 두 모평균의 검정 방법과 동일하다. 세 가지 대립가설에 대해 귀무가설 $H_0 : p_1 = p_2 \Leftrightarrow p_1 - p_2 = 0$을 검정할 때 검정통계량은

$$Z = \frac{\dfrac{x}{m} - \dfrac{y}{n}}{\sqrt{\hat{p}(1-\hat{p})(\dfrac{1}{m} + \dfrac{1}{n})}} \sim N(0,1)$$

이다. 여기서 $\hat{p}$은 합동표본비율 $\hat{p} = \dfrac{x+y}{m+n}$이다. 다음 표는 세 가지 대립가설에 따른 기각역을 나타낸다.

귀무가설	대립가설	기각역	검정통계량
$H_0 : p_1 = p_2$	① $H_1 : p_1 > p_2$ ② $H_1 : p_1 < p_2$ ③ $H_1 : p_1 \neq p_2$	$Z > z_\alpha$ $Z < -z_\alpha$ $\lvert Z \rvert > z_{\alpha/2}$	$Z = \dfrac{\dfrac{x}{m} - \dfrac{y}{n}}{\sqrt{\hat{p}(1-\hat{p})(\dfrac{1}{m} + \dfrac{1}{n})}}$ 귀무가설이 참$(p_1 = p_2 = p)$일 때, $\hat{p} = \dfrac{x+y}{m+n}$

어떤 고등학교에서 학생인권조례안에 대해 남학생의 찬성률과 여학생의 찬성률이 서로 다른지를 알아보려고 한다. 남학생 50명을 표본으로 추출하여 조사했더니 41명이 찬성을 하였고, 여학생 50명 중 39명이 찬성하였다. 유의수준 5%에서 남학생과 여학생의 찬성률이 다른지를 검정하라.

<풀이>

남학생의 찬성률을 p_1이라 하고 여학생의 찬성률을 p_2이라 하면,

① 가설설정: $H_0 : p_1 = p_2 \quad versus \quad H_1 : p_1 \neq p_2$

② 유의수준 $\alpha = 0.05$

③ 검정통계량: $Z = \dfrac{\dfrac{x}{m} - \dfrac{y}{n}}{\sqrt{\hat{p}(1-\hat{p})(\dfrac{1}{m} + \dfrac{1}{n})}}$, 여기서 $\hat{p} = \dfrac{x+y}{m+n}$

④ 기각역: $|Z| > z_{0.025} = 1.96$

⑤ 검정통계량의값:

$$|Z| = \left| \frac{\dfrac{41}{50} - \dfrac{39}{50}}{\sqrt{0.8(1-0.8)(\dfrac{1}{50} + \dfrac{1}{50})}} \right| = \left| \frac{0.04}{0.08} \right| = 0.5 < z_{0.025} = 1.96$$

$$여기서, \ \hat{p} = \frac{41+39}{100} = 0.8$$

결론: 유의수준 5%에서 H_0을 채택한다. 남학생과 여학생의 찬성률이 동일하다고 볼 수 있다.

8.4.3. 두 모분산 비(ratio)의 검정

6.5.1.에서 두 표본분산의 비(ratio)에 대한 분포를 다음과 같이 구했다.

두 표본분산의 비(ratio)에 대한 분포

$$U = \sum_{i=1}^{m}\left(\frac{X_i - \overline{X}}{\sigma_X}\right)^2 = \frac{(m-1)S_X^2}{\sigma_X^2} \sim \chi^2(m-1) \ ,$$

$$V = \sum_{i=1}^{n}\left(\frac{Y_i - \overline{Y}}{\sigma_Y}\right)^2 = \frac{(n-1)S_Y^2}{\sigma_Y^2} \sim \chi^2(n-1) \ \text{이므로}$$

$$F = \frac{U/(m-1)}{V/(n-1)} = \frac{S_X^2/\sigma_X^2}{S_Y^2/\sigma_Y^2} \sim F(m-1, n-1) \ \text{이 된다.}$$

두 모분산 비(ratio)의 가설검정에서 귀무가설 $H_0 : \dfrac{\sigma_X^2}{\sigma_Y^2} = 1 \Leftrightarrow \sigma_X^2 = \sigma_Y^2$를 검정할 때 검정통계량은

$$F = \frac{S_X^2}{S_Y^2} \sim F(m-1, n-1)$$

이다. 다음 표는 세 가지 대립가설에 따른 기각역을 나타낸다.

귀무가설	대립가설	기각역	검정통계량
$H_0 : \dfrac{\sigma_X^2}{\sigma_Y^2} = 1$	① $H_1 : \dfrac{\sigma_X^2}{\sigma_Y^2} > 1$ ② $H_1 : \dfrac{\sigma_X^2}{\sigma_Y^2} < 1$ ③ $H_1 : \dfrac{\sigma_X^2}{\sigma_Y^2} \neq 1$	① $F > F_\alpha(m-1, n-1)$ ② $F < F_{1-\alpha}(m-1, n-1)$ ③ $F > F_{\alpha/2}(m-1, n-1)$ or $F < F_{1-\alpha/2}(m-1, n-1)$	$F = \dfrac{S_X^2}{S_Y^2}$

어떤 전구공장에서는 전구를 만드는 두 개의 라인이 가동되고 있다. A, B 두 라인에서 생산되는 전구 수명에 대한 분산이 서로 동일한지 알아보려고 한다. A라인에서 생산된 전구 중에서 10개를 추출하여 조사한 결과 표준편차가 $s_X = 2.5$(시간)이었고 B라인에서 생산된 전구 중에서 9개를 조사한 결과 표준편차가 $s_Y = 2.1$(시간)이었다. 유의수준 5%에서 A, B 두 라인에서 생산되는 전구 수명에 대한 분산이 서로 동일한지 검정하여라. 단, 두 라인에서 생산되는 전구의 수명은 정규분포를 따른다.

<풀이>

A라인에서 생산되는 전구 수명의 분산을 σ_X^2라 하고 B라인에서 생산되는 전구 수명의 분산을 σ_Y^2라 하면,

① 가설설정: $H_0 : \dfrac{\sigma_X^2}{\sigma_Y^2} = 1$ versus $H_1 : \dfrac{\sigma_X^2}{\sigma_Y^2} \neq 1$

② 유의수준 $\alpha = 0.05$

③ 검정통계량: $F = \dfrac{S_X^2}{S_Y^2}$

④ 기각역 :

$$F > F_{0.025}(9,8) = 4.36 \ \text{ or } \ F < F_{1-0.025}(9,8) = \frac{1}{F_{0.025}(8,9)} = \frac{1}{4.10} = 0.244$$

⑤ 검정통계량의값: $F = \dfrac{S_X^2}{S_Y^2} = \dfrac{2.5^2}{2.1^2} = 1.417 < 4.36$

결론: 유의수준 5%에서 H_0을 채택한다. 즉, A, B 두 라인에서 생산되는 전구 수명에 대한 분산은 서로 동일하다고 볼 수 있다.

[예제 8.16.]에서 새로운 치료법이 표준치료법보다 더 효과가 있는지를 알아보기 위하여 T-검정을 실시하였다. 만약, [예제 8.16.]에 주어진 자료를 본 연구를 위한 예비 표본조사로 간주하고 두 모집단의 등분산 가정을 유의수준 5%에서 가설 검정하라.

<풀이>

두 치료법에 대한 평균과 표준편차를 구하면 다음과 같다.

	표본크기	평균	표준편차
표준 치료법	m=15	$\bar{x} = 47.47$	$s_X = 11.4$
새로운 치료법	n=15	$\bar{y} = 51.2$	$s_Y = 10.09$

① 가설설정

$$H_0 : \frac{\sigma_X^2}{\sigma_Y^2} = 1 \Leftrightarrow \sigma_X^2 = \sigma_Y^2 \quad \text{versus} \quad H_1 : \frac{\sigma_X^2}{\sigma_Y^2} \neq 1 \Leftrightarrow \sigma_X^2 \neq \sigma_Y^2$$

② 유의수준 $\alpha = 0.05$

③ 검정통계량: $F = \dfrac{S_X^2}{S_Y^2}$

④ 기각역

$$F > F_{0.025}(14, 14) = 2.9786 \text{ or } F < F_{1-0.025}(14, 14) = 0.3357$$

⑤ 검정통계량의값: $F = \dfrac{S_X^2}{S_Y^2} = \dfrac{11.4^2}{10.09^2} = 1.2765 < 2.9786$

결론: 유의수준 5%에서 H_0을 채택한다. 즉, 두 모집단의 등분산 가정은 타당함을 알 수 있다.

8.5. 유의확률(p-value; Probability value)

예를 들어, 우리나라 중1 남학생의 신장이 평균 157cm라고 알려져 있다. 그런데 어떤 사람이 그렇게 크지 않다고 주장하고 있다. 이를 가설검정하려고 한다.

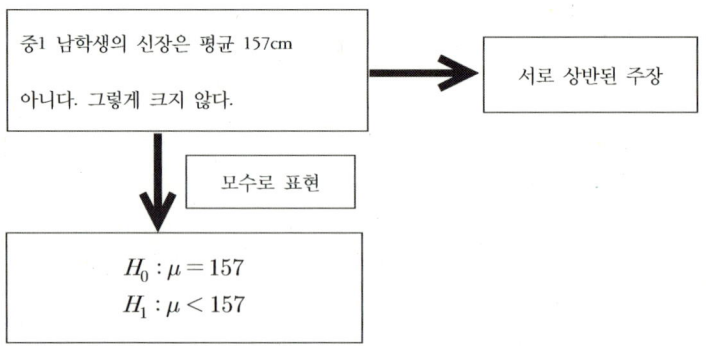

우리나라 중1 남학생의 신장이 $N(\mu, 10^2)$ 라 가정하고, 검정을 위해서 n=16인 표본을 뽑아 신장을 측정한 결과 표본평균 $\overline{X}$의 관찰치가 $\bar{x} = 149\,cm$였다고 하자.

귀무가설 H_0이 참일 때, 즉, $\overline{X} \sim N(157, \frac{10^2}{16})$일 때 $\bar{x} = 149$이 나올 가능성이 있는가? 가능성이 있으면 H_0을 채택하고 가능성이 없으면 대립가설을 채택한다(H_0를 기각한다). 이런 가능성을 유의확률(p-value)이라 한다.

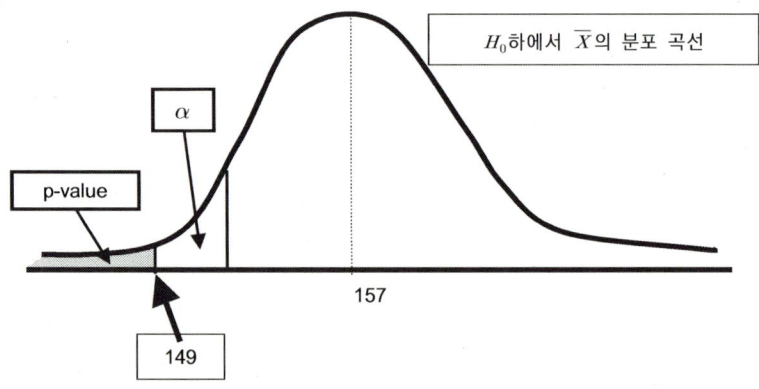

위의 예제에 대한 유의확률을 구해보면 다음과 같다.

$$p-value = P(\overline{X} \le 149 | H_0\ \text{참})$$

$$= P(Z \le \frac{149 - 157}{10/\sqrt{16}})$$

$$= P(Z \le -3.2)$$

$$= 0.0007$$

유의확률의 값이 0.0007로 거의 0에 가깝다. 이 의미는 표본평균치가 149cm 이하로 나올 가능성은 평균이 157cm인 모집단(귀무가설이 참일 때)에서 나왔을 가능성은 거의 희박하다. 그러므로 실제로 관찰된 149cm는 귀무가설 쪽보다는 대립가설 쪽에서 나왔을 것이다. 따라서 우리는 대립가설을 받아들인다. 즉, 귀무가설을 기각한다.

유의확률이 작을수록 "귀무가설이 틀리다"라는 확실한 증거가 되므로 귀무가설을 기각한다. 반대로 유의확률이 클수록 "귀무가설이 맞다"라는 확실한 증거가 되므로 귀무가설을 채택한다.

유의확률(p-value)
귀무가설이 참일 때 검정통계량이 표본에서 관측된 값과 같거나 그 값보다 대립가설 쪽에 더 근접한 값이 될 확률이다.

검정에서 결정기준인 유의수준(significance level)과 비교하여 p-값이 유의수준보다 작으면 우리가 뽑은 표본이 대립가설 쪽을 뒷받침해주는 증거이므로 귀무가설을 기각하고 반대로 p-값이 유의수준보다 크면 우리가 뽑은 표본이 귀무가설 쪽을 뒷받침해주는 증거이므로 귀무가설을 채택한다.

---

p-값 $<$ 유의수준 α $\Rightarrow$ 귀무가설 H_0 기각(reject)

p-값 $>$ 유의수준 α $\Rightarrow$ 귀무가설 H_0 채택(accept)

가설검정에서 "유의하다(significant)"라는 표현은 귀무가설이 아닌 대립가설 쪽을 받아들였다는 것을 의미한다. 즉, 귀무가설을 기각했음을 말한다. 다시 말해서, 새로운 주장을 받아들였으므로 "연구를 수행한 의미가 있다"라는 뜻이다.

$p-value \leq 0.01$	매우 유의하다. highly significant	***
$0.01 < p-value \leq 0.05$	유의하다 significant	**
$0.05 < p-value \leq 0.1$	낮게 유의하다. lowly significant	*
$p-value > 0.1$	유의하지 않다. insignificant	

[예제 8.7.]을 Fisher의 p-value 이용하여 검정하라.

어떤 자동차 회사에서 새로 출시한 소형차의 휘발유 1 L 당 주행거리가 20㎞를 넘는다고 주장한다. 그런 주장을 검정하기 위해 그 회사의 소형차 10대의 연비를 측정한 결과 1 L 당 주행거리가 23, 18, 22, 19, 19, 22, 18, 18, 24, 24로 나타났다. 그 회사의 주장이 맞는지를 유의수준 5%로 검정하라. 1 L 당 주행거리는 정규분포를 따른다고 가정한다.

<풀이>

1. 가설설정: $H_0 : \mu = 20$ vs $H_1 : \mu > 20$
2. 검정통계량 값의 계산

$$t = \frac{20.7 - 20}{2.54 / \sqrt{10}} = 0.871$$

3. p-값 계산

$$\begin{aligned} p - value &= P(\overline{X} \geq 20.7 \mid \mu = 20) \\ &= P(T \geq 0.871) \\ &= 0.203 > \alpha = 0.05 \end{aligned}$$

4. 결과해석: 유의수준 5% 하에서 귀무가설 채택한다. 즉, 유의수준 5% 하에서 새로 출시한 소형차의 휘발유 1 L 당 주행거리가 20㎞를 넘는다는 주장을 받아들일 만한 충분한 근거가 없다.

★ 위의 p-값 계산에서 $p - value = P(T \geq 0.871) = 0.203$은 부록의 t-분포표에서 찾을 수 없다. 이렇게 확률계산이 복잡하므로 p-값은 컴퓨터를 이용한 통계패키지(SAS, SPSS, R 등)에서 주어진다. 통계패키지에서 주어진 p-값을 바탕으로 연구자가 정한 유의수준 α와 비교하여 결론을 내리면 된다.

예제 8.21.

[예제 8.11.]을 Fisher의 p-value 이용하여 검정하라.

<풀이>

1. 가설설정 $H_0 : p = 0.3$ vs $H_1 : p < 0.3$

2. $x/n = 22/100 = 0.22$이므로

   검정통계량의 값 $z = \dfrac{0.22 - 0.3}{\sqrt{0.3(1-0.3)/100}} = -1.746$

3. p-값 계산

$$p-value = P(\frac{X}{n} \leq 0.22 \mid p = 0.3)$$
$$= P(Z \leq \frac{0.22 - 0.3}{\sqrt{0.3(1-0.3)/100}})$$
$$= P(Z \leq -1.746)$$
$$= 0.041 \; > \alpha = 0.01$$

결론: 유의수준 1%에서 귀무가설 채택한다. 즉, 유의수준 1%에서 지지율이 하락하였다는 충분한 증거가 없다.

예제 8.22.

[예제 8.15]를 Fisher의 p-value 이용하여 검정하라.

두 종류의 사료가 젖소의 우유 생산량에 미치는 영향의 차이를 조사하고자 한다. 젖소들 가운데 랜덤하게 8마리씩 두 그룹을 뽑아 한 그룹에는 사료 1을, 다른 그룹에는 사료 2를 주면서 3주일 간 우유 생산량을 조사한 결과 다음과 같은 자료를 얻었다. 두 종류의 사료는 우유 생산량이 다르다고 할 수 있는지 유의 수준 5%에서 검정하라.

■ 우유 생산량 ■

사료 1	54	60	66	53	62	61	42	50
사료 2	65	70	62	67	59	45	60	52

<풀이>

먼저 두 사료에 대한 평균과 표준편차를 구하면 다음과 같다.

	표본크기	평균	표준편차
사료 1	8	56	7.76
사료 2	8	60	8.18

① 사료1에 의한 자료를 X표본의 관측치라 하고, 사료 2에 의한 자료를 Y표본의 관측치라 하면 귀무가설은 다음과 같이 설정할 수 있다.

$$\text{귀무가설} \quad H_0 : \mu_1 = \mu_2$$
$$\text{대립가설} \quad H_1 : \mu_1 \neq \mu_2$$

② 검정통계량의 값: $|T| = \left| \dfrac{56-60}{\sqrt{63.57(\frac{1}{8}+\frac{1}{8})}} \right| = 1.0$

③ $p-value = P(|\overline{X}-\overline{Y}| \geq |\overline{x}-\overline{y}|)$

$= P(|\overline{X}-\overline{Y}| \geq 4)$

$= P\left(\dfrac{|\overline{X}-\overline{Y}|}{S_p\sqrt{\frac{1}{m}+\frac{1}{n}}} \geq \dfrac{4}{63.57\sqrt{\frac{1}{8}+\frac{1}{8}}} \right)$

$= P(|T| \geq 1.0)$

$= 0.334 > \alpha = 0.05$

결론: 유의수준 5%에서 H_0을 채택한다. 두 사료의 우유 생산량이 심각하게 다르다고 할 수 있는 충분한 근거가 없다.

예제 8.23.

[예제 8.18]을 Fisher의 p-value 이용하여 검정하라.

어떤 전구공장에서는 전구를 만드는 두 개의 라인이 가동되고 있다. A, B 두 라인에서 생산되는 전구 수명에 대한 분산이 서로 동일한지 알아보려고 한다. A라인에서 생산된 전구 중에서 10개를 추출하여 조사한 결과 표준편차가 $s_X = 2.5$(시간)이었고 B라인에서 생산된 전구 중에서 9개를 조사한 결과 표준편차가 $s_Y = 2.1$(시간)이었다. 유의수준 5%에서 A, B 두 라인에서 생산되는 전구 수명에 대한 분산이 서로 동일한지 검정하여라. 단, 두 라인에서 생산되는 전구의 수명은 정규분포를 따른다.

<풀이>

A라인에서 생산되는 전구 수명의 분산을 σ_X^2라 하고 B라인에서 생산되는 전구 수명의 분산을 σ_Y^2라 하면,

① 가설설정: $H_0 : \dfrac{\sigma_X^2}{\sigma_Y^2} = 1$ versus $H_1 : \dfrac{\sigma_X^2}{\sigma_Y^2} \neq 1$

② 검정통계량의 값: $F = \dfrac{S_X^2}{S_Y^2} = \dfrac{2.5^2}{2.1^2} = 1.417$

③ $p-value = P\left(\dfrac{S_X^2}{S_Y^2} \geq 1.417\right)$

$\qquad\qquad = P\{F(9,8) \geq 1.417\}$

$\qquad\qquad = 0.317 \ > \ \alpha = 0.05$

결론: 유의수준 5%에서 H_0을 채택한다. 즉, A, B 두 라인에서 생산되는 전구 수명에 대한 분산은 서로 동일하다고 볼 수 있다.

1. 다음 문장이 맞으면 ◯, 틀리면 ×로 표시하고 그 이유를 설명하라.

   ① 통계적 가설검정에서 제1종 오류를 범할 확률을 유의확률이라 한다.

   ② 어떤 귀무가설이 5% 유의수준에서 기각되면 3% 유의수준에서 항상 기각된다.

   ③ 검정에서 귀무가설을 기각한다는 것은 귀무가설이 거짓임을 말하는 것이다.

   ④ 가설검정에서 표본이 고정되어 있을 때 제1종 오류와 제2종 오류를 동시에 줄일 수 있는 방법은 없다.

   ⑤ 제1종 오류가 발생할 확률은 기각역을 작게 함으로써 얼마든지 줄일 수 있다.

   ⑥ 가설검정에서 "유의하다"라는 것은 귀무가설의 채택을 의미한다.

   ⑦ 가설검정에서 기각역은 대립가설에 의존한다.

   ⑧ p-값이 0에 가까울수록 뽑은 표본이 귀무가설을 채택할 수 있는 확실한 증거임을 의미한다.

   ⑨ 제1종 오류를 범할 확률이 0.1이면 제2종 오류를 범할 확률은 0.9이다.

2. 가설검정에서 제1종 오류를 범할 확률은 0.07이다. 다음 문장이 맞으면 ◯, 틀리면 ×로 표시하라.

   ① 귀무가설을 기각할 확률이 0.07이다.

   ② 제2종 오류를 범할 확률은 0.93이다.

   ③ 제2종 오류를 범할 확률은 0과 1 사이에 있는 수이다.

   ④ 귀무가설이 참일 때 귀무가설을 받아들일 확률이 0.93이다.

   ⑤ 제2종 오류를 범할 확률은 귀무가설에 의존한다.

   ⑥ 귀무가설을 받아들일 확률은 0.93이다.

   ⑦ 제1종 오류를 범할 확률은 귀무가설에 의존한다.

   ⑧ 제1종 오류를 범할 확률과 제2종 오류를 범할 확률을 합하면 1이다.

   ⑨ 제1종 오류를 범할 확률을 유의수준이라 한다.

   ⑩ 귀무가설이 참일 때 귀무가설을 기각할 확률이 0.07이다.

3. 다음 빈칸에 알맞은 답을 써라.

   ① 통계적 가설검정에서 두 개의 가설을 설정할 때, 새로운 주장이나 추측은 ( )가설에 세우고 기존의 입장을 (   )가설로 세운다.

   ② 제1종 오류는 (   )가설이 참일 때, ( )가설을 채택하는 오류이고, 제2종 오류는 (   )가설이 참일 때 (   )가설을 기각하는 오류를 말한다.

③ 검정통계량은 (　　　)가설이 참일 때 구한 통계량이다.

④ 우측검정시 우리가 뽑은 표본이 귀무가설을 받아들일 만한 충분한 증거를 제시하면 검정통계량의 값은 (작아지고, 커지고), p-값은 (작다, 크다).

4. 다음 문제에 대하여 귀무가설과 대립가설을 각각 세워라.

① 한 사회학자가 고등학교에 다니는 많은 학생들에게 어떤 과목을 가장 좋아하는지를 물어보았다. 그는 여학생들보다 남학생들이 수학 과목을 가장 좋아하는 과목으로 대답할 것이라고 생각했다.

② 재개발지구에 새로 지어진 수천 개의 아파트의 평균 면적은 25평으로 광고되었다. 하지만, 입주자들의 생각에는 광고되어진 것보다 좁게 느껴졌다. 입주자들은 기술자를 고용해서 몇 개의 아파트 면적을 조사하기로 했다.

③ 새로운 비료를 사용하면 옥수수의 수확량을 증가시킬 것이다.

5. 과거 자료에 의하면 연령 40~60세의 건강한 남자들의 혈청 콜레스테롤 농도(mg/100mL)는 평균 240, 표준편차 56인 정규분포를 따른다고 한다. 최근 한 의사가 건강한 남자의 혈청콜레스테롤 농도가 증가하였다고 주장한다. 이를 확인하기 위해 64명을 임의로 뽑아 평균농도를 측정하였다.

(1) 모평균 μ 에 대한 적절한 가설을 세워라.

(2) 유의수준 $\alpha = 0.05$ 인 기각역을 정하라.

(3) 64명의 표본에서 얻어진 표본평균이 $\overline{x} = 255$ 이었다고 할 때, (1)의 가설을 유의수준 5%에서 검정하라.

(4) p-값을 구하고, p-값에 의해 (1)의 가설을 유의수준 5%에서 검정하라.

(5) 만일 실제 모평균이 $\mu = 250$ 이라면, 제2종 오류를 범할 확률 β 값은?

6. 앞면이 나올 확률 p를 모르는 동전에 대해서 다음의 가설을 검정한다고 하자.

$$H_0 : p = \frac{1}{3}, \; H_1 : p = \frac{2}{3}$$

동전을 6회 던져 2회 이상 앞면이 나오면 귀무가설을 기각한다고 할 때, 제1종 오류와 제2종 오류를 범할 확률 α와 β를 각각 구하라.

7. 고속도로의 부분적 보수에 쓰이는 새로운 시멘트 혼합물이 굳을 때까지의 평균시간을 추정하

고자 한다. 100군데의 보수공사의 기록으로부터 평균과 표준편차가 각각 32분과 4분으로 나타났다.

(1) 시멘트 혼합물이 굳을 때까지의 평균시간에 대한 95% 신뢰구간을 구하라.

(2) 시멘트회사에서는 새로운 시멘트 혼합물이 굳을 때까지의 평균시간은 33분보다 작다고 주장하고 있다. 가설을 설정하여 유의수준 5%에서 검정하라.

(3) (1)번의 신뢰구간과 (2)번의 가설검정의 결과를 가지고 추정과 검정의 관계에 대해 설명하라.

8. 한 회사에서 작년 한 해 동안 통근버스를 이용한 직원이 전체의 30%뿐이었다. 그래서 통근버스 이용에 대한 계몽 운동을 실시한 후, 이 운동이 효과적이었나를 알기 위해 15명의 직원을 임의 추출하여 조사했다. 그중 통근버스 이용자의 수를 X라 하자.

(1) 통근버스 이용자의 비율을 p라 할 때, 이 문제를 위한 가설을 설정하라.

(2) $X \geq 8$이란 기각역이 갖는 유의수준 α값은?

(3) 실제로 p가 0.6 로 증가했을 때 (2)의 기각역으로 주어진 결정법칙이 갖는 β값은?

9. 농업연구소의 한 연구원이 육보와 미녀봉이라는 두 종류의 딸기의 당도를 비교하기 위해 "H_0: 육보와 미녀봉의 평균 당도는 같다."라는 귀무가설을 "H_1: 육보와 미녀봉의 평균 당도는 다르다."라는 대립가설에 대하여 검정한 결과 그 연구원은 제2종의 오류를 범한 것으로 판명되었다. 진실은 무엇이며, 그 연구원이 내렸던 결정은 무엇인지 설명하라.

10. "비타민 C는 감기에 효과가 있다"라는 귀무가설에 대해 제1종 오류와 제2종 오류를 설명하여라.

11. 어떤 사람이 한 구역의 선거에 출마하려 한다. 선거권자 중 그를 지지하는 사람의 비율을 p라 하고, 다음과 같이 가설을 세운다.

$$H_0 : p = 0.6 \quad vs \quad H_1 : p = 0.4$$

8명의 선거권자를 임의로 뽑아 조사하여 6명 이상이 그를 지지하면 귀무가설 H_0를 받아들이기로 정했다고 하자. 제1종 오류를 범할 확률 α과 제2종 오류를 범할 확률 β를 구하라.

12. 예제 8.10을 유의확률(p-value)을 구해서 가설검정 하라.

$$H_0 : \mu = 100 \quad vs \quad H_1 : \mu \neq 100$$

(1) 유의수준이 0.1이고 표본의 크기가 16일 때 임계값을 구하라.

(2) (1)의 경우 표본평균이 97이라면 어떤 결정을 내리겠는가?

13. 한 회사에서 근무시간을 조정하려고 한다. 새로 제안된 근무시간은 아침 8시 출근, 저녁 5시 퇴근이다. 새로 제안된 근무시간에 대한 찬성률을 p라 하고, 다음과 같은 가설을 세웠다.

$$H_0 : p = 0.5 \quad vs \quad H_1 : p > 0.5$$

임의로 100명의 직원들을 조사하여 60명 이상이 찬성하면 귀무가설을 기각하기로 결정했다. 즉, 새로운 근무시간을 적용하기로 하였다.

(1) 제1종 오류를 범할 확률을 구하라.

(2) 찬성률이 0.7이면, 제2종 오류를 범할 확률은 얼마인가?

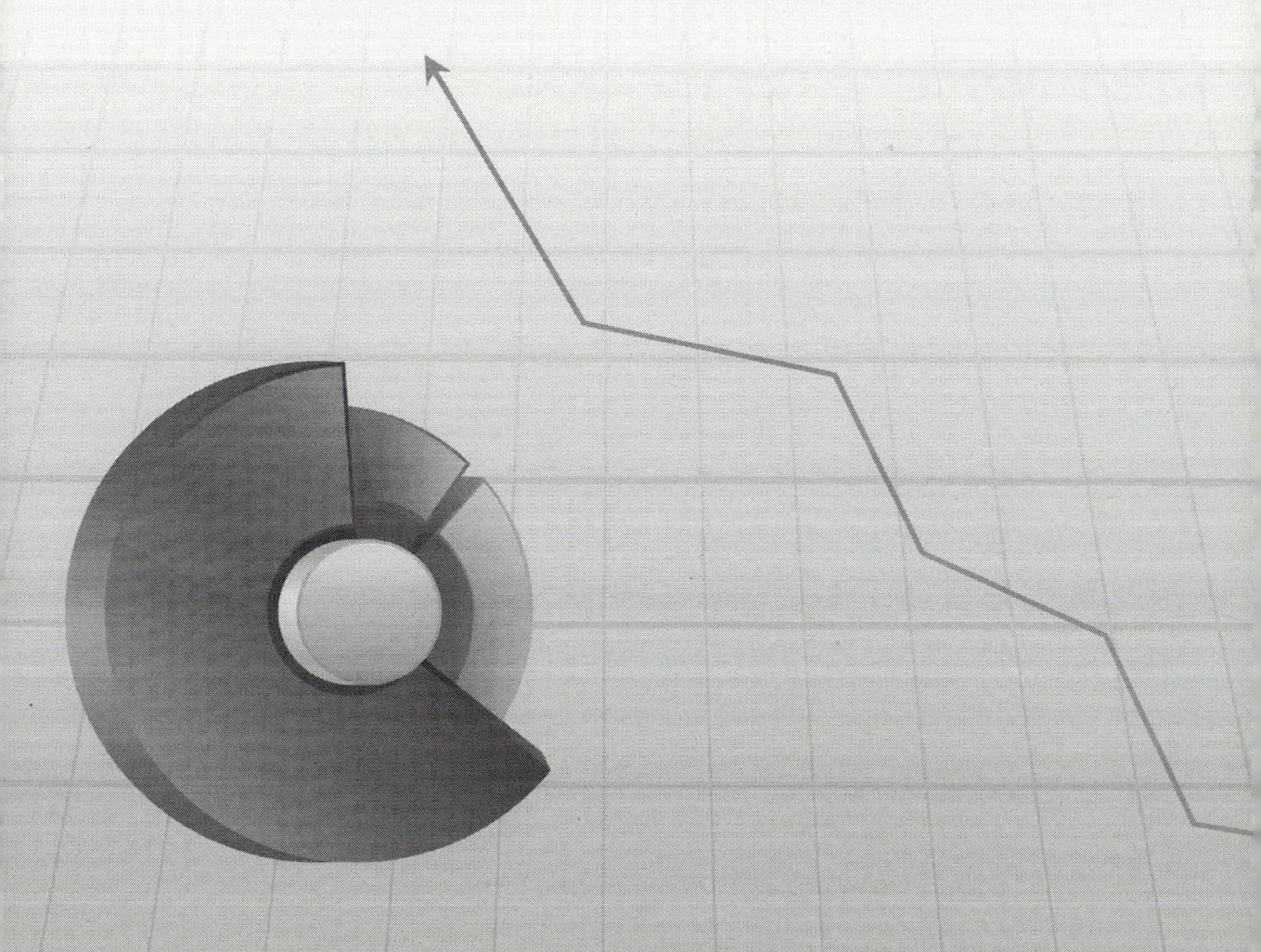

9장

분산분석

9.1. 분산분석의 개요

8장에서 두 모집단의 평균 비교를 위해 T-검정을 사용하였다. 그러면 세 개 이상의 모집단에서 평균비교는 어떻게 할까? 6개 광역시 시민들의 월평균 소비지출액의 차이, 세 가지 비료종류에 따른 평균수확량의 차이 등 모집단이 세 개 이상일 때 평균을 비교하는 방법을 분산분석(Analysis of Variance: ANOVA)이라 한다.

k개의 모집단의 평균 비교를 위해 두 모집단의 평균비교 방법인 t-검정을 사용할 수 있다. 그러나 모집단의 개수가 많으면 t-검정의 횟수가 많아진다. k개의 모집단인 경우 $\binom{k}{2}$ 번의 t-검정을 실시해야 한다. 또한 t-검정의 횟수가 많아지면 제1종 오류를 범할 확률인 유의수준 α가 너무 커지게 된다. 따라서 세 개 이상의 모집단의 평균비교를 위해 새로운 검정기법이 필요하다. 그것이 바로 분산분석이다. 이 분산분석 검정법은 1925년에 Ronald A. Fisher(1890~1962)의 저서 [Statistical Methods for Research Workers]에 소개되면서 널리 이용되었다.

분산분석을 공부하기 위해서 몇 가지 용어를 알아보자. 예를 들어, 딸기연구소에서 딸기의 품종에 따라 수확량에 차이가 있는지를 알아보기 위해서 세 가지의 딸기품종(육보, 매향, 설향)을 실험구에 재배하여 단위 면적당 수확량을 기록하였다. 이 실험에서 실험환경을 결정해 주는 변수는 딸기품종이며 이것을 "요인(factor)" 또는 "인자"라 한다. 요인의 여러 가지 조건을 "처리(treatment)" 또는 "인자수준"이라 한다. 이 실험에서 처리는 딸기품종의 종류인 육보, 매향, 설향이다. 이처럼 요인이 하나인 실험을 일원배치법(one-way layout)이라 한다. 만약, 딸기의 수확량에 미치는 요인을 품종과 토양을 고려한 실험을 했다면 요인이 품종과 토양, 두 개이다. 요인이 두 개인 경우를 이원배치법(two-way layout)이라 한다. 이 장에서는 일원배치분산분석에 대해서만 다루기로 한다.

9.2. 일원배치분산분석

어느 딸기 작목반에서 세 가지 품종에 따라 딸기의 수확량에 차이가 있는지를 알아보려고 한다. 실험을 위해 실험지를 12개의 동일한 구역(1평: $3.3m^2$)으로 나누어 4구역에 동일 품종을 심었다. 구역을 선택할 때는 임의로 선택해야만 품종 이외의 요인(예: 토양)에 따라 영향받아지는 효과를 제거하기 위해 품종 A를 1, 3, 6, 12에 심고 품종 B는 2, 4, 9, 11구역에 품종 C는 5, 7, 8, 10구역에 심었다.

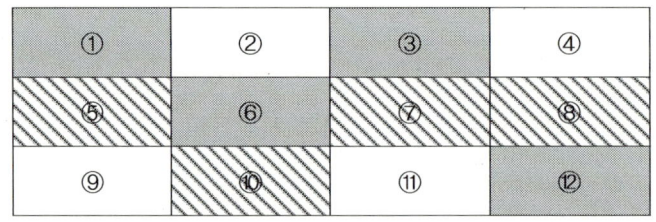

12구역의 수확량에 대한 결과가 [표 9.1.]에 나타나 있다. 이 실험은 품종이 인자(factor)이고 3가지의 품종A, B, C는 처리(treatment)가 되고 수확량은 종속변수(반응변수)가 된다. [표 9.1]을 보면 동일한 품종에서 수확량의 수치가 다른 것을 알 수 있다. 이처럼 품종의 종류에 의해서 설명할 수 없는 수확량의 변화를 실험오차(experimental error)라 한다. 여기서 우리는 실험오차에 의한 차이(품종이외의 요인에 의한 차이)가 아니라 품종에 따른 수확량에 차이가 있는지를 알아보려고 한다.

표 9.1. 품종별 수확량(kg)

	품종A	품종B	품종C
	3	4	7
	5	9	8
	6	7	9
	6	8	8
평균	5	7	8

μ_1, μ_2, μ_3을 품종A, B, C에 의한 평균 수확량이라 하면 귀무가설과 대립가설은 다음과 같다.

$$H_0 : \mu_1 = \mu_2 = \mu_3 \quad versus \quad H_1 : not \ H_0$$

대립가설은 귀무가설이 아닌 모든 경우를 의미한다. 즉, 모든 평균이 다르거나, 2개의 평균은 같지만 다른 하나의 평균이 다른 경우를 포함한다.

분산분석을 적용하기 위해 필요한 가정은 각 표본은 확률표본이고 서로 독립이며 각 처리모집단은 정규분포를 따르고 분산이 일정하다고 본다.

	품종A	품종B	품종C
	3	4	7
	5	9	8
	6	7	9
	6	8	8
평균	5	7	8

전체평균 $\overline{\overline{x}} = 6.67$

만약, 같은 품종 내에서 수확량의 변동이 품종 간의 변동보다 더 크면 품종에 따른 수확량에 차이가 있다고 볼 수 없다. 즉, 품종에 의해 생긴 변동이 우연(품종이외의 요인)에 의해 생긴 변동보다 작으면 각 품종에 따라 수확량이 차이가 있다고 판단할 수 없다. 이는 가설검정 과정에서 표본평균 간의 차이뿐만 아니라 각 표본 내의 변동도 고려해야 됨을 보여 준다. 표본평균간의 변동이 표본 내의 변동보다 크면 "각 처리별 평균이 다르다"라는 대립가설을 채택하려고 할 것이다. 따라서 각 처리별 평균차이를 검정하기 위해 처리 내의 변동(분산)과 처리 간의 변동(분산)을 비교해야 한다. 그러므로 평균비교를 위해 분산을 비교해야 되므로 분산분석이라고 말한다.

[표 9.1.]에서 처리 간 변동과 처리 내 변동을 구해보자. 처리 간 변동을 급간제곱합(between sum of squares: SSB)이라 하고 다음과 같이 구할 수 있다.

$$SSB = n \sum_{i=1}^{3} (\overline{x_i} - \overline{\overline{x}})^2 = 4\{(5-6.67)^2 + (7-6.67)^2 + (8-6.67)^2\} = 18.67$$

처리 내 변동을 급내제곱합(within sum of squares) 또는 오차제곱합(error sum of squares: SSE)라 하고 다음과 같이 구할 수 있다.

$$SSE = \sum_{i=1}^{3} \sum_{j=1}^{4} (x_{ij} - \overline{x_i})^2 = (3-5)^2 + (5-5)^2 + (6-5)^2 + (6-5)^2$$
$$+ (4-7)^2 + (9-7)^2 + (7-7)^2 + (8-7)^2$$
$$+ (7-8)^2 + (8-8)^2 + (9-8)^2 + (8-8)^2 = 22$$

총제곱합(total sum of squares: SST)은 $SST = \sum_{i=1}^{3} \sum_{j=1}^{4} (x_{ij} - \overline{\overline{x}})^2$이며 $SST = SSB + SSE$으로 나타낼 수 있다. 이렇게 구한 분산들을 표로 나타낸 것을 분산분석표라 부른다. [표 9.1.]의 분산분석표는 다음과 같다.

표 9.2. [표 9.1.]의 분산분석표

요인	제곱합(SS)	자유도(DF)	평균제곱(MS)	F값
처리	SSB=18.67	k-1=2	MSB=18.67/2=9.34	MSB/MSE =9.34/2.44
잔차	SSE=22	n-k=9	MSE=22/9=2.44	=3.83
전체	SST=40.67	n-1=11		

처리의 자유도는 처리가 3개(품종 A, B, C)이므로 처리의 개수에서 1을 뺀 것이고 잔차의 자유도는 총 자료의 개수에서 처리의 개수를 뺀 값이다. [표 9.2]의 평균제곱(mean square: MS)은 제곱합을 자유도로 나눈 값으로 제곱합의 평균을 의미한다. F값은 평균제곱의 비를 뜻한다. 만약, 귀무가설이 참이면(처리 간에 평균이 모두 동일하면) $F = \dfrac{MSB}{MSE}$는 자유도가 (2, 9)인 F분포를 따른다. F값이 크면 클수록 분모인 MSE보다 분자인 MSB가 더 큰 경우가 되므로 처리 내의 변동보다 처리 간의 변동이 더 크므로 처리별 평균이 다르다는 것을 말해주는 것이다. 따라서 F값이 어떤 기준이 되는 값(기각치)보다 크면 귀무가설을 기각하는 결론을 내리면 된다. 유의수준 5%에서 검정하면 $F = \dfrac{MSB}{MSE} = 3.83 < F(2, 9, 0.05) = 4.26$ 이므로 귀무가설을 기각하지 못한다. 그러므로 유의수준 5%에서 품종에 따라 수확량에 차이가 없다고 볼 수 있다.

p-값을 이용한 검정결과도 동일하다.

$F = \dfrac{MSB}{MSE} \sim F(2, 9)$ 이므로 부록의 F-분포표를 보면 $P(F > 3.01) = 0.1$ 이고 $P(F > 4.26) = 0.05$ 이다. $3.01 < 3.83 < 4.26$이므로 $0.05 < p - 값 = P(F \geq 3.83) < 0.1$ 이다. 그러므로 유의수준 0.05에서 귀무가설을 기각하지 못한다.

이제 일반화하기 위해 모집단이 k개이고 표본의 크기도 서로 다른 경우를 다루기로 하자. k개의 독립인 표본들의 크기를 각각 $n_1, n_2, \cdots, n_k$라 하면 자료를 [표 9.3.]처럼 표시할 수 있다.

표 9.3. 모집단이 k개이고 표본 크기가 서로 다른 경우

처리	1	2	....	k	
	$N(\mu_1, \sigma^2)$	$N(\mu_2, \sigma^2)$		$N(\mu_k, \sigma^2)$	
	x_{11}	x_{21}	.	x_{k1}	
	x_{12}	x_{22}	.	x_{k2}	
	.	.	.	.	
	.	.	.	.	
	x_{1n_1}	x_{2n_2}	.	x_{kn_k}	
평균	$\overline{x_1}$	$\overline{x_2}$	....	$\overline{x_k}$	$\overline{\overline{x}}$

각 표본은 확률표본이고 서로 독립이며 각 처리모집단은 정규분포를 따르고 분산은 σ^2으로 일정하다고 가정하고 다음과 같은 모형으로 나타낼 수 있다.

$$x_{ij} = \mu_i + \epsilon_{ij} \quad , i = 1, 2, \cdots, k \, , \, j = 1, 2, \cdots, n_i$$

여기서 x_{ij}는 i번째 모집단의 j번째 관찰치이다. ϵ_{ij}는 오차항으로 서로 독립이고 $N(0, \sigma^2)$을 따르는 확률변수이다.

귀무가설과 대립가설은 다음과 같다.

$$H_0 : \ \mu_1 = \mu_2 = \cdots = \mu_k \qquad H_1 : \ not \ H_0$$

이 가설을 검정하기 위해 제곱합을 정의하면 다음과 같다.

SST(total sum of squares)$= \displaystyle\sum_i^k \sum_j^{n_i} (x_{ij} - \overline{\overline{x}})^2$

SSB(sum of squares between means)$= n_i \displaystyle\sum_i^k (\overline{x_i} - \overline{\overline{x}})^2$

SSE(error sum of squares)$= \displaystyle\sum_i^k \sum_j^{n_i} (x_{ij} - \overline{x_i})^2$

또한 이 변동은 다음과 같이 분해할 수 있다.

총변동(SST)=처리 간의 변동(SSB)+처리 내의 변동(SSE)

위의 제곱합을 사용하여 다음과 같은 분산분석표로 나타낼 수 있다. 여기서 N은 모든 관측치들의 개수로 $N=\sum_{i=1}^{k}n_i$ 이다.

표 9.4. 표본크기가 서로 다른 경우의 분산분석표

요인	SS	DF	MS	F
처리	SSB	k-1	MSB=SSB/k-1	$\dfrac{MSB}{MSE}$
잔차	SSE	N-k	MSE=SSE/N-k	
전체	SST	N-1		

F값이 크면 클수록 귀무가설($H_0 :\ \mu_1 = \mu_2 = \cdots = \mu_k$; "평균이 같다")을 기각하려고 할 것이다. 즉, 유의수준 α 에서 $F=\dfrac{MSB}{MSE} > F(k-1, N-k, \alpha)$ 이면 귀무가설 기각한다. 이것은 통계분석프로그램에서 주어지는 p-값이 유의수준 α 보다 작으면 귀무가설을 기각하는 것과 똑같다. 즉, $p-$ 값 $< \alpha$ 이면 귀무가설을 기각한다.

예제 9.1.

키토산의 크기에 따른 혈중콜레스테롤의 농도에 차이가 있는지를 알아보기 위해 각각 6마리의 쥐를 3개의 그룹으로 나누어 8주 동안 한 그룹에는 식이섬유 5%만을 먹이고 다른 한 그룹에는 식이섬유 5%와 일반사이즈의 키토산을 함께 먹이고 나머지 한 그룹의 쥐들에게는 식이섬유 5%와 나노사이즈키토산을 함께 섭취시키면서 일주일에 한 번씩 혈중 콜레스테롤을 측정하여 다음과 같은 평균치를 얻었다. 유의수준 5%에서 각 처리별 혈중콜레스테롤의 농도에 차이가 있는지를 검정하라.

식이섬유 5%	식이섬유 5%+일반 키토산	식이섬유 5%+나노 size 키토산
103	113.62	89.1
109.54	112.81	72.75
140.6	134.06	75.2
229.7	89.1	75.2
116.08	92.56	53.95
134.06	91.55	78.47
$\overline{x_1}= 138.83$	$\overline{x_2}= 105.62$	$\overline{x_3}= 74.11$

<풀이>

μ_1, μ_2, μ_3을 각각 식이섬유만 먹인 그룹, 식이섬유와 일반 키토산을 먹인 그룹 그리고 식이섬유와 나노 사이즈 키토산을 먹인 그룹의 평균 혈중콜레스테롤이라 하면 귀무가설과 대립가설은 다음과 같다.

$$H_0 : \mu_1 = \mu_2 = \mu_3 \quad versus \quad H_1 : not\ H_0$$

전체평균 $\overline{\overline{x}} = 106.19$이므로 처리 간 변동을 급간제곱합(between sum of squares: SSB)은 다음과 같이 구할 수 있다.

$$\begin{aligned} SSB &= n\sum_{i=1}^{3}(\overline{x_i} - \overline{\overline{x}})^2 = 6\{(138.83 - 106.19)^2 + (105.62 - 106.19)^2 + (74.11 - 106.19)^2\} \\ &= 12568.31 \end{aligned}$$

처리 내 변동인 급내제곱합(within sum of squares) 또는 오차제곱합(error sum of squares: SSE)은 다음과 같이 구할 수 있다.

$$\begin{aligned} SSB &= \sum_{i=1}^{3}\sum_{j=1}^{6}(x_{ij} - \overline{x_i})^2 = (103 - 138.83)^2 + \cdots + (134.06 - 138.83)^2 \\ &\quad + (113.62 - 105.62)^2 + \cdots + (91.55 - 105.62)^2 \\ &\quad + (89.1 - 74.11)^2 + \cdots + (78.47 - 74.11)^2 = 13162.83 \end{aligned}$$

총제곱합(total sum of squares: SST)은 $SST = SSB + SSE = 25731.13$이다.

분산분석표는 다음과 같다.

분산 분석

변동의 요인	제곱합	자유도	제곱 평균	F 비	P-값
처리	12568.31	2	6284.1532	7.16	0.007
잔차	13162.83	15	877.52185		
계	25731.13	17			

$F = \dfrac{MSB}{MSE} \sim F(2, 15)$이므로 부록의 F-분포표를 보면 $P(F > 6.36) = 0.01$이므로 $p-값 = P(F \geq 7.16) = 0.007 < 0.01$이다. 그러므로 유의수준 0.05에서 귀무가설을 기각한다. 즉, 유의수준 5%에서 세 가

지 섭취방법에 따른 혈중콜레스테롤의 농도는 차이가 있다.

예제 9.2.

어느 한 직공의 생산성이 일주일(5일) 동안에 한결같은지를 검정하려고 그 직공에게는 알리지 않고, 고용주가 18일을 무작위로 취하여 기록하였다(생산성은 직공이 생산한 품목의 경상 시장 가격으로 측정하였다). 유의수준 5%에서 검정하라.

월	화	수	목	금
143 128 110	162 136 144 158	160 132 180 160 138	138 168 120	110 130 135

<풀이>

■ **분산분석표**

구분	제곱합	자유도	평균제곱	F	유의확률
처리	2517.111	4	629.278	2.045	.147
잔차	4000.000	13	307.692		
합계	6517.111	17			

$p-$값 $= P(F \geq 2.045) = 0.147 > \alpha = 0.05$ 이므로 유의수준 0.05에서 귀무가설을 채택한다. 즉, 직공의 생산성은 일주일 동안 한결같다고 볼 수 있다.

연 습 문 제

1. 다음 문장이 맞으면 ○, 틀리면 ×로 표시하고 그 이유를 설명하라.

   ① 일원배치분산분석은 세 개 이상의 모집단에서 분산이 동일한지를 알아보는 통계분석방법이다.

   ② 실험환경을 결정해 주는 변수를 처리(treatment)라고 한다.

   ③ 3가지 종류의 휘발유에 대해 리터당 주행거리가 다른지를 알아보려고 할 때 실험의 요인(factor)은 휘발유이다.

   ④ 일원배치분산분석에서 각 모집단의 모분산은 반드시 동일하다고 가정해야 한다.

   ⑤ 처리 간의 변동보다 처리 내의 변동이 더 크면 처리별 평균차이가 존재함을 의미한다.

2. 다음 빈칸에 알맞은 답을 써라.

   ① 모직공장에서 섬유를 짜는 실의 강도에 영향을 미치는 요인으로 실의 원료로 생각하고 세 가지 원료 A, B, C에 대해 실의 강도를 측정하였다. 이 실험에서 인자(factor)는 (   )이고 처리(treatment)는 (   )이다.

   ② 처리가 3개이고 각 처리별 반복수가 6인 일원배치분산분석에서 검정통계량 $F = \dfrac{MSB}{MSE}$ 의 분포는 (   )이다.

3. 다음 분산분석표의 빈칸을 채워라.

	제곱합	자유도	평균제곱	F	유의확률
처리			111.4		
잔차	461.9	23			
합계		28			

4. 임의 추출된 직업별 직공들의 시간당 임금(단위: 천 원)이 다음과 같다. 유의수준 1%에서 직업별 평균 임금이 서로 다른가를 검정하라.

연관공	전기 기술자	페인트공	목수
	8.5	6.8	
7.6	8.7	6.7	7.4
8.7	7.7	6.6	6.5
7.6	8.3	6.4	6.8
	7.8		

5. 3가지 유형의 단열재를 비교하기 위하여 한 건축업자가 각 단열재를 5회 사용하여 총 15개의 방을 지었다. 다음 표는 일몰 후 4시간이 경과한 후에 각 방의 기온 하강치(단위: ℃)를 측정한 것이다. 단열재 간의 유의적인 차이를 보이는가?

단열재 A	단열재 B	단열재 C
16	10	15
19	12	16
18	20	20
10	12	16
17	14	13

6. 한 경영학자는 어떤 작업을 처리할 수 있는 방법으로 A, B, C, D 4가지를 고안하였다. 이 각각의 방법을 사용할 경우 작업시간이 얼마나 걸릴지를 알아보기 위해 경영학자는 4명의 작업원은 방법 A를, 다른 4명은 방법 B를, 다른 4명은 방법 C를, 또 다른 4명은 방법 D를 사용하도록 하였다. 다음은 그 작업을 처리하는 데에 걸린 시간이다(단위: 분).

방법 A	방법 B	방법 C	방법 D
19	18	21	22
17	16	20	23
22	15	19	21
20	14	19	20

평균소요시간이 각 방법 간에 차이가 있는지를 검정하시오.

10장 상관분석과 회귀분석

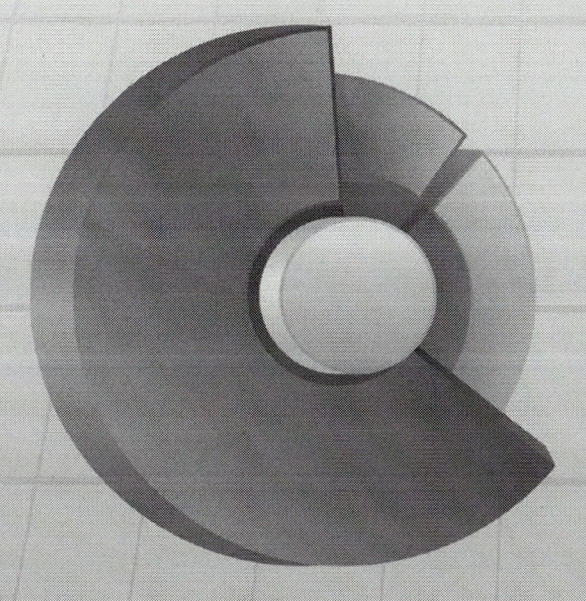

10.1. 산점도(Scatter plot)

지능지수(IQ)가 높으면 성적도 높을까?, 키가 크면 몸무게도 많이 나갈까?, 사교육비가 많으면 성적도 좋을까? 이처럼 현실에서 우리는 두 양적 변수의 연관성을 알고 싶을 때가 잦다. 이 장에서는 두 양적 변수의 관련성을 나타낼 수 있는 통계분석방법에 대해 알아보도록 하자.

우선, 두 양적 변수 사이의 연관성을 나타낼 수 있는 그림을 산점도(Scatter plot)라 한다. 산점도는 좌표평면상에 서로 대응하는 자료를 점찍어 놓은 것이다.

예를 들어, 어떤 아이스크림 체인점 관리자는 여름철에 하루 최고기온(℃)과 매출액(단위: 십만 원) 사이에 어떤 관계가 있는지 살펴보고자 한다. 무작위로 20일을 선택한 자료가 [표 10.1.]과 같다.

표 10.1. 최고기온과 아이스크림 매출액

최고기온(℃)	매출액(단위: 십만 원)
21.1	1.68
22.8	1.8
23.9	2.05
26.7	2.36
27.8	2.25
29.4	2.68
31.1	2.9
32.2	3.14
32.8	3.06
33.3	3.24
23.9	1.92
36.7	3.4
37.8	3.28
33.3	3.17
30.6	2.83
28.9	2.58
31.1	2.86
26.7	2.26
27.8	2.14
24.5	1.98

최고기온과 아이스크림 매출액에 대한 산점도를 그려보면 [그림 10.1.]과 같다.

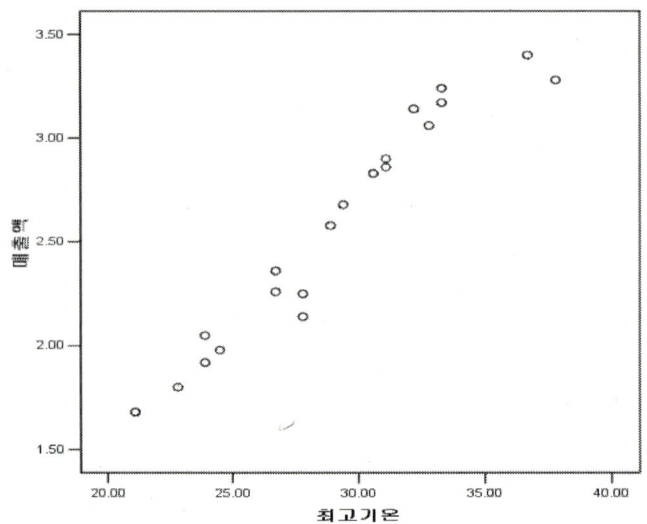

그림 10.1. 최고기온과 매출액에 대한 산점도

　산점도 [그림 10.1.]을 보면 최고기온이 오를수록 매출액이 오르는 경향을 한눈에 알 수 있다. 다시 말해서 최고기온과 아이스크림 매출액은 선형관계임을 시각적으로 알 수 있다. 이처럼 산점도를 그려보면 두 양적 변수의 선형관계뿐만 아니라 이상점(outlier)의 존재 여부, 자료의 층화 여부 등을 알 수 있다.

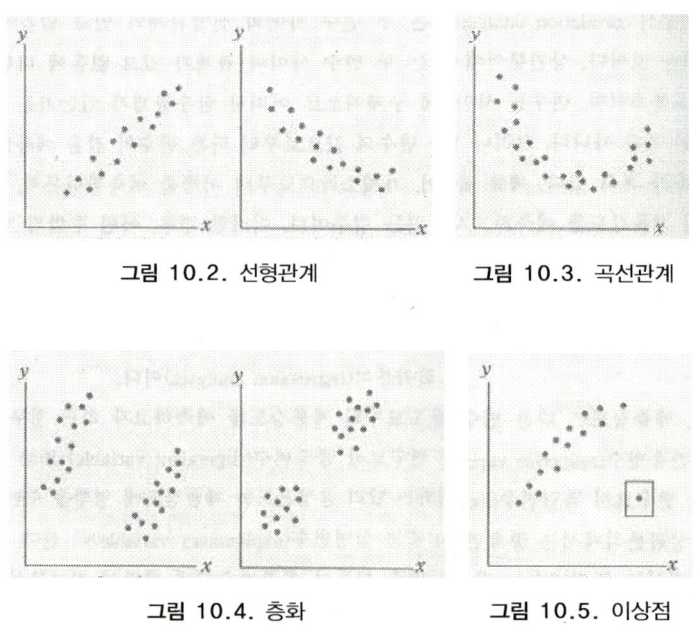

그림 10.2. 선형관계　　　　**그림 10.3.** 곡선관계

그림 10.4. 층화　　　　**그림 10.5.** 이상점

어느 중학교에서 임의로 20명을 뽑아 키와 몸무게를 측정하였다. 다음 자료를 이용해 산점도를 그려보고 키와 몸무게의 관계에 대해 말해보아라.

키(cm)	몸무게(kg)
183	82
160	62
178	77
172	70
168	72
179	77
169	71
171	75
158	60
183	77
162	59
173	70
173	68
176	66
170	70
177	72
159	55
166	69
169	66
159	60

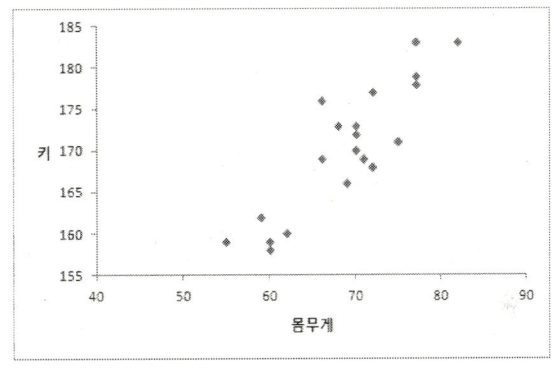

키와 몸무게의 산점도

키와 몸무게의 산점도를 그려보면 두 변수 사이에 선형관계가 뚜렷이 보인다. 즉, 키가 크면 몸무게도 많이 나가는 경향을 보인다.

10.2. 상관분석

앞의 [예제 10.1.]에서 키와 몸무게의 관계가 선형관계임을 산점도를 통해 알아보았다. 만약, 어떤 중학교에서 3학년 1반과 2반의 각 반에서 임의로 20명을 뽑아 키와 몸무게를 측정하여 [그림 10.6.]처럼 산점도를 그려보았다.

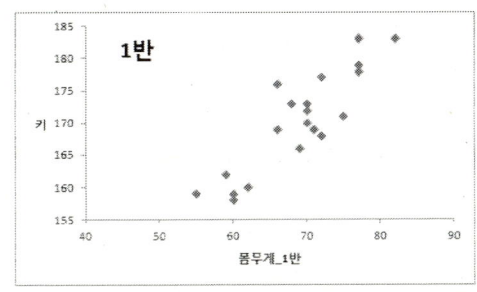 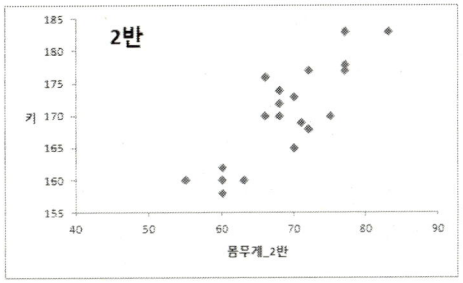

그림 10.6. 1반과 2반의 키와 몸무게의 산점도

[그림 10.6.]을 보면 1반과 2반 모두 키와 몸무게의 관계가 선형관계임을 뚜렷이 나타내고 있다. 즉, 키가 크면 몸무게도 많이 나가는 것을 알 수 있다. 그렇다면 1반과 2반 중 선형관계가 더 강하게 나타내는 반은 어느 것일까? 이 물음에 답을 하려면 비슷한 모양을 나타내는 산점도로는 부족하다. 선형관련성에 대한 시각적 표현이 아니라 구체적인 수치가 필요하다. 두 양적 변수의 선형관련성의 정도를 수치로 나타낸 것을 상관계수(coefficient of correlation)라 한다.

상관계수를 알아보기 전에 공분산(covariance)에 대한 개념을 알아보자.

두 확률변수 X와 Y의 평균을 각각 μ_X, μ_Y라고 하면, 공분산(Covariance)은 다음과 같이 정의한다.

$$Cov(X, Y) = E\left[(X - \mu_X)(Y - \mu_Y)\right]$$

확률변수 X가 평균 μ_X보다 큰 값을 가질 때, Y도 평균 μ_Y보다 큰 값을 가지면 $(X - \mu_X)(Y - \mu_Y)$의 부호가 양수가 된다. 각각의 경우, 부호는 다음 [표 10.2.]와 같다.

표 10.2. $(X - \mu_X)(Y - \mu_Y)$의 부호

$(X - \mu_X)(Y - \mu_Y)$의 부호	$Y > \mu_Y$	$Y < \mu_Y$
$X > \mu_X$	+	−
$X < \mu_X$	−	+

따라서 공분산은 두 변수 사이의 선형관련성을 나타내는 측도로 사용될 수 있다. 즉, 공분산이 양수이면 두 확률변수 X와 Y가 같은 방향이고, 음수이면 다른 방향임을 알 수 있다. [그림 10.7.]에서 보는 것처럼 산점도의 모양이 X가 커지면 Y도 커지는 오른쪽으로 올라가는 형태를 나타내면 공분산의 부호는 양수이고 그 반대는 음수가 된다.

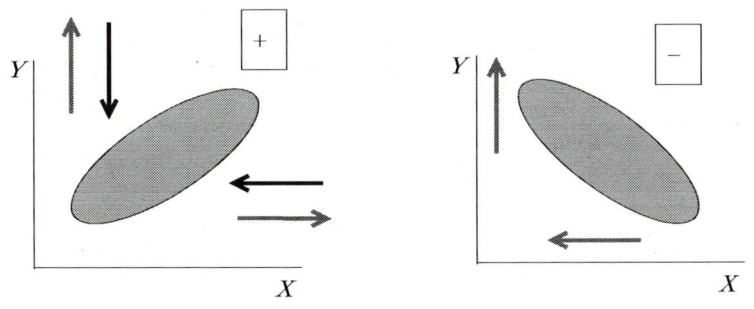

그림 10.7. 공분산의 부호

그러나 일반적으로 두 변수의 선형관련성의 정도를 나타낼 때 공분산을 사용하지 않고 상관계수를 사용한다. 그 이유는 무엇일까? 다음 예제를 통해 알아보자.

자료 A와 자료 B는 다음과 같고 각 자료의 공분산 값도 구해 보았다. [그림 10.8.]은 두 자료의 산점도이다.

$$\text{자료 A: } (1, \ 1) \ (2, \ 2) \ (3, \ 3) \ (4, \ 4) \ (5, \ 5)$$
$$\text{자료 B: } (1, \ 3) \ (2, \ 5) \ (3, \ 4) \ (4, \ 7) \ (5, \ 9)$$

$$\text{자료 } A\text{의 공분산} = \frac{1}{5}\left[(1-3)(1-3)+(2-3)(2-3)+\cdots+(5-3)(5-3)\right]=2$$
$$\text{자료 } B\text{의 공분산} = \frac{1}{5}\left[(1-3)(3-5.6)+(2-3)(5-5.6)+\cdots+(5-3)(9-5.6)\right]=2.8$$

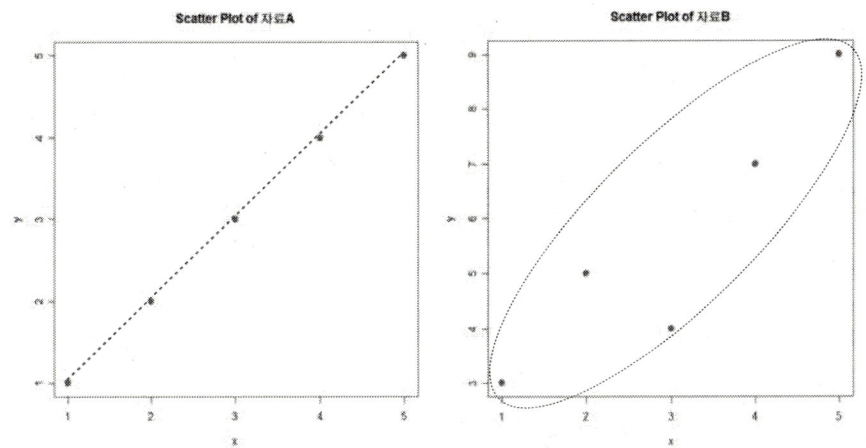

그림 10.8 자료 A와 B의 산점도

두 자료의 산점도 [그림 10.8.]을 보면 자료 A와 자료 B 모두 X가 커지면 Y도 커지는 모양인 오른쪽으로 올라가는 경향을 보인다. 따라서 두 자료 모두 공분산의 부호는 양수 (+)이다. 이제 [그림 10.8]의 산점도를 보고 선형관련성의 정도를 알아보자. 산점도를 보면 자료 A는 직선과 일치하므로 자료 B보다 선형성이 강한 것을 한눈에 알 수 있다. 그렇다면 공분산의 크기가 자료 A가 자료 B보다 더 커야 한다. 그러나 두 자료의 공분산을 구해보면 자료 A의 공분산은 2이고, 자료 B의 공분산은 2.8이다. 선형관련성이 더 큰 자료 A가 공분산의 값이 더 작다. 따라서 공분산은 선형관련성의 정도를 나타내는 측도로 부적합하다. 그 이유는 무엇일까? 그 이유는 공분산은 자료의 퍼진 정도(표준편차)를 나타내는 표준편차를 고려하지 않고 나타낸 측도이다. 따라서 X와 Y의 퍼진 정도(표준편차)가 선형관련성에 영향을 미치지 않는 새로운 측도가 필요하다. 그것이 바로 상관계수이다. 상관계수는 공분산을 X와 Y의 퍼진 정도를 나타내는 X의 표준편차와 Y의 표준편차로 나눈 측도이다. 나누었다는 것은 그 영향을 상쇄시키는 효과를 의미한다.

$$상관계수\ r = \frac{x와 y의\ 공분산}{(x의\ 표준편차)(y의\ 표준편차)}$$

앞의 예제에서 자료 A와 B의 상관계수를 각각 구해보면 다음과 같다.

$$자료\ A의\ 상관계수 = \frac{2}{(1.4142)(1.4142)} = 1.0$$

$$자료\ B의\ 상관계수 = \frac{2.8}{(1.4142)(2.1541)} = 0.9191$$

자료 A의 상관계수가 자료 B의 상관계수보다 더 큰 것을 볼 수 있다. 선형관련성이 더 큰 자료가 상관계수도 더 크다.

두 확률변수 X와 Y의 평균을 각각 μ_X, μ_Y라고 하고 표준편차를 각각 σ_X, σ_Y라 하며, 공분산을 $Cov(X, Y)$라 하면, 상관계수(Coefficient of Correlation: Corr)는 다음과 같이 정의된다.

$$\rho = Corr(X, Y) = \frac{Cov(X, Y)}{\sigma_X \sigma_Y}$$

상관계수는 항상 -1에서 1 사이에 존재한다. 상관계수가 $-1 < Corr(X, Y) < 0$ 이면 음의 상관이라 말하며, $0 < Corr(X, Y) < 1$이면 양의 상관이 있다고 한다. $Corr(X, Y) = 0$이면 상관관계가 없음을 의미하며 이는 두 변수 사이에 선형관련성이 존재하지 않음을 의미한다.

상관계수는 오직 두 변수의 선형적(직선적)인 관련성만을 나타내는 측도이다. 직선관계가 아닌 다른 관계를 나타내는 측도로는 적당하지 않음을 유의해야 한다. 예를 들어, 다음 자료의 산점도를 그려보고 상관계수도 구해보자.

(-4, 16) (-3, 9) (-2, 4) (-1, 1) (0, 0) (1, 1) (2, 4) (3, 9) (4, 16)

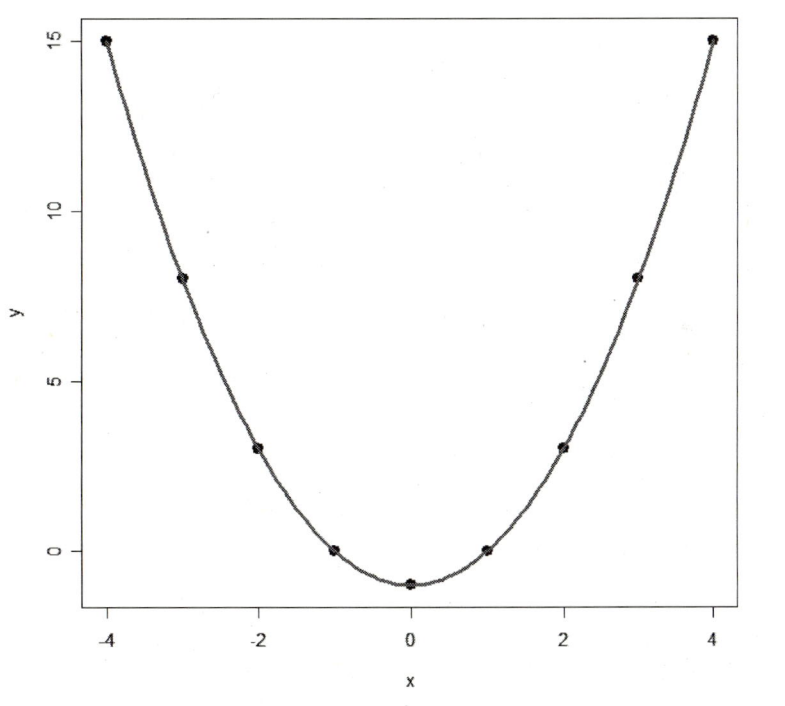

그림 10.9. 곡선관계를 나타내는 산점도

[그림 10.9.]의 산점도를 보면 곡선관계가 뚜렷이 보인다. 그러나 이 자료의 공분산은 0이고 상관계수도 0으로 이 자료는 곡선적인 관련성은 존재하나 선형 관련성은 없다. 따라서 상관계수는 오직 선형관계를 나타내는 측도로 사용되어야 한다. 또한 상관계수는 원인과 결과를 설명하는 측도로 쓰일 수 없다. 예를 들어, 폐암과 흡연율이 양의 상관관계가

있다고 흡연이 폐암의 원인이라고 단정 지어 말할 수 없다.

■ 상관계수의 성질

- $-1 \le \rho \le 1$
- $-1 < \rho < 0$: 음의 상관
- $\rho = 0$: 상관관계가 없다(선형관련성이 없다).
- $0 < \rho < 1$: 양의 상관
- $\rho(aX+b, cY+d) = \begin{cases} \rho, & ac > 0 \\ -\rho, & ac < 0 \end{cases}$

  여기서 a, b, c, d는 상수

위의 상관관계의 성질 중에서

$$\rho(aX+b, cY+d) = \begin{cases} \rho, & ac > 0 \\ -\rho, & ac < 0 \end{cases}, \text{ 여기서 } a, b, c, d \text{는 상수}$$

을 증명해 보면 다음과 같다.

$$
\begin{aligned}
\rho(aX+b, cY+d) &= \frac{Cov(aX+b, cY+d)}{\sqrt{V(aX+b)} \ \sqrt{V(cY+d)}} \\
&= \frac{E\left[(aX+b-a\mu_X-b)(cY+d-c\mu_Y-d)\right]}{\sqrt{a^2 V(X)} \ \sqrt{c^2 V(Y)}} \\
&= \frac{acE\left[((X-\mu_X)(Y-\mu_Y)\right]}{|ac| \sqrt{V(X)} \ \sqrt{V(Y)}} \\
&= \frac{ac \, Cov(X, Y)}{|ac|\sigma_X \sigma_Y} = \frac{ac}{|ac|}\rho = \begin{cases} \rho, & ac > 0 \\ -\rho, & ac < 0 \end{cases}
\end{aligned}
$$

예제 10.2.

다음과 같은 두 자료 X와 Y의 상관계수를 $\rho(X, Y)$라 하면, $2X$와 $-2Y$의 상관계수 $\rho(2X, -2Y)$는 $\rho(2X, -2Y) = -\rho(X, Y)$가 됨을 보여라.

X	1	2	3	4	5
Y	3	5	4	7	9

<풀이>

$\mu_X = 3$, $\mu_Y = 5.6$이고 $\sigma_X^2 = 1.4142$, $\sigma_Y^2 = 2.1541$이므로, 공분산과 상관계수는 다음과 같다.

$$Cov(X, Y) = \frac{1}{5}[(1-3)(3-5.6) + (2-3)(5-5.6) + \cdots + (5-3)(9-5.6)] = 2.8$$

$$\rho(X, Y) = \frac{2.8}{(1.4142)(2.1541)} = 0.9191$$

$2X$	2	4	6	8	10
$-2Y$	-6	-10	-8	-14	-18

$E(2X) = 6$, $E(-2Y) = -11.2$이고,

$V(2X) = 4V(X) = 5.6568$, $V(-2Y) = 4V(Y) = 8.6164$이므로 공분산과 상관계수는 다음과 같다.

$$Cov(2X, -2Y) = \frac{1}{5}[(2-6)(-6-11.2) + \cdots + (10-6)(-18-11.2)] = -11.2$$

$$\rho(2X, -2Y) = \frac{-11.2}{(5.6568)(8.6164)} = -0.9191 = -\rho(X, Y)$$

즉, $\rho(2X, -2Y) = -\rho(X, Y)$이 됨을 볼 수 있다.

■ 모상관계수와 표본상관계수

두 양적 자료가 모집단이면 상관계수는 모상관계수(population coefficient of correlation)이고 자료가 표본이면 표본상관계수(sample coefficient of correlation)라 한다. 모상관계수는 기호로 ρ라 나타내고, 표본상관계수는 r로 나타낸다.

$$\text{표본상관계수} \quad r = \frac{\sum(X_i - \overline{X})(Y_i - \overline{Y})}{\sqrt{\sum(X_i - \overline{X})^2 \sum(Y_i - \overline{Y})^2}} = \frac{S_{XY}}{\sqrt{S_{XX}\,S_{YY}}}$$

일반적으로 모상관계수는 모르는 경우일 것이므로 모상관계수의 추정량으로 표본상관계수를 사용한다. 표본상관계수는 모상관계수의 불편추정량(unbiased estimator)이다. 불편

추정량임을 증명하면 다음과 같다.

$$E(\hat{\theta}) = \theta$$

$$E(r_{XY}) = \rho_{XY}$$

$$E\left(\frac{\sum(X_i - \overline{X})(Y_i - \overline{Y})}{\sqrt{\sum(X_i - \overline{X})^2 \sum(Y_i - \overline{Y})^2}}\right) = E\left(\frac{S_{XY}}{\sqrt{S_{XX}\,S_{YY}}}\right)$$

$$(\because S_{XY} = \sum(X_i - \overline{X})(Y_i - \overline{Y}))$$

$$\frac{E(S_{XY})}{\sqrt{E(S_{XX})\,E(S_{YY})}} = \frac{(n-1)E(\widehat{\sigma_{XY}})}{\sqrt{(n-1)E(\widehat{\sigma_X^2})(n-1)E(\widehat{\sigma_Y^2})}}$$

$$= \frac{\sigma_{XY}}{\sqrt{\sigma_X^2\,\sigma_Y^2}} = \rho_{XY}$$

$$(\because \widehat{\sigma_{XY}} = \frac{1}{n-1}\sum(X_i - \overline{X})(Y_i - \overline{Y}) = \frac{S_{XY}}{n-1}$$

$$\widehat{\sigma_X^2} = \frac{1}{n-1}\sum(X_i - \overline{X})^2 = \frac{S_{XX}}{n-1}$$

$$\widehat{\sigma_Y^2} = \frac{1}{n-1}\sum(Y_i - \overline{Y})^2 = \frac{S_{YY}}{n-1})$$

모상관계수의 성질이 표본상관계수에도 그대로 적용된다.

■ 표본상관계수 r_{XY}의 성질

- $-1 \leqq r \leqq 1$
- $-1 < r < 0$: 음의 상관
- $r = 0$: 상관관계가 없다(선형관련성이 없다).
- $0 < r < 1$: 양의 상관
- $r(aX+b, cY+d) = \begin{cases} r_{XY}, & ac > 0 \\ -r_{XY}, & ac < 0 \end{cases}$
- 상관계수는 오직 선형관령성만을 고려한다.
- 상관계수는 인과관계(원인과 결과)를 나타내지는 않는다.

이변량 정규분포를 따르는 모집단에서 확률표본을 가정했을 때, 모상관계수 ρ가 0인지를 다음과 같이 검정할 수 있다.

$$H_0 : \rho = 0 \quad v.s. \quad H_1 : \rho \neq 0$$

검정통계량은 $\dfrac{\sqrt{n-2}}{\sqrt{1-r^2}} r$ 이고 유의수준 α에 대한 기각역은 다음과 같다.

$$\left| \frac{\sqrt{n-2}}{\sqrt{1-r^2}} r \right| \geq t_{\frac{\alpha}{2}} (n-2)$$

예제 10.3.

세 마리의 실험용 쥐에게 하루에 각각 다른 양의 먹이를 한 달 동안 먹인 후 쥐의 체중의 증가량을 측정하였다.

하루 먹이의 양(단위: 10g)	체중 증가량(단위: 10g)
3	3
6	8
9	10

(1) 위의 자료를 가지고 산점도를 그려 보아라.
(2) 위의 자료에서 하루 먹이의 양과 체중 증가량의 상관계수를 구하라.

<풀이>
(1) 산점도

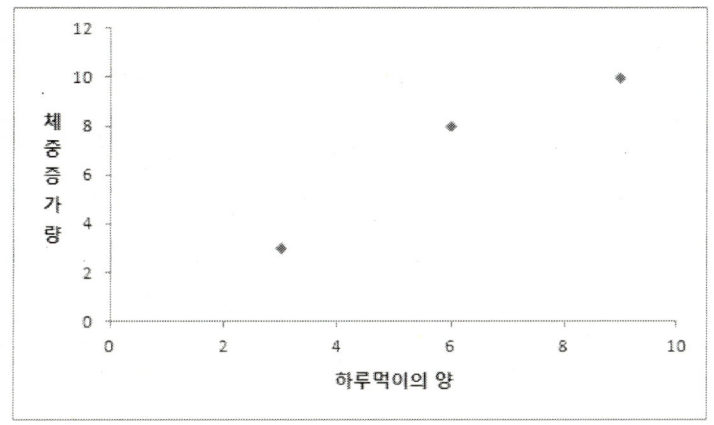

(2)

	X(하루 먹이의 양)	Y(체중 증가량)
평균	$\bar{x} = 6$	$\bar{y} = 77$
분산	$s_X^2 = 6$	$s_Y^2 = 8.67$

공분산={(3-6)(3-7)+(6-6)(8-7)+(9-6)(10-7)}/3=21/3=7

$$r = \frac{7}{\sqrt{6}\,\sqrt{8.67}} = 0.971$$

하루 먹이의 양과 체중 증가량의 상관계수는 0.971이므로 강한 양의 상관관계가 있다. 즉, 하루 먹이 양을 늘리면 체중 증가량도 커지는 경향을 뚜렷이 보인다.

예제 10.4.

[예제 10.1]의 자료에서 모상관계수 ρ가 0인지를 유의수준 0.05에서 검정하여라. 단, 키와 몸무게의 표본상관계수 $r = 0.883$이다.

<풀이>

$H_0 : \rho = 0 \quad v.s. \quad H_1 : \rho \neq 0$

$\left| \frac{\sqrt{n-2}}{\sqrt{1-r^2}} r \right| = \left| \frac{\sqrt{20-2}}{\sqrt{1-0.883^2}} 0.883 \right| = 7.98$

$\left| \frac{\sqrt{n-2}}{\sqrt{1-r^2}} r \right| = 7.98 > t_{0.025}(18) = 2.10106$이므로 귀무가설을 기각한다. 따라서 모상관계수 ρ가 0이 아니다. 키와 몸무게 사이에 양의 상관관계가 존재한다.

10.3. 단순선형회귀분석(Simple regression analysis)

영국의 과학자 골턴 경(Sir Francis Galton: 1822~1922)은 천재성의 유전에 관심을 갖고 사람의 지적능력을 가늠할 수 있는 자료를 구해보려고 했지만 불가능해지자 1,078쌍의 아버지와 아들의 키를 분석하였다. 그는 아버지의 키를 바탕으로 자식의 키를 예측할 수 있는 방법을 찾고자 했다. 즉, 아버지의 키를 가지고 아들의 키를 예측할 수 있는 수학 관계

식을 만들고자 했다.

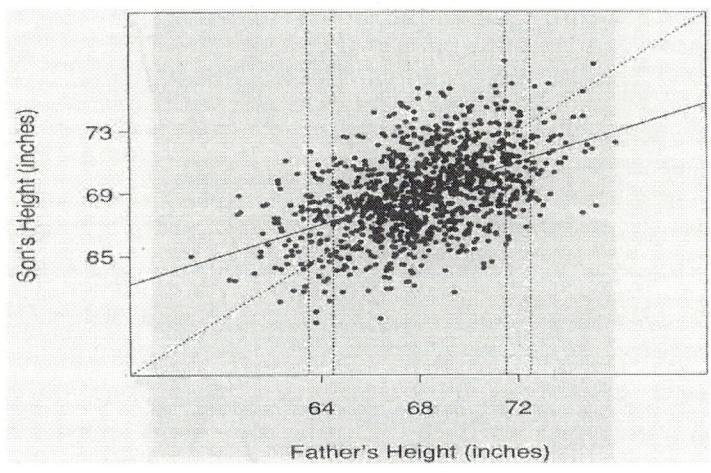

그림 10.10. 1,078쌍의 부자(父子)의 키에 대한 산점도

골턴은 1,078쌍의 부자(父子)의 키에 대한 자료로부터 아버지의 키가 평균보다 훨씬 크 다면 아들의 키는 아버지의 키보다 작은 경향이 있으며, 아버지의 키가 평균에서 훨씬 작 다면 아들의 키는 아버지보다 큰 경향이 있음을 확인했다. 골턴은 이를 '평균으로의 회귀 (回歸)(regression to the mean)'라 불렀다.

회귀분석(regression analysis)은 한 변수가 다른 변수들에 의해 어떻게 설명 또는 예측되 는지를 알아보기 위한 통계적 분석방법이다. 두 변수의 선형관련성의 정도를 그림으로 나 타낸 것이 산점도(Scatter plot)이고 두 변수의 선형관련성을 수치로 구한 것이 상관계수 (coefficient of correlation)이고 두 변수의 관계를 잘 나타내 줄 수 있는 함수식(회귀선)을 구 하고 그 회귀선을 이용하여 예측해 보는 통계적 방법이 회귀분석이다.

회귀분석을 위해서는 예측되는 변수와 예측에 사용되는 변수로 구분되어야 한다. 예측 되는 변수를 종속변수(dependent variable: 반응변수)라 하고 예측에 사용되는 변수를 독립 변수(independent variable: 설명변수)라 부른다. 예를 들어, 곡물 수확량이 비료투여량에 의 해 어떻게 설명되고 예측되는지를 알아보려고 할 때 종속변수(반응변수)는 곡물 수확량이 고 독립변수(설명변수)는 비료투여량이 된다. 또 다른 예를 들어보면, 개인의 소득이 학력, 나이, 직업 등에 의해 어떻게 설명되고 예측되는지를 알아보려고 하면 개인의 소득이 종 속변수(반응변수)가 되고 독립변수(설명변수)는 학력, 나이, 직업으로 독립변수의 개수가

3개가 된다. 첫 번째 예제인 비료투여량에 따른 곡물수확량의 경우처럼 독립변수가 1개인 회귀분석을 '단순회귀분석(simple regression analysis)'이라 부르고 두 번째 예제처럼 독립변수의 개수가 2개 이상인 회귀분석을 다중회귀분석(multiple regression analysis)이라 부른다.

선형회귀와 비선형회귀의 구분은 모수에 대해 선형인지 비선형인지를 의미한다. 회귀모형이 $y = \beta_0 + \beta_1 x + \epsilon$, $y = \beta_0 + \beta_1 x_1 x_2 + \beta_2 \log x_1 + \epsilon$처럼 모수 β_i들이 선형으로 결합된 형태를 선형모형(linear model)이라 하고 비선형모형(nonlinear model)은 $y = e^{\beta_0 + \beta_2 x + \epsilon}$처럼 모수가 비선형의 형태로 결합된 모형을 말한다. 따라서 단순선형회귀분석(Simple regression analysis)은 독립변수가 하나이고 모수가 선형으로 결합된 형태이므로 직선모형인 $y = \beta_0 + \beta_1 x + \epsilon$이다. 이 책에서는 단순선형회귀분석의 경우만 다루기로 한다.

10.3.1. 단순선형회귀모형

Y_i는 종속변수 Y의 i번째 측정값으로 오차를 수반하는 확률변수이고 X_i는 독립변수 X의 i번째 값으로 오차 없이 측정 가능한 수학변수라 가정하면 하면 다음과 같은 단순선형회귀모형을 정의할 수 있다.

$$Y_i = \beta_0 + \beta_1 X_i + \epsilon_i \quad , i = 1,2,\cdots,n, \ \epsilon_i \sim iid \ N(0,\sigma^2)$$

여기서, ϵ_i는 i번째 측정된 종속변수 Y의 오차항으로 확률변수이고 평균이 0이고 분산이 σ^2인 정규분포를 따른다고 가정하자. 즉, $\epsilon_i \sim iid \ N(0,\sigma^2)$이다. "$iid$"은 "independent and identically ditributed"의 약자로 서로 독립이고 동일한 분포를 따른다는 것을 의미한다. β_0와 β_1는 각각 회귀식의 절편과 기울기를 나타내고 이것을 회귀계수(regression parameters)라 부른다.

오차항이 $\epsilon_i \sim iid \ N(0,\sigma^2)$이므로 기댓값과 분산은 각각 $E(\epsilon_i) = 0$과 $V(\epsilon_i) = \sigma^2$이다. 따라서 종속변수 Y_i의 평균과 분산은 다음과 같다.

$$E(Y_i) = E(\beta_0 + \beta_1 X_i + \epsilon_i) = \beta_0 + \beta_1 X_i$$
$$V(Y_i) = V(\beta_0 + \beta_1 X_i + \epsilon_i) = V(\epsilon_i) = \sigma^2$$

종속변수 Y_i는 상수인 $\beta_0 + \beta_1 X_i$과 확률변수인 ϵ_i의 합으로 이루어져 있다. 그러므로 정규분포의 가법성을 이용하면 종속변수 Y_i의 확률분포는 다음과 같다.

$$Y_i \sim iid \ N(\beta_0 + \beta_1 X_i\ ,\ \sigma^2)\ ,\ i = 1, 2, \cdots, n$$

종속변수 Y_i는 독립변수 X_i가 주어졌을 때 $N(\beta_0 + \beta_1 X_i\ ,\ \sigma^2)$로부터 추출된 확률표본으로 모회귀선(모집단의 회귀선)은 Y_i의 평균들을 지나는 직선 $E(Y_i) = \beta_0 + \beta_1 X_i$이 된다. 이제 우리는 표본을 이용하여 모회귀선의 회귀계수 β_0와 β_1의 추정량 b_0와 b_1을 구해 추정된 회귀선 $\hat{Y}_i = b_0 + b_1 X_i$을 얻으면 된다. 다음 10.3.2.에서는 회귀계수를 추정하는 방법을 알아보자.

10.3.2. 회귀선의 추정

모회귀선 $E(Y) = \beta_0 + \beta_1 X$을 구하기 위해서는 모집단을 전부 조사해야 되므로 현실의 많은 경우에 불가능하다. 그러므로 표본을 추출하여 얻어진 추정량을 이용한다. 모회귀선이 직선이므로 회귀계수인 기울기 β_1와 절편 β_0이 우리가 추정해야 할 모수가 된다. 회귀계수 β_0와 β_1의 추정량을 각각 $\hat{\beta}_0 = b_0$와 $\hat{\beta}_1 = b_1$라 하면 추정된 회귀선은 $\hat{Y}_i = b_0 + b_1 X_i$이 된다. 따라서 우리는 표본을 추출하여 b_0과 b_1을 구하면 된다.

■ 최소제곱법(method of least squares)

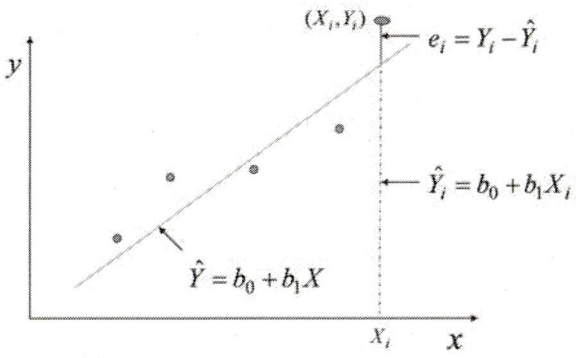

그림 10.11. 최소제곱법에 의한 회귀계수의 추정

모집단으로부터 추출한 n개의 확률표본을 $(X_1, Y_1), (X_2, Y_2) \cdots (X_n, Y_n)$라 할 때, 실제값 Y_i과 추정된 회귀선에 의해 추정된 값 $\widehat{Y_i}$의 차, $e_i = Y_i - \widehat{Y_i}$을 잔차(residual)라 한다. 잔차의 값이 0에 가까울수록 추정된 회귀선이 실제값을 잘 설명한다고 할 수 있다. 따라서 잔차가 최소가 되는 직선을 추정된 회귀선으로 찾으면 될 것이다. 그러나 n개의 잔차의 합은 $\sum_{i=1}^{n} e_i = 0$이 되므로 잔차 제곱합(sum of squares) $\sum_{i=1}^{n} e_i^2$이 최소가 되는 회귀선을 찾으면 된다. 이 방법을 최소제곱법(method of least squares)이라 한다. 즉, 잔차제곱합

$$Q = \sum_{i=1}^{n} e_i^2 = \sum_{i=1}^{n} (Y_i - \widehat{Y_i})^2 = \sum_{i=1}^{n} [Y_i - (b_0 + b_1 X_i)]^2$$

을 최소화하는 b_0와 b_1을 구하는 방법이 최소제곱법이다.

잔차제곱합 Q를 최소로 하는 b_0와 b_1을 구하기 위해 b_0와 b_1에 대해 각각 편미분하여 0으로 놓으면 다음과 같은 식을 얻을 수 있다.

$$\frac{\partial Q}{\partial b_0} = -2 \sum_{i=1}^{n} (Y_i - b_0 - b X_i) = 0$$

$$\frac{\partial Q}{\partial b_1} = -2 \sum_{i=1}^{n} (Y_i - b_0 - b X_i) X_i = 0$$

위 식을 정리하면 다음과 같은 정규방정식(normal equation)을 얻을 수 있다.

$$n b_0 + b_1 \sum_{i=1}^{n} X_i = \sum_{i=1}^{n} Y_i \quad \cdots\cdots (1)$$

$$b_0 \sum_{i=1}^{n} X_i + b_1 \sum_{i=1}^{n} X_i^2 = \sum_{i=1}^{n} X_i Y_i \quad \cdots\cdots (2)$$

위의 정규방정식 (1)을 정리하면 다음과 같이 절편 β_0의 추정량 b_0을 얻을 수 있다.

$$n b_0 = \sum_{i=1}^{n} Y_i - b_1 \sum_{i=1}^{n} X_i$$

$$b_0 = \frac{1}{n} \sum_{i=1}^{n} Y_i - \frac{1}{n} b_1 \sum_{i=1}^{n} X_i = \overline{Y} - b_1 \overline{X}$$

정규방정식 (2)를 정리하고 b_0 대신에 $\overline{Y}-b_1\overline{X}$을 삽입하면 다음과 같이 기울기 β_1의 추정량 b_1을 얻을 수 있다.

$$\sum_{i=1}^{n} X_i Y_i = b_0 \sum_{i=1}^{n} X_i + b_1 \sum_{i=1}^{n} X_i^2$$
$$= (\overline{Y}-b_1\overline{X}) \sum_{i=1}^{n} X_i + b_1 \sum_{i=1}^{n} X_i^2$$
$$= \overline{Y} \sum_{i=1}^{n} X_i - b_1 \overline{X} \sum_{i=1}^{n} X_i + b_1 \sum_{i=1}^{n} X_i^2$$
$$= \frac{1}{n} \sum_{i=1}^{n} Y_i \sum_{i=1}^{n} X_i - b_1 \frac{1}{n} (\sum_{i=1}^{n} X_i)^2 + b_1 \sum_{i=1}^{n} X_i^2$$
$$= n \overline{X}\, \overline{Y} + b_1 (\sum_{i=1}^{n} X_i^2 - n \overline{X}^2)$$

$$b_1 = \frac{\sum_{i=1}^{n} X_i Y_i - n \overline{X}\, \overline{Y}}{\sum_{i=1}^{n} X_i^2 - n \overline{X}^2} = \frac{\sum_{i=1}^{n} (X_i - \overline{X})(Y_i - \overline{Y})}{\sum_{i=1}^{n} (X_i - \overline{X})^2} = \frac{S_{XY}}{S_{XX}}$$

이렇게 최소제곱법에 의해 구해진 추정량을 최소제곱추정량이라 부른다. 따라서 회귀계수 β_0와 β_1의 최소제곱추정량 $\hat{\beta}_0 = b_0$과 $\hat{\beta}_1 = b_1$는 다음과 같다.

■ β_0와 β_1의 **최소제곱추정량**

$b_0 = \overline{Y} - b_1 \overline{X}$

$b_1 = \dfrac{S_{XY}}{S_{XX}}$

여기서, $S_{XY} = \sum_{i=1}^{n} (X_i - \overline{X})(Y_i - \overline{Y})$

$\qquad S_{XX} = \sum_{i=1}^{n} (X_i - \overline{X})^2$

그러므로 추정된 회귀선은 $\hat{Y}_i = b_0 + b_1 X_i$이 된다. 여기서, $\hat{Y}$은 $E(Y)$의 최소제곱추정량이 된다.

추정된 회귀선은 다음과 같은 성질을 만족한다.

① $\sum_{i=1}^{n} e_i = 0$

② $\sum_{i=1}^{n} X_i e_i = 0$

③ $\sum_{i=1}^{n} \hat{Y}_i e_i = 0$

④ 적합된 회귀선은 항상 $(\overline{X}, \overline{Y})$를 지난다.

위의 4가지 성질의 증명은 생략한다.

예제 10.5.

[예제 10.3.]에서 하루 먹이의 양(X)으로 쥐의 체중 증가량(Y)을 예측하는 회귀직선을 최소제곱법에 의하여 구하라.

하루 먹이의 양 X (단위 10g)	체중 증가량 Y (단위 10g)
3	3
6	8
9	10

<풀이>

X	Y	XY	X^2
3	3	9	9
6	8	48	36
9	10	90	81
18	21	147	126

$$\overline{X} = \frac{18}{3} = 6, \quad \overline{Y} = \frac{21}{3} = 7, \quad \sum_{i=1}^{3} X_i Y_i = 147, \quad \sum_{i=1}^{3} X_i^2 = 126$$

$$b_1 = \frac{\sum\limits_{i=1}^{n}(X_i - \overline{X})(Y_i - \overline{Y})}{\sum\limits_{i=1}^{n}(X_i - \overline{X})^2} = \frac{\sum\limits_{i=1}^{n}X_i Y_i - n\overline{X}\,\overline{Y}}{\sum\limits_{i=1}^{n}X_i^2 - n\overline{X}^2} = \frac{147 - 3(6)(7)}{126 - 3(6^2)} = \frac{7}{6} = 1.167$$

$$b_0 = \overline{Y} - b_1\overline{X} = 7 - 1.167 \times 6 = -0.002$$

따라서 적합된 회귀선은 $\widehat{Y} = -0.002 + 1.167X_i$이다. 여기서, 우리는 $7 = -0.002 + 1.167(6)$이 성립하는 것을 알 수 있다. 이것은 점 $(\overline{X}, \overline{Y}) = (6, 7)$은 추정된 회귀선 $\widehat{Y} = -0.002 + 1.167X_i$ 위에 있다. 따라서 적합된 회귀선은 항상 $(\overline{X}, \overline{Y})$를 지난다.

■ 상관계수와 회귀선의 기울기와의 관계

10.2.에서 다루었던 상관계수와 회귀직선의 기울기와의 관계를 살펴보자. 두 변수가 양의 상관관계가 있으면 회귀직선의 기울기도 양수가 되고, 음의 상관관계가 있으면 기울기는 음수가 된다.

회귀직선의 기울기 b_1를 다음과 같이 표현할 수 있다.

$$
\begin{aligned}
b_1 &= \frac{S_{XY}}{S_{XX}} = \frac{\sum\limits_{i=1}^{n}(X_i - \overline{X})(Y_i - \overline{Y})}{\sum\limits_{i=1}^{n}(X_i - \overline{X})^2} \\
&= \frac{\sum\limits_{i=1}^{n}(X_i - \overline{X})(Y_i - \overline{Y})}{\sqrt{\sum\limits_{i=1}^{n}(X_i - \overline{X})^2}\sqrt{\sum\limits_{i=1}^{n}(Y_i - \overline{Y})^2}} \times \frac{\sqrt{\sum\limits_{i=1}^{n}(Y_i - \overline{Y})^2}}{\sqrt{\sum\limits_{i=1}^{n}(X_i - \overline{X})^2}} \\
&= r \times \frac{\sqrt{S_{YY}}}{\sqrt{S_{XX}}}
\end{aligned}
$$

위의 식에서 보는 것처럼 상관계수 r과 기울기 b_1는 선형관계이다.

■ 회귀선의 기울기 b_1과 상관계수 r의 관계

독립변수가 1개인 단순선형회귀모형에서만 성립한다.

$$b_1 = r\frac{\sqrt{S_{YY}}}{\sqrt{S_{XX}}} \quad \Leftrightarrow \text{기울기} = \text{상관계수} \times \frac{y \text{의 표준편차}}{x \text{의 표준편차}}$$

$$\Leftrightarrow r = b_1\frac{\sqrt{S_{XX}}}{\sqrt{S_{YY}}} : \text{기울기와 상관계수가 선형관계}$$

예제 10.6.

예제 10.4.에서 추정된 회귀선을 이용하여 하루 먹이의 양과 쥐의 체중 증가량 사이의 상관계수를 구해 보아라.

하루 먹이의 양 X (단위 10g)	체중 증가량 Y (단위 10g)
3	3
6	8
9	10

<풀이>

X	Y	Y^2	X^2
3	3	9	9
6	8	64	36
9	10	100	81
18	21	173	126

$$\overline{X} = \frac{18}{3} = 6, \ \overline{Y} = \frac{21}{3} = 7, \ \sum_{i=1}^{3} Y_i^2 = 173, \ \sum_{i=1}^{3} X_i^2 = 126$$

$$S_{XX} = \sum_{i=1}^{n} (X_i - \overline{X})^2 = \sum_{i=1}^{n} X_i^2 - n(\overline{X}^2) = 126 - 3(6^2) = 18$$

$$S_{YY} = \sum_{i=1}^{n} (Y_i - \overline{Y})^2 = \sum_{i=1}^{n} Y_i^2 - n(\overline{Y}^2) = 173 - 3(7^2) = 26$$

적합된 회귀선은 $\widehat{Y} = -0.002 + 1.167X_i$ 이므로 기울기는 1.167이다. 따라서 상관계수는 다음과 같다.

$$r = b_1 \frac{\sqrt{S_{XX}}}{\sqrt{S_{YY}}} = 1.167 \frac{\sqrt{18}}{\sqrt{26}} = 0.971$$

10.3.3. 추정된 회귀선의 정도(precision)

우리는 10.3.2.에서 최소제곱법을 이용하여 회귀선을 추정하였다. 그러면 추정된 회귀선이 자료를 얼마나 잘 설명하고 있는가? 우리가 추정한 회귀선이 타당한가? 이것을 우리는 회귀선의 정도(precision)라 한다. 추정된 회귀선의 정도를 나타내는 측도로서 추정오차(error)와 결정계수(coefficient of determination)가 있다.

추정오차의 정의를 위해 우선, 평균제곱오차를 알아야 한다. 평균제곱오차(mean square error; MSE)를 다음과 같이 정의하자.

$$MSE = \frac{1}{n-2} \sum_{i=1}^{n} e_i^2 = \frac{1}{n-2} \sum_{i=1}^{n} (Y_i - \widehat{Y_i})^2 = \frac{1}{n-2} \sum_{i=1}^{n} (Y_i - b_0 - b_1 X_i)^2$$

잔차제곱합의 평균 개념이 평균제곱오차(MSE)이다. 10.3.1에서 언급한 단순선형회귀모형을 제시할 때 오차항을 $\epsilon_i \sim iid\ N(0, \sigma^2)$으로 가정하였다. MSE는 모분산 σ^2의 불편추정량(unbiased estimator)이다. 즉, $E(MSE) = E\left(\frac{1}{n-2} \sum_{i=1}^{n} e_i^2\right) = \sigma^2$이 된다. MSE가 크면 실제값과 추정치의 차이가 커지므로 추정된 회귀선이 자료를 잘 설명 못 하고 있음을 의미하고 MSE가 작을수록 추정된 회귀선이 자료를 잘 설명하고 있음을 뜻한다. 추정오차는 MSE의 제곱근이다. 즉, 추정오차는 다음과 같다.

$$S_e = \sqrt{MSE} = \sqrt{\frac{1}{n-2} \sum_{i=1}^{n} (Y_i - b_0 - b_1 X_i)^2}$$

추정오차가 0에 가까울수록($S_e \rightarrow 0$) 추정된 회귀선이 자료를 잘 설명하고 있음을 의미하므로 추정된 회귀선이 타당하다고 볼 수 있다.

다음은 결정계수에 대해 알아보자. 결정계수는 실제값과 추정치의 차이가 회귀선을 적합시키지 않았을 때와 적합시켰을 때의 비율을 표현한 것이다. [그림 10.12.]에서 보는 것처럼 독립변수 X_i가 주어졌을 때 종속변수 Y_i일 때, 만약 회귀선을 적합시키지 않으면 종속변수의 평균 $\overline{Y}$이 추정치가 될 것이다. 그러나 회귀선을 적합시키면 추정된 회귀선 위에 있는 값인 $\hat{Y}_i$이 추정치가 된다. [그림 10.12.]의 타원으로 표시된 부분인 $(\hat{Y}_i - \overline{Y})$이 회귀선을 적합시키므로 설명된 부분이 된다. 회귀선을 적합시키지 않았을 때의 변동 $(Y_i - \overline{Y})$과 회귀선을 적합시켰을 때 설명되는 변동$(\hat{Y}_i - \overline{Y})$의 비율을 구한 것이 결정계수이다.

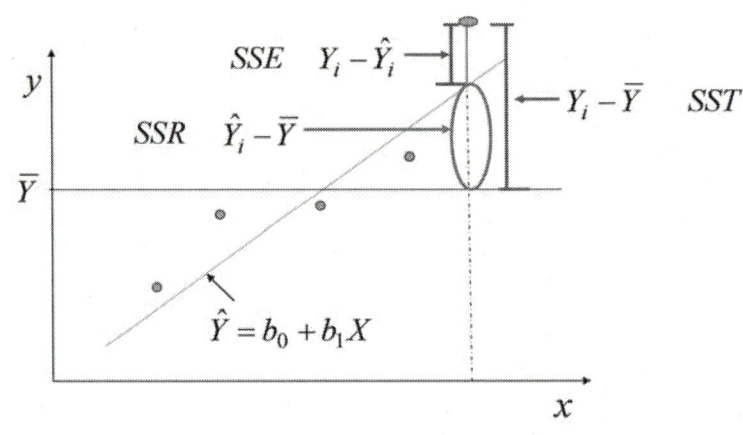

그림 10.12. 변동의 분해

여기서 회귀선을 적합시키지 않았을 때의 변동$(Y_i - \overline{Y})$을 n개의 자료에 대해 모두 더하면 $\sum_{i=1}^{n}(Y_i - \overline{Y})$이 되는데 이 값은 편차의 합으로 0이다. 그러므로 제곱합인 $\sum_{i=1}^{n}(Y_i - \overline{Y})^2$을 구하고 이를 총변동(Total sum of squares; SST)라 한다. 마찬가지로 회귀선을 적합시켰을 때 설명되는 변동으로 $\sum_{i=1}^{n}(\hat{Y}_i - \overline{Y})^2$을 구하고 이것을 회귀에 의한 제곱합(sum of squares due to regression: SSR)이라 한다. 또한, $SSE = \sum_{i=1}^{n}(Y_i - \hat{Y}_i)^2$을 잔차에 의한 제곱합(sum of squares due to residual errors: SSE)이라 한다. 이 변동은 회귀선에 의해 설명되지 않은 변동을 가리킨다. 그리고 $SST = SSR + SSE$이 성립한다. 이것을 변동의 분해라 한다.

■ 변동의 분해

$$SST = SSR + SSE$$

여기서 $SST = \sum_{i=1}^{n}(Y_i - \overline{Y})^2$: 총변동

$SSR = \sum_{i=1}^{n}(\widehat{Y_i} - \overline{Y})^2$: 회귀에 의한 제곱합

$SSE = \sum_{i=1}^{n}(Y_i - \widehat{Y_i})^2$: 잔차에 의한 제곱합

표본결정계수(sample coefficient of determination)는 SSR을 SST로 나눈 값이고 기호로 r^2라 쓴다. 즉, 총 변동 중에서 회귀선에 의해 설명되는 비율로 다음과 같다.

$$r^2 = \frac{SSR}{SST} = 1 - \frac{SSE}{SST},\ 0 \leq r^2 \leq 1$$

그러므로 결정계수의 값이 크면 추정된 회귀선이 자료를 잘 설명하고 있고 결정계수가 작으면 추정된 회귀선이 쓸모없다는 것을 말한다.

만약, $SSE = 0$이면, $r^2 = 1$이다. 이것은 모든 자료값이 추정된 회귀선 위에 있으므로 회귀선에 의해 모든 자료가 설명되고 있음을 말한다. 또한 회귀선의 기울기 $b_1 = 0$ 이면 $\widehat{Y_i} = \overline{Y}$이고 $r^2 = 0$이다. 이것은 두 변수 사이에 선형관계가 없는 경우로 추정된 직선회귀선이 쓸모가 없음을 말한다. 따라서 r^2이 0에 가까울수록 추정된 회귀선은 쓸모가 없고, 1에 가까울수록 회귀선은 유용성이 높아진다. 이런 의미에서 결정계수를 회귀선의 기여율이라 부르기도 한다.

■ 상관계수와 결정계수와의 관계

독립변수가 1개인 단순선형회귀모형에서 상관계수 r과 결정계수 r^2의 관계를 알아보자. 표본결정계수 r^2을 다음과 같이 표현할 수 있다.

$$SSR = \sum_{i=1}^{n}(\widehat{Y}_i - \overline{Y})^2$$

$$= \sum_{i=1}^{n}b_1^2(X_i - \overline{X})^2$$

$$(\because \widehat{Y}_i = b_0 + b_1 X_i = (\overline{Y} - b_1\overline{X}) = \overline{Y} + b_1(X_i - \overline{X})$$
$$\widehat{Y}_i - \overline{Y} = b_1(X_i - \overline{X}))$$

$$= b_1^2 S_{XX}$$

$$SSR = b_1^2 S_{XX} = (\frac{S_{XY}}{S_{XX}})^2 S_{XX} = \frac{(S_{XY})^2}{S_{XX}} \quad (\because b_1 = \frac{S_{XY}}{S_{XX}})$$

$$r^2 = \frac{SSR}{SST} = \frac{(S_{XY})^2/S_{XX}}{S_{YY}} = \frac{(S_{XY})^2}{S_{XX}S_{YY}} = (\frac{S_{XY}}{\sqrt{S_{XX}}\sqrt{S_{YY}}})^2 = (r)^2$$

$$\therefore r^2 = (r)^2 = (상관계수)^2$$

위 식에서 상관계수의 제곱이 결정계수가 됨을 알 수 있다. 따라서 양의 상관이든지 음의상관이든지 상관계수의 크기가 크면 결정계수도 커진다. 상관계수의 크기가 크다는 것은 두 변수 사이에 선형관계가 강하다는 것을 말하는 것으로 직선회귀선으로 적합시키면 자료들을 잘 설명하는 회귀선을 얻을 수 있다.

■ **결정계수 r^2과 상관계수 r의 관계**

독립변수가 1개인 단순선형회귀모형에서만 성립한다.
$r = \pm \sqrt{r^2}$, $-1 \leq r \leq 1$
$r^2 = (r)^2$: 상관계수의 제곱이 결정계수

예제 10.7.

[예제 10.3.]에서 추정된 회귀선 $\widehat{Y} = -0.002 + 1.167X_i$의 추정오차와 결정계수를 구하라.

하루 먹이의 양 X (단위 10g)	체중 증가량 Y (단위 10g)
3	3
6	8
9	10

<풀이>

X_i	Y_i	$\widehat{Y_i}$	$(Y_i - \widehat{Y_i})^2$	$(Y_i - \overline{Y})^2$
3	3	3.499	0.249	$(3-7)^2 = 16$
6	8	7	1	$(8-7)^2 = 1$
9	10	10.501	0.251	$(10-7)^2 = 9$
18	21		1.5	26

$$SSE = \sum_{i=1}^{n}(Y_i - \widehat{Y_i})^2 = 1.5$$

$$SST = \sum_{i=1}^{n}(Y_i - \overline{Y})^2 = 26$$

$$SSR = SST - SSE = 26 - 1.5 = 24.5$$

추정오차는 $S_e = \sqrt{MSE} = \sqrt{\dfrac{1}{n-2}SSE} = \sqrt{\dfrac{1.5}{3-2}} = 1.225$ 이다.

결정계수는 $r^2 = \dfrac{SSR}{SST} = \dfrac{24.5}{26} = 0.942$ 이다.

따라서 추정된 회귀선 $\widehat{Y} = -0.002 + 1.167X_i$ 이 자료의 94.2%를 설명하고 있다고 말할 수 있다.

10.3.4. 회귀계수에 대한 추론

모회귀선 $E(Y) = \beta_0 + \beta_1 X$에서 회귀계수을 알기 위해서는 모집단을 알아야 된다. 그래서 우리는 표본을 이용하여 모회귀선의 회귀계수 β_0와 β_1의 추정량 b_0와 b_1을 구해 추정된 회귀선 $\widehat{Y_i} = b_0 + b_1 X_i$을 얻었다. 회귀계수 β_0와 β_1은 모르는 모수이고 그 추정량 b_0와 b_1은 표본에 따라 값이 달라지는 확률변수이다. 그러므로 모수인 회귀계수 β_0와 β_1에 대한 추정과 가설검정에 대해 알아보자.

우선, 기울기 β_1에 대한 추론(추정과 가설검정)을 하기 위해서는 점추정량인 b_1의 분포를 알아야 한다.

10.3.2.에서 정규방정식을 통해 b_1은 다음과 같았다.

$$b_1 = \frac{S_{XY}}{S_{XX}} = \frac{\sum_{i=1}^{n}(X_i - \overline{X})(Y_i - \overline{Y})}{\sum_{i=1}^{n}(X_i - \overline{X})^2}$$

위의 식에서 분자를 다음과 같이 표현할 수 있다.

$$\sum_{i=1}^{n}(X_i - \overline{X})(Y_i - \overline{Y}) = \sum_{i=1}^{n}(X_i - \overline{X})Y_i - \sum_{i=1}^{n}(X_i - \overline{X})\overline{Y}$$

$$= \sum_{i=1}^{n}(X_i - \overline{X})Y_i \quad (\because \sum_{i=1}^{n}(X_i - \overline{X}) = 0)$$

그러면 b_1은 다음과 같이 확률변수 Y_i의 선형결합으로 표현할 수 있다. 여기서 c_i는 상수이다.

$$b_1 = \frac{S_{XY}}{S_{XX}} = \frac{\sum_{i=1}^{n}(X_i - \overline{X})(Y_i - \overline{Y})}{\sum_{i=1}^{n}(X_i - \overline{X})^2} = \frac{\sum_{i=1}^{n}(X_i - \overline{X})Y_i}{\sum_{i=1}^{n}(X_i - \overline{X})^2} = \sum_{i=1}^{n}c_i Y_i$$

$$(\because c_i = \frac{(X_i - \overline{X})}{\sum_{i=1}^{n}(X_i - \overline{X})^2})$$

즉, $b_1 = \sum_{i=1}^{n} c_i Y_i$ 이고 $Y_i \sim iid\ N(\beta_0 + \beta_1 X_i, \sigma^2)$ 이므로 정규분포의 가법성을 적용하면 b_1도 정규분포를 따른다. 이제, b_1의 평균 $E(b_1)$과 분산 $V(b_1)$을 구해보면 각각 다음과 같다. $E(b_1) = \beta_1$이 성립하므로 b_1은 모수 β_1의 불편추정량이 된다.

$$E(b_1) = E(\sum_{i=1}^{n} c_i Y_i) = \sum c_i E(Y_i)$$

$$= \sum c_i (\beta_0 + \beta_1 X_i)$$

$$= \sum \frac{(X_i - \overline{X})}{\sum (X_i - \overline{X})^2}(\beta_0 + \beta_1 X_i)$$

$$= \beta_1 \frac{\sum (X_i - \overline{X})X_i}{\sum (X_i - \overline{X})^2}$$

$$= \beta_1$$

$$\therefore E(b_1) = \beta_1$$

$$V(b_1) = V(\sum_{i=1}^{n} c_i Y_i) = \sum_{i=1}^{n} c_i^2 V(Y_i) = \sum_{i=1}^{n} c_i^2 \sigma^2$$

$$= \sigma^2 \sum_{i=1}^{n} \left(\frac{(X_i - \overline{X})}{\sum_{i=1}^{n}(X_i - \overline{X})^2} \right)^2$$

$$= \sigma^2 \frac{\sum_{i=1}^{n}(X_i - \overline{X})^2}{[\sum_{i=1}^{n}(X_i - \overline{X})^2]^2} = \sigma^2 \frac{1}{\sum_{i=1}^{n}(X_i - \overline{X})^2}$$

$$= \frac{\sigma^2}{S_{XX}}$$

$$\therefore \ V(b_1) = \frac{\sigma^2}{S_{XX}}$$

그러므로 $b_1 = \sum_{i=1}^{n} c_i Y_i$의 분포는 $N(\beta_1, \frac{\sigma^2}{S_{XX}})$을 따른다.

■ **표본회귀선의 기울기 b_1의 분포**

$$b_1 \sim N(\beta_1, \frac{\sigma^2}{S_{XX}})$$

여기서, $S_{XX} = \sum_{i=1}^{n}(X_i - \overline{X})^2$

제7장 추정에서 배운 것처럼 회귀계수 기울기 β_1에 대한 구간추정을 해 보자.

모분산 σ^2을 알고 있는 경우는 모수 β_1의 점추정량인 b_1의 분포는 다음과 같이 표준화 시킬 수 있다.

$$b_1 \sim N(\beta_1, \frac{\sigma^2}{S_{XX}}) \ \Leftrightarrow \ Z = \frac{b_1 - \beta_1}{\sqrt{\dfrac{\sigma^2}{S_{XX}}}} \sim N(0,1)$$

$P(L < \beta_1 < U) = 1 - \alpha$을 만족하는 확률구간 (L, U)은 다음과 같다.

$$P(-Z_{\alpha/2} < \frac{b_1 - \beta_1}{\sqrt{\dfrac{\sigma^2}{S_{XX}}}} < Z_{\alpha/2}) = 1 - \alpha$$

$$\Leftrightarrow P(b_1 - Z_{\alpha/2}\sqrt{\frac{\sigma^2}{S_{XX}}} < \beta_1 < b_1 + Z_{\alpha/2}\sqrt{\frac{\sigma^2}{S_{XX}}}\,) = 1 - \alpha$$

그러므로 β_1의 $100(1-\alpha)\%$ 신뢰구간은 다음과 같다.

$$b_1 \pm z_{\alpha/2}\sqrt{\frac{\sigma^2}{S_{XX}}}$$

모분산 σ^2을 모르는 경우에는 σ^2의 불편추정량인 MSE을 사용한다. 그러면 모수 β_1의 점추정량인 b_1의 분포는 다음과 같다.

$$T = \frac{b_1 - \beta_1}{\sqrt{\dfrac{MSE}{S_{XX}}}} \sim t(n-2)$$

$$(\because MSE = \widehat{\sigma^2} = \frac{\sum_{i=1}^{n}(Y_i - \widehat{Y}_i)^2}{n-2})$$

$P(L < \beta_1 < U) = 1 - \alpha$을 만족하는 확률구간 (L, U)은 다음과 같다.

$$P\left(-t_{\alpha/2}(n-2) < \frac{b_1 - \beta_1}{\sqrt{\dfrac{MSE}{S_{XX}}}} < t_{\alpha/2}(n-2)\right) = 1 - \alpha$$

$$\Leftrightarrow P\left(b_1 - t_{\alpha/2}(n-2)\sqrt{\frac{MSE}{S_{XX}}} < \beta_1 < b_1 + t_{\alpha/2}(n-2)\sqrt{\frac{MSE}{S_{XX}}}\right) = 1 - \alpha$$

따라서 모분산 σ^2을 모르는 경우, β_1의 $100(1-\alpha)\%$ 신뢰구간은 다음과 같다.

$$b_1 \pm t_{\alpha/2}(n-2)\sqrt{\frac{MSE}{S_{XX}}}$$

■ β_1의 $100(1-\alpha)\%$ **신뢰구간**

- 모분산을 아는 경우: $b_1 \pm z_{\alpha/2} \sqrt{\dfrac{\sigma^2}{S_{XX}}}$

- 모분산을 모르는 경우: $b_1 \pm t_{\alpha/2}(n-2) \sqrt{\dfrac{MSE}{S_{XX}}}$

$$\text{여기서, } S_{XX} = \sum_{i=1}^{n} (X_i - \overline{X})^2$$

$$MSE = \frac{1}{n-2} SSE = \frac{1}{n-2} \sum_{i=1}^{n} (Y_i - \widehat{Y}_i)^2$$

이제 제8장 가설검정에서 다른 것처럼 회귀계수 β_1에 대한 가설검정에 대해 알아보자. 귀무가설과 대립가설은 다음과 같이 설정한다. 여기서 β_{10}은 상수이다.

$$H_0 : \beta_1 = \beta_{10} \quad vs \quad \begin{array}{l} H_1 : \beta_1 > \beta_{10} \\ H_1 : \beta_1 < \beta_{10} \\ H_1 : \beta_1 \neq \beta_{10} \end{array}$$

모분산 σ^2을 아는 경우와 모르는 경우의 검정통계량(test statistic)은 각각 다음과 같다.

$$\text{모분산을 아는 경우:} \quad Z_0 = \frac{b_1 - \beta_{10}}{\sqrt{\dfrac{\sigma^2}{S_{XX}}}} \sim N(0,1)$$

$$\text{모분산을 모르는 경우:} \quad T_0 = \frac{b_1 - \beta_{10}}{\sqrt{\dfrac{MSE}{S_{XX}}}} \sim t(n-2)$$

유의수준 α일 때 세 가지 대립가설에 대한 기각역은 다음 [표 10.3.]과 같다.

표 10.3. 회귀계수 β_1에 대한 가설검정의 기각역

귀무가설	대립가설	기각역	
		모분산을 아는 경우	모분산을 모르는 경우
$H_0 : \beta_1 = \beta_{10}$	$H_1 : \beta_1 > \beta_{10}$	$z_0 > z_\alpha$	$t_0 > t_\alpha(n-2)$
	$H_1 : \beta_1 < \beta_{10}$	$z_0 < -z_\alpha$	$t_0 < -t_\alpha(n-2)$
	$H_1 : \beta_1 \neq \beta_{10}$	$|z_0| > z_{\alpha/2}$	$|t_0| > t_{\alpha/2}(n-2)$

다음은 β_0에 대한 추론에 대해 알아보자. β_0에 대한 구간추정과 가설검정을 하기 위해서는 점추정량인 b_0의 분포를 알아야 한다.

점추정량인 b_0는 회귀계수 β_0의 불편추정량이다. $E(b_0) = \beta_0$을 보이면 다음과 같다.

$$
\begin{aligned}
E(b_0) &= E(\overline{Y} - b_1 \overline{X}) = E(\overline{Y}) - \overline{X} E(b_1) \\
&= E(\frac{1}{n} \sum Y_i) - \overline{X} \beta_1 \\
&= \frac{1}{n} \sum E(Y_i) - \overline{X} \beta_1 \\
&= \frac{1}{n} \sum (\beta_0 + \beta_1 X_i) - \overline{X} \beta_1 \\
&= \frac{1}{n} (n\beta_0 + \beta_1 n \overline{X}) - \overline{X} \beta_1 \\
&= \beta_0
\end{aligned}
$$

점추정량인 b_0의 분산을 구하면 다음과 같다.

$$
\begin{aligned}
V(b_0) &= V(\overline{Y} - b_1 \overline{X}) = V(\overline{Y}) + V(b_1 \overline{X}) - 2Cov(\overline{Y}, b_1 \overline{X}) \\
&= V(\frac{1}{n} \sum Y_i) + \overline{X}^2 V(b_1) - 2\overline{X} \, Cov(\overline{Y}, b_1) \\
&= \frac{1}{n^2} \sum V(Y_i) + \overline{X}^2 \frac{\sigma^2}{S_{XX}} \\
&= \frac{1}{n^2} n\sigma^2 + \frac{\overline{X}^2 \sigma^2}{S_{XX}} \\
&= \frac{\sigma^2}{n} + \frac{\overline{X}^2 \sigma^2}{S_{XX}} \\
&= \sigma^2 (\frac{1}{n} + \frac{\overline{X}^2}{S_{XX}}) \\
(\because Cov(\overline{Y}, b_1) &= Cov(\frac{\sum Y_i}{n}, \sum c_i Y_i) \\
&= \sum \frac{c_i}{n} V(Y_i) \\
&= \frac{\sigma^2}{n} \sum c_i = \frac{\sigma^2}{n} \sum (X_i - \overline{X}) = 0 \,)
\end{aligned}
$$

그러므로 b_0의 분포는 $N(\beta_0, \sigma^2 [\frac{1}{n} + \frac{\overline{X}^2}{S_{XX}}])$을 따른다.

■ **표본회귀선의 절편** b_0**의 표본분포**

$$b_0 \sim N\left(\beta_0, \sigma^2\left[\frac{1}{n} + \frac{\overline{X}^2}{S_{XX}}\right]\right)$$

$$\text{여기서, } S_{XX} = \sum_{i=1}^{n}(X_i - \overline{X})^2$$

회귀계수 β_0에 대한 구간추정을 해 보자.

모분산 σ^2을 알고 있는 경우는 모수 β_0의 점추정량인 b_0의 분포는 다음과 같이 표준화 시킬 수 있다.

$$b_0 \sim N\left(\beta_0, \sigma^2\left[\frac{1}{n} + \frac{\overline{X}^2}{S_{XX}}\right]\right) \Leftrightarrow Z = \frac{b_0 - \beta_0}{\sqrt{\sigma^2\left[\frac{1}{n} + \frac{\overline{X}^2}{S_{XX}}\right]}} \sim N(0,1)$$

$P(L < \beta_1 < U) = 1 - \alpha$을 만족하는 확률구간 (L, U)은 다음과 같다.

$$P\left(-Z_{\alpha/2} < \frac{b_0 - \beta_0}{\sqrt{\sigma^2\left[\frac{1}{n} + \frac{\overline{X}^2}{S_{XX}}\right]}} < Z_{\alpha/2}\right) = 1 - \alpha$$

$$\Leftrightarrow P\left(b_0 - Z_{\alpha/2}\sqrt{\sigma^2\left[\frac{1}{n} + \frac{\overline{X}^2}{S_{XX}}\right]} < \beta_0 < b_0 + Z_{\alpha/2}\sqrt{\sigma^2\left[\frac{1}{n} + \frac{\overline{X}^2}{S_{XX}}\right]}\right) = 1 - \alpha$$

그러므로 β_0의 $100(1-\alpha)\%$신뢰구간은 다음과 같다.

$$b_0 \pm Z_{\alpha/2}\sqrt{\sigma^2\left[\frac{1}{n} + \frac{\overline{X}^2}{S_{XX}}\right]}$$

모분산 σ^2을 모르는 경우에는 σ^2의 불편추정량인 MSE을 사용한다. 그러면 모수 β_0의 점추정량인 b_0의 분포는 다음과 같다.

$$T = \frac{b_0 - \beta_0}{\sqrt{MSE\left[\frac{1}{n} + \frac{\overline{X}^2}{S_{XX}}\right]}} \sim t(n-2)$$

$$(\because MSE = \widehat{\sigma^2} = \frac{\sum_{i=1}^{n}(Y_i - \widehat{Y}_i)^2}{n-2})$$

$P(L < \beta_1 < U) = 1 - \alpha$을 만족하는 확률구간 (L, U)은 다음과 같다.

$$P\left(-t_{\alpha/2}(n-2) < \frac{b_0 - \beta_0}{\sqrt{MSE\left[\frac{1}{n} + \frac{\overline{X}^2}{S_{XX}}\right]}} < t_{\alpha/2}(n-1)\right) = 1 - \alpha$$

$$\Leftrightarrow P\left(b_0 - t_{\alpha/2}(n-2)\sqrt{MSE\left[\frac{1}{n} + \frac{\overline{X}^2}{S_{XX}}\right]} < \beta_0 < b_0 + t_{\alpha/2}(n-2)\sqrt{MSE\left[\frac{1}{n} + \frac{\overline{X}^2}{S_{XX}}\right]}\right) = 1 - \alpha$$

따라서 모분산 σ^2을 모르는 경우, β_0의 $100(1-\alpha)\%$ 신뢰구간은 다음과 같다.

$$b_0 \pm t_{\alpha/2}(n-2)\sqrt{MSE\left[\frac{1}{n} + \frac{\overline{X}^2}{S_{XX}}\right]}$$

■ β_0의 $100(1-\alpha)\%$ **신뢰구간**

- 모분산을 아는 경우: $b_0 \pm Z_{\alpha/2}\sqrt{\sigma^2\left[\frac{1}{n} + \frac{\overline{X}^2}{S_{XX}}\right]}$

- 모분산을 모르는 경우: $b_0 \pm t_{\alpha/2}(n-2)\sqrt{MSE\left[\frac{1}{n} + \frac{\overline{X}^2}{S_{XX}}\right]}$

여기서, $S_{XX} = \sum_{i=1}^{n}(X_i - \overline{X})^2$

$$MSE = \frac{1}{n-2}SSE = \frac{1}{n-2}\sum_{i=1}^{n}(Y_i - \widehat{Y}_i)^2$$

이제 회귀계수 β_0에 대한 가설검정에 대해 알아보자.

귀무가설과 대립가설은 다음과 같이 설정한다. 여기서 β_{00}은 상수이다.

$$H_0 : \beta_1 = \beta_{00} \quad vs \quad \begin{array}{l} H_1 : \beta_1 > \beta_{00} \\ H_1 : \beta_1 < \beta_{00} \\ H_1 : \beta_1 \neq \beta_{00} \end{array}$$

모분산 σ^2을 아는 경우와 모르는 경우의 검정통계량(test statistic)은 각각 다음과 같다.

모분산을 아는 경우: $Z_0 = \dfrac{b_0 - \beta_{00}}{\sqrt{\sigma^2 (\dfrac{1}{n} + \dfrac{\overline{X}^2}{S_{XX}})}} \sim N(0,1)$

모분산을 모르는 경우: $T_0 = \dfrac{b_0 - \beta_{00}}{\sqrt{MSE(\dfrac{1}{n} + \dfrac{\overline{X}^2}{S_{XX}})}} \sim t(n-2)$

유의수준 α일 때 세 가지 대립가설에 대한 기각역은 다음 [표 10.4.]와 같다.

표 10.4. 회귀계수 β_0에 대한 가설검정의 기각역

귀무가설	대립가설	기각역	
		모분산을 아는 경우	모분산을 모르는 경우
$H_0 : \beta_1 = \beta_{00}$	$H_1 : \beta_1 > \beta_{00}$	$z_0 > z_\alpha$	$t_0 > t_\alpha(n-2)$
	$H_1 : \beta_1 < \beta_{00}$	$z_0 < -z_\alpha$	$t_0 < -t_\alpha(n-2)$
	$H_1 : \beta_1 \neq \beta_{00}$	$|z_0| > z_{\alpha/2}$	$|t_0| > t_{\alpha/2}(n-2)$

$E(Y)$에 대한 추론(구간추정, 가설검정)을 하기 위해서는 점추정량 $\hat{Y}$의 분포를 알아야 한다. 점추정량 $\hat{Y}$의 평균과 분산을 구하면 다음과 같다.

$$E(\hat{Y}) = E(b_0 + b_1 X) = \beta_0 + \beta_1 X$$

$$\begin{aligned} V(\hat{Y}) = V(b_0 + b_1 X) &= V(\overline{Y} - b_1 \overline{X} + b_1 X) \\ &= V[\overline{Y} + b_1(X - \overline{X})] \\ &= V(\overline{Y}) + (X - \overline{X})^2 V(b_1) + 2Cov(\overline{Y}, b_1(X - \overline{X})) \\ &= V(\overline{Y}) + (X - \overline{X})^2 V(b_1) + 2(X - \overline{X})Cov(\overline{Y}, b_1) \\ &= \frac{\sigma^2}{n} + (X - \overline{X})^2 \frac{\sigma^2}{S_{XX}} \qquad (\because Cov(\overline{Y}, b_1) = 0) \\ \\ &= \sigma^2 [\frac{1}{n} + \frac{(X - \overline{X})^2}{S_{XX}}] \end{aligned}$$

그러므로 $\hat{Y}$의 분포는 $N\left(\beta_0 + \beta_1 X,\ \sigma^2\left[\dfrac{1}{n} + \dfrac{(X-\overline{X})^2}{S_{XX}}\right]\right)$을 따른다.

■ **표본회귀선 $\hat{Y}$의 표본분포**

$$\hat{Y} \sim N(\beta_0 + \beta_1 X,\ \sigma^2[\dfrac{1}{n} + \dfrac{(X-\overline{X})^2}{S_{XX}}])\quad ,\quad S_{XX} = \sum_{i=1}^{n}(X_i - \overline{X})^2$$

위에서 구한 회귀계수의 구간추정 방법을 동일하게 적용하면 주어진 X에서 $E(Y)$의 $100(1-\alpha)\%$ 신뢰구간은 다음과 같다.

■ **$E(Y)$의 $100(1-\alpha)\%$ 신뢰구간**

- 모분산을 아는 경우: $\hat{Y} \pm z_{\alpha/2}\sqrt{\sigma^2(\dfrac{1}{n} + \dfrac{(X-\overline{X})^2}{S_{XX}})}$

- 모분산을 모르는 경우: $\hat{Y} \pm t_{\alpha/2}(n-2)\sqrt{MSE(\dfrac{1}{n} + \dfrac{(X-\overline{X})^2}{S_{XX}})}$

$$여기서,\ \ S_{XX} = \sum_{i=1}^{n}(X_i - \overline{X})^2$$

$$MSE = \dfrac{1}{n-2}SSE = \dfrac{1}{n-2}\sum_{i=1}^{n}(Y_i - \hat{Y}_i)^2$$

이제 주어진 X에서 모회귀선 $E(Y) = \beta_0 + \beta_1 X$에 대한 가설검정을 해 보자. μ_0을 어떤 특정한 상숫값이라 하면 귀무가설과 대립가설은 다음과 같이 설정한다.

$$H_0 : E(Y) = \mu_0 \quad vs \quad \begin{array}{l} H_1 : E(Y) > \mu_0 \\ H_1 : E(Y) < \mu_0 \\ H_1 : E(Y) \neq \mu_0 \end{array}$$

모분산 σ^2을 아는 경우와 모르는 경우의 검정통계량(test statistic)은 각각 다음과 같다.

모분산을 아는 경우: $Z_0 = \dfrac{\widehat{Y} - \mu_0}{\sqrt{\sigma^2 (\dfrac{1}{n} + \dfrac{(X - \overline{X})^2}{S_{XX}})}} \sim N(0,1)$

모분산을 모르는 경우: $T_0 = \dfrac{\widehat{Y} - \mu_0}{\sqrt{MSE(\dfrac{1}{n} + \dfrac{(X - \overline{X})^2}{S_{XX}})}} \sim t(n-2)$

유의수준 α일 때 세 가지 대립가설에 대한 기각역은 다음 [표 10.5.]와 같다.

표 10.5. 주어진 X에서 모회귀선 $E(Y)$에 대한 가설검정의 기각역

귀무가설	대립가설	기각역	
		모분산을 아는 경우	모분산을 모르는 경우
$H_0 : E(Y) = \mu_0$	$H_1 : E(Y) > \mu_0$	$z_0 > z_\alpha$	$t_0 > t_\alpha(n-2)$
	$H_1 : E(Y) < \mu_0$	$z_0 < -z_\alpha$	$t_0 < -t_\alpha(n-2)$
	$H_1 : E(Y) \neq \mu_0$	$|z_0| > z_{\alpha/2}$	$|t_0| > t_{\alpha/2}(n-2)$

10.3.5. 새로운 관측값 Y_0의 예측

단순회귀모형 $Y_i = \beta_0 + \beta_1 X_i + \epsilon_i$, $i = 1, 2, \cdots, n$, $\epsilon_i \sim iid\ N(0, \sigma^2)$ 에서 독립변수 X가 X_0로 주어지면 종속변수는 $Y_0 = \beta_0 + \beta_1 X_0 + \epsilon_0$이 된다. 그러나 Y_0는 모집단을 알아야 구할 수 있는 값이므로 그의 추정량을 구할 수 있다. Y_0의 추정량을 $\widehat{Y}_0$라 하면 추정된 회귀식 $\widehat{Y}_i = b_0 + b_1 X_i$에 의해서 $\widehat{Y}_0 = b_0 + b_1 X_0$이 된다. $X = X_0$일 때 새로운 관측값 Y_0와 추정량 $\widehat{Y}_0$의 차는 잔차 $e_0 = Y_0 - \widehat{Y}_0$이 된다. $e_0 = Y_0 - \widehat{Y}_0$의 평균과 분산은 다음과 같다.

$$
\begin{aligned}
E(Y_0 - \widehat{Y}_0) &= E(\beta_0 + \beta_1 X_0 + \epsilon_0 - b_0 - b_1 X_0) \\
&= \beta_0 + \beta_1 X_0 - \beta_0 - \beta_1 X_0 = 0 \\
V(Y_0 - \widehat{Y}_0) &= V(\beta_0 + \beta_1 X_0 + \epsilon_0 - b_0 - b_1 X_0) \\
&= V(\epsilon_0) + V(b_0 + b_1 X_0) \\
&= \sigma^2 + \sigma^2 (\frac{1}{n} + \frac{(X_0 - \overline{X})^2}{S_{XX}}) \\
&= \sigma^2 (1 + \frac{1}{n} + \frac{(X_0 - \overline{X})^2}{S_{XX}})
\end{aligned}
$$

여기서, $\widehat{Y_0}=b_0+b_1X_0$의 분포는 b_0와 b_1이 정규분포를 따르므로 정규분포의 가법성에 의해 $\widehat{Y_0}$도 정규분포를 따른다. 그러므로 $e_0=Y_0-\widehat{Y_0}$도 정규분포를 따른다. 따라서 $e_0=Y_0-\widehat{Y_0}$의 분포는 평균이 0이고 분산이 $\sigma^2(1+\dfrac{1}{n}+\dfrac{(X_0-\overline{X})^2}{S_{XX}})$ 인 정규분포를 따른다. 즉, $X=X_0$일 때 $Y_0-\widehat{Y_0}$의 분포는 다음과 같다.

$$Y_0-\widehat{Y_0} \sim N\left(0\,,\sigma^2\left[1+\frac{1}{n}+\frac{(X_0-\overline{X})^2}{S_{XX}}\right]\right)$$

■ **새로운 예측값** Y_0**와 그의 추정값** $\widehat{Y_0}$**의 차이** $Y_0-\widehat{Y_0}$**의 표본분포**

$$Y_0-\widehat{Y_0} \sim N\left(0\,,\sigma^2\left[1+\frac{1}{n}+\frac{(X_0-\overline{X})^2}{S_{XX}}\right]\right) \quad \text{여기서,} \ \ S_{XX}=\sum_{i=1}^{n}(X_i-\overline{X})^2$$

이제 주어진 X_0에서 새로운 관측값 Y_0의 $100(1-\alpha)\%$ 신뢰구간을 구해 보자. $P(L<Y_0<U)=1-\alpha$을 만족하는 확률구간 (L,U)은 다음과 같다.

$$P\left(-Z_{\alpha/2}<\frac{Y_0-\widehat{Y_0}}{\sqrt{\sigma^2\left[1+\dfrac{1}{n}+\dfrac{(X_0-\overline{X})^2}{S_{XX}}\right]}}<Z_{\alpha/2}\right)=1-\alpha$$

$$\Leftrightarrow P\left(\widehat{Y_0}-Z_{\alpha/2}\sqrt{\sigma^2\left[1+\frac{1}{n}+\frac{(X_0-\overline{X})^2}{S_{XX}}\right]}<Y_0<\widehat{Y_0}+Z_{\alpha/2}\sqrt{\sigma^2\left[1+\frac{1}{n}+\frac{(X_0-\overline{X})^2}{S_{XX}}\right]}\right)=1-\alpha$$

그러므로 Y_0의 $100(1-\alpha)\%$ 신뢰구간은 다음과 같다.

$$\widehat{Y_0}\pm Z_{\alpha/2}\sqrt{\sigma^2\left[1+\frac{1}{n}+\frac{(X_0-\overline{X})^2}{S_{XX}}\right]}$$

만약, 모분산 σ^2을 모르면 불편추정량 MSE를 사용하고 t분포를 따른다. 그러므로 모분산 σ^2을 모르는 경우에 Y_0의 $100(1-\alpha)\%$ 신뢰구간은 다음과 같다.

$$\widehat{Y}_0 \pm t_{\alpha/2}(n-2) \sqrt{MSE\left[1 + \frac{1}{n} + \frac{(X_0 - \overline{X})^2}{S_{XX}}\right]}$$

■ **주어진 X_0에서 새로운 예측값 Y_0의 $100(1-\alpha)\%$ 신뢰구간**

- 모분산을 아는 경우: $\widehat{Y}_0 \pm z_{\alpha/2} \sqrt{\sigma^2 \left(1 + \frac{1}{n} + \frac{(X_0 - \overline{X})^2}{S_{XX}}\right)}$

- 모분산을 모르는 경우: $\widehat{Y}_0 \pm t_{\alpha/2}(n-2) \sqrt{MSE\left(1 + \frac{1}{n} + \frac{(X_0 - \overline{X})^2}{S_{XX}}\right)}$

  여기서, $S_{XX} = \sum_{i=1}^{n}(X_i - \overline{X})^2$, $MSE = \frac{1}{n-2}SSE = \frac{1}{n-2}\sum_{i=1}^{n}(Y_i - \widehat{Y}_i)^2$

이제 주어진 X_0에서 새로운 관측값 Y_0의 대한 가설검정을 해 보자. y_0을 어떤 특정한 상숫값이라 하면 귀무가설과 대립가설은 다음과 같이 설정한다.

$$H_0 : Y_0 = \mu_0 \quad vs \quad \begin{aligned} &H_1 : Y_0 > \mu_0 \\ &H_1 : Y_0 < \mu_0 \\ &H_1 : Y_0 \neq \mu_0 \end{aligned}$$

모분산 σ^2을 아는 경우와 모르는 경우의 검정통계량(test statistic)은 각각 다음과 같다.

모분산을 아는 경우: $Z_0 = \dfrac{\widehat{Y}_0 - y_0}{\sqrt{\sigma^2\left(1 + \frac{1}{n} + \frac{(X - \overline{X})^2}{S_{XX}}\right)}} \sim N(0,1)$

모분산을 모르는 경우: $T_0 = \dfrac{\widehat{Y}_0 - y_0}{\sqrt{MSE\left(1 + \frac{1}{n} + \frac{(X - \overline{X})^2}{S_{XX}}\right)}} \sim t(n-2)$

유의수준 α일 때 세 가지 대립가설에 대한 기각역은 다음 [표 10.6.]과 같다.

표 10.6. 주어진 X_0에서 새로운 관측값 Y_0에 대한 가설검정의 기각역

귀무가설	대립가설	기각역	
		모분산을 아는 경우	모분산을 모르는 경우
$H_0 : Y_0 = y_0$	$H_1 : Y_0 > y_0$	$z_0 > z_\alpha$	$t_0 > t_\alpha(n-2)$
	$H_1 : Y_0 < y_0$	$z_0 < - z_\alpha$	$t_0 < - t_\alpha(n-2)$
	$H_1 : Y_0 \neq y_0$	$|z_0| > z_{\alpha/2}$	$|t_0| > t_{\alpha/2}(n-2)$

1. 다음 문장이 맞으면 ○, 틀리면 ×로 표시하고 그 이유를 설명하라.

   ① 두 변수의 상관계수가 양수이면 회귀식의 기울기도 반드시 양수이다.

   ② 단순회귀분석에서 결정계수 r^2는 상관계수의 제곱이다.

   ③ 단순회귀분석에서 추정된 회귀식 $\hat{y} = b_0 + b_1 x$은 반드시 점 $(\bar{x}, \bar{y})$을 지난다.

   ④ 결정계수가 1에 가까우면 추정된 회귀식이 데이터를 잘 설명하고 있음을 말한다.

   ⑤ 단순회귀분석에서 회귀식의 기울기와 상관계수는 서로 선형관계이다.

   ⑥ 단순선형회귀모형에서 결정계수가 0에 가까우면 종속변수와 독립변수 사이에 상관관계가 매우 높음을 의미한다.

2. 다음 빈칸에 알맞은 답을 써라.

   ① 단순회귀분석에서 예측되는 변수를 (   )라 하고 예측에 사용되는 변수를 (   )라 한다.

   ② 어떤 농경학자가 곰팡이의 성장률이 그 주변의 습도에 따라 어떻게 변하는가를 연구하고자 할 때 두 변수를 시각적으로 표현한 그래프를 (   )라 하고, 두 변수 사이의 선형적인 관계를 수치로 표현한 것을 (   )라 한다. 또한 두 변수 사이의 함수식을 구하는 것을 (   )이라 한다. 이 경우 곰팡이의 성장률은 (   )변수이고 주변 습도는 (   )변수이다.

3. 소프트웨어산업에서 일하는 10명을 랜덤하게 추출하여 IQ와 시간당 생산성을 측정하여 다음을 얻었다.

IQ 점수:	110	120	130	126	122	121	103	98	80	97
생산성:	5.2	6.0	6.3	5.7	4.8	4.2	3.0	2.9	2.7	3.2

   (1) 두 변수의 산점도를 그리고 두 변수의 관계를 생각해 보아라.

   (2) 두 변수의 상관계수를 구하고 설명해 보아라.

   (3) IQ 점수를 가지고 시간당 생산성을 예측하기 위한 단순선형회귀식을 구하라.

   (4) (3)번의 적합된 회귀선으로부터 IQ 점수가 119일 때 시간당 생산성의 추정값을 구하라.

   (5) 회귀직선의 기울기 β_1에 대한 95% 신뢰구간을 구하라.

4. 단순선형회귀분석에서 추정된 회귀식은 다음과 같다.

$$\widehat{Y_i} = 7 + 1.3(X_i - 4)$$

(1) X의 평균과 Y의 평균은 각각 얼마인가?

(2) 기울기와 y절편은 각각 얼마인가?

(3) $S_{YY} = 2S_{XX}$일 때, 상관계수와 결정계수를 구하라.

5. A구 보건소에서 20세 이상의 주민 30명을 임의로 뽑아 신장과 체중을 측정하여 다음을 얻었다.

신장	체중
173.4	56.4
161.4	61.9
171.5	68.5
169.5	70.0
167.0	68.3
156.0	56.6
175.1	69.2
153.2	50.0
168.8	73.6
173.3	83.6
148.4	62.0
178.1	79.7
172.7	77.2
180.4	105.6
181.5	79.7
177.2	72.6
171.9	69.6
178.2	66.6
175.5	71.6
174.9	70.2
174.3	74.8
172.9	72.4
172.2	69.6
164.9	62.9
163.8	66.0
179.6	73.0
175.7	74.5
167.0	67.4
168.9	71.9

(1) 신장과 체중에 대한 산점도를 그리고, 두 변수의 관계에 대해 설명하라.

(2) 표본상관계수를 구하라.

(3) 체중을 사용하여 신장을 예측하기 위해 단순선형회귀모형을 가정할 때, 최소제곱법에 의한
추정된 회귀식 $\widehat{Y} = b_0 + b_1 X$을 구하라.

(4) (3)번의 단순선형회귀모형에서 절편이 없는 회귀식 $\hat{Y} = b_1 X$을 적합시켜 보아라.

(5) (3)번과 (4)번에 추정된 회귀식의 결정계수를 각각 구해보고 비교 설명해 보아라.

6. 어느 회사에서 21명의 직원들을 임의로 추출하여 연령과 월수입을 조사하여 다음과 같은 자료를 얻었다.

연령	월수입
44	120
32	70
42	200
26	50
34	100
43	120
47	130
35	90
32	80
26	80
53	150
52	200
23	100
33	110
56	350
48	230
34	90
23	70
37	120
59	230
38	60

(1) 연령에 따라 월수입을 알아보려고 할 때, 단순선형회귀식을 추정하라.

(2) 회귀계수 중 기울기 β_1의 95% 신뢰구간을 구하고 그 의미를 설명하라.

(3) 연령이 50일 때, 평균 월수입에 대한 95% 신뢰구간을 구하라.

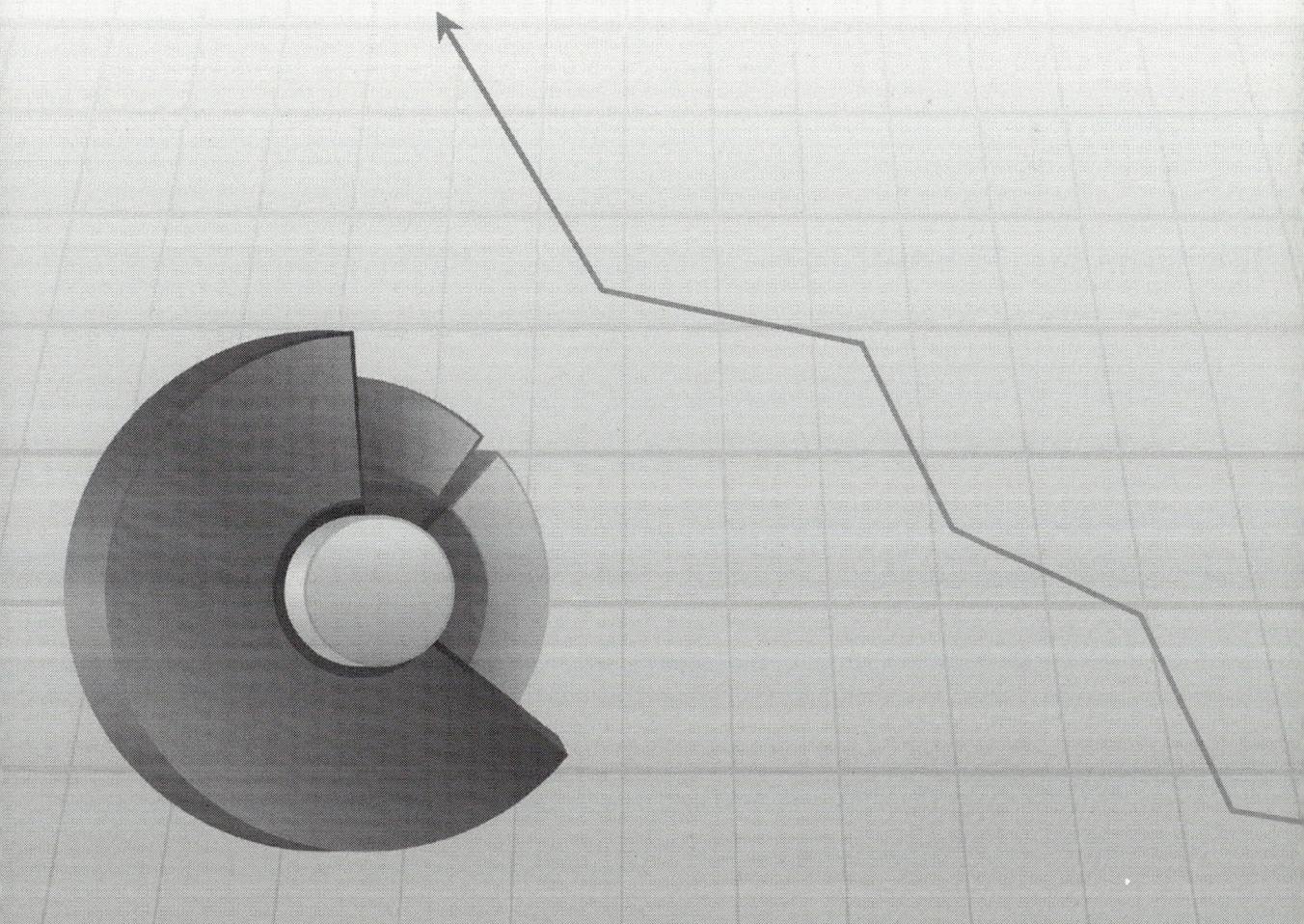

11장

범주형 자료분석

이 장에서는 질적 자료(범주형 자료)를 검정하는 방법에 대해 다룬다. 범주형 자료 분석에는 카이제곱분포(chi-square distribution)가 이용된다. 그래서 범주형 자료 분석을 카이제곱검정(Test of Chi-square)이라 부르기도 한다. 세 가지 경우에 대해 다루기로 한다. 첫 번째는 적합도 검정(Test of goodness of fit)으로 우리가 뽑은 표본이 정말 정규모집단으로부터 나왔는지를 검정하는 방법으로 주어진 자료가 어떤 특정한 확률분포를 따르는지 검정하는 방법이다. 두 번째는 두 개의 질적 변수를 정리한 분할표에 대한 분석으로 두 변수가 독립인가를 검정하는 독립성 검정(Test of independency)이다. 마지막 세 번째는 모집단을 여러 개의 부분모집단으로 나누어 추출한 표본들이 서로 동일한 모집단의 분포를 따르는지 검정해 보는 동질성 검정(Test of homogeneity)이다.

11.1. 적합성 검정(Test of goodness of fit)

다음 두 가지의 경우를 고려해보자.
① 하나의 주사위를 가지고 있는데 이 주사위가 고른지를 알고 싶다.
② 주어진 자료가 포아송 분포를 따르는지 알고 싶다.

① 번의 예를 생각해 보자.
문방구에서 구입한 어떤 주사위가 1부터 6까지 숫자가 고르게 나오는지를 알아보려고 그 주사위를 60번 던져 다음과 같은 결과를 얻었다.

표 11.1. 60번 던져서 나온 주사위의 관측 도수

주사위 눈의 수	1	2	3	4	5	6
나온 횟수	12	10	13	7	13	5

만약, 이 주사위가 고르다면 1번부터 6번까지 모두 10번씩 나올 것이라 기대된다. 이 기댓값인 10번과 실제 나온 횟수와의 차이가 크면 이 주사위는 고르지 않다는 증거이다. 이러한 생각을 가지고 검정을 한다. 우선 가설을 설정하기 위해 p_i은 "i"의 눈이 나올 확률이라 하면 "주사위는 고르다"라는 귀무가설과 대립가설은 다음과 같다.

$$H_0 : p_1 = p_2 = \cdots = p_6 = \frac{1}{6} \quad v.s. \ H_1 : \ not \ H_0$$

위 가설을 위한 검정통계량은 귀무가설이 참일 때("주사위가 고르다") 구한 통계량으로 기대도수(주사위가 고를 때 구한 도수)와 실제 나온 횟수와의 차이를 식으로 표현한 것으로 다음과 같다.

$$\chi^2 = \sum_{i=1}^{6} \frac{(관측도수 - 기대도수)^2}{기대도수}$$

여기서 관측도수는 표본에 따라 달라지는 확률변수이다. 주사위를 다시 60번 던지면 [표 11.1.]과 다른 관측도수가 나올 것이다. 검정통계량에서 관측도수와 기대도수의 차를 제곱한 이유는 그 합이 0이 되지 않도록 하기 위해서이고 기대도수로 나눈 것은 총 실험 횟수에 영향받지 않기 위해서다. 기대도수를 나누지 않으면 60번 던졌을 때보다 60번보다 더 많이 던졌을 때가 항상 값이 더 크다.

O_i를 주사위의 눈이 "i"가 나온 실제관측도수(observed frequency)라 하고 E_i를 주사위가 고를 때(귀무가설이 참일 때) 주사위의 눈이 "i"가 나올 기대도수(expected frequency)라 하면 검정통계량은 다음과 같이 표현되고 각 기대도수가 5보다 큰 경우 이 통계량은 자유도가 6-1=5인 카이제곱분포를 따른다.

$$\chi^2 = \sum_{i=1}^{6} \frac{(O_i - E_i)^2}{E_i} \ \sim \ \chi^2(6-1)$$

그러므로 유의수준 5%로 가설 검정하면 위의 검정통계량의 값이 $\chi^2_{0.05}(6-1)$보다 크면, 즉 $\chi^2 > \chi^2_{0.05}(6-1)$이면 귀무가설을 기각하는 결론을 내리면 된다. [표 11.1.]의 검정통계량을 구해보자.

표 11.2. [표 11.1.]에 대한 검정통계량의 값

주사위 눈의 수	관측도수(O_i)	기대도수(E_i)	$(O_i - E_i)$	$(O_i - E_i)^2$	$\dfrac{(O_i - E_i)^2}{E_i}$
1	12	10	2	4	0.4
2	10	10	0	0	0
3	13	10	3	9	0.9
4	7	10	-3	9	0.9
5	13	10	3	9	0.9
6	5	10	-5	25	2.5
합계	60		0		5.6

[표 11.2.]에서 보면 $\chi^2 = \sum_{i=1}^{6} \frac{(O_i - E_i)^2}{E_i} = 5.6$이다. [부록]의 카이제곱분포표를 이용하면 $\chi^2_{0.05}(6-1) = 11.07$이고 $\chi^2 = \sum_{i=1}^{6} \frac{(O_i - E_i)^2}{E_i} = 5.6 < \chi^2_{0.05}(6-1) = 11.07$이므로 귀무가설을 채택한다. 그러므로 유의수준 5%에서 "주사위는 고르다"라는 귀무가설을 받아들인다.

■ 적합도 검정의 절차

1. 가설설정

$$H_0 : p_1 = p_2 = \cdots = p_k \quad v.s. \ H_1 : not \ H_0$$

2. 검정통계량

$$\chi^2 = \sum_{i=1}^{k} \frac{(O_i - E_i)^2}{E_i} \sim \chi^2(k-1)$$

3. 유의수준 α
4. 기각역

$$\chi^2 = \sum_{i=1}^{k} \frac{(O_i - E_i)^2}{E_i} > \chi^2_\alpha(k-1) \ \Rightarrow \ \text{귀무가설 기각}$$

예제 11.1.

멘델의 이론에 의하면 어떤 종류의 콩을 색깔과 모양에 따라 "둥글고 노란색 콩", "둥글고 초록색 콩", "모나고 노란색 콩", "모나고 초록색 콩"의 4가지 형태로 분류할 수 있고, 이들의 비가 9:3:3:1이라 한다. 실제로 420개의 콩을 조사했더니 "둥글고 노란색 콩"이 190개, "둥글고 초록색 콩"이 100개, "모나고 노란색 콩"이 100개, "모나고 초록색 콩"이 30개였다. 멘델의 이론이 적합한지 유의수준 5%에서 검정하라.

<풀이>

p_1, p_2, p_3, p_4를 각각 "둥글고 노란색 콩"일 확률, "둥글고 초록색 콩"일 확률, "모나고 노란색 콩"일 확률, "모나고 초록색 콩"일 확률이라 하면 다음과 가설을 설정할 수 있다.

$$H_0 : p_1 = \frac{9}{16}, p_2 = \frac{3}{16}, p_3 = \frac{3}{16}, p_4 = \frac{1}{16} \quad v.s. \ H_1 : \ not \ H_0$$

만약, 귀무가설이 참이라면 "둥글고 노란색 콩", "둥글고 초록색 콩", "모나고 노란색 콩", "모나고 초록색 콩"의 기대도수는 각각

$$420 \times \frac{9}{16} = 236.25, \ 420 \times \frac{3}{16} = 78.75, \ 420 \times \frac{3}{16} = 78.75, \ 420 \times \frac{1}{16} = 26.25$$

이 된다.

검정통계량의 값을 계산하는 과정을 표로 나타내면 다음과 같다.

콩의 형태	관측도수(O_i)	기대도수(E_i)	($O_i - E_i$)	($O_i - E_i$)^2	$\frac{(O_i - E_i)^2}{E_i}$
둥글고 노란색	190	236.25	-46.25	2139.0625	9.05
둥글고 초록색	100	78.75	21.25	451.5625	5.73
모나고 노란색	100	78.75	21.25	451.5625	5.73
모나고 초록색	30	26.25	3.75	14.0625	0.54
합계	420		0		21.05

위의 표를 보면 $\chi^2 = \sum_{i=1}^{4} \frac{(O_i - E_i)^2}{E_i} = 21.05$이다. [부록]의 카이제곱분포표를 이용하면 $\chi^2_{0.05}(4-1) = 7.815$

이고 $\chi^2 = 21.05 > \chi_{0.05}^2(4-1) = 7.815$이므로 귀무가설을 기각한다. 그러므로 유의수준 5%에서 멘델의 이론이 적합하다고 볼 수 없다.

이제까지 "① 하나의 주사위를 가지고 있는데 이 주사위가 고른지를 알고 싶다."의 경우를 예를 들어 설명하였다. 이 경우는 귀무가설이 참일 때, 각 속성에 대한 확률 p_i가 알려져 있었다. 주사위가 고르다는 것은 p_i가 $\frac{1}{6}$로 모두 동일하다는 것이고 [예제 11.1.]에서 멘델의 이론에서도 9:3:3:1로 p_i를 알 수 있었다. p_i를 아는 것은 범주(k개의 속성)의 구분이 이미 되어 있는 것을 의미한다. 그러면 p_i를 모를 때는 어떻게 다룰 것인가? n개의 자료를 k개의 속성(범주)으로 나누는 방법을 생각해야 한다.

②번의 예, "② 주어진 자료가 포아송분포를 따르는지 알고 싶다."를 생각해 보자.

어떤 자동차 수리점에서 하루 동안 접수된 자동차 중 타이어 펑크로 들어온 접수 건수를 200일 동안 조사하여 다음과 같은 자료를 얻었다. 타이어 펑크 접수 건수가 포아송 분포를 따르는지 유의수준 5%로 검정해 보자.

표 11.3. 하루 동안 타이어 펑크 접수 건수

하루 동안 접수건수	0	1	2	3	4	5	6	7
도수	22	53	58	39	20	5	2	1

위 문제를 검정하기 위한 귀무가설은 다음과 같다.

$$H_0 : \text{주어진 접수 건수가 포아송 분포를 따른다.}$$

귀무가설의 확률분포가 포아송 분포이므로 기대도수를 구하기 위해 포아송 분포의 모수인 평균 λ을 알아야 한다. 그런데 λ의 값을 모른다. 따라서 평균 λ의 추정치로 표본평균치

$$\bar{x} = \frac{(0 \times 22) + \cdots + (7 \times 1)}{200} = \frac{410}{200} = 2.05 \approx 2.0$$

를 사용한다. $\hat{\lambda} = 2.0$을 사용하여 [부록]의 포아송 분포표로부터 p_i를 구할 수 있다. 그러면 기대도수는 $E_i = 200 \times p_i$이 된다. 카이제곱통계량의 값을 계산하는 과정을 [표 11.4.]에 나타내었다. [표 11.4.]에서 기대도수가 5보다 작은 경우에는 이들을 합하여 처리한다. 접수 건수 5, 6, 7을 하나의 속성으로 합쳐서 계산되었다. 카이제곱분포의 자유도를 계산할 때, 추정된 모수의 수를 빼서 계산한다. 즉, 자유도는 다음과 같다.

$$v = (k-1) - (\text{추정된 모수의 개수}) = (6-1) - 1 = 4$$

따라서 검정통계량은 귀무가설이 참일 때, 자유도가 4인 카이제곱분포를 따른다. 즉, $\chi^2 = \sum_{i=1}^{6} \dfrac{(O_i - E_i)^2}{E_i}$ $\sim \chi^2(4)$이다. 그러므로 검정통계량의 값과 기각치를 비교하여 $\chi^2 > \chi_{0.05}^2(4)$이면 귀무가설을 기각한다. [표 11.4.]를 보면 $\chi^2 = 2.33 < \chi_{0.05}^2(4) = 9.487$이므로 귀무가설을 채택한다. 따라서 유의수준 5%에서 주어진 자료가 포아송 분포를 따른다고 말할 수 있다.

표 11.4. [표 11.3.]에 대한 검정통계량의 값

접수 건수	관측도수(O_i)	확률(p_i)	기대도수(E_i)	$\dfrac{(O_i - E_i)^2}{E_i}$
0	22	0.135	27	0.926
1	53	0.271	54.2	0.027
2	58	0.271	54.2	0.266
3	39	0.180	36	0.250
4	20	0.090	18	0.222
5	5	0.036	7.2	
6	2 8	0.012	2.4 10.6	0.683
7	1	0.005	1.0	
합계	60			2.33

예제 11.2.

통계학 수업을 듣는 40명의 학생들에 대한 시험 점수가 다음과 같이 주어졌다. 통계학 점수가 정규분포를 따르는지 유의수준 1%에서 검정하라.

62	73	85	42	68	54	38	27	32	63
68	69	75	59	52	58	36	85	88	72
52	52	63	68	29	73	29	76	29	57
46	43	28	32	9	66	72	68	42	76

<풀이>
위 문제를 검정하기 위한 귀무가설은 다음과 같다.

$$H_0 : \text{통계학 점수는 정규 분포를 따른다.}$$

카이제곱검정법을 적용하기 위해 귀무가설을 정규분포로 놓았기 때문에 모수인 평균 μ과 분산 σ^2이 필요하다. 모평균과 모분산의 좋은 추정량은 각각 $\overline{X}$, S^2이므로 주어진 자료로부터 추정치를 구하면 각각 $\overline{x} = 55.4$, $s^2 = 19.31^2$이 된다.

전체 도수가 40개이므로 8개의 범주를 선택하면 각 범주에 포함되는 기대도수는 5가 될 것이다. 각 범주의 구간 경계선을 다음과 같이 구할 수 있다.

$$\overline{x} - z_{0.125} \times s = 55.4 - 1.15 \times 19.31 = 33.19$$

$$\overline{x} - z_{0.250} \times s = 55.4 - 0.67 \times 19.31 = 42.46$$

$$\overline{x} - z_{0.375} \times s = 55.4 - 0.32 \times 19.31 = 49.22$$

$$\overline{x} - z_{0.500} \times s = 55.4 - 0 \times 19.31 = 55.4$$

$$\overline{x} + z_{0.375} \times s = 55.4 + 0.32 \times 19.31 = 61.58$$

$$\overline{x} + z_{0.250} \times s = 55.4 + 0.67 \times 19.31 = 68.34$$

$$\overline{x} + z_{0.125} \times s = 55.4 + 1.15 \times 19.31 = 77.61$$

구간 경계값을 이용하여 검정통계량의 값을 구하는 과정은 다음과 같다.

통계학 점수	관측도수 (O_i)	확률 (p_i)	기대도수 (E_i)	$(O_i - E_i)$	$\dfrac{(O_i - E_i)^2}{E_i}$
~33.18	8	0.125	5	3	1.8
33.19~42.45	4	0.125	5	-1	0.2
42.46~49.21	2	0.125	5	-3	1.8
49.22~55.39	4	0.125	5	-1	0.2
55.40~61.57	3	0.125	5	-2	0.8
61.58~68.33	8	0.125	5	3	1.8
68.34~77.60	8	0.125	5	3	1.8
77.61~	3	0.125	5	-2	0.2
합계	40	1	40		$\chi^2 = 8.6$

여기서 카이제곱분포의 자유도는 모수 평균과 분산을 추정하였으므로 (k-1)-(추정된 모수의 수)=(8-1)-2=5이다.

따라서 검정통계량은 귀무가설이 참일 때, 자유도가 4인 카이제곱분포를 따른다. 즉, $\chi^2 = \sum_{i=1}^{8} \dfrac{(O_i - E_i)^2}{E_i}$ $\sim \chi^2(5)$이다. 그러므로 검정통계량의 값과 기각치를 비교하여 $\chi^2 > \chi_{0.01}^2(5)$이면 귀무가설을 기각한다. 위의 표에서 보면 $\chi^2 = 8.6 < \chi^2_{0.01}(5) = 15.086$이므로 귀무가설을 채택한다. 따라서 유의수준 1%에서 주어진 통계학 점수는 정규분포를 따른다고 말할 수 있다.

11.2. 독립성 검정(Test of independency)과 동일성 검정(Test of homogeneity)

어떤 한 내과의사는 폐암과 흡연 여부와의 관계를 알아보기 위해 300명의 사람을 대상으로 다음과 같은 자료를 얻었다. 폐암의 유·무도 질적 변수(범주형)이고 흡연 여부도 질적 변수이다.

표 11.5. 폐암과 흡연 여부의 분할표

흡연 여부 폐암	흡연	비흡연	합계
유	100	20	120
무	40	140	180
합계	140	160	300

표 11.6. 연령대와 흡연 여부와의 분할표

흡연 여부 연령	흡연	비흡연	합계
30대	95	65	160
40대	40	50	90
50대	80	40	120
60대 이후	25	5	30

[표 11.5.]와 [표 11.6.]처럼 두 개의 질적 변수에 대해 도수를 정리해 놓은 표를 분할표(contingency table)라 한다. 분할표를 만든 후, 두 범주형 변수들 사이의 관계를 알아보기 위한 검정법으로 자료의 관측방법에 따라 독립성 검정(independency test)과 동일성 검정(homogeneity test)으로 구분할 수 있다. 독립성 검정은 행과 열이 독립인지 아니면 종속인지를 검정한다. 예를 들어, 폐암과 흡연 여부가 서로 관련성이 있는지 또는 각 개인의 혈액형과 눈의 색깔을 관찰하고, 이 두 변수 사이에 어떤 관련성이 존재하는가를 알고 싶은 경우에 독립성 검정을 실시할 수 있다. 만약, 연령대별로 흡연율이 동일한지 알려고 할 때 또는 성별에 따라 낙태 합법화 견해에 차이가 있는지를 알고 싶을 때 동일성 검정을 실시해 본다. 동일성 검정은 분할표에서 각 행에 따른 열의 비율이 동일한지를 검정한다.

독립성 검정에 대해 자세히 알아보자.

[표 11.5]를 이용하여 폐암과 흡연 간에 관련이 있다고 말할 수 있는지를 알아보려고 한다. 이를 위한 귀무가설을 다음과 같다.

귀무가설: 폐암과 흡연 여부는 무관하다(독립이다).

위 가설을 검정하기 위해 귀무가설이 참일 때(독립일 때) 구한 각 셀의 도수인 기대도수를 구한 후 이 기대도수와 관측도수와의 차이가 있는지를 살펴보면 된다. 기대도수(독립일 때 구한 도수)와 관측도수의 차이가 크면 두 변수는 독립이 아니라는 증거이므로 귀무가설을 기각하는 결정을 하면 된다.

기대도수를 구해보자.

만약, 폐암과 흡연 여부가 독립이면(귀무가설이 참이면)

$$P(\text{폐암} \cap \text{흡연}) = P(\text{폐암}) \cdot P(\text{흡연})$$

이 성립한다. 즉,

$$P(\text{폐암} \cap \text{흡연}) = \frac{140}{300} \cdot \frac{120}{300}$$

이므로 기대도수는

$$\text{전체도수} \times P(\text{폐암} \cap \text{흡연}) = 300\left(\frac{140}{300}\frac{120}{300}\right) = \frac{(140)(120)}{300} = 56 \text{ 명}$$

이다. 일반적으로 i행과 j열의 기대도수 E_{ij}는 다음과 같이 표현된다.

$$E_{ij} = \frac{(i\text{행의 합계})(j\text{열의 합계})}{\text{총도수}}$$

각 셀의 기대도수를 구해보면 [표 11.7.]과 같다.

표 11.7. [표 11.5.]의 관측도수와 기대도수

폐암 \ 흡연 여부	흡연	비흡연	합계
유	100	20	120
	$300\left(\dfrac{140}{300}\cdot\dfrac{120}{300}\right)=56$	$300\left(\dfrac{120}{300}\cdot\dfrac{160}{300}\right)=64$	
무	40	140	180
	$300\left(\dfrac{140}{300}\cdot\dfrac{180}{300}\right)=84$	$300\left(\dfrac{160}{300}\cdot\dfrac{180}{300}\right)=96$	
합계	140	160	300

귀무가설이 참일 때 기대도수와 관측도수와의 차이를 반영한 검정통계량은 다음과 같은 분포를 따른다.

$$\chi^2 = \sum_{i=1}^{2}\sum_{j=1}^{2}\frac{(O_{ij}-E_{ij})^2}{E_{ij}} \sim \chi^2[(2-1)(2-1)]$$

여기서 자유도는 1이다. 이것은 4개의 셀을 구하기 위해 우선, 열의 경우에는 1개의 셀만 추정하면 된다. 그 이유는 흡연 여부의 흡연만 채우면 비흡연은 자동으로 구해진다. 또, 행의 경우인 폐암 유무에서도 1개만 추정하면 된다. 따라서 추정해야 할 모수는 2개이고 모든 기대도수의 합은 300이 돼야 하는 제약조건이 한 가지가 있다. 따라서 자유도는 다음과 같이 주어진다.

자유도=셀의 개수-추정해야 할 모수의 수-제약 조건의 수=4-2-1=(2-1)(2-1)

보통 행의 범주가 r개이고 열의 범주가 c개인 경우 카이제곱분포의 자유도는 $(r-1)(c-1)$로 주어진다.

검정통계량의 값이 크면 클수록 귀무가설이 참일 때 구한 기대도수와 실제 관측도수의 차이가 크다는 것을 의미한다. 따라서 검정통계량이 크면 귀무가설을 기각하려는 생각이 들 것이다.

[표 11.7.]을 이용해 검정통계량의 값을 구해보면 다음과 같다.

$$\chi^2 = \frac{(100-56)^2}{56} + \cdots + \frac{(140-96)^2}{96} = 108.04$$

유의수준 α에서 $\chi^2 = \sum_{i=1}^{2}\sum_{j=1}^{2}\frac{(O_{ij}-E_{ij})^2}{E_{ij}} > \chi^2_{0.05}[(2-1)(2-1)]$ 이면 귀무가설을 기각한다. 이 예제에서는 $\chi^2 = 108.04 > \chi^2_{0.05}(1) = 3.841$ 이므로 귀무가설을 기각한다. 즉, 폐암과 흡연은 독립이 아니고 서로 연관이 있음을 말한다.

예제 11.3.

운동습관과 성격이 서로 연관성이 있는지 알아보고자 한다. 심장혈관 질병을 앓고 있지 않은 3,182명의 사람을 성격과 운동습관에 따라 분류한 자료이다. 성격은 조급하고 다혈질인 사람(A형)과 온순하고 낙천적인 사람(B형)으로 분류되었고, 운동습관은 정기적인 운동을 하는 사람(0)과 그렇지 않은 사람(1)으로 분류하여 다음과 같은 분할표를 얻었다. 운동습관과 성격이 서로 연관성이 있는지 유의수준 5%에서 검정하라.

		성격	
		A형	B형
운동습관	정기적 운동(0)	483	477
	비정기적 운동(1)	1101	1121

<풀이>

이를 위한 귀무가설을 다음과 같다.

귀무가설: 운동습관과 성격이 서로 연관성이 없다(독립이다).

기대도수를 구하면 다음과 같다.

구분		성격	
		A형	B형
운동습관	정기적 운동(0)	483(477.89)	477(482.11)
	비정기적 운동(1)	1101(1106.11)	1121(1115.89)

귀무가설이 참일 때 구한 기대도수와 관측도수와의 차이를 반영한 검정통계량은 다음과 같은 분포를 따른다.

$$\chi^2 = \sum_{i=1}^{2}\sum_{j=1}^{2}\frac{(O_{ij}-E_{ij})^2}{E_{ij}} \sim \chi^2[(2-1)(2-1)]$$

검정통계량의 값을 구해보면 다음과 같다.

$$\chi^2 = \frac{(483-477.89)^2}{477.89}+\cdots+\frac{(1121-1115.89)^2}{1115.89}=0.156$$

유의수준 α에서 $\chi^2 = \sum_{i=1}^{2}\sum_{j=1}^{2}\frac{(O_{ij}-E_{ij})^2}{E_{ij}} > \chi^2_{0.05}[(2-1)(2-1)]$ 이면 귀무가설을 기각한다. 이 예제에서는 $\chi^2 = 0.156 < \chi^2_{0.05}(1) = 3.841$ 이므로 귀무가설을 채택한다. 즉, 건강한 사람들의 운동습관과 성격 간에는 서로 관련이 없고, 이는 성격만을 가지고는 그 사람의 운동습관을 파악할 수 없고 또 운동습관만으로 성격을 파악할 수 없음을 나타낸다.

다음은 동질성 검정에 대해 알아보자.

동질성 검정은 모집단을 하나의 질적 변수가 취하는 값에 따라 몇 개의 부분 모집단으로 나누어 각각의 부분모집단에서 표본의 크기가 미리 결정된 표본을 선택하는 것이다. 그러므로 분할표에서 각 행의 합이 확률추출 된 결과가 아니라 미리 정해진 표본크기를 나타낸다. 따라서 우리는 각 행에서 열의 범주 간의 비율이 동일한지를 알려고 하는 것이다. [표 11.6.]의 연령대와 흡연 여부의 분할표에서 각 행의 합 160, 90, 120, 30은 미리 정해놓은 표본크기이다. 여기서 우리는 연령대별로 흡연율에 차이가 있는지 알려고 할 때 동질성 검정을 적용한다.

[표 11.6.]을 이용하여 연령대별로 흡연율에 차이가 있는지 알아보자. 이를 위한 귀무가설은 다음과 같다.

귀무가설: 연령대별 흡연율이 동일하다.

귀무가설이 참일 때 구한 기대도수는 다음과 같다.

흡연 여부 / 연령	흡연	비흡연	합계
30대	95 (96)	65 (64)	160
40대	40 (54)	50 (36)	90
50대	80 (72)	40 (48)	120
60대 이후	25 (18)	5 (12)	30
합계	240(240)	160(160)	400

귀무가설이 참일 때 구한 기대도수와 관측도수와의 차이를 반영한 검정통계량은 다음과 같은 분포를 따른다.

$$\chi^2 = \sum_{i=1}^{4}\sum_{j=1}^{2}\frac{(O_{ij}-E_{ij})^2}{E_{ij}} \sim \chi^2[(4-1)(2-1)]$$

검정통계량의 값을 구해보면 다음과 같다.

$$\chi^2 = \frac{(95-96)^2}{96}+\cdots+\frac{(5-12)^2}{12}=18.12$$

유의수준 α에서 $\chi^2 = \sum_{i=1}^{4}\sum_{j=1}^{2}\frac{(O_{ij}-E_{ij})^2}{E_{ij}} > \chi^2_{0.05}[(4-1)(2-1)]$ 이면 귀무가설을 기각한다. 이 예제에서는 $\chi^2 = 18.12 > \chi^2_{0.05}(3)=7.82$ 이므로 귀무가설을 기각한다. 즉, 5%의 유의수준에서 연령대별 흡연율에 차이가 있음을 알 수 있다.

예제 11.4.

낙태 합법화에 대해 견해를 알아보기 위해 남자 500명과 여자 600명을 추출하여 다음과 같은 자료를 얻었다.

	지지	반대	합계
남자	309	191	500
여자	319	281	600

성별에 따라 낙태합법화의 견해에 차이가 있는지 유의수준 5%에서 검정하라.

<풀이>

이를 위한 귀무가설은 다음과 같다.

귀무가설: 남자와 여자가 낙태합법화에 지지율이 같다.

귀무가설이 참일 때 구한 기대도수는 다음과 같다.

	지지	반대	합계
남자	309 (285.45)	191(214.55)	500
여자	319(342.55)	281(257.45)	600
합계	628	472	1100

검정통계량의 값을 구해보면 다음과 같다.

$$\chi^2 = \frac{(309-285.45)^2}{285.45} + \cdots + \frac{(281-257.45)^2}{257.45} = 8.298$$

유의수준 α에서 $\chi^2 = 8.298 > \chi_{0.05}^2(1) = 3.841$ 이므로 귀무가설을 기각한다. 즉, 성별에 따라 낙태합법화의 견해가 다르다고 볼 수 있다. 그러면 남자와 여자 중 낙태합법화에 지지하는 비율이 어느 쪽이 더 큰지를 알아보기 위해 열 퍼센트를 살펴보면 낙태합법화에 지지하는 사람이 모두 628명이고 그중 남자의 지지율은 309/628=49.2%, 여자의 지지율은 319/628=50.8%로 여자가 남자보다 더 낙태 합법화에 찬성하는 경향을 보이고 있다.

연 습 문 제

1. 우리나라 가정의 연수입과 자녀 수와의 사이에 연관성이 있는지를 알아보기 위해 300가구를 무작위로 추출하여 조사하였다. 연수입은 1,500만 원 미만, 1,500만 원 이상~4,000만 원 미만, 4,000만 원 이상으로 3가지 범주로 나누었고, 자녀 수는 0명, 1명, 2명, 3명 이상 등 4개의 범주로 나누어 조사하였다. 이 자료를 이용하여 연 수입과 자녀 수와의 사이에 연관성이 있는지 검정하라.

연수입 * 자녀수 교차표

빈도		자녀수				전체
		자녀없음	1명	2명	3명이상	
연수입	1500만원이하	8	30	70	12	120
	1500만원~4000만원	10	24	46	10	90
	4000만원이상	12	36	34	8	90
전체		30	90	150	30	300

2. 새로운 환경 법안에 대한 지지도가 대도시, 중소도시, 농촌지역 간에 차이가 있는지를 알고 싶다. 각 지역에서 각각 200, 200, 100명을 무작위로 선택하여 법안 지지 여부를 조사하였다. 이 자료를 이용하여 세 지역의 법안지지도가 동일한 지 검정하여라(유의수준 5%).

지역 * 지지여부 교차표

빈도		지지여부		전체
		지지함	지지하지않음	
지역	대도시	143	57	200
	중소도시	98	102	200
	농촌지역	13	87	100
전체		254	246	500

3. A대학의 지원자 933명의 합격 여부를 분할표로 나타내었다. 남녀별 합격률에 차이가 있는지 유의수준 5%에서 검정하라.

성별 \ 입학허용 여부	합격	불합격	합계
남자	512	313	**825**
여자	89	19	**108**
합계	601	332	933

4. 1987년도 대통령선거 자료이다. 지역과 대선후보 사이에 연관성이 있는지 유의수준 5%에서 검정하라.

지역	노태우	김영삼	김대중	김종필	합계
서울	1683	1637	1833	461	5614
부산	641	1117	182	52	1992
대구	800	275	30	23	1128
인천	326	249	177	76	828
광주	23	2	450	1	476
합계	3473	3280	2672	613	10038

5. 400명의 혈액형과 눈의 색깔을 조사한 결과가 다음과 같다. 사람의 혈액형과 눈의 색깔은 독립인지 유의수준 5%에서 검정하라.

혈액형 / 눈의 색깔	A	B	O	AB
검은색	95	40	80	25
갈색	65	50	40	5

6. 음주와 흡연의 관계를 알기 위해 임의로 뽑은 600명을 분류한 결과가 다음과 같다. 음주와 흡연은 관계가 없다는 귀무가설을 5% 유의수준에서 검정하라.

흡연 여부 / 음주 여부	흡연가	비흡연가
음주자	193	165
비음주자	89	153

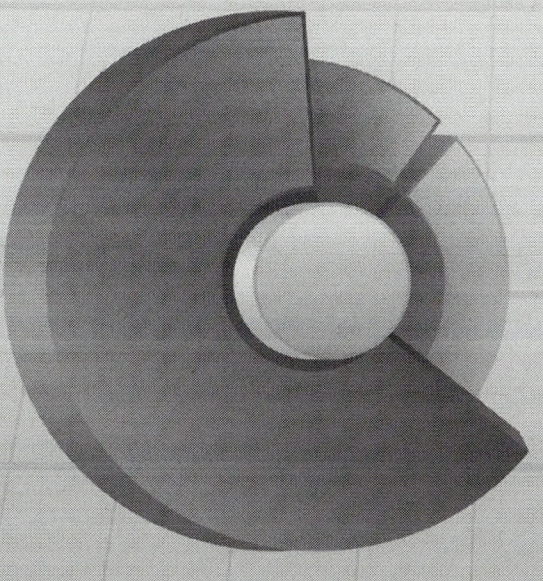

부록 1

통계분포표

[부록 1.1.] 이항분포표

$$P(X=x) = \binom{n}{x} p^x (1-p)^{n-x}$$

							p					
n	x	0.1	0.2	0.25	0.3	0.4	0.5	0.6	0.7	0.75	0.8	0.9
1	0	0.900	0.800	0.750	0.700	0.600	0.500	0.400	0.300	0.250	0.200	0.100
	1	0.100	0.200	0.250	0.300	0.400	0.500	0.600	0.700	0.750	0.800	0.900
2	0	0.810	0.640	0.563	0.490	0.360	0.250	0.160	0.090	0.063	0.040	0.010
	1	0.180	0.320	0.375	0.420	0.480	0.500	0.480	0.420	0.375	0.320	0.180
	2	0.010	0.040	0.063	0.090	0.160	0.250	0.360	0.490	0.563	0.640	0.810
3	0	0.729	0.512	0.422	0.343	0.216	0.125	0.064	0.027	0.016	0.008	0.001
	1	0.243	0.384	0.422	0.441	0.432	0.375	0.288	0.189	0.141	0.096	0.027
	2	0.027	0.096	0.141	0.189	0.288	0.375	0.432	0.441	0.422	0.384	0.243
	3	0.001	0.008	0.016	0.027	0.064	0.125	0.216	0.343	0.422	0.512	0.729
4	0	0.656	0.410	0.316	0.240	0.130	0.063	0.026	0.008	0.004	0.002	0.000
	1	0.292	0.410	0.422	0.412	0.346	0.250	0.154	0.076	0.047	0.026	0.004
	2	0.049	0.154	0.211	0.265	0.346	0.375	0.346	0.265	0.211	0.154	0.049
	3	0.004	0.026	0.047	0.076	0.154	0.250	0.346	0.412	0.422	0.410	0.292
	4	0.000	0.002	0.004	0.008	0.026	0.063	0.130	0.240	0.316	0.410	0.656
5	0	0.590	0.328	0.237	0.168	0.078	0.031	0.010	0.002	0.001	0.000	0.000
	1	0.328	0.410	0.396	0.360	0.259	0.156	0.077	0.028	0.015	0.006	0.000
	2	0.073	0.205	0.264	0.309	0.346	0.312	0.230	0.132	0.088	0.051	0.008
	3	0.008	0.051	0.088	0.132	0.230	0.312	0.346	0.309	0.264	0.205	0.073
	4	0.000	0.006	0.015	0.028	0.077	0.156	0.259	0.360	0.396	0.410	0.328
	5	0.000	0.000	0.001	0.002	0.010	0.031	0.078	0.168	0.237	0.328	0.590
6	0	0.531	0.262	0.178	0.118	0.047	0.016	0.004	0.001	0.000	0.000	0.000
	1	0.354	0.393	0.356	0.303	0.187	0.094	0.037	0.010	0.004	0.002	0.000
	2	0.098	0.246	0.297	0.324	0.311	0.234	0.138	0.060	0.033	0.015	0.001
	3	0.015	0.082	0.132	0.185	0.276	0.313	0.276	0.185	0.132	0.082	0.015
	4	0.001	0.015	0.033	0.060	0.138	0.234	0.311	0.324	0.297	0.246	0.098
	5	0.000	0.002	0.004	0.010	0.037	0.094	0.187	0.303	0.356	0.393	0.354
	6	0.000	0.000	0.000	0.001	0.004	0.016	0.047	0.118	0.178	0.262	0.531
7	0	0.478	0.210	0.133	0.082	0.028	0.008	0.002	0.000	0.000	0.000	0.000
	1	0.372	0.367	0.311	0.247	0.131	0.055	0.017	0.004	0.001	0.000	0.000
	2	0.124	0.275	0.311	0.318	0.261	0.164	0.077	0.025	0.012	0.004	0.000
	3	0.023	0.115	0.173	0.227	0.290	0.273	0.194	0.097	0.058	0.029	0.003
	4	0.003	0.029	0.058	0.097	0.194	0.273	0.290	0.227	0.173	0.115	0.023
	5	0.000	0.004	0.012	0.025	0.077	0.164	0.261	0.318	0.311	0.275	0.124
	6	0.000	0.000	0.001	0.004	0.017	0.055	0.131	0.247	0.311	0.367	0.372
	7	0.000	0.000	0.000	0.000	0.002	0.008	0.028	0.082	0.133	0.210	0.478

							p					
n	x	0.1	0.2	0.25	0.3	0.4	0.5	0.6	0.7	0.75	0.8	0.9
8	0	0.430	0.168	0.100	0.058	0.017	0.004	0.001	0.000	0.000	0.000	0.000
	1	0.383	0.336	0.267	0.198	0.090	0.031	0.008	0.001	0.000	0.000	0.000
	2	0.149	0.294	0.311	0.296	0.209	0.109	0.041	0.010	0.004	0.001	0.000
	3	0.033	0.147	0.208	0.254	0.279	0.219	0.124	0.047	0.023	0.009	0.000
	4	0.005	0.046	0.087	0.136	0.232	0.273	0.232	0.136	0.087	0.046	0.005
	5	0.000	0.009	0.023	0.047	0.124	0.219	0.279	0.254	0.208	0.147	0.033
	6	0.000	0.001	0.004	0.010	0.041	0.109	0.209	0.296	0.311	0.294	0.149
	7	0.000	0.000	0.000	0.001	0.008	0.031	0.090	0.198	0.267	0.336	0.383
	8	0.000	0.000	0.000	0.000	0.001	0.004	0.017	0.058	0.100	0.168	0.430
9	0	0.387	0.134	0.075	0.040	0.010	0.002	0.000	0.000	0.000	0.000	0.000
	1	0.387	0.302	0.225	0.156	0.060	0.018	0.004	0.000	0.000	0.000	0.000
	2	0.172	0.302	0.300	0.267	0.161	0.070	0.021	0.004	0.001	0.000	0.000
	3	0.045	0.176	0.234	0.267	0.251	0.164	0.074	0.021	0.009	0.003	0.000
	4	0.007	0.066	0.117	0.172	0.251	0.246	0.167	0.074	0.039	0.017	0.001
	5	0.001	0.017	0.039	0.074	0.167	0.246	0.251	0.172	0.117	0.066	0.007
	6	0.000	0.003	0.009	0.021	0.074	0.164	0.251	0.267	0.234	0.176	0.045
	7	0.000	0.000	0.001	0.004	0.021	0.070	0.161	0.267	0.300	0.302	0.172
	8	0.000	0.000	0.000	0.000	0.004	0.018	0.060	0.156	0.225	0.302	0.387
	9	0.000	0.000	0.000	0.000	0.000	0.002	0.010	0.040	0.075	0.134	0.387
10	0	0.349	0.107	0.056	0.028	0.006	0.001	0.000	0.000	0.000	0.000	0.000
	1	0.387	0.268	0.188	0.121	0.040	0.010	0.002	0.000	0.000	0.000	0.000
	2	0.194	0.302	0.282	0.233	0.121	0.044	0.011	0.001	0.000	0.000	0.000
	3	0.057	0.201	0.250	0.267	0.215	0.117	0.042	0.009	0.003	0.001	0.000
	4	0.011	0.088	0.146	0.200	0.251	0.205	0.111	0.037	0.016	0.006	0.000
	5	0.001	0.026	0.058	0.103	0.201	0.246	0.201	0.103	0.058	0.026	0.001
	6	0.000	0.006	0.016	0.037	0.111	0.205	0.251	0.200	0.146	0.088	0.011
	7	0.000	0.001	0.003	0.009	0.042	0.117	0.215	0.267	0.250	0.201	0.057
	8	0.000	0.000	0.000	0.001	0.011	0.044	0.121	0.233	0.282	0.302	0.194
	9	0.000	0.000	0.000	0.000	0.002	0.010	0.040	0.121	0.188	0.268	0.387
	10	0.000	0.000	0.000	0.000	0.000	0.001	0.006	0.028	0.056	0.107	0.349
11	0	0.314	0.086	0.042	0.020	0.004	0.000	0.000	0.000	0.000	0.000	0.000
	1	0.384	0.236	0.155	0.093	0.027	0.005	0.001	0.000	0.000	0.000	0.000
	2	0.213	0.295	0.258	0.200	0.089	0.027	0.005	0.001	0.000	0.000	0.000
	3	0.071	0.221	0.258	0.257	0.177	0.081	0.023	0.004	0.001	0.000	0.000
	4	0.016	0.111	0.172	0.220	0.236	0.161	0.070	0.017	0.006	0.002	0.000
	5	0.002	0.039	0.080	0.132	0.221	0.226	0.147	0.057	0.027	0.010	0.000
	6	0.000	0.010	0.027	0.057	0.147	0.226	0.221	0.132	0.080	0.039	0.002
	7	0.000	0.002	0.006	0.017	0.070	0.161	0.236	0.220	0.172	0.111	0.016
	8	0.000	0.000	0.001	0.004	0.023	0.081	0.177	0.257	0.258	0.221	0.071
	9	0.000	0.000	0.000	0.001	0.005	0.027	0.089	0.200	0.258	0.295	0.213
	10	0.000	0.000	0.000	0.000	0.001	0.005	0.027	0.093	0.155	0.236	0.384
	11	0.000	0.000	0.000	0.000	0.000	0.000	0.004	0.020	0.042	0.086	0.314

n	x	0.1	0.2	0.25	0.3	0.4	0.5	0.6	0.7	0.75	0.8	0.9
12	0	0.282	0.069	0.032	0.014	0.002	0.000	0.000	0.000	0.000	0.000	0.000
	1	0.377	0.206	0.127	0.071	0.017	0.003	0.000	0.000	0.000	0.000	0.000
	2	0.230	0.283	0.232	0.168	0.064	0.016	0.002	0.000	0.000	0.000	0.000
	3	0.085	0.236	0.258	0.240	0.142	0.054	0.012	0.001	0.000	0.000	0.000
	4	0.021	0.133	0.194	0.231	0.213	0.121	0.042	0.008	0.002	0.001	0.000
	5	0.004	0.053	0.103	0.158	0.227	0.193	0.101	0.029	0.011	0.003	0.000
	6	0.000	0.016	0.040	0.079	0.177	0.226	0.177	0.079	0.040	0.016	0.000
	7	0.000	0.003	0.011	0.029	0.101	0.193	0.227	0.158	0.103	0.053	0.004
	8	0.000	0.001	0.002	0.008	0.042	0.121	0.213	0.231	0.194	0.133	0.021
	9	0.000	0.000	0.000	0.001	0.012	0.054	0.142	0.240	0.258	0.236	0.085
	10	0.000	0.000	0.000	0.000	0.002	0.016	0.064	0.168	0.232	0.283	0.230
	11	0.000	0.000	0.000	0.000	0.000	0.003	0.017	0.071	0.127	0.206	0.377
	12	0.000	0.000	0.000	0.000	0.000	0.000	0.002	0.014	0.032	0.069	0.282
13	0	0.254	0.055	0.024	0.010	0.001	0.000	0.000	0.000	0.000	0.000	0.000
	1	0.367	0.179	0.103	0.054	0.011	0.002	0.000	0.000	0.000	0.000	0.000
	2	0.245	0.268	0.206	0.139	0.045	0.010	0.001	0.000	0.000	0.000	0.000
	3	0.100	0.246	0.252	0.218	0.111	0.035	0.006	0.001	0.000	0.000	0.000
	4	0.028	0.154	0.210	0.234	0.184	0.087	0.024	0.003	0.001	0.000	0.000
	5	0.006	0.069	0.126	0.180	0.221	0.157	0.066	0.014	0.005	0.001	0.000
	6	0.001	0.023	0.056	0.103	0.197	0.209	0.131	0.044	0.019	0.006	0.000
	7	0.000	0.006	0.019	0.044	0.131	0.209	0.197	0.103	0.056	0.023	0.001
	8	0.000	0.001	0.005	0.014	0.066	0.157	0.221	0.180	0.126	0.069	0.006
	9	0.000	0.000	0.001	0.003	0.024	0.087	0.184	0.234	0.210	0.154	0.028
	10	0.000	0.000	0.000	0.001	0.006	0.035	0.111	0.218	0.252	0.246	0.100
	11	0.000	0.000	0.000	0.000	0.001	0.010	0.045	0.139	0.206	0.268	0.245
	12	0.000	0.000	0.000	0.000	0.000	0.002	0.011	0.054	0.103	0.179	0.367
	13	0.000	0.000	0.000	0.000	0.000	0.000	0.001	0.010	0.024	0.055	0.254
14	0	0.229	0.044	0.018	0.007	0.001	0.000	0.000	0.000	0.000	0.000	0.000
	1	0.356	0.154	0.083	0.041	0.007	0.001	0.000	0.000	0.000	0.000	0.000
	2	0.257	0.250	0.180	0.113	0.032	0.006	0.001	0.000	0.000	0.000	0.000
	3	0.114	0.250	0.240	0.194	0.085	0.022	0.003	0.000	0.000	0.000	0.000
	4	0.035	0.172	0.220	0.229	0.155	0.061	0.014	0.001	0.000	0.000	0.000
	5	0.008	0.086	0.147	0.196	0.207	0.122	0.041	0.007	0.002	0.000	0.000
	6	0.001	0.032	0.073	0.126	0.207	0.183	0.092	0.023	0.008	0.002	0.000
	7	0.000	0.009	0.028	0.062	0.157	0.209	0.157	0.062	0.028	0.009	0.000
	8	0.000	0.002	0.008	0.023	0.092	0.183	0.207	0.126	0.073	0.032	0.001
	9	0.000	0.000	0.002	0.007	0.041	0.122	0.207	0.196	0.147	0.086	0.008
	10	0.000	0.000	0.000	0.001	0.014	0.061	0.155	0.229	0.220	0.172	0.035
	11	0.000	0.000	0.000	0.000	0.003	0.022	0.085	0.194	0.240	0.250	0.114
	12	0.000	0.000	0.000	0.000	0.001	0.006	0.032	0.113	0.180	0.250	0.257
	13	0.000	0.000	0.000	0.000	0.000	0.001	0.007	0.041	0.083	0.154	0.356
	14	0.000	0.000	0.000	0.000	0.000	0.000	0.001	0.007	0.018	0.044	0.229

							p					
n	x	0.1	0.2	0.25	0.3	0.4	0.5	0.6	0.7	0.75	0.8	0.9
15	0	0.206	0.035	0.013	0.005	0.000	0.000	0.000	0.000	0.000	0.000	0.000
	1	0.343	0.132	0.067	0.031	0.005	0.000	0.000	0.000	0.000	0.000	0.000
	2	0.267	0.231	0.156	0.092	0.022	0.003	0.000	0.000	0.000	0.000	0.000
	3	0.129	0.250	0.225	0.170	0.063	0.014	0.002	0.000	0.000	0.000	0.000
	4	0.043	0.188	0.225	0.219	0.127	0.042	0.007	0.001	0.000	0.000	0.000
	5	0.010	0.103	0.165	0.206	0.186	0.092	0.024	0.003	0.001	0.000	0.000
	6	0.002	0.043	0.092	0.147	0.207	0.153	0.061	0.012	0.003	0.001	0.000
	7	0.000	0.014	0.039	0.081	0.177	0.196	0.118	0.035	0.013	0.003	0.000
	8	0.000	0.003	0.013	0.035	0.118	0.196	0.177	0.081	0.039	0.014	0.000
	9	0.000	0.001	0.003	0.012	0.061	0.153	0.207	0.147	0.092	0.043	0.002
	10	0.000	0.000	0.001	0.003	0.024	0.092	0.186	0.206	0.165	0.103	0.010
	11	0.000	0.000	0.000	0.001	0.007	0.042	0.127	0.219	0.225	0.188	0.043
	12	0.000	0.000	0.000	0.000	0.002	0.014	0.063	0.170	0.225	0.250	0.129
	13	0.000	0.000	0.000	0.000	0.000	0.003	0.022	0.092	0.156	0.231	0.267
	14	0.000	0.000	0.000	0.000	0.000	0.000	0.005	0.031	0.067	0.132	0.343
	15	0.000	0.000	0.000	0.000	0.000	0.000	0.000	0.005	0.013	0.035	0.206
20	0	0.122	0.012	0.003	0.001	0.000	0.000	0.000	0.000	0.000	0.000	0.000
	1	0.270	0.058	0.021	0.007	0.000	0.000	0.000	0.000	0.000	0.000	0.000
	2	0.285	0.137	0.067	0.028	0.003	0.000	0.000	0.000	0.000	0.000	0.000
	3	0.190	0.205	0.134	0.072	0.012	0.001	0.000	0.000	0.000	0.000	0.000
	4	0.090	0.218	0.190	0.130	0.035	0.005	0.000	0.000	0.000	0.000	0.000
	5	0.032	0.175	0.202	0.179	0.075	0.015	0.001	0.000	0.000	0.000	0.000
	6	0.009	0.109	0.169	0.192	0.124	0.037	0.005	0.000	0.000	0.000	0.000
	7	0.002	0.055	0.112	0.164	0.166	0.074	0.015	0.001	0.000	0.000	0.000
	8	0.000	0.022	0.061	0.114	0.180	0.120	0.035	0.004	0.001	0.000	0.000
	9	0.000	0.007	0.027	0.065	0.160	0.160	0.071	0.012	0.003	0.000	0.000
	10	0.000	0.002	0.010	0.031	0.117	0.176	0.117	0.031	0.010	0.002	0.000
	11	0.000	0.000	0.003	0.012	0.071	0.160	0.160	0.065	0.027	0.007	0.000
	12	0.000	0.000	0.001	0.004	0.035	0.120	0.180	0.114	0.061	0.022	0.000
	13	0.000	0.000	0.000	0.001	0.015	0.074	0.166	0.164	0.112	0.055	0.002
	14	0.000	0.000	0.000	0.000	0.005	0.037	0.124	0.192	0.169	0.109	0.009
	15	0.000	0.000	0.000	0.000	0.001	0.015	0.075	0.179	0.202	0.175	0.032
	16	0.000	0.000	0.000	0.000	0.000	0.005	0.035	0.130	0.190	0.218	0.090
	17	0.000	0.000	0.000	0.000	0.000	0.001	0.012	0.072	0.134	0.205	0.190
	18	0.000	0.000	0.000	0.000	0.000	0.000	0.003	0.028	0.067	0.137	0.285
	19	0.000	0.000	0.000	0.000	0.000	0.000	0.000	0.007	0.021	0.058	0.270
	20	0.000	0.000	0.000	0.000	0.000	0.000	0.000	0.001	0.003	0.012	0.122

[부록 1.2.] 포아송분포표

$$P(X=x) = \frac{e^{-\lambda}\lambda^x}{x!}$$

x	0.1	0.2	0.3	0.4	0.5	0.6	0.7	0.8	0.9	1.0
0	0.9048	0.8187	0.7408	0.6703	0.6065	0.5488	0.4966	0.4493	0.4066	0.3679
1	0.0905	0.1637	0.2222	0.2681	0.3033	0.3293	0.3476	0.3595	0.3659	0.3679
2	0.0045	0.0164	0.0333	0.0536	0.0758	0.0988	0.1217	0.1438	0.1647	0.1839
3	0.0002	0.0011	0.0033	0.0072	0.0126	0.0198	0.0284	0.0383	0.0494	0.0613
4		0.0001	0.0003	0.0007	0.0016	0.0030	0.0050	0.0077	0.0111	0.0153
5				0.0001	0.0002	0.0004	0.0007	0.0012	0.0020	0.0031
6							0.0001	0.0002	0.0003	0.0005
7										0.0001

x	1.1	1.2	1.3	1.4	1.5	1.6	1.7	1.8	1.9	2.0
0	0.3329	0.3012	0.2725	0.2466	0.2231	0.2019	0.1827	0.1653	0.1496	0.1353
1	0.3662	0.3614	0.3543	0.3452	0.3347	0.3230	0.3106	0.2975	0.2842	0.2707
2	0.2014	0.2169	0.2303	0.2417	0.2510	0.2584	0.2640	0.2678	0.2700	0.2707
3	0.0738	0.0867	0.0998	0.1128	0.1255	0.1378	0.1496	0.1607	0.1710	0.1804
4	0.0203	0.0260	0.0324	0.0395	0.0471	0.0551	0.0636	0.0723	0.0812	0.0902
5	0.0045	0.0062	0.0084	0.0111	0.0141	0.0176	0.0216	0.0260	0.0309	0.0361
6	0.0008	0.0012	0.0018	0.0026	0.0035	0.0047	0.0061	0.0078	0.0098	0.0120
7	0.0001	0.0002	0.0003	0.0005	0.0008	0.0011	0.0015	0.0020	0.0027	0.0034
8			0.0001	0.0001	0.0001	0.0002	0.0003	0.0005	0.0006	0.0009
9							0.0001	0.0001	0.0001	0.0002

x	2.1	2.2	2.3	2.4	2.5	2.6	2.7	2.8	2.9	3.0
0	0.1225	0.1108	0.1003	0.0907	0.0821	0.0743	0.0672	0.0608	0.0550	0.0498
1	0.2572	0.2438	0.2306	0.2177	0.2052	0.1931	0.1815	0.1703	0.1596	0.1494
2	0.2700	0.2681	0.2652	0.2613	0.2565	0.2510	0.2450	0.2384	0.2314	0.2240
3	0.1890	0.1966	0.2033	0.2090	0.2138	0.2176	0.2205	0.2225	0.2237	0.2240
4	0.0992	0.1082	0.1169	0.1254	0.1336	0.1414	0.1488	0.1557	0.1622	0.1680
5	0.0417	0.0476	0.0538	0.0602	0.0668	0.0735	0.0804	0.0872	0.0940	0.1008
6	0.0146	0.0174	0.0206	0.0241	0.0278	0.0319	0.0362	0.0407	0.0455	0.0504
7	0.0044	0.0055	0.0068	0.0083	0.0099	0.0118	0.0139	0.0163	0.0188	0.0216
8	0.0011	0.0015	0.0019	0.0025	0.0031	0.0038	0.0047	0.0057	0.0068	0.0081
9	0.0003	0.0004	0.0005	0.0007	0.0009	0.0011	0.0014	0.0018	0.0022	0.0027
10	0.0001	0.0001	0.0001	0.0002	0.0002	0.0003	0.0004	0.0005	0.0006	0.0008
11						0.0001	0.0001	0.0001	0.0002	0.0002
12										0.0001

					λ					
x	3.1	3.2	3.3	3.4	3.5	3.6	3.7	3.8	3.9	4.0
0	0.0450	0.0408	0.0369	0.0334	0.0302	0.0273	0.0247	0.0224	0.0202	0.0183
1	0.1397	0.1304	0.1217	0.1135	0.1057	0.0984	0.0915	0.0850	0.0789	0.0733
2	0.2165	0.2087	0.2008	0.1929	0.1850	0.1771	0.1692	0.1615	0.1539	0.1465
3	0.2237	0.2226	0.2209	0.2186	0.2158	0.2125	0.2087	0.2046	0.2001	0.1954
4	0.1733	0.1781	0.1823	0.1858	0.1888	0.1912	0.1931	0.1944	0.1951	0.1954
5	0.1075	0.1140	0.1203	0.1264	0.1322	0.1377	0.1429	0.1477	0.1522	0.1563
6	0.0555	0.0608	0.0662	0.0716	0.0771	0.0826	0.0881	0.0936	0.0989	0.1042
7	0.0246	0.0278	0.0312	0.0348	0.0385	0.0425	0.0466	0.0508	0.0551	0.0595
8	0.0095	0.0111	0.0129	0.0148	0.0169	0.0191	0.0215	0.0241	0.0269	0.0298
9	0.0033	0.0040	0.0047	0.0056	0.0066	0.0076	0.0089	0.0102	0.0116	0.0132
10	0.0010	0.0013	0.0016	0.0019	0.0023	0.0028	0.0033	0.0039	0.0045	0.0053
11	0.0003	0.0004	0.0005	0.0006	0.0007	0.0009	0.0011	0.0013	0.0016	0.0019
12	0.0001	0.0001	0.0001	0.0002	0.0002	0.0003	0.0003	0.0004	0.0005	0.0006
13					0.0001	0.0001	0.0001	0.0001	0.0002	0.0002
14										0.0001

[부록 1.3.] 표준정규분포표

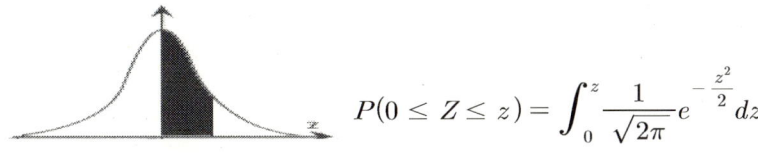

$$P(0 \leq Z \leq z) = \int_0^z \frac{1}{\sqrt{2\pi}} e^{-\frac{z^2}{2}} dz$$

z	0.00	0.01	0.02	0.03	0.04	0.05	0.06	0.07	0.08	0.09
0.0	0.0000	0.0040	0.0080	0.0120	0.0160	0.0199	0.0239	0.0279	0.0319	0.0359
0.1	0.0398	0.0438	0.0478	0.0517	0.0557	0.0596	0.0636	0.0675	0.0714	0.0753
0.2	0.0793	0.0832	0.0871	0.0910	0.0948	0.0987	0.1026	0.1064	0.1103	0.1141
0.3	0.1179	0.1217	0.1255	0.1293	0.1331	0.1368	0.1406	0.1443	0.1480	0.1517
0.4	0.1554	0.1591	0.1628	0.1664	0.1700	0.1736	0.1772	0.1808	0.1844	0.1879
0.5	0.1915	0.1950	0.1985	0.2019	0.2054	0.2088	0.2123	0.2157	0.2190	0.2224
0.6	0.2257	0.2291	0.2324	0.2357	0.2389	0.2422	0.2454	0.2486	0.2517	0.2549
0.7	0.2580	0.2611	0.2642	0.2673	0.2704	0.2734	0.2764	0.2794	0.2823	0.2852
0.8	0.2881	0.2910	0.2939	0.2967	0.2995	0.3023	0.3051	0.3078	0.3106	0.3133
0.9	0.3159	0.3186	0.3212	0.3238	0.3264	0.3289	0.3315	0.3340	0.3365	0.3389
1.0	0.3413	0.3438	0.3461	0.3485	0.3508	0.3531	0.3554	0.3577	0.3599	0.3621
1.1	0.3643	0.3665	0.3686	0.3708	0.3729	0.3749	0.3770	0.3790	0.3810	0.3830
1.2	0.3849	0.3869	0.3888	0.3907	0.3925	0.3944	0.3962	0.3980	0.3997	0.4015
1.3	0.4032	0.4049	0.4066	0.4082	0.4099	0.4115	0.4131	0.4147	0.4162	0.4177
1.4	0.4192	0.4207	0.4222	0.4236	0.4251	0.4265	0.4279	0.4292	0.4306	0.4319
1.5	0.4332	0.4345	0.4357	0.4370	0.4382	0.4394	0.4406	0.4418	0.4429	0.4441
1.6	0.4452	0.4463	0.4474	0.4484	0.4495	0.4505	0.4515	0.4525	0.4535	0.4545
1.7	0.4554	0.4564	0.4573	0.4582	0.4591	0.4599	0.4608	0.4616	0.4625	0.4633
1.8	0.4641	0.4649	0.4656	0.4664	0.4671	0.4678	0.4686	0.4693	0.4699	0.4706
1.9	0.4713	0.4719	0.4726	0.4732	0.4738	0.4744	0.4750	0.4756	0.4761	0.4767
2.0	0.4772	0.4778	0.4783	0.4788	0.4793	0.4798	0.4803	0.4808	0.4812	0.4817
2.1	0.4821	0.4826	0.4830	0.4834	0.4838	0.4842	0.4846	0.4850	0.4854	0.4857
2.2	0.4861	0.4864	0.4868	0.4871	0.4875	0.4878	0.4881	0.4884	0.4887	0.4890
2.3	0.4893	0.4896	0.4898	0.4901	0.4904	0.4906	0.4909	0.4911	0.4913	0.4916
2.4	0.4918	0.4920	0.4922	0.4925	0.4927	0.4929	0.4931	0.4932	0.4934	0.4936
2.5	0.4938	0.4940	0.4941	0.4943	0.4945	0.4946	0.4948	0.4949	0.4951	0.4952
2.6	0.4953	0.4955	0.4956	0.4957	0.4959	0.4960	0.4961	0.4962	0.4963	0.4964
2.7	0.4965	0.4966	0.4967	0.4968	0.4969	0.4970	0.4971	0.4972	0.4973	0.4974
2.8	0.4974	0.4975	0.4976	0.4977	0.4977	0.4978	0.4979	0.4979	0.4980	0.4981
2.9	0.4981	0.4982	0.4982	0.4983	0.4984	0.4984	0.4985	0.4985	0.4986	0.4986
3.0	0.4987	0.4987	0.4987	0.4988	0.4988	0.4989	0.4989	0.4989	0.4990	0.4990

[부록 1.4.] t-분포표

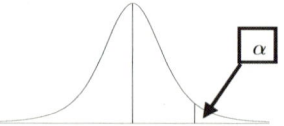

자유도	꼬리확률 α									
v	0.4	0.25	0.1	0.05	0.025	0.01	0.005	0.0025	0.001	0.0005
1	0.325	1.000	3.078	6.314	12.706	31.821	63.657	127.32	318.31	636.62
2	0.289	0.816	1.886	2.920	4.303	6.965	9.925	14.089	23.326	31.598
3	0.277	0.765	1.638	2.353	3.182	4.541	5.841	7.453	10.213	12.924
4	0.271	0.741	1.533	2.132	2.776	3.747	4.604	5.598	7.173	8.610
5	0.267	0.727	1.476	2.015	2.571	3.365	4.032	4.773	5.893	6.869
6	0.265	0.718	1.440	1.943	2.447	3.143	3.707	4.317	5.208	5.959
7	0.263	0.711	1.415	1.895	2.365	2.998	3.499	4.029	4.785	5.408
8	0.262	0.706	1.397	1.860	2.306	2.896	3.355	3.833	4.501	5.041
9	0.261	0.703	1.383	1.833	2.262	2.821	3.250	3.690	4.297	4.781
10	0.260	0.700	1.372	1.812	2.228	2.764	3.169	3.581	4.144	4.587
11	0.260	0.697	1.363	1.796	2.201	2.718	3.106	3.497	4.025	4.437
12	0.259	0.695	1.356	1.782	2.179	2.681	3.055	3.428	3.930	4.318
13	0.259	0.694	1.350	1.771	2.160	2.650	3.012	3.372	3.852	4.221
14	0.258	0.692	1.345	1.761	2.145	2.624	2.977	3.326	3.787	4.140
15	0.258	0.691	1.341	1.753	2.131	2.602	2.947	3.286	3.733	4.073
16	0.258	0.690	1.337	1.746	2.120	2.583	2.921	3.252	3.686	4.015
17	0.257	0.689	1.333	1.740	2.110	2.567	2.898	3.222	3.646	3.965
18	0.257	0.688	1.330	1.734	2.101	2.552	2.878	3.197	3.610	3.922
19	0.257	0.688	1.328	1.729	2.093	2.539	2.861	3.174	3.579	3.883
20	0.257	0.687	1.325	1.725	2.086	2.528	2.845	3.153	3.552	3.850
21	0.257	0.686	1.323	1.721	2.080	2.518	2.831	3.135	3.527	3.819
22	0.256	0.686	1.321	1.717	2.074	2.508	2.819	3.119	3.505	3.792
23	0.256	0.685	1.319	1.714	2.069	2.500	2.807	3.104	3.485	3.767
24	0.256	0.685	1.318	1.711	2.064	2.492	2.792	3.091	3.467	3.745
25	0.256	0.684	1.316	1.708	2.060	2.485	2.787	3.078	3.450	3.725
26	0.256	0.684	1.315	1.706	2.056	2.479	2.779	3.067	3.435	3.707
27	0.256	0.684	1.314	1.703	2.052	2.473	2.771	3.057	3.421	3.690
28	0.256	0.683	1.313	1.701	2.048	2.467	2.763	3.047	3.408	3.674
29	0.256	0.683	1.311	1.699	2.045	2.462	2.756	3.038	3.396	3.659
30	0.256	0.683	1.310	1.697	2.042	2.457	2.750	3.030	3.385	3.646
40	0.255	0.681	1.303	1.684	2.021	2.423	2.704	2.971	3.307	3.551
60	0.254	0.679	1.296	1.671	2.000	2.390	2.660	2.915	3.232	3.460
120	0.254	0.677	1.289	1.658	1.980	2.358	2.617	2.860	3.160	3.373

[부록 1.5.] χ^2-분포표

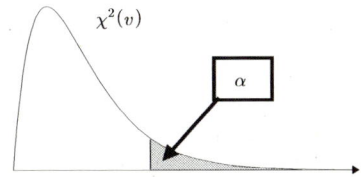

자유도	꼬리확률 α								
v	0.99	0.975	0.95	0.90	0.10	0.05	0.025	0.01	0.005
1	0.0000	0.001	0.004	0.016	2.706	3.841	5.024	6.635	7.879
2	0.0201	0.0506	0.103	0.211	4.605	5.991	7.378	9.210	10.597
3	0.115	0.216	0.352	0.584	6.251	7.815	9.348	11.345	12.838
4	0.297	0.484	0.711	1.064	7.779	9.488	11.143	13.277	14.860
5	0.554	0.831	1.145	1.610	9.236	11.070	12.832	15.086	16.750
6	0.872	1.237	1.635	2.204	10.64	12.592	14.449	16.812	18.548
7	1.239	1.690	2.167	2.833	12.02	14.067	16.013	18.475	20.278
8	1.646	2.180	2.733	3.490	13.36	15.507	17.535	20.090	21.955
9	2.088	2.700	3.325	4.168	14.68	16.919	19.023	21.666	23.589
10	2.558	3.247	3.940	4.865	15.99	18.307	20.483	23.209	25.188
11	3.053	3.816	4.575	5.578	17.28	19.675	21.920	24.725	26.757
12	3.571	4.404	5.226	6.304	18.55	21.026	23.337	26.217	28.300
13	4.107	5.009	5.892	7.042	19.81	22.362	24.736	27.688	29.819
14	4.660	5.629	6.571	7.790	21.06	23.685	26.119	29.141	31.319
15	5.229	6.262	7.261	8.547	22.31	24.996	27.448	30.578	32.801
16	5.812	6.908	7.962	9.312	23.54	26.296	28.845	32.000	34.267
17	6.408	7.564	8.672	10.08	24.77	27.587	30.191	33.409	35.718
18	7.015	8.231	9.390	10.86	25.99	28.869	31.526	34.805	37.156
19	7.633	8.907	10.117	11.65	27.20	30.144	32.852	36.191	38.582
20	8.260	9.591	10.851	12.44	28.41	31.410	34.170	37.566	39.997
21	8.897	10.283	11.591	13.24	29.62	32.671	35.479	38.932	41.401
22	9.542	10.982	12.338	14.04	30.81	33.924	36.781	40.289	42.796
23	10.196	11.689	13.091	14.85	32.01	35.172	38.076	41.638	44.181
24	10.856	12.401	13.848	15.66	33.20	36.415	39.364	42.980	45.558
25	11.524	13.120	14.611	16.47	34.38	37.652	40.646	44.314	46.928
26	12.198	13.844	15.379	17.29	35.56	38.885	41.923	45.642	48.290
27	12.879	14.573	16.151	18.11	36.74	40.113	43.194	46.963	49.645
28	13.565	15.308	16.928	18.94	37.92	41.337	44.461	48.278	50.993
29	14.256	16.047	17.708	19.77	39.09	42.557	45.722	49.588	52.336
30	14.953	16.791	18.493	20.60	40.26	43.773	46.979	50.892	53.672
40	22.165	24.433	26.509	29.05	51.80	55.758	59.342	63.691	66.766
50	29.707	32.357	34.764	37.69	63.17	67.505	71.420	76.154	79.490

[부록 1.6.] F-분포표

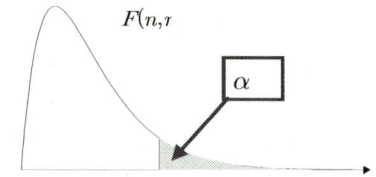

$F_{(n, r)}$

α

분모의 자유도 m	꼬리 확률 α	분자자유도 n								
		1	2	3	4	5	6	7	8	9
1	0.10	39.9	49.5	53.6	55.8	57.2	58.2	58.9	59.4	59.9
	0.05	161	200	216	225	230	234	237	239	241
	0.025	648	800	864	900	922	937	948	957	963
	0.01	4,052	5,000	5,403	5,625	5,764	5,859	5,928	5,981	6,022
2	0.10	8.53	9.00	9.16	9.24	9.29	9.33	9.35	9.37	9.38
	0.05	18.5	19.0	19.2	19.2	19.3	19.3	19.4	19.4	19.4
	0.025	38.5	39.0	39.2	39.3	39.3	39.3	39.4	39.4	39.4
	0.01	98.5	99.0	99.2	99.2	99.3	99.3	99.4	99.4	99.4
3	0.10	5.54	5.46	5.39	5.34	5.31	5.28	5.27	5.25	5.24
	0.05	10.1	9.55	9.28	9.12	9.01	8.94	8.89	8.85	8.81
	0.025	17.4	16.0	15.4	15.1	14.9	14.7	14.6	14.5	14.5
	0.01	34.1	30.8	29.5	28.7	28.2	27.9	27.7	27.5	27.3
4	0.10	4.54	4.32	4.19	4.11	4.05	4.01	3.98	3.95	3.94
	0.05	7.71	6.94	6.59	6.39	6.26	6.16	6.09	6.04	6.00
	0.025	12.2	10.7	9.98	9.60	9.36	9.20	9.07	8.98	8.90
	0.01	21.2	18.0	16.7	16.0	15.5	15.2	15.0	14.8	14.7
5	0.10	4.06	3.78	3.62	3.52	3.45	3.40	3.37	3.34	3.32
	0.05	6.61	5.79	5.41	5.19	5.05	4.95	4.88	4.82	4.77
	0.025	10.0	8.43	7.76	7.39	7.15	6.98	6.85	6.76	6.68
	0.01	16.3	13.3	12.1	11.4	11.0	10.7	10.5	10.3	10.2
6	0.10	3.78	3.46	3.29	3.18	3.11	3.05	3.01	2.98	2.96
	0.05	5.99	5.14	4.76	4.53	4.39	4.28	4.21	4.15	4.10
	0.025	8.81	7.26	6.60	6.23	5.99	5.82	5.70	5.60	5.52
	0.01	13.7	10.9	9.78	9.15	8.75	8.47	8.26	8.10	7.98
7	0.10	3.59	3.26	3.07	2.96	2.88	2.83	2.78	2.75	2.72
	0.05	5.59	4.74	4.35	4.12	3.97	3.87	3.79	3.73	3.68
	0.025	8.07	6.54	5.89	5.52	5.29	5.12	4.99	4.90	4.82
	0.01	12.2	9.55	8.45	7.85	7.46	7.19	6.99	6.84	6.72
8	0.10	3.46	3.11	2.92	2.81	2.73	2.67	2.62	2.59	2.56
	0.05	5.32	4.46	4.07	3.84	3.69	3.58	3.50	3.44	3.39
	0.025	7.57	6.06	5.42	5.05	4.82	4.65	4.53	4.43	4.36
	0.01	11.3	8.65	7.59	7.01	6.63	6.37	6.18	6.03	5.91
9	0.10	3.36	3.01	2.81	2.69	2.61	2.55	2.51	2.47	2.44
	0.05	5.12	4.26	3.86	3.63	3.48	3.37	3.29	3.23	3.18
	0.025	7.21	5.71	5.08	4.72	4.48	4.32	4.20	4.10	4.03
	0.01	10.6	8.02	6.99	6.42	6.06	5.80	5.61	5.47	5.35
10	0.10	3.29	2.92	2.73	2.61	2.52	2.46	2.41	2.38	2.35
	0.05	4.96	4.10	3.71	3.48	3.33	3.22	3.14	3.07	3.02
	0.025	6.94	5.46	4.83	4.47	4.24	4.07	3.95	3.85	3.78
	0.01	10.0	7.56	6.55	5.99	5.64	5.39	5.20	5.06	4.94
11	0.10	3.23	2.86	2.66	2.54	2.45	2.39	2.34	2.30	2.27
	0.05	4.84	3.98	3.59	3.36	3.20	3.09	3.01	2.95	2.90
	0.025	6.72	5.26	4.63	4.28	4.04	3.88	3.76	3.66	3.59
	0.01	9.65	7.21	6.22	5.67	5.32	5.07	4.89	4.74	4.63
12	0.10	3.18	2.81	2.61	2.48	2.39	2.33	2.28	2.24	2.21
	0.05	4.75	3.89	3.49	3.26	3.11	3.00	2.91	2.85	2.80
	0.025	6.55	5.10	4.47	4.12	3.89	3.73	3.61	3.51	3.44
	0.01	9.33	6.93	5.95	5.41	5.06	4.82	4.64	4.50	4.39

분모의 자유도 m	꼬리 확률 α	분자자유도 n									
		10	11	12	15	20	24	30	60	120	∞
1	0.10	60.2	60.5	60.7	61.2	61.7	62.0	62.3	62.8	63.1	63.3
	0.05	242	243	244	246	248	249	250	252	253	254
	0.025	969	973	977	985	993	997	1001	1010	1014	1018
	0.01	6,056	6,082	6,106	6,157	6,209	6,235	6,261	6,313	6,339	6,366
2	0.10	9.39	9.40	9.41	9.42	9.44	9.45	9.46	9.47	9.48	9.49
	0.05	19.4	19.4	19.4	19.4	19.4	19.5	19.5	19.5	19.5	19.5
	0.025	39.4	39.4	39.4	39.4	39.5	39.5	39.5	39.5	39.5	39.5
	0.01	99.4	99.4	99.4	99.4	99.4	99.5	99.5	99.5	99.5	99.5
3	0.10	5.23	5.22	5.22	5.20	5.18	5.18	5.17	5.15	5.14	5.13
	0.05	8.79	8.76	8.74	8.70	8.66	8.64	8.62	8.57	8.55	8.53
	0.025	14.4	14.4	14.3	14.3	14.2	14.1	14.1	14.0	14.0	13.9
	0.01	27.2	27.1	27.1	26.9	26.7	26.6	26.5	26.3	26.2	26.1
4	0.10	3.92	3.91	3.90	3.87	3.84	3.83	3.82	3.79	3.78	3.76
	0.05	5.96	5.94	5.91	5.85	5.80	5.77	5.75	5.69	5.66	5.63
	0.025	8.84	8.80	8.75	8.66	8.56	8.51	8.46	8.36	8.31	8.26
	0.01	14.5	14.4	14.4	14.2	14.0	13.9	13.8	13.7	13.6	13.5
5	0.10	3.30	3.28	3.27	3.24	3.21	3.19	3.17	3.14	3.12	3.11
	0.05	4.74	4.71	4.68	4.62	4.56	4.53	4.50	4.43	4.40	4.37
	0.025	6.62	6.57	6.52	6.43	5.33	6.28	6.23	6.12	6.07	6.02
	0.01	10.1	9.96	9.89	9.72	9.55	9.47	9.38	9.20	9.11	9.02
6	0.10	2.94	2.92	2.90	2.87	2.84	2.82	2.80	2.76	2.74	2.72
	0.05	4.06	4.03	4.00	3.94	3.87	3.84	3.81	3.74	3.70	3.67
	0.025	5.46	5.41	5.27	5.27	5.17	5.12	5.07	4.96	4.90	4.85
	0.01	7.87	7.79	7.72	7.56	7.40	7.31	7.23	7.06	6.97	6.88
7	0.10	2.70	2.68	2.67	2.63	2.59	2.58	2.56	2.51	2.49	2.47
	0.05	3.64	3.60	3.57	3.51	3.44	3.41	3.38	3.30	3.27	3.23
	0.025	4.76	4.71	4.67	4.57	4.47	4.42	4.36	4.25	4.20	4.14
	0.01	6.62	6.54	6.47	6.31	6.16	6.07	5.99	5.82	5.74	5.65
8	0.10	2.54	2.52	2.50	2.46	2.42	2.40	2.38	2.34	2.32	2.29
	0.05	3.35	3.31	3.28	3.22	3.15	3.12	3.08	3.01	2.97	2.93
	0.025	4.30	4.25	4.20	4.10	4.00	3.95	3.89	3.78	3.73	3.67
	0.01	5.81	5.73	5.67	5.52	5.36	5.28	5.20	5.03	4.95	4.89
9	0.10	2.42	2.40	2.38	2.34	2.30	2.28	2.25	2.21	2.18	2.16
	0.05	3.14	3.10	3.07	3.01	2.94	2.90	2.86	2.79	2.75	2.71
	0.025	3.96	3.91	3.87	3.77	3.67	3.61	3.56	3.45	3.39	3.33
	0.01	5.26	5.18	5.11	4.96	4.81	4.73	4.65	4.48	4.40	4.31
10	0.10	2.32	2.30	2.28	2.24	2.20	2.18	2.16	2.11	2.08	2.06
	0.05	2.98	2.94	2.91	2.84	2.77	2.74	2.70	2.62	2.58	2.54
	0.025	3.72	3.67	3.62	3.52	3.42	3.37	3.31	3.20	3.14	3.08
	0.01	4.85	4.77	4.71	4.56	4.41	4.33	4.25	4.08	4.00	3.91
11	0.10	2.25	2.23	2.21	2.17	2.12	2.10	2.08	2.03	1.99	1.97
	0.05	2.85	2.82	2.79	2.72	2.65	2.61	2.57	2.49	2.43	2.40
	0.025	3.52	3.48	3.43	3.33	3.23	3.17	3.12	3.00	2.94	2.88
	0.01	4.54	4.46	4.40	4.25	4.10	4.02	3.94	3.78	3.66	3.60
12	0.10	2.19	2.17	2.15	2.10	2.06	2.04	2.01	1.96	1.93	1.90
	0.05	2.75	2.72	2.69	2.62	2.54	2.51	2.47	2.38	2.34	2.30
	0.025	3.37	3.32	3.28	3.18	3.07	3.02	2.96	2.85	2.79	2.72
	0.01	4.30	4.22	4.16	4.01	3.86	3.78	3.70	3.54	3.45	3.36

분모의 자유도 m	꼬리 확률 α	분자자유도 n								
		1	2	3	4	5	6	7	8	9
13	0.10	3.14	2.76	2.56	2.43	2.35	2.28	2.23	2.20	2.16
	0.05	4.67	3.81	3.41	3.18	3.03	2.92	2.83	2.77	2.71
	0.025	6.41	4.97	4.35	4.00	3.77	3.60	3.48	3.39	3.31
	0.01	9.07	6.70	5.73	5.21	4.86	4.62	4.44	4.30	4.19
14	0.10	3.10	2.73	2.52	2.39	2.31	2.24	2.19	2.15	2.12
	0.05	4.60	3.74	3.34	3.11	2.96	2.85	2.76	2.70	2.65
	0.025	6.39	4.86	4.24	3.80	3.66	3.50	3.36	3.29	3.26
	0.01	8.86	6.51	5.56	5.04	4.69	4.46	4.28	4.14	4.03
15	0.10	3.07	2.70	2.49	2.36	2.27	2.21	2.16	2.12	2.09
	0.05	4.54	3.68	3.29	3.06	2.90	2.79	2.71	2.64	2.59
	0.025	6.20	4.77	4.15	3.80	3.58	3.41	3.29	3.20	3.12
	0.01	8.68	6.36	5.42	4.89	4.56	4.32	4.14	4.00	3.89
16	0.10	3.05	2.67	2.46	2.33	2.24	2.18	2.13	2.09	2.06
	0.05	4.49	3.63	3.24	3.01	2.85	2.74	2.66	2.59	2.54
	0.025	6.12	4.69	4.08	3.73	3.50	3.34	3.22	3.12	3.05
	0.01	8.53	6.23	5.29	4.77	4.44	4.20	4.03	3.89	3.78
17	0.10	3.03	2.64	2.44	2.31	2.22	2.15	2.10	2.06	2.03
	0.05	4.45	3.59	3.20	2.96	2.81	2.70	2.61	2.55	2.49
	0.025	6.04	4.62	4.01	3.66	3.44	3.28	3.16	3.06	2.98
	0.01	8.40	6.11	5.18	4.67	4.34	4.10	3.93	3.79	3.68
18	0.10	3.01	2.62	2.42	2.29	2.20	2.13	2.08	2.04	2.00
	0.05	4.41	3.55	3.16	2.93	2.77	2.66	2.58	2.51	2.46
	0.025	5.98	4.56	3.95	3.61	3.38	3.22	3.10	3.01	2.93
	0.01	8.29	6.01	5.09	4.58	4.25	4.01	3.84	3.71	3.60
19	0.10	2.99	2.61	2.40	2.27	2.18	2.11	2.06	2.02	1.98
	0.05	4.38	3.52	3.13	2.90	2.74	2.63	2.54	2.48	2.42
	0.025	5.92	4.51	3.90	3.56	3.33	3.17	3.05	2.96	2.88
	0.01	8.18	5.93	5.01	4.50	4.17	3.94	3.77	3.63	3.52
20	0.10	2.97	2.59	2.38	2.25	2.16	2.09	2.04	2.00	1.96
	0.05	4.35	3.49	3.10	2.87	2.71	2.60	2.51	2.45	2.39
	0.025	5.87	4.46	3.86	3.51	3.29	3.13	3.01	2.91	2.84
	0.01	8.10	5.85	4.94	4.43	4.10	3.87	3.70	3.56	3.46
24	0.10	2.93	2.54	2.33	2.19	2.10	2.04	1.98	1.94	1.91
	0.05	4.26	3.40	3.01	2.78	2.62	2.51	2.42	2.36	2.30
	0.025	5.72	4.32	3.72	3.38	3.15	2.99	2.87	2.78	2.70
	0.01	7.82	5.61	4.72	4.22	3.90	3.67	3.50	3.36	3.26
30	0.10	2.88	2.49	2.28	2.14	2.05	1.98	1.93	1.88	1.85
	0.05	4.17	3.32	2.92	2.69	2.53	2.42	2.33	2.27	2.21
	0.025	5.57	4.18	3.59	3.25	3.03	2.87	2.75	2.65	2.57
	0.01	7.56	5.39	4.51	4.02	3.70	3.47	3.30	3.17	3.07
60	0.10	2.79	2.39	2.18	2.04	1.95	1.87	1.82	1.77	1.74
	0.05	4.00	3.15	2.76	2.53	2.37	2.25	2.17	2.10	2.04
	0.025	5.29	3.93	3.34	3.01	2.79	2.63	2.51	2.41	2.33
	0.01	7.08	4.98	4.13	3.65	3.34	3.12	2.95	2.82	2.72
120	0.10	2.75	2.36	2.13	1.99	1.90	1.82	1.77	1.72	1.68
	0.05	3.92	3.07	2.68	2.45	2.29	2.18	2.09	2.02	1.96
	0.025	5.15	3.80	3.23	2.89	2.67	2.52	2.39	2.30	2.22
	0.01	7.08	4.98	4.13	3.65	3.34	3.12	2.95	2.82	2.72
∞	0.10	2.71	2.30	2.08	1.94	1.85	1.77	1.72	1.67	1.63
	0.05	3.84	3.00	2.60	2.37	2.21	2.10	2.01	1.94	1.88
	0.025	5.02	3.69	3.12	2.79	2.57	2.41	2.29	2.19	2.11
	0.01	6.63	4.61	3.78	3.32	3.02	2.80	2.64	2.51	2.41

분모의 자유도 m	꼬리 확률 α	분자자유도 n									
		10	11	12	15	20	24	30	60	120	∞
13	0.10	2.14	2.12	2.10	2.05	2.01	1.98	1.96	1.90	1.86	1.85
	0.05	2.67	2.63	2.60	2.53	2.46	2.42	2.38	2.30	2.23	2.21
	0.025	3.25	3.20	3.15	3.05	2.95	2.89	2.84	2.72	2.66	2.60
	0.01	4.10	4.02	3.96	3.82	3.66	3.59	3.51	3.34	3.22	3.17
14	0.10	2.10	2.08	2.05	2.01	1.96	1.94	1.91	1.86	1.83	1.80
	0.05	2.60	2.57	2.53	2.46	2.39	2.35	2.31	2.22	2.18	2.13
	0.025	3.15	3.10	3.05	2.95	2.84	2.79	2.73	2.61	2.55	2.49
	0.01	3.94	3.86	3.38	3.66	3.51	3.43	3.35	3.18	3.09	3.00
15	0.10	2.06	2.04	2.02	1.97	1.92	1.90	1.87	1.82	1.79	1.76
	0.05	2.54	2.51	2.48	2.40	2.33	2.29	2.25	2.16	2.11	2.07
	0.025	3.06	3.01	2.96	2.86	2.76	2.70	2.64	2.52	2.46	2.40
	0.01	3.80	3.73	3.67	3.52	3.37	3.29	3.21	3.05	2.96	2.87
16	0.10	2.03	2.01	1.99	1.94	1.89	1.87	1.84	1.78	1.75	1.72
	0.05	2.49	2.46	2.42	2.35	2.28	2.24	2.19	2.11	2.06	2.01
	0.025	2.99	2.94	2.89	2.79	2.68	2.63	2.57	2.45	2.38	2.32
	0.01	3.69	3.62	3.55	3.41	3.26	3.18	3.10	2.93	2.84	2.75
17	0.10	2.00	1.98	1.96	1.91	1.86	1.84	1.81	1.75	1.72	1.69
	0.05	2.45	2.41	2.38	2.32	2.23	2.19	2.15	2.06	2.01	1.96
	0.025	2.92	2.87	2.82	2.72	2.62	2.56	2.50	2.38	2.32	2.25
	0.01	3.59	3.52	3.46	3.31	3.16	3.08	3.00	2.83	2.75	2.65
18	0.10	1.98	1.96	1.93	1.89	1.84	1.81	1.78	1.72	1.69	1.66
	0.05	2.41	2.37	2.34	2.27	2.19	2.15	2.11	2.02	1.97	1.92
	0.025	2.87	2.82	2.77	2.67	2.56	2.50	2.44	2.32	2.26	2.19
	0.01	3.51	3.43	3.37	3.23	3.08	3.00	2.92	2.75	2.66	2.57
19	0.10	1.96	1.94	1.91	1.86	1.81	1.79	1.76	1.70	1.67	1.63
	0.05	2.38	2.34	2.31	2.23	2.16	2.11	2.07	1.98	1.93	1.88
	0.025	2.82	2.77	2.72	2.62	2.51	2.45	2.39	2.27	2.20	2.13
	0.01	3.43	3.36	3.30	3.15	3.00	2.92	2.84	2.67	2.58	2.49
20	0.10	1.94	1.92	1.89	1.84	1.79	1.77	1.74	1.68	1.64	1.61
	0.05	2.35	2.31	2.28	2.20	2.12	2.08	2.04	1.95	1.90	1.84
	0.025	2.77	2.72	2.68	2.57	2.46	2.41	2.35	2.22	2.16	2.09
	0.01	3.37	3.29	3.23	3.09	2.94	2.86	2.78	2.61	2.52	2.42
24	0.10	1.88	1.85	1.83	1.78	1.73	1.70	1.67	1.61	1.57	1.53
	0.05	2.25	2.21	2.18	2.11	2.03	1.98	1.94	1.84	1.79	1.73
	0.025	2.64	2.59	2.54	2.44	2.33	2.27	2.21	2.08	2.01	1.94
	0.01	3.17	3.09	3.03	2.89	2.74	2.66	2.58	2.40	2.31	2.21
30	0.10	1.82	1.79	1.77	1.72	1.67	1.64	1.61	1.54	1.50	1.46
	0.05	2.16	2.13	2.09	2.01	1.93	1.89	1.84	1.74	1.68	1.62
	0.025	2.51	2.46	2.41	2.31	2.20	2.14	2.07	1.94	1.87	1.79
	0.01	2.98	2.91	2.84	2.70	2.55	2.47	2.39	2.21	2.11	2.01
60	0.10	1.71	1.68	1.66	1.60	1.54	1.51	1.48	1.40	1.35	1.29
	0.05	1.99	1.95	1.92	1.84	1.75	1.70	1.65	1.53	1.47	1.39
	0.025	2.27	2.22	2.17	2.06	1.94	1.88	1.82	1.67	1.58	1.48
	0.01	2.63	2.56	2.50	2.35	2.20	2.12	2.03	1.84	1.73	1.60
120	0.10	1.65	1.62	1.60	1.55	1.48	1.45	1.41	1.32	1.26	1.19
	0.05	1.91	1.87	1.83	1.75	1.66	1.61	1.55	1.43	1.35	1.25
	0.025	2.16	2.11	2.05	1.94	1.82	1.76	1.69	1.53	1.43	1.31
	0.01	2.47	2.40	2.34	2.19	2.03	1.95	1.86	1.66	1.53	1.38
∞	0.10	1.60	1.57	1.55	1.49	1.42	1.38	1.34	1.24	1.17	1.00
	0.05	1.83	1.79	1.75	1.67	1.57	1.52	1.46	1.32	1.22	1.00
	0.025	2.05	2.00	1.94	1.83	1.71	1.64	1.57	1.39	1.27	1.00
	0.01	2.32	2.25	2.18	2.04	1.88	1.79	1.70	1.47	1.32	1.00

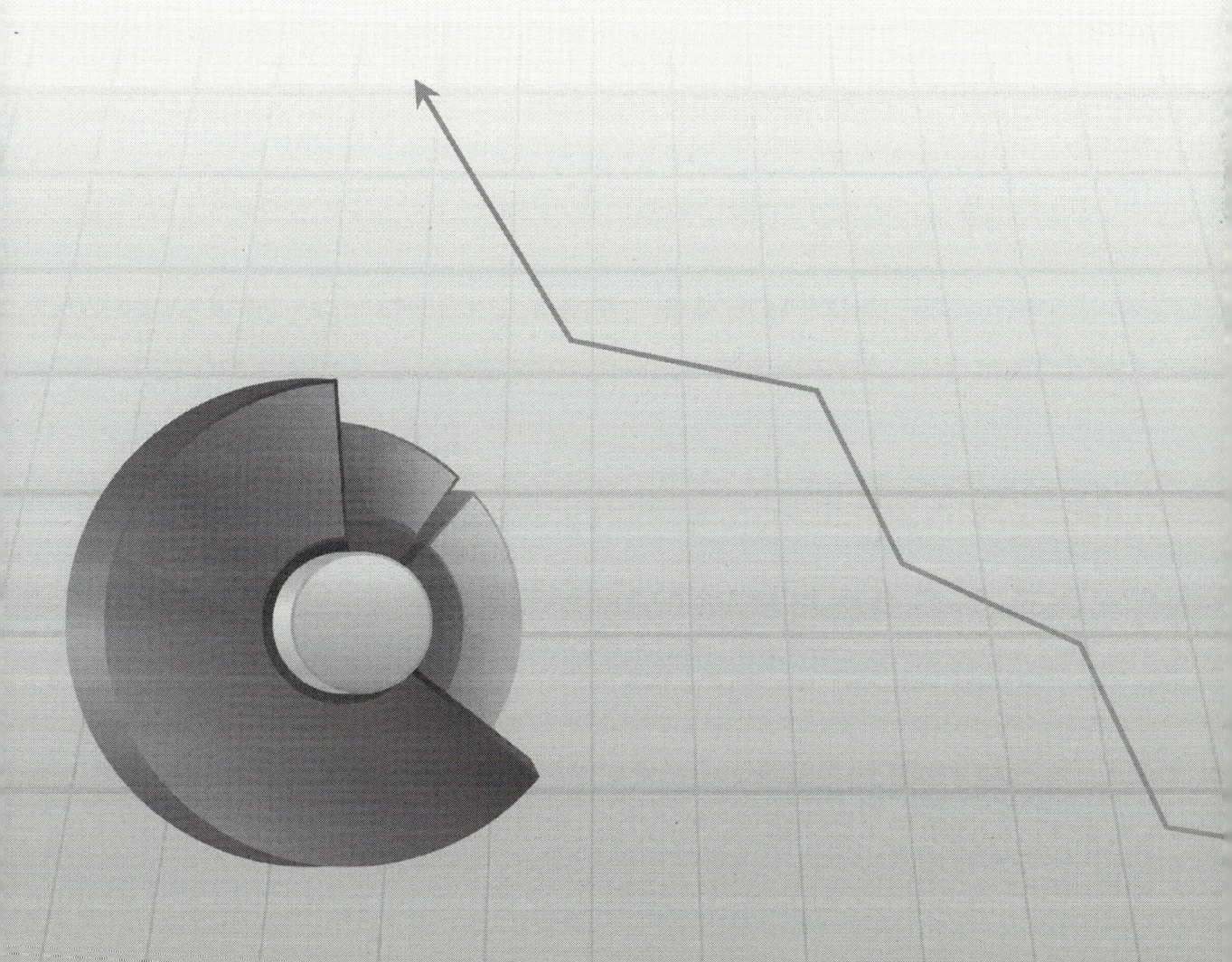

부록 2
연습문제풀이

1.

통계학은 확실히 예측할 수 없는 현상에 대해서 ① 자료를 수집하고(experimental design, survey 등으로), ② 자료를 정리·요약하여 그 구조를 파악하고(표, 그림, 수치요약 등으로), ③ 현재의 상태를 설명하고 불확실한 미래를 과학적으로 예측할 수 있도록 도와주는 학문이다. ②를 기술통계학(descriptive statistics)이라 하고 ③을 추측통계학(inferential statistics)이라 한다.

3.

모집단: 기업협회로부터 얻은 600명의 직장인

표본: 응답한 72명의 직장인

1.

①	②	③	④	⑤	⑥	⑦	⑧	⑨	⑩	⑪
x	o	x	o	o	x	x	x	x	o	o

3.

(1) 6,8,9,14   (2) 12, 15   (3) 3,4,11   (4) 1,2,5,7,10,13

5.

연구원들의 학력은 질적 자료이므로 도수분포표, 막대그래프, 원형그래프 등으로 정리할 수 있다. 그러나 히스토그램은 양적 자료를 정리하는 방법이므로 질적 자료의 정리방법으로 적절하지 않다.

7.

$$\frac{\sum\limits_{i=1}^{3}x_i}{3}=81$$

$$\frac{\sum\limits_{i=1}^{3}x_i+(x_4+x_5)}{5}=\frac{3(81)+(x_4+x_5)}{5}=85$$

$$(x_4+x_5)=5(85)-3(81)=182$$

$$\therefore 182/2=91\,(점)$$

9.

$$CV_A=\frac{15}{18}\times100=83.3\%$$
$$CV_B=\frac{11}{12}\times100=91.7\%$$

변동계수를 구해보면 신탁기금 B가 더 크다. 변동계수가 더 크다는 것은 수익률의 변동 폭이 크므로 그만큼 위험부담도 크다는 것이다. 따라서 위험을 회피하고자 하는 성향이 강하면 신탁기금 A에 투자하는 것이 더 적절하다.

11.

(1)

여성		남성
	8	8
	9	12
139	10	489
5	11	3455
669	12	6
7	13	2
08	14	06
244	15	1
55	16	9
8	17	
	18	07
5	19	

(2)

13.

체비셰프 정리 이용

$$P(32 < X < 48) \geq 1 - \frac{1}{k^2}$$

$$\Leftrightarrow P[40 - k(4) < X < 40 + k(4)] \geq 1 - \frac{1}{k^2}$$

$$k = 2 \ \Leftrightarrow 1 - \frac{1}{2^2} = \frac{3}{4} = 0.75$$

$$\therefore 75\%$$

15.

(1) 계급의 수=5 범위=42 계급간격=42/5=8.4

간격을 10으로 한 도수분포표

연령	빈도수
20~29	8
30~39	4
40~49	7
50~59	7
60~70	4

(2) 히스토그램

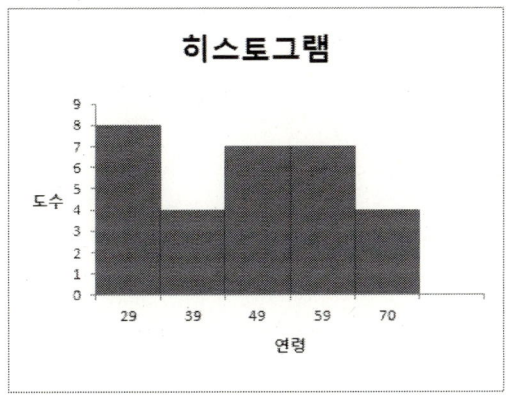

(3) 도수다각형

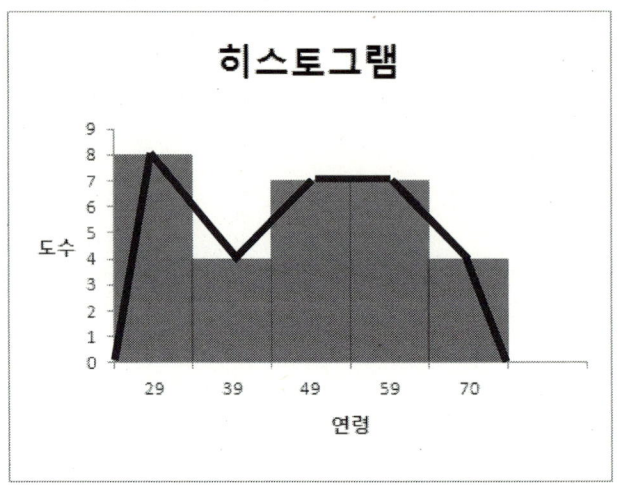

누적도수다각형(오자이브)

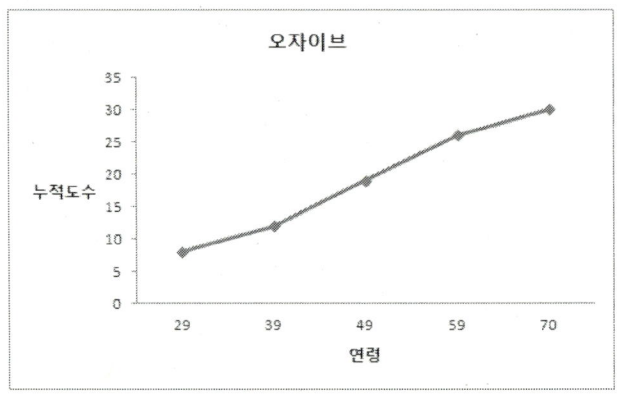

(4) 줄기-잎-그림

2	8 8 7 4 8 9 6 6
3	8 6 0 3
4	9 4 7 8 5 8 7
5	3 6 4 2 8 8 2
6	0 0 6 5

1.

①	②	③	④	⑤	⑥	⑦
x	x	x	O	O	O	x

3.

(1) $P(W) = P(I \cap W) + P(II \cap W)$
$\qquad = P(W|I)P(I) + P(W|II)P(II)$
$\qquad = \dfrac{2}{8}\dfrac{1}{3} + \dfrac{7}{10}\dfrac{2}{3} = \dfrac{11}{20} = 0.55$

(2) $P(I|W) = \dfrac{\dfrac{2}{8}\dfrac{1}{3}}{(1)} = \dfrac{5}{33} \approx 0.15$

5.

A: n명 모두 생일이 다르다.

B: 적어도 두 명은 생일이 같다.

$$P(A) = \frac{365*364*363}{365*365*365} = 0.9918$$

$$P(B) = 1 - P(A) = 1 - 0.9918 = 0.0082$$

7.

A: 3명의 나이의 합이 28 이상인 사상

A^c: 3명의 나이의 합이 28 미만인 사상

$A^c = \{(2, 5, 7)(2, 5, 15)(2, 5, 20)(5, 7, 15)(2, 7, 15)\}$

$$P(A) = 1 - P(A^c) = 1 - \frac{5}{\binom{8}{3}} = 1 - \frac{5}{56} = \frac{51}{56} = 0.911$$

9.

(1)

$$P(B_2) = P(B_2|B_1)P(B_1) + P(B_2|R_1)P(R_1)$$
$$= \frac{b+k}{b+r+k} \times \frac{b}{b+r} + \frac{b}{b+r+k} \times \frac{r}{b+r} = \frac{b}{b+r}$$

(2)

$$P(R_1|B_2) = \frac{P(B_2|R_1)P(R_1)}{P(B_2)}$$
$$= \frac{\dfrac{b}{b+r+k} \times \dfrac{r}{b+r}}{\dfrac{b}{b+r}} = \frac{r}{b+r+k}$$

11.

A : 접촉사고 보험에 가입하는 사상

B : 무자격 운전자 보험에 가입하는 사상

$P(A \cap B) = 0.15$

$P(A)\,P(B) = 0.15$ (A와 B가 독립)

$P(A)\,P(B) = 2P(B)P(B) = 2[P(B)]^2 = 0.15$ ($\because P(A) = 2P(B)$)

$P(B) = \sqrt{0.075} = 0.2739$, $P(A) = 2\sqrt{0.075} = 0.5478$

$P(A^c \cap B^c) = P(A^c)\,P(B^c) = [1 - P(A)]\,[1 - P(B)]$
$\qquad\qquad = (1 - 0.5478)\,(1 - 0.2739) = 0.3283$

13.

H, L 그리고 N를 각각 담배를 많이 피우는 사람과 적게 피우는 사람 그리고 전혀 담배를 피우지 않는 사람이 선정될 사상이라고 하자. 그리고 이 기간에 사망했을 사상을 D라고 하자. 그러면

$P(H) = 0.2$, $P(L) = 0.3$, $P(N) = 0.5$, $P(D|L) = 2P(D|N)$, $P(D|L) = (1/2)P(D|H)$

이다. 따라서 Bayes 정리에 의하여

$$P(H|D) = \frac{P(D|H)\,P(H)}{P(D|H)\,P(H) + P(D|L)\,P(L) + P(D|N)\,P(N)}$$

$$= \frac{2P(D|L)(0.2)}{2P(D|L)(0.2) + P(D|L)(0.3) + (1/2)P(D|L)(0.5)}$$

$$= \frac{0.4}{0.4 + 0.3 + 0.25} = 0.4211$$

15.

(1) $P(I) = P(A \cap I) + P(B \cap I) + P(C \cap I)$
$ = P(I|A)P(A) + P(I|B)P(B) + P(I|C)P(C)$
$ = (0.2)(0.5) + (0.6)(0.3) + (0.3)(0.2)$
$ = 0.34$

(2) $P(A|I) = \dfrac{P(A \cap I)}{P(I)}$ 　　　 $P(B|I) = \dfrac{P(B \cap I)}{P(I)}$ 　　　 $P(C|I) = \dfrac{P(C \cap I)}{P(I)}$

$ = \dfrac{P(I|A)P(A)}{P(I)}$ 　　 $ = \dfrac{P(I|B)P(B)}{P(I)}$ 　　 $ = \dfrac{P(I|C)P(C)}{P(I)}$

$ = \dfrac{(0.2)(0.5)}{0.34}$ 　　　 $ = \dfrac{(0.6)(0.3)}{0.34}$ 　　　 $ = \dfrac{(0.3)(0.2)}{0.34}$

$ = 0.29$ 　　　　 $ = 0.53$ 　　　　 $ = 0.18$

당선확률이 가장 큰 B 후보가 당선되었다고 하는 것이 유리하다.

4장 확률변수와 확률분포　　　　　　　　　　　　　　연습문제

1.

①	②	③	④	⑤	⑥	⑦	⑧
X	O	X	O	O	X	X	X

3.

(1) $V(X+4) = E(X+4)^2 - [E(X+4)]^2 = 116 - 10^2 = 16$

(2) $E(X+4) = E(X)+4 = 10$ $\therefore E(X) = 6$
$V(X+4) = V(X) = 16$ $\therefore V(X) = 16$

5.

(1) $X = 0, 1, 2, 3$

(2) $P(X=0) = \dfrac{2}{3}\dfrac{3}{4}\dfrac{1}{2} = \dfrac{1}{4}$

$\begin{aligned}
P(X=1) &= P(OXX) + P(XOX) + P(XXO) \\
&= \dfrac{1}{3}\dfrac{3}{4}\dfrac{1}{2} + \dfrac{2}{3}\dfrac{1}{4}\dfrac{1}{2} + \dfrac{2}{3}\dfrac{3}{4}\dfrac{1}{2} \\
&= \dfrac{1}{8} + \dfrac{1}{12} + \dfrac{1}{4} \\
&= \dfrac{11}{24}
\end{aligned}$

$\begin{aligned}
P(X=2) &= P(OOX) + P(OXO) + P(XOO) \\
&= \dfrac{1}{3}\dfrac{1}{4}\dfrac{1}{2} + \dfrac{1}{3}\dfrac{3}{4}\dfrac{1}{2} + \dfrac{2}{3}\dfrac{1}{4}\dfrac{1}{2} \\
&= \dfrac{1}{24} + \dfrac{1}{8} + \dfrac{1}{12} \\
&= \dfrac{1}{4}
\end{aligned}$

$P(X=3) = \dfrac{1}{3}\dfrac{1}{4}\dfrac{1}{2} = \dfrac{1}{24}$

X=x	0	1	2	3
확률	6/24	11/24	6/24	1/24

(3) $1 - P(X=0) = 1 - \dfrac{6}{24} = \dfrac{18}{24} = \dfrac{3}{4}$

(4) 다르다. $P(X=x) = {}_3C_x \left(\dfrac{1}{3}\right)^x \left(\dfrac{2}{3}\right)^{3-x}$, $x = 0, 1, 2, 3$

$1 - P(X=0) = 1 - \dfrac{8}{27} = \dfrac{19}{27}$

7.

$E(X) = 1P(X=1) + 2P(X=2) + 4P(X=4)$
$= 0.3 + 2P(X=2) + 4P(X=4) = 2.7$

$P(X=2) + 2P(X=4) = 1.2$

$P(X=2) + P(X=4) = 1 - 0.3 = 0.7$

$P(X=4) = 0.5$
$P(X=2) = 0.2$

(1) $f(x) = \dfrac{1}{4}$, $x = 1, 2, 3, 4$

(2) $F(x) = \begin{cases} \dfrac{1}{4} & ,1 \le x < 2 \\[2mm] \dfrac{2}{4} & ,2 \le x < 3 \\[2mm] \dfrac{3}{4} & ,3 \le x < 4 \\[2mm] 1 & ,x \ge 4 \end{cases}$

(3) $E(X) = \displaystyle\sum_{x=1}^{4} x\dfrac{1}{4} = \dfrac{1}{4}(1+2+3+4) = 2.5$

$E(X^2) = \displaystyle\sum_{x=1}^{4} x^2\dfrac{1}{4} = \dfrac{1}{4}(1+4+9+16) = \dfrac{30}{4}$

$V(X) = E(X^2) - \mu^2 = \dfrac{30}{4} - 2.5^2 = 1.25$

(1)

x \ y	0	1	2	3	합계
0	$\dfrac{1}{8}$	$\dfrac{1}{8}$	0	0	$\dfrac{2}{8}$
1	0	$\dfrac{2}{8}$	$\dfrac{2}{8}$	0	$\dfrac{4}{8}$
2	0	0	$\dfrac{1}{8}$	$\dfrac{1}{8}$	$\dfrac{2}{8}$
합계	$\dfrac{1}{8}$	$\dfrac{3}{8}$	$\dfrac{3}{8}$	$\dfrac{1}{8}$	1

(2) $f(x) = \begin{cases} \dfrac{1}{4} & , x = 0, 2 \\[2mm] \dfrac{1}{2} & , x = 1 \end{cases}$ 　　　 $f(y) = \begin{cases} \dfrac{1}{8} & , y = 0, 3 \\[2mm] \dfrac{3}{8} & , y = 1, 2 \end{cases}$

(3) X보다 Y가 더 큰 확률을 모두 더한다.

$$P(\{(0,1),(0,2),(0,3),(1,2),(1,3),(2,3)\}) = \frac{1}{8}+0+0+\frac{2}{8}+0+\frac{1}{8}=\frac{1}{2}$$

13.

X \ Y	0	1	2	f(x)
0	0	$\frac{1}{30}$	$\frac{2}{30}$	$\frac{3}{30}$
1	$\frac{1}{30}$	$\frac{2}{30}$	$\frac{3}{30}$	$\frac{6}{30}$
2	$\frac{2}{30}$	$\frac{3}{30}$	$\frac{4}{30}$	$\frac{9}{30}$
3	$\frac{3}{30}$	$\frac{4}{30}$	$\frac{5}{30}$	$\frac{12}{30}$
f(y)	$\frac{6}{30}$	$\frac{10}{30}$	$\frac{14}{30}$	1

(1) $f(x) = \sum_{y=0}^{2} \frac{x+y}{30} = \frac{1}{30}[3x+(0+1+2)] = \frac{x+1}{10},\ x=0,1,2,3$

(2) $f(y) = \sum_{x=0}^{3} \frac{x+y}{30} = \frac{1}{30}[4y+(0+1+2+3)] = \frac{2y+3}{15},\ y=0,1,2$

(3) $P(X>Y) = \sum \sum_{x>y} \frac{x+y}{30} = \frac{1}{30} \sum \sum_{x>y}(x+y)$

$\qquad = \frac{1}{30}[(1+0)+(2+0)+(3+0)+(2+1)+(3+1)+(3+2)]$

$\qquad = \frac{18}{30} = \frac{3}{5}$

15.

(1) $P(X=Y) = f(1,1)+f(2,2)+f(3,3)+f(4,4) = 0.09+0.15+0.24+0.32 = 0.8$

(2) $P(X<Y) = 0.02+0.01+0.01+0.01+0.02 = 0.07$

(3) $f(x,y) \neq f(x)f(y)$ 이므로 독립이 아니다.

(4) $E(XY) = \sum_{x=1}^{4} \sum_{y=1}^{4} xyf(x,y) = (1)(1)0.09 + \cdots + (4)(4)0.32 =$

$\qquad Cov(X,Y) = E[(X-\mu_X)(Y-\mu_Y)] = E(XY) - E(X)E(Y)$

(5) $Corr(X, Y) = \dfrac{Cov(X, Y)}{\sigma_X \sigma_Y}$

1.

①	②	③	④	⑤	⑥	⑦	⑧
X	O	O	X	X	X	O	O

3.

(1) $\dfrac{9}{10} \dfrac{8}{9} \dfrac{7}{8} \dfrac{1}{7} = \dfrac{1}{10}$

(2) $\dfrac{9}{10} \dfrac{9}{10} \dfrac{9}{10} \dfrac{1}{10} = (\dfrac{9}{10})^3 (\dfrac{1}{10})$

(3) 기하분포

5.

(1) $P(X > 188) = P(Z > \dfrac{188 - 172}{6}) = P(Z > 2.67) = 0.0038$ 약 0.4%

(2) $P(X > a) = P(Z > \dfrac{a - 172}{6}) = 0.001$

$\dfrac{a - 172}{6} = 3.1$

$a = 190.6cm$

7.

(1) $X \sim N(90, 20^2)$,

$P(X < 80) = P(Z < \dfrac{80 - 90}{20}) = P(Z < -0.5) = 0.3085$

약 31%

(2) $P(X < a) = 0.05$

$\Leftrightarrow P(Z < \dfrac{a-90}{20}) = 0.05$

$\dfrac{a-90}{20} = -1.645$

$a = 57.1(분)$

57분 안에 자질검사를 끝내야 한다.

9.

$P(X < a) = 0.01$

$\dfrac{a-2}{0.01} = -2.33$

$a = 1.9767cm$

11.

$P(X \geq a) = 0.1$, $P(b \leq X \leq a) = 0.23$

$\dfrac{a-70}{10} = 1.28$, $\dfrac{b-70}{10} = 0.44$

$a = 82.8$, $b = 74.4$

13.

(1) O   (2) X   (3) O   (4) O   (5)O

$X \sim N(0,\sigma^2)$, $Y \sim N(0,\dfrac{\sigma^2}{4})$

$P(|X| \leq a) = P(|Y| \leq b)$

(1) $P(\dfrac{|X-0|}{\sigma} \leq \dfrac{a-0}{\sigma}) = P(\dfrac{|Y-0|}{\sigma/2} \leq \dfrac{b-0}{\sigma/2})$

$\Leftrightarrow P(|Z| \leq \dfrac{a}{\sigma}) = P(|Z| \leq \dfrac{2b}{\sigma})$

$\Leftrightarrow a = 2b$

(2) $a > b$ ($\because a,b$ 양수)

(3) $P(Y > \dfrac{a}{2}) = P(Z > \dfrac{a/2-0}{\sigma/2}) = P(Z > \dfrac{a}{\sigma}) = P(Z > \dfrac{2b}{\sigma})$

(4) $P(Z \leq \dfrac{b}{\sigma/2}) = P(Z \leq \dfrac{2b}{\sigma}) = P(Z \leq \dfrac{a}{\sigma}) = 0.7$

$P(X > a) = P(Z > \dfrac{a}{\sigma}) = 0.3$

15.

(1) $P(2599 \leq X \leq 2601) = P(\dfrac{2599-2600}{0.6} \leq Z \leq \dfrac{2601-2600}{0.6})$

$= P(-1.67 \leq Z \leq 1.67) = 2 \times 0.4525 = 0.905$

$1 - 0.905 = 0.095$

(2) $P(2599 \leq X \leq 2601) = P(\dfrac{2599-2600}{\sigma} \leq Z \leq \dfrac{2601-2600}{\sigma})$

$= P(-\dfrac{1}{\sigma} \leq Z \leq \dfrac{1}{\sigma}) = 0.999$

$\dfrac{1}{\sigma} = 3.27$

$\sigma = \dfrac{1}{3.27} = 0.3058$

17.

$X \sim N(120.5, 0.2^2)$

(1) $P(X \leq 120) = P\left(Z \leq \dfrac{120-120.5}{0.2}\right)$

$= P(Z \leq -2.5)$

$= 0.5 - 0.4938 = 0.0062$

(2) $P(X \geq 120) = P\left(Z \geq \dfrac{120-\mu}{0.2}\right) \geq 0.999$

$P\left(0 < Z < \dfrac{-(120-\mu)}{0.2}\right) = 0.499$

$\dfrac{120-\mu}{0.2} = -3.08$

$\therefore \mu = 120.616\,cc$ 이상

19.

(1) $f(x) = 1, 0 \leq x \leq 1$ 　균일분포(uniform distribution)

(2) $P(\dfrac{1}{2} < X < \dfrac{3}{4}) = \dfrac{1}{4}$

21.

(1) $P(X \geq 8|p=0.4) = \sum_{x=8}^{10} B(x;10,0.4) = 0.013$

(2) $P(X < 8|p=0.9) = 1 - \sum_{x=8}^{10} B(x;10,0.9) = 1 - 0.93 = 0.07$

6장 표본분포   연습문제

1.

①	②	③	④	⑤	⑥	⑦	⑧
X	O	O	X	O	O	X	X

3.

(1) $\dfrac{9}{\sqrt{16}} = \dfrac{9}{4} = 2.25$

(2) $\overline{X} \sim N\left(450, \dfrac{9^2}{16}\right)$

5.

$\overline{X} \sim N(20, 4^2/100)$

$P(\overline{X} > \dfrac{2125}{100}) = P(Z > \dfrac{21.25 - 20}{4/10})$
$= P(Z > 3.13) = 0.0009$

7.

(1) $\dfrac{X}{200} \simeq N(0.25, 0.0009375)$

(2) $P(0.25 < X/n < 0.3) = P(0 < Z < \dfrac{0.3 - 0.25}{\sqrt{0.0009375}})$
$\qquad = P(0 < Z < 1.63) = 0.4484$

9.

X: 남학생의 용돈, Y: 여학생의 용돈

$$\overline{X} \simeq N\left(35, \frac{5^2}{100}\right), \quad \overline{Y} \simeq N\left(30, \frac{7^2}{100}\right)$$

(1) $\overline{X} - \overline{Y} \simeq N\left(35 - 30 = 5, \; \frac{5^2}{100} + \frac{7^2}{100} = 0.74\right)$

(2) $P(\overline{X} - \overline{Y} > 5) = P(Z > 0) = 0.5$

11.

(1) $P\left(\frac{(n-1)s^2}{\sigma^2} < \frac{(n-1)a}{\sigma^2}\right) = 0.95$

   $\Leftrightarrow P(U < 9a) = 0.95$

   $\left(\because U = \frac{(n-1)s^2}{\sigma^2} \sim \chi^2(n-1)\right)$

   $9a = 16.92$

   $\therefore a = 1.88$

(2) $P(\overline{X} < b) = 0.95$

   $\Leftrightarrow P\left(\frac{\overline{X} - \mu}{\sigma/\sqrt{n}} < \frac{b-5}{1/\sqrt{10}}\right) = 0.95$

   $\left(\because Z = \frac{\overline{X} - \mu}{\sigma/\sqrt{n}} \sim N(0,1)\right)$

   $\frac{b-5}{1/\sqrt{10}} = 1.645$

   $\therefore b = 5.52$

(3) $P\left(\frac{s_2^2/\sigma_2^2}{s^2/\sigma^2} > c\frac{\sigma^2}{\sigma_2^2}\right) = 0.95$

   $\Leftrightarrow P\left(F > \frac{c}{2}\right) = 0.95$

   $F = \frac{s_2^2/\sigma_2^2}{s^2/\sigma^2} \sim F(13-1, 10-1) = F(12,9)$

   $F_{0.95}(12,9)$는 분포표에   없다.

   $F_{0.05}(9,12) = 2.8$

   $F_{0.95}(12,9) = \frac{1}{2.8} = 0.36$

   $\therefore \frac{c}{2} = 0.36$

   $c = 0.72$

13.

$$P\left(\frac{(n-1)S^2}{\sigma^2} \le 18.31\right) = 0.95$$
$$\Leftrightarrow P\left[\chi^2(n-1) \le 18.31\right] = 0.95$$

부록에서 보면, $\chi^2_{0.05}(10) = 18.31$

$n-1 = 10$, $\therefore n = 11$

7장 추정   연습문제

1.

①	②	③	④	⑤	⑥	⑦
O	O	O	O	x	x	x

3.

(1) 알 수 없다 (2) 예 (3) 알 수 없다 (4) 예   (5) 아니오

5.

$$E(\frac{2X_1 + X_2 + X_3}{4}) = \mu, \quad E(\frac{X_1 + X_2 + X_3}{3}) = \mu, \quad E(\frac{X_1 + X_2}{2}) = \mu$$

$$V(\frac{2X_1 + X_2 + X_3}{4}) = \frac{6}{16}\sigma^2, \quad V(\frac{X_1 + X_2 + X_3}{3}) = \frac{3}{9}\sigma^2, \quad V(\frac{X_1 + X_2}{2}) = \frac{2}{4}\sigma^2$$

$$V(②) < V(①) < V(③)$$

1번, 2번, 3번 모두 불편추정량이지만, 2번의 분산이 제일 작으므로 2번의 추정량이 제일 좋다.

7.

	1	2	3	4	5	6	7	8
섭취 전	87	84	65.5	77	65	72	64	88
섭취 후	85	84.5	70	75.5	64	72.5	62	85
D=섭취 전-후	2	-0.5	-4.5	1.5	1	-0.5	2	3

섭취 전-섭취 후=D라 하면

$$\overline{D} = \frac{\sum_{i=1}^{8} D_i}{8} = \frac{4}{8} = 0.5, \quad s_D^2 = \frac{\sum_{i=1}^{n} (D_i - \overline{D})^2}{n-1} = \frac{(2-0.5)^2 + \cdots + (3-0.5)^2}{8-1} = \frac{39}{7} = 5.57 \text{이다.}$$

그러므로 $\mu_X - \mu_Y$에 대한 95% 신뢰구간은 다음과 같다.

$$\overline{D} \pm t_{\alpha/2}(n-1) \frac{s_D}{\sqrt{n}} \Leftrightarrow 0.5 \pm t_{0.025}(7) \frac{5.57}{\sqrt{8}} \Leftrightarrow 0.5 \pm 2.365(1.97)$$

$$\Leftrightarrow (-4.159, 5.159)$$

9.

$$n = \frac{z_{\alpha/2}^2}{4e^2} = \frac{2.58^2}{4(0.02)^2} = 4160.25$$

11.

(1) 서양인의 왼손잡이 비율의 추정치: $\frac{123}{400} = 0.3075$

동양인의 왼손잡이 비율의 추정치: $\frac{57}{200} = 0.285$

$$\widehat{p_1} - \widehat{p_2} = \frac{123}{400} - \frac{57}{200} = 0.0225$$

(2) $(\frac{x}{m} - \frac{y}{n}) \pm z_{\frac{\alpha}{2}} \sqrt{\frac{x/m(1-x/m)}{m} + \frac{y/n(1-y/n)}{n}}$

$$\Leftrightarrow 0.0225 \pm 1.96 \sqrt{\frac{0.3075(1-0.3075)}{400} + \frac{0.285(1-0.285)}{200}}$$

$$\Leftrightarrow 0.0225 \pm 1.96(0.0394)$$

$$\Leftrightarrow 0.0225 \pm 0.0772$$

$$\Leftrightarrow (-0.0547, 0.0997)$$

$p_1 - p_2$에 대한 95%의 근사적 신뢰구간은 (-0.0547, 0.0997)이다.

13.

자료에서 두 표본분산의 비는 $\dfrac{s_X^2}{s_Y^2} = \dfrac{160000}{140000} = 1.143$ 이며 부록의 F분포표에서 $F_{0.025}(9,10) = 3.78$

$\Rightarrow \dfrac{1}{F_{0.025}(9,10)} = \dfrac{1}{3.78} = 0.265, \ F_{0.025}(10,9) = 3.96$

이다. 따라서 모분산의 비 $\dfrac{\sigma_X^2}{\sigma_Y^2}$에 대한 95% 신뢰구간은 다음과 같다.

$$\left[\frac{s_X^2}{s_Y^2} \frac{1}{F_{0.025}(9,10)}, \ \frac{s_X^2}{s_Y^2} F_{0.025}(10,9) \right]$$

$$\Leftrightarrow (1.143 \times 0.265, \ 1.143 \times 3.96) \Leftrightarrow (0.303, \ 4.53)$$

8장 가설검정	연습문제

1.

①	②	③	④	⑤	⑥	⑦	⑧	⑨
X	X	X	X	O	X	O	X	X

3.

① 대립, 귀무

② 귀무, 대립, 대립, 대립

③ 귀무

④ 작아지고, 크다

5.

(1) $H_0 : \mu = 240 \ vs \ H_1 : \mu > 240$

(2) $\dfrac{c-240}{\dfrac{56}{\sqrt{64}}} = 1.645$

$\qquad c = 251.515$

기각역은 $\overline{X} > 251.515$

(3) $\overline{x} = 255$은 기각치인 251.515보다 더 큰 값이므로 귀무가설을 기각한다.

즉, 유의수준 5%에서 건강한 남자의 혈청콜레스테롤 농도가 증가하였다는 주장을 받아들인다.

(4) $p-value = P(\overline{X} \geq 255 \mid \mu = 240)$

$\qquad\qquad = P(Z \geq \dfrac{255-240}{\dfrac{56}{\sqrt{64}}})$

$\qquad\qquad = P(Z \geq 2.14)$

$\qquad\qquad = 0.0162 \ < \alpha = 0.05$

귀무가설 기각

(5) $\beta = P(\overline{X} < 251.515 \mid \mu = 250)$

$\qquad = P(Z < \dfrac{251.515-250}{\dfrac{56}{\sqrt{64}}})$

$\qquad = P(Z < 0.22)$

$\qquad = 0.5871$

7.

(1)

$32 \pm 1.96 \dfrac{4}{\sqrt{100}} = 32 \pm 0.784$

(2)

$H_0 : \mu = 33 \ \ vs \ \ H_1 : \mu < 33$

$$Z = \frac{32-33}{\frac{4}{\sqrt{100}}} = -2.5 < -z_{0.05} = -1.645$$

H_0 기각. 유의수준 5%에서 시멘트 혼합물이 굳을 때까지의 평균시간은 33분보다 작다고 할 수 있다.

(3)

33분은 (1)번에서 구한 95% 신뢰구간 안에 포함되지 않는다. 따라서 구간추정 안에 들어가는 값을 가설을 세워서 검정하면 가설이 채택함을 알 수 있다.

9.

진실: 대립가설: 육보와 미녀봉의 평균 당도는 다르다.

내렸던 결정: "H_0:육보와 미녀봉의 평균 당도는 같다." 귀무가설 채택

11.

$$\alpha = P(H_0 \text{ 기각}|H_0 \text{ 참}) \qquad \beta = P(H_0 \text{ 채택}|H_1 \text{ 참})$$
$$= P(X < 6|p = 0.6) \qquad\quad = P(X \geq 6|p = 0.4)$$
$$= \sum_{x=0}^{5}\binom{8}{x}0.6^x 0.4^{8-x} \qquad = \sum_{x=6}^{8}\binom{8}{x}0.4^x 0.6^{8-x}$$

13.

(1) $\alpha = P(X \geq 60|p = 0.5) = P(\frac{X}{n} \geq 0.6|p = 0.5)$

$\quad = P(Z \geq \dfrac{0.6-0.5}{\sqrt{\dfrac{0.5(1-0.5)}{100}}}) = P(Z \geq 2) = 0.0228$

(2) $\beta = P(X < 60|p = 0.7) = P(\frac{X}{n} < 0.6|p = 0.7)$

$\quad = P(Z < \dfrac{0.6-0.7}{\sqrt{\dfrac{0.7(1-0.7)}{100}}}) = P(Z < -2.18) = 0.0146$

1.

①	②	③	④	⑤
X	X	O	O	X

3.

구분	제곱합	자유도	평균제곱	F	유의확률
처리	557	5	111.4	5.548	0.0017
잔차	461.9	23	20.08		
합계	1018.9	28			

부록의 F-분포표를 보면

$P(F(5, 23) \geq 3.94) = 0.01$ 이므로 $p - \text{값} = P(F \geq 5.548) < 0.01$ 이다.

5.

분산 분석

변동의 요인	제곱합	자유도	제곱 평균	F 비	P-값
처리	19.2	2	9.6	0.852071	0.450792
잔차	135.2	12	11.26667		
계	154.4	14			

유의수준 0.05에서 귀무가설을 채택한다. 즉, 유의수준 5%에서 단열재 간의 차이가 없다.

1.

①	②	③	④	⑤	⑥
O	O	O	O	O	X

3.

(1) 산점도

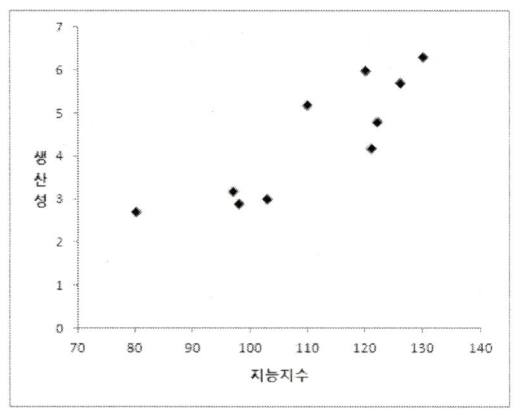

(2)

상관계수: 0.8668983

(3)

$\hat{Y} = -3.95 + 0.075X$

(4)

$\hat{Y} = -3.95 + 0.075(119) = 4.975$

(5)

분산 분석

	자유도	제곱합	제곱 평균	F 비	유의한 F
회귀	1	12.95608	12.95608	24.19479	0.001165746
잔차	8	4.283923	0.53549		
계	9	17.24			

	계수	표준 오차	t 통계량	P-값	하위 95%	상위 95%
Y 절편	-3.948299	1.712919	-2.30501	0.050077	-7.89829642	0.00169838
지능지수	0.0754137	0.015332	4.91882	0.001166	0.040058831	0.11076861

모분산 σ^2을 모르는 경우, β_1의 $100(1-\alpha)\%$신뢰구간은 다음과 같다.

$$b_1 \pm t_{\alpha/2}(n-2)\sqrt{\frac{MSE}{S_{XX}}} \Leftrightarrow (0.04, 0.11)$$

5.

(1) 산점도

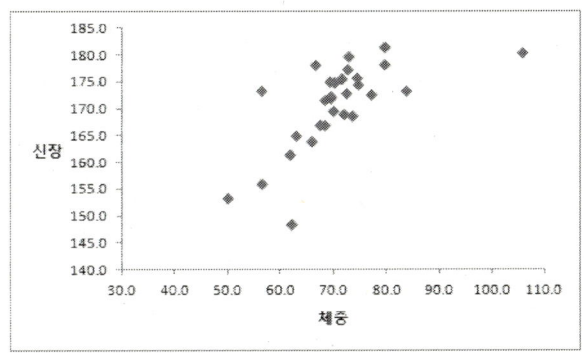

(2) 표본상관계수 r=0.6653

(3) $\hat{Y} = 132.74 + 0.537X$

(4) $\hat{Y} = 2.38X$

(5) $\hat{Y} = 132.74 + 0.537X$, $r^2 = 0.4427$

$\hat{Y} = 2.38X$, $r^2 = 0.9875$

절편이 없는 회귀식에 대한 결정계수가 0.9875이다. 그러므로 이 자료에는 절편이 없는 회귀식이 더 적합하다.

1. 유의수준 5%에서 귀무가설 채택, 연 수입과 자녀 수는 서로 연관성이 없다.

2. 유의수준 5%에서 "법안 지지도가 각 지역에서 같다"라는 귀무가설을 기각한다. 즉, 새로운 환경 법안 지지도는 각 지역에 따라 다르다.

색 인

이희숙 ───

충남대학교 이학박사
통계청 통계교육원 강사
한국정보통신대학교(ICU) Bioinformatics track 연구원
한국전자통신연구원(ETRI) 연구원
재정경제부 장관상 수여(통계교육부문)
현) 경희대 · 경원대 · 강남대학교 출강

이메일: hslee3200@gmail.com, hslee@icu.ac.kr
홈페이지: statedu.x-y.net

통계학

초 판 인 쇄 ┃ 2012년 8월 24일
초 판 발 행 ┃ 2012년 8월 24일

지 은 이 ┃ 이희숙
펴 낸 이 ┃ 채종준
펴 낸 곳 ┃ 한국학술정보㈜
주   소 ┃ 경기도 파주시 문발동 파주출판문화정보산업단지 513-5
전   화 ┃ 031) 908-3181(대표)
팩   스 ┃ 031) 908-3189
홈페이지 ┃ http://ebook.kstudy.com
E - m a i l ┃ 출판사업부 publish@kstudy.com
등   록 ┃ 제일산-115호(2000. 6. 19)

ISBN   978-89-268-3727-6 93410 (Paper Book)
          978-89-268-3728-3 95410 (e-Book)